Lehr- und Forschungstexte Psychologie 35

Herausgegeben von
D. Albert, K. Pawlik, K.-H. Stapf und W. Stroebe

Michael Trimmel

Angewandte und Experimentelle Neuropsychophysiologie

Springer-Verlag
Berlin Heidelberg New York London
Paris Tokyo Hong Kong Barcelona

Autor des Bandes

Michael Trimmel
Institut für Psychologie und Institut für Umwelthygiene
der Universität Wien
Kinderspitalgasse 15, A-1095 Wien

Herausgeber der Reihe

Prof. Dr. D. Albert, Universität Heidelberg
Prof. Dr. K. Pawlik, Universität Hamburg
Prof. Dr. K.-H. Stapf, Universität Tübingen
Prof. Dr. W. Stroebe, Ph.D. Universität Tübingen

ISBN-13: 978-3-540-52892-0 e-ISBN-13: 978-3-642-75892-8
DOI: 10.1007/978-3-642-75892-8

Druck- und Bindearbeiten: Weihert-Druck GmbH, Darmstadt
2126/3140–543210 – Gedruckt auf säurefreiem Papier

Für Karin

Vorwort

Die vorliegende Monographie wurde so konzipiert, daß der interessierte Leser eine Einführung in die Methoden, Probleme und Anwendungsmöglichkeiten der neuropsychophysiologischen Technik vorfindet, und daß dem Experten einige Anregungen neuerer Analysetechniken und Artefaktmöglichkeiten – hauptsächlich aus der eigenen Forschungstätigkeit des Autors – vorgestellt werden.

Als neuropsychophysiologische Methode wird die Analyse der hirnelektrischen Phänomene im Kontext der Psychologie verstanden. Daß bei der Beschreibung der neuropsychophysiologischen Methoden auch auf einige Methoden zur Erfassung der peripheren Aktivitäten des Nervensystems (z.B. Hautpotentialänderungen, Herzrate, Muskelpotentiale usw.) kurz eingegangen wird, liegt daran, daß uns zahlreiche periphere physiologische Signale immer wieder als Störsignale, vor allem bei der Registrierung der langsamen kortikalen Potentialänderungen, begegnen. Somit ist es notwendig, bei der Methodik der kortikalen Potentiale zumindest einige grundlegende Tatsachen peripherer Signale mitzuberücksichtigen.

In drei Abschnitten (Grundlagen, ereigniskorrelierte elektrische Gehirnaktivität und Anwendungsbeispiele) wird der Inhalt in zehn Kapiteln dargestellt.

Kapitel eins ist ein ganz kurzer Abriß der biologischen Grundlagen des Elektroenzephalogramms. Die technischen Grundlagen der bioelektrischen Meßtechnik werden im zweiten Kapitel umfassend behandelt, wobei die Elektrodenproblematik einen Schwerpunkt bildet. Zahlreiche Beispiele der digitalen Datenverarbeitung und Signalanalyse bioelektrischer Signale werden im dritten Kapitel aufgezeigt. Die technischen und biologischen Artefakte bei der EEG-Registrierung werden im vierten Kapitel beschrieben – wobei auch auf eine bisher noch nicht beschriebene potentielle Artefaktquelle, nämlich die Gleichspannungskomponente des Elektromyogramms, näher eingegangen wird. Bei den experimentellen Methoden in der Neuropsychophysiologie werden neben den allgemeinen Aspekten und den nichtinteraktiven Methoden besonders die interaktiven Methoden, wie Biofeedback und Biotriggerung (einschließlich der Ergopsychometrie), vorgestellt. Bei den postexperimentellen Methoden bildet vor allem die Analyse der Pre-Signal-Einflüsse auf die kortikale Informationsverarbeitung einen Schwerpunkt.

Kapitel sechs (das erste Kapitel des Teil B) behandelt die ereigniskorrelierte Änderung der EEG-Wellencharakteristik. Im umfangreichen siebenten Kapitel werden die zahlreichen Komponenten des ereigniskorrelierten elektrischen Hirnpotentials (N100, P300, CNV usw.) beschrieben. Dabei wird einerseits auf die physikalischen und psychologischen Bedingungen und andererseits auf die terminologischen Überschneidungen eingegangen. Im achten Kapitel wird die psychologische Bedeutung langsamer kortikaler Potentialverschiebungen (Gleichspannungsänderungen) näher betrachtet, sowie deren experimentellen Einflußgrößen und einige neuere Ergebnisse im Zusammenhang mit motorischem Verhalten und höheren Prozessen vorgestellt. Einige gängige Modellvorstellungen langsamer kortikaler Potentiale – vor allem aus psychologischer Sicht – werden im neunten Kapitel aufgezeigt.

Im Anwendungsteil (Kapitel zehn) werden einige ausgewählte Beispiele vorgestellt, aus denen die Brauchbarkeit und Vielfalt der Anwendungsmöglichkeiten der Neuropsychophysiologie erkennbar werden sollen.

Danksagung

An dieser Stelle möchte ich allen meinen Lehrern, Kollegen, Mitarbeitern und Freunden für die langjährige wissenschaftliche und persönliche Unterstützung danken.

Besonderer Dank gebührt meinen akademischen Lehrern. Als erstes möchte ich mich bei meinem "Doktorvater" Univ.-Prof. Dr. Giselher Guttmann bedanken, der nicht nur mit seiner "Einführung in die Neuropsychologie" in mir das Interesse an der Erforschung der Hirnströme weckte, sondern mir auch Gelegenheit gab, in seinem Labor vor allem am Alpha-Biofeedback, der Gleichspannungsableittechnik und an der Entwicklung der Ergopsychometrie mitzuarbeiten.

In Univ.-Prof. DDr. Manfred Haider fand ich einen großen Förderer meiner wissenschaftlichen Tätigkeit, der mir die Gelegenheit bot, die Technik der ereigniskorrelierten (DC) Potentiale in der Arbeitspsychologie und der Umwelthygiene zu erproben bzw. deren Brauchbarkeit als Indikator für Umwelt- und Streßbelastungen zu untersuchen. Bei ihm fand ich auch immer ein offenes Ohr für jede fachnahe und -ferne Diskussion über manchmal auch weitreichende Ideen und Spekulationen.

Die Nähe zur Medizinischen Psychologie fand ich in der Zusammenarbeit mit Frau Univ.-Prof. Dr. Elisabeth Groll-Knapp. Anfänglich zentrierte sich das Interesse in der Untersuchung ereigniskorrelierter Potentiale während stereotaktischer Operationen, welche von Prof. Dr. Josef A. Ganglberger an der Neurochirurgischen Universitätsklinik durchgeführt wurden und von tiefgreifendem wissenschaftlichen Interesse begleitet waren. Nach der Emeritierung von Univ.-Prof. Ganglberger wandten wir uns der Untersuchung neuropsychophysiologischer Korrelate der A/B Verhaltenstypologie und der Legasthenie zu. In Frau Prof. Groll-Knapp stand mir eine akademische Lehrerin zur Seite, die mich zu höchster Präzision anregte und mir bei zahlreichen Arbeiten, Analysen und Interpretationen unermüdlich und in höchst kompetenter Weise behilflich war.

Mit Univ.-Doz. Dr. Herbert Bauer verbinden mich u.a. zahlreiche psychophysiologisch orientierte Diskussionen, Spekulationen und Anregungen, sodaß manche inhaltlichen Auffassungen ineinander übergehen. Auch für die Diskussion einiger Abschnitte der vorliegenden Abhandlung möchte ich mich bei Dozent Bauer und Dr. Rumyana Kristeva bedanken, allerdings nicht ohne hizuzufügen, daß etwaige Fehler naturgemäß zu Lasten des Autors gehen.

Für wertvolle Anregungen zu einer früheren Version der vorliegenden Monographie möchte ich mich bei den ordentlichen Universitätsprofessoren Dr. L. Deecke, Dr. G. Guttmann, DDr. M. Haider, Dr. H. Petsche, Dr. F. Rösler und einem anonymen Begutachter bedanken.
Bei Univ.-Prof. Dr. Brigitte Rollett und Univ.-Prof. DDr. Gustav Lienert bedanke ich mich für die zahlreichen aufmunternden Worte und das entgegengebrachte Wohlwollen.

Aufgrund der computer-intensiven Tätigkeit in der Neuropsychophysiologie stößt man trotz technischer Vorbildung immer wieder auf scheinbar unüberwindbare Schwierigkeiten. Für Dr. Hermann Steinringer trugen sie den Charme eines Computerspieles in sich und konnten nahezu immer von ihm gelöst werden, wofür ich mich an dieser Stelle bedanken möchte. Für die tatkräftige und kompetente Mithilfe bei der Reparatur der Computerhardware und dem Umbau der Verstärker (für msec-genaue Trigger und gleichspannungsfähige Verstärker) bedanke ich mich bei Amtsrat Hans-Günter Stidl.

Mit den Kollegen vom Institut für Psychologie, Univ.-Doz. Dr. Herbert Bauer, Univ-Doz. Dr. Rainer Maderthaner, Univ.-Doz. Dr. Erich Vanecek, Univ.-Prof. Dr. Peter Vitouch und Dr. Paul Weingarten verbindet mich die Erinnerung an zahlreiche originelle und anregende Diskussionen im "Rohracher'schen Kellerlabor". Bei meinen Kolleginnen Dr. Renate Cervinka und Univ.-Prof. Dr. Margit Koller bedanke ich mich für die zahlreichen Anregungen aus umweltpsychologischer bzw. arbeitspsychologischer Sicht, und bei Univ.-Doz. Dr. Michael Kundi als letzte Instanz bei methodischen Problemen.

Bei den Studenten bedanke ich mich für die Zusammenarbeit und oft belebenden Anregungen, vor allem gilt das für die im Rahmen von Dissertationen und Diplomarbeiten entstandenen Arbeiten (im besonderen Dr. Aumüller, Dr. Enichlmayer, Dr. Sammer, Dr. Streicher, Mag. Wess und Dr. Wölbinger).

Für das Korrekturlesen des Manuskriptes bedanke ich mich bei Frau Edith Daniel und Frau Karin Bergolth. Bei Frau Mag. Daniela Fessl und Frau Mag. Ulrike Sirsch bedanke ich mich für die Umkodierung des ursprünglich in "Word Perfect 5.0" erstellten Textes für "Script".

Bei den Universitätsprofessoren Dr. Dietrich Albert und Dr. Kurt Pawlik, Mitherausgeber der Serie "Lehr- und Forschungstexte Psychologie" des Springer-Verlages, bedanke ich mich für das mir entgegengebrachte Interesse an der Herausgabe dieser Monographie und bei Frau Janet Hamilton und Frau Tracy Sobisch vom Springer-Verlag für die kompetente und freundliche Betreuung seitens des Verlages.

Wien, im Jänner 1990 Michael Trimmel

[illegible]

[illegible]

[illegible]

[illegible]

[illegible]

Inhaltsverzeichnis

EINFÜHRUNG

Prof. Dr. Giselher Guttmann schrieb in der Einführung in die Neuropsychologie:

> "Wäre es möglich, eine individuelle Fähigkeit nicht über Vermittlung eines Leistungsverhaltens, sondern durch unmittelbare Beobachtung der zugehörigen hirnelektrischen Korrelate zu erfassen, könnte man auf diese Weise analog zur objektiven Sinnestüchtigkeitsprüfung eine 'objektive Psychodiagnostik' betreiben." (Guttmann, 1972, S. 141).

Diese Zukunftsperspektive ist zwar auch heutzutage nicht voll erfüllt, doch umreißt dieser Standpunkt einerseits präzise eine der wichtigsten Zielsetzungen der Neuropsychophysiologie und andererseits enthüllt er den Optimismus und die Erwartungen, die an die Neurowissenschaften im Dienste der Psychologie gestellt werden.

Ein eindrucksvolles Beispiel, welches die potentiellen Möglichkeiten der elektrophysiologischen Techniken zur Objektivierung und Analyse von offenen und verdeckten Verhaltensweisen bietet, wurde von Prof. DDr. Manfred Haider und Prof. Dr. Elisabeth Groll-Knapp gegeben. Im Rahmen einer Untersuchung über die Belastung des Musikers in einem Symphonieorchester (Haider & Groll-Knapp, 1971) konnten vor einem exponierten Solo eines Hornisten im Elektroenzephalogramm sowohl Gleichspannungsänderungen als auch ereignisbegleitende kortikale Potentiale – ohne Anwendung der Mittelungstechnik (!) – registriert werden (siehe Abbildung 1).

Es ist beinahe überflüssig festzuhalten, daß der Autor in Anbetracht der Tatsache, daß er die Möglichkeit hatte, jahrelang gemeinsam mit den oben zitierten Pionieren der Neuropsychologie zu arbeiten, viele Ideen übernommen, Anregungen aufgegriffen und z.T. weiter entwickelt hat. Nur so läßt sich auch eine gewisse Grundhaltung zu den Anwendungen und Möglichkeiten der Neurowissenschaften in der Psychologie und die Wahl der Forschungsmethode – um den gestellten Anforderungen gerecht zu werden – verstehen.

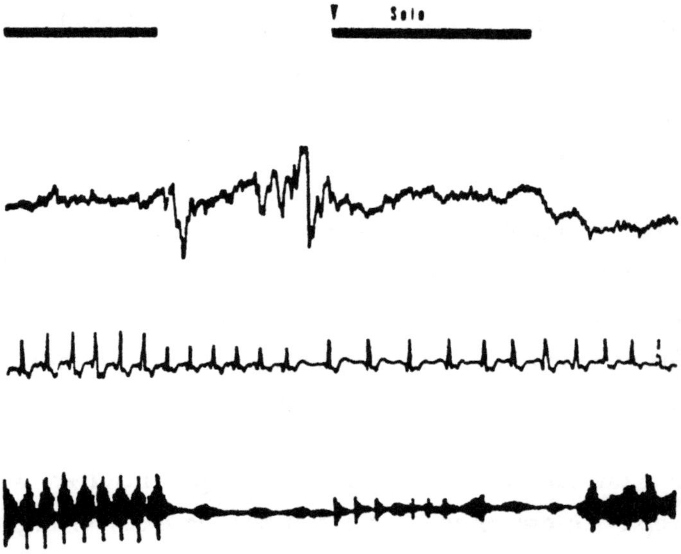

Abb. 1. Elektroenzephalogramm (3. Kurve von unten) eines Trompeters vor einem exponierten Solo während Ravel's *Concerto pour la main gauche*. Die unterste Kurve zeigt die Registrierung des gespielten Stückes und die zweite Kurve von unten das Elektrokardiogramm (aus Haider & Groll-Knapp, 1971, S. 31).

Im folgenden soll eine kurze Orientierung zu den Termini Psychophysiologie, Physiologische Psychologie und Neuropsychophysiologie gegeben werden.

In der *Psychophysiologie* wird versucht, durch die Beobachtung der physiologischen Reaktionsebene Aussagen über psychische Prozesse wie Wahrnehmung, Emotion, intellektuelle Leistungsfähigkeit, Wirkungen der Umgebungs- und Umweltfaktoren, der individuellen Anteilnahme am Geschehen und das menschliche Verhalten zu machen. In der Forschungsdisziplin *Psychophysiologie* wird also das "Verhalten" durch psychologische Methoden wie die Instruktion, Reizdarbietung, Umgebungsgestaltung usw. systematisch variiert. Damit sind die unabhängigen Variablen die Verhaltensmerkmale und die (zumeist) gleichzeitig erhobenen physiologischen Kennwerte die abhängigen Variablen.

Bei der umgekehrten Vorgangsweise, also der Variation physiologischer Parameter und der Beobachtung des psychischen Korrelates (z.B.: Verhaltensänderungen bei elektrischer Reizung bestimmter Hirnteile), spricht man von *"Physiologischer Psychologie"*.

Diese Unterscheidung geht auf Stern (1964) zurück und verliert zunehmend an Bedeutung, vor allem im deutschen Sprachraum, wo einmal beide Begriffe zum Teil synonym, oder wie bei Janke (1974) die Physiologische Psychologie als Oberbegriff für die (1) Neuropsychologie, (2) Psychophysiologie und (3) Chemische Psychologie verwendet werden.

Als Ziel der Psychophysiologie formuliert Albert F. Ax 1964 als erster Herausgeber der Zeitschrift *Psychophysiology* in einem Artikel über Ziele und Methoden der Psychophysiologie:

> "The general goal of psychophysiology is to describe the mechanisms which translate between psychological and physiological systems of the organism. Specific goals are to identify and describe the physiological processes directly relevant to such psychological constructs as drive, motivation, attitude, emotion, and their modification by learning." (Ax, 1964, S. 8).

20 Jahre später in der ersten Ausgabe des *International Journal of Psychophysiology*, wo der Definition von Psychophysiologie breiter Raum gewidmet wird:

> "Psychophysiology may be defined as the scientific area which seeks to describe the mechanisms of two-way translation between psychological and physiological processes and states. Psychological processes as a totality, constitute a system which symbolically simulates the world, the self, and their interrelationship. It is argued that perfectly good science to postulate entities, processes and systems which may account for observed phenomena, but which at the present are not *directly* observable." (Ax, 1983a, S. 99).

Weiters regt er unter anderem an, daß die Postulation eines symbolischen individuellen Teilsystems, genannt die Psyche, wissenschaftlich respektiert und für notwendig anerkannt werden soll (Ax, 1983b).

Andererseits wurden überzeichnete Entwicklungen in einem kritischen Artikel von Ciancia (1987) aufgezeigt, die überspitzt fragt, ob die Psychophysiologie eine wissenschaftliche Disziplin oder ein literarisches Genre sei und dabei einige entsprechende Textstellen, wie z.B. die übertriebene Suche nach Analogien von Computer und Gehirn (Beaubaton & Pailhous, 1987), zitiert.

Der steile Aufstieg der Psychophysiologie liegt sicher zu einem bestimmten Teil an der raschen Entwicklung der Halbleitertechnik, aber auch zu einem Großteil an den hohen (manchmal zu hohen) Erwartungen an die Brauchbarkeit der Psychophysiologie bzw. an den Möglichkeiten der Psychophysiologie, die Leistungsfähigkeit des Menschen zu beeinflussen. Obwohl dem unerhörten Optimismus an die Möglichkeiten der Analyse von Hirnpotentialen in den späten 60er Jahren (z.B. die objektive Psychodiagnostik; Guttmann, 1972) eine Phase der Ernüchterung folgte, als man erkannte, daß den einfachen Kennwerten aus physiologischen Parametern nicht die zugedachte Bedeutung zukommt

(z.B. "... zeugt ... von einer Überschätzung der Aussagekraft physiologischer Indikatoren." Birbaumer 1975, S. 59.),

erweisen sich neuere (komplexere) Ansätze als erfolgversprechend. Gleichzeitig wurde die Bedeutung der Psychophysiologie für das Verständnis bzw. zur Entwicklung einer befriedigenden Theorie des Organismus und der psychologisch/physiologischen Individualität des Menschen betont.

Eine umfassende Beschreibung der Individualität sei demnach nur unter Berücksichtigung von vier sogenannten Beobachtungsebenen möglich (Becker-Carus, 1976, 1979; Birbaumer, 1975; Fahrenberg, 1972; Lang, 1971):

1) die physiologisch biologische Ebene (elektrophysiologische und biochemische Indikatoren),

2) die subjektive introspektive Ebene (welche durch Interview erhoben wird),

3) die Verhaltensebene (Beobachtung),

4) die verbale Ebene (welche durch Ratingtechniken erhoben wird).

In den letzten Jahren häuften sich die Befunde, daß dem ursprünglichen Optimismus (z.B. Guttmann, 1968b) durchaus Berechtigung zukommt, wenn sich auch zeigt, daß vor allem erst komplexeren Auswertungen der ereignisbegleitenden kortikalen Potentiale, mit der Einbeziehung von kombinatorischen Effekten bzw. der Analyse von ständig ablaufenden kortikalen Regelprozessen, psychologische und psychodiagnostische Bedeutung zukommen könnten (z.B. Trimmel, 1988b).

Damit wurde auch der zunehmende Trend zur Erforschung der elektrophysiologischen Gehirntätigkeit in der Psychophysiologie skizziert, ein Umstand, auf den auch Andreassi (1988) hinweist. Befaßten sich 1964 nur 5% der Artikel in der Zeitschrift *Psychophysiology* mit der elektrischen Gehirnaktivität, waren es 1984 schon 33%. Vergleicht man den Zeitraum von 1964 bis 1973, so wurde eine Steigerung von 5% auf 25% beobachtet (Johnson, 1980). Bauer (1984a) sieht eine Ursache in der Hinwendung zur Registrierung zentralnervöser Vorgänge in der Tatsache, daß vor allem die langsamen Potentialänderungen im Kontext der psychologischen Forschung von hoher Relevanz und Verwertbarkeit gekennzeichnet sind.

Die sogenannten *langsamen Potentialänderungen* sind einerseits die elektrischen Gleichspannungsänderungen *(DC-shifts)*, zu denen auch "Kontingente Potentiale" (Haider, Groll-Knapp & Ganglberger, 1981) wie die *Contingent Negative Variation* (CNV; Walter, Cooper, Aldridge, McCallum & Winter, 1964) und das *Bereitschaftspotential* (Kornhuber & Deecke, 1964, 1965; Deecke, Scheid & Kornhuber, 1969) gerechnet werden, aber auch die *späten Komponenten* im evozierten Potential (z.B. der P300 Komplex, ein positiver Wellenkomplex mit einer Latenzzeit von ca. 300 msec; Sutton, Braren, Zubin & John, 1965). In letzter Zeit häufen sich die Arbeiten, wonach auch in den relativ frühen Teilen des ereigniskorrelierten Potentials (wie der N1 Welle des ereigniskorrelierten Potentials; vgl. Näätänen & Picton, 1987) psychologisch relevante Effekte abgebildet werden.

Die stärkere Berücksichtigung psychologischer Erkenntnisse in der Neurophysiologie bzw. der Rückgriff auf neurophysiologische Tatsachen in der Psychologie, oder ganz allgemein, der starke Trend zur interdisziplinären Erforschung der Zusammenhänge von Hirn und Verhalten ließ Papakostopoulos, Butler und Martin (1985) von *"Neuropsychophysiology"* sprechen. Sie verstehen die *Neuropsychophysiologie* als eine integrative Disziplin zur Erforschung der Zusammenhänge von Hirn und Verhalten, welche auf Erkenntnisse bzw. Methoden der Psychologie, Neurophysiologie, Pharmakologie, Anatomie, Psychiatrie, Biochemie, Zoologie und der Computerwissenschaft zurückgreift.

Von dieser Grundauffassung wird auch in der vorliegenden Monographie ausgegangen. Im folgenden sollen die wichtigsten Aspekte der Neuropsychophysiologie näher behandelt werden.

TEIL A: GRUNDLAGEN DER NEUROPSYCHOPHYSIOLOGIE

I BIOLOGISCHE GRUNDLAGEN

Eine umfassende Darstellung der biochemischen, neuroendokrinologischen, anatomischen und neurophysiologischen Grundlagen des psychischen Geschehens würde den vorliegenden Rahmen bei weitem sprengen. Ferner gibt es genügend mehr oder weniger spezielle Lehrbücher und Einführungen, welche auch diese Themen erschöpfend abhandeln (z.B. Adler, 1979; Andreassi, 1989; Becker-Carus, 1981; Birbaumer & Schmidt, 1989; Creutzfeldt, 1983; Deegener, 1978; Forssmann & Heym, 1975; Grossman, 1967; Guttmann, 1982b; Keidel, 1967; Kolb & Whishaw, 1980; Lindsley & Holmes, 1984; Oeser & Seitelberger, 1988; Rogge, 1981; Schandry, 1981; Seitelberger, in Druck; Schmidt, 1974, 1976), welche dem interessierten oder minderinformierten Leser angeraten werden.

Im folgenden sollen und können nur einige Aspekte grob beleuchtet bzw. einige der wichtigsten Grundbegriffe aufgezeigt werden.

I.1 Anatomisch topographische Aspekte

Nahezu alle für die praktische Anwendung interessanten kortikalen Potentiale werden von der Kopfhaut und nicht direkt vom oder im Gehirn abgeleitet. Aufgrund der räumlichen Distanz von den Potentialquellen (Nervenzellen bzw. Nervenzellverbände im Kortex und/oder tiefergelegenen Strukturen des Gehirns) zum Ableitort ist eine exakte Lokalisation der Potentialquelle(n) nicht möglich. Das heißt, daß mit elektrophysiologischen Methoden (bei Ableitungen von der Kopfhaut) nur eine bedingte Aussage über die Lokalisation der Potentialquelle(n) und damit über den Ort der gleichzeitig ablaufenden zentralnervösen Verarbeitung möglich ist.

Historisch betrachtet, versucht man seit der zweiten Hälfte des 19. Jahrhunderts – dem Beginn der Erforschung des Zusammenhangs von der Hirnrinde mit höheren und intellektuellen Leistungen – bestimmte psychische Qualitäten in speziellen Regionen der Hirnrinde zu lokalisieren *(Lokalisationstheorie)*. Die entsprechenden Methoden sind einerseits deskriptive anatomische Differenzierungen von Hirnrindenfeldern und andererseits elektrische Reizungen, Ausschaltversuche oder experimentell gesetzte Läsionen von umschriebenen Kortexarealen (z.B. Kleist, 1934). Der Versuch, auch detaillierteste psychische Funktionen zu lokalisieren (siehe Abbildung 2), trug diesem Bemühen den Namen "Hirnmythologie" ein (vgl. Creutzfeldt, 1983).

Gegen das oben erwähnte Bemühen um eine Lokalisationslehre wandte sich eine andere Forschungsrichtung (z.B. Monakow, 1914, zitiert nach Luria, 1973) unter anderem auch mit Argumenten der Gestaltspsychologie (Goldstein, 1927, zitiert nach Creutzfeldt, 1983) und aus Erkenntnissen tierexperimenteller Arbeiten (Lashley, 1929). So stehen sich seit der ersten Hälfte des 20. Jahrhunderts die Argumente der *"Holisten"* und "Lokalisationisten" gegenüber.

Abb. 2. Die Gliederung der Hirnrinde in Funktionsfelder nach Kleist (1934) ist nach Creutzfeldt (1983) in ihren Grundzügen zwar noch heute gültig, hinsichtlich vieler Details und der umschriebenen Lokalisation komplexer Funktionen aber übertrieben und deshalb im wesentlichen von eher historischer Bedeutung: A Ansicht von lateral, B von medial (aus Creutzfeldt, 1983, S. 4).

A

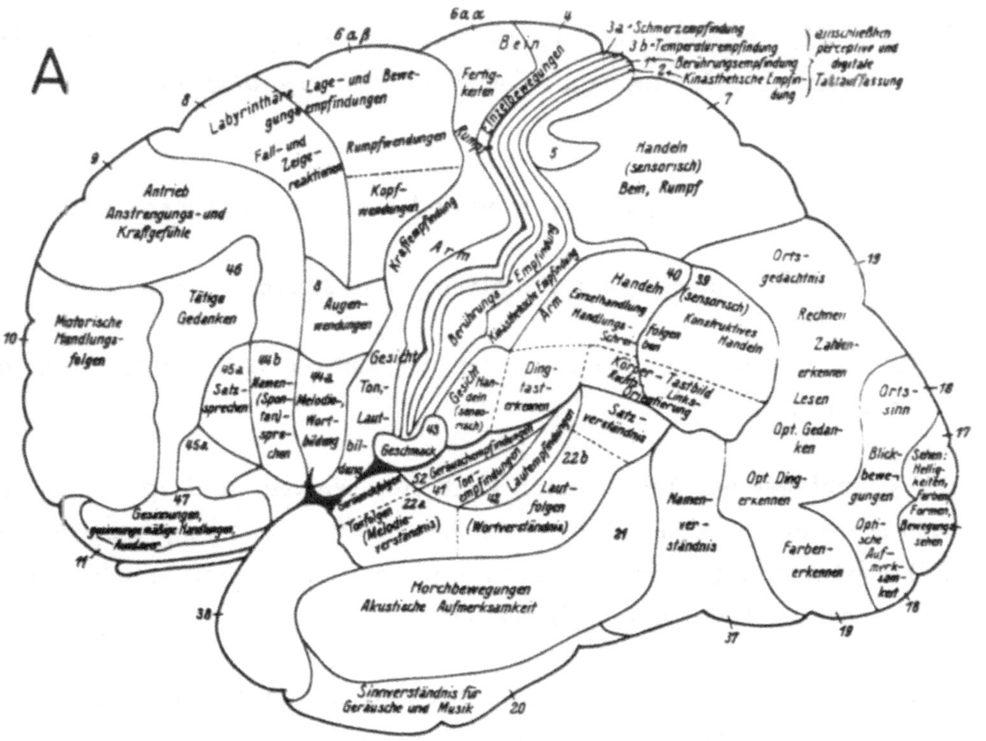
6aα
6aβ
4
3a - Schmerzempfindung
3b - Temperaturempfindung
1 - Berührungsempfindung
2 - Kinästhetische Empfindung
einschließlich perceptive und digitale Tastauffassung
Bein
Fertigkeiten
Einzelbewegungen
Labyrinthäre Lage- und Bewegungsempfindungen
Fall- und Zeigereaktionen
Rumpfwendungen
Rumpf
Kopfwendungen
Kraftempfindung
Arm
Handeln (sensorisch) Bein, Rumpf
Antrieb
Anstrengungs- und Kraftgefühle
Tätige Gedanken
Augenwendungen
Motorische Handlungsfolgen
Berührungs Empfindung
Kinästhetische Empfindung
Handeln
Einzelhandlung
Konstruktives Handeln
Orts-gedächtnis
Rechnen
Zahlen-erkennen
Lesen
Opt. Gedanken
Opt. Dingerkennen
Farbenerkennen
Ortssinn
Blickbewegungen
Optische Aufmerksamkeit
Satz-sprechen
Namen-(Spontan)-sprechen
Melodie-, Wort-bildung
Ton-, Laut-bildung
Gesicht
Geschmack
Dingtasterkennen
Körper-Tastbild
Satzverständnis
Geräuschempfindungen
Tonempfindungen
Lautempfindungen
Tonfolgen (Melodieverständnis)
Lautfolgen (Wortverständnis)
Namenverständnis
Horchbewegungen
Akustische Aufmerksamkeit
Sinnverständnis für Geräusche und Musik
Gesinnungen, gesinnungsmäßige Handlungen, Ausdauer
8
9
10
11
38
46
45a
44b
44a
43
47
52
41
42
22a
22b
21
5
7
40
39
19
18
17
37
20

B

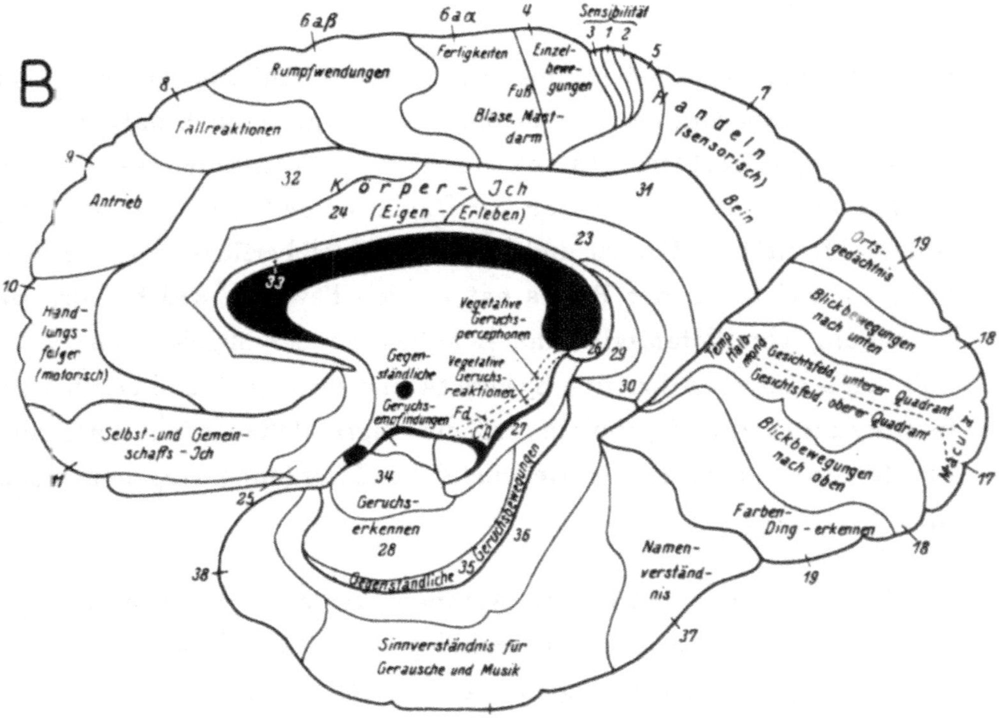
6aβ
6aα
4
Sensibilität
3 1 2
5
7
8
9
10
11
Rumpfwendungen
Fertigkeiten
Einzelbewegungen
Fuß
Blase, Mastdarm
Fallreaktionen
Handeln (sensorisch)
Bein
Antrieb
32
Körper-Ich
24 (Eigen-Erleben)
31
23
33
Handlungsfolger (motorisch)
Vegetative Geruchsperceptionen
Vegetative Geruchsreaktionen
Gegenständliche Geruchsempfindungen
Fd
CA
26
29
30
27
Selbst- und Gemeinschafts-Ich
25
34
Geruchserkennen
28
36
Geruchsbewegungen
Gegenständliche 35
Ortsgedächtnis
19
Blickbewegungen nach unten
18
Gesichtsfeld, unterer Quadrant
Gesichtsfeld, oberer Quadrant
Macula
17
Blickbewegungen nach oben
Farben-Ding-erkennen
Namenverständnis
38
37
Sinnverständnis für Geräusche und Musik
20

Luria (1973) legt den geistigen Funktionen "komplexe funktionale Systeme" zugrunde. Er unterscheidet dabei drei *"grundlegende funktionale Einheiten"*

1) "the unit for regulating tone and wakening and mental states",

2) "the unit for receiving, analysing and storing information",

3) "the unit for programming, regulation and verification of activity".

Die grundlegenden funktionalen Einheiten wirken wohlorganisiert zusammen und werden auch nicht bestimmten und eng umgrenzten Zellverbänden zugeordnet, sondern können auch in ganz verschiedenen Bereichen des Gehirns lokalisiert sein.

Die Zuordnung von geistigen Funktionen zu anatomisch beschreibbaren Lokalisationen muß auch heute als noch nicht abgeschlossen betrachtet werden.

Für die praktische Arbeit mit der Methode der Registrierung von Hirnpotentialen von der Schädeloberfläche ergeben sich aufgrund der Ausbreitungscharakteristika von elektrischen Potentialen weitere Einschränkungen der Lokalisation der Potentialquellen (zur Ausbreitung von Elektrizität im Gehirn und an der Schädeloberfläche siehe Elbert, 1985, Kapitel 8). In der Praxis hat es sich bewährt, daß bei der Beschreibung von Potentialen die Lokalisation der abgeleiteten Potentiale nach einem artifiziellen System beschrieben wird, und erst bei der Interpretation der Ergebnisse auf die zugrundeliegenden kortikalen Areale bzw. deren zugeschriebene(n) Funktion(en) Bezug genommen wird.

Die Lokalisation der von der Kopfhaut registrierten Hirnrindenpotentiale wird in der Elektroenzephalographie (EEG) inzwischen fast ausschließlich nach dem sogenannten 10-20-System (Jasper, 1958) angegeben. Nach diesem System werden die Elektrodenpositionen nach geometrischen Proportionen der Schädeloberfläche beschrieben. Dabei wird von den Fixpunkten Nasion, Inion und dem linken und rechten präaurikulären Punkt ausgegangen und dann in 10% bzw. 20% Abschnitte geteilt (siehe Abbildung 3).

Dieses System wurde auch von einem internationalen Komitee zur Erstellung von Publikationskriterien für ereignisbegleitende kortikale Potentiale (Donchin, Callaway, Cooper, Desmedt, Goff, Hillyard & Sutton, 1977) zur Beschreibung der Ableitpositionen angeraten. Homan, Herman und Purdy (1987) ordnen den Ableitpositionen des 10-20 Systems die genaue zerebrale Lokalisation zu.

Für den Fall, daß man von den vorgegebenen Positionen abweicht oder zusätzliche Elektroden appliziert, wurde empfohlen, die Position in Relation zu den Positionen des 10-20-System anzugeben. Eine wesentlich feinere Unterteilung der Elektrodenpositionen – welche vor allem für Potentialverteilungsstudien gedacht ist – wurde von Rémond und Torres (1964) empfohlen.

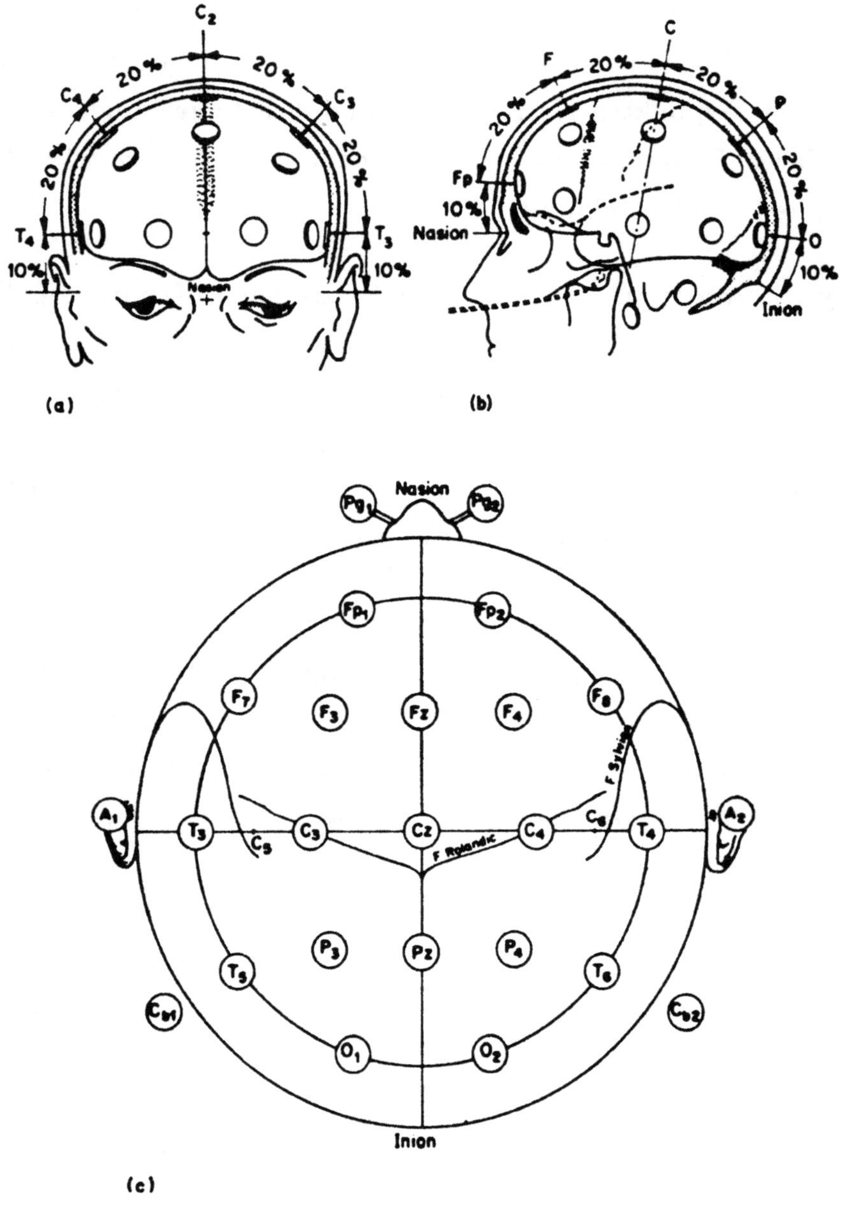

Abb. 3. Die Elektrodenpositionen nach dem 10-20-System (Jasper, 1958) von frontal (a), lateral (b) und von oben (c). (Aus Regan, 1972, S. 223.)

I.2 Das Elektroenzephalogramm (EEG)

Die Aktivität kortikaler Nervenzellen führt zu Potentialschwankungen, die von der Oberfläche der Hirnrinde, aber auch noch vom Skalp – naturgemäß abgeschwächt und etwas verfälscht (siehe: Cortex/Skalp EEG) – registriert werden können. Kortikale Potentialschwankungen wurden von DuBois-Reymond (1848-1884, zitiert nach Dichgans, 1982) und von Caton (1875) bei Tieren und am Menschen erstmals von Berger (1929) beschrieben. Rohracher hat in einer Reihe von Experimenten (z.B. Rohracher, 1937) vor allem die Auswirkungen von Sinnesreizen und deren Habituation – ohne sie so zu benennen – auf das EEG untersucht. In der Folge zeigte sich, daß bestimmte EEG-Muster neben pathologischen Störungen (Epilepsie, Tumoren etc.) auch verschiedenen *Leistungs- und Bewußtseinszuständen* (z.B. Groll, 1966) zugeordnet werden können (zur psychologischen Bedeutung des EEGs siehe auch Guttmann, 1982b). Guttmann zeigte auch, daß die Frequenzvariationen des EEGs nicht zufällig sind, sondern höheren Ordnungstendenzen (Periodizität) folgen (Guttmann, 1967a, 1967b, 1968a).

Guttmann (1972, 1982b) unterscheidet *Spontanaktivität* und *Synchronaktivität*. Zur Spontanaktivität lassen sich neben der schnelleren wellenartigen EEG-Aktivität (mit der traditionellen Unterteilung in Delta-, Theta-, Alpha-, Beta- und Gamma-Wellen; über neuere Entwicklungen zur Einteilung der EEG-Frequenzbänder siehe Kubicki, Herrmann & Laudahn, 1980) auch die langsam oszillierende Aktivität der Infraslow Potential Oscillations (ISPOs; z.B. Aladjalova, 1964) und Änderungen des Gleichspannungspotentials (O'Leary & Goldring, 1964), sofern deren Auftreten "spontan" erfolgt oder zumindest keinem Reiz zugeordnet werden können, einordnen. Der Synchronaktivität lassen sich alle jene elektrischen Potentialänderungen zuordnen, die während und nach einer Stimulation durch einen äußeren Reiz oder einem inneren Geschehen (z.B. eine Vorstellung) ablaufen.

Einem Vorschlag von Caspers (1974) folgend, halten Caspers, Speckmann und Lehmenkühler (1984) fest, daß alle Potentialänderungen von 0 bis 0,5 Hz als "DC potentials" bezeichnet werden sollten.

I.2.1 Zur Elektrogenese des EEGs

Eccles vermutete bereits 1951, daß die EEG-Wellen *postsynaptische Potentiale der kortikalen Nervenzellen* darstellen. Diese Vermutung konnte von Creutzfeldt und Mitarbeitern (Creutzfeldt, Fuster, Lux & Nacimiento, 1964; Creutzfeldt, Watanabe & Lux, 1966a, 1966b) bestätigt werden (siehe auch Creutzfeldt, 1971, 1983). Demnach sind die elektrischen Potentiale, welche als EEG-Potentiale von der Hirnrinde oder der Kopfhaut abgeleitet werden, summierte und weitestgehend synchron auftretende postsynaptische Potentiale kortikaler Neurone. Für die spontan auftretende EEG-Aktivität gilt, daß oberflächennegative Wellen mit der Depolarisation praktisch aller Neurone im Bereich der Ableitposition auftreten. Der Zusammenhang zwischen oberflächennegativen Potentialen und postsynaptischer Depolarisation ist allerdings nur bei höheren Tieren so eindeutig (Katzen, Primaten), während bei Kaninchen und Ratten auch bei langsamen Wellen die Beziehung umgekehrt ist, was mit der stärker ausgeprägten radialen Anordnung der Dendriten der Pyramidenzellen bei einem einfachen Kortex zusammenhängen dürfte (Creutzfeldt, 1983).

Neben den Nervenzellen dürften vor allem die Membranpotentiale der *Gliazellen* eine wichtige Rolle in der Elektrogenese spontaner und evozierter EEG-Aktivitäten spielen (z.B. Speckmann, Caspers & Elger, 1984). Im Gegensatz zu Nervenzellen generieren Gliazellen weder Aktionspotentiale noch postsynaptische Potentiale und unterscheiden sich von anderen Zellen dadurch, daß ihr Membranpotential von der extrazellulären Kaliumkonzentration beeinflußt wird. Da das Aktionspotential und das exzitatorische postsynaptische Potential (EPSP) durch einen Natriumeinstrom und einen Ausstrom von Kalium in den Extrazellulärraum entstehen, sind die funktionalen und räumlichen Wechselwirkungen von Nervenzellen und Gliazellen vielfältig (z.B. Lehmenkühler, 1979; Somjen, 1973, 1978). Besonders bei der Genese kortikaler DC-Potentiale erscheint eine Beteiligung der Gliazellen gesichert, obwohl die Nervenzellen die Hauptquelle der experimentellen DC-Potentialänderungen sein dürften, und andere Generatoren (wie z.B. die Blut/Hirnschranke) wirksam werden können (Caspers et al., 1984).

Daß es sich bei der EEG-Aktivität um eine von subkortikalen Strukturen gesteuerte Aktivität handelt, konnten Creutzfeldt und Struck (1962) zeigen. Wurde die Hirnrinde von den subkortikalen Strukturen getrennt, aber sonst mit Blut normal versorgt, konnten die rhythmischen Potentiale im spontanen EEG nicht mehr abgeleitet werden.

Andersen und Andersson (1968) beschrieben, daß sich einzelne Nervenzellen in den *spezifischen thalamischen Projektionskernen* mit den EEG-Wellen synchron entladen. Nachdem die Aktivität auf kleinste thalamische Zellgruppen und kortikale Felder in der Größenordnung von Quadratmillimetern beschränkt ist, liegt der Befund nahe, daß die "Schrittmacher" für die rhythmische kortikale Aktivität in den spezifischen – und nicht wie bis dahin angenommen in den unspezifischen – thalamischen Projektionskernen zu suchen sind. Mit der Annahme, daß rhythmische Aktivitäten eine typische Eigenschaft der thalamischen Zellverbände sind, erstellten sie die *"Fakultative Pacemaker Theorie"*, wonach die Aktivität im Kortex über thalamokortikale Fasern aus den Relay- und Assoziationskernen gesteuert wird. Über die Beteiligung subkortikaler Strukturen an den Funktionen des Kortex, vor allem die bedeutende Rolle des Thalamus – nach Nissel der Schlüssel zum Verständnis des Kortex (zitiert nach Creutzfeldt, 1983) – sei der Leser auf Creutzfeldt (1983) verwiesen.

Aufgrund der oben aufgezeigten Zusammenhänge darf aber nicht auf einen direkten Zusammenhang von der EEG-Wellenaktivität mit der Spikeaktivität geschlossen werden. Da sowohl inhibitorische postsynaptische Potentiale (IPSP) als auch exitatorische postsynaptische Potentiale (EPSP) der EEG-Aktivität zugrunde liegen, kann zwar in einzelnen Zellen ein Zusammenhang von Spike- und Wellenaktivität beobachtet werden, er ist jedoch auf keinen Fall zwingend (z.B. Li & Jasper, 1953). Vergleichbares gilt für den Zusammenhang von Gleichspannungspotential und Spikeaktivität. Fromm und Bond (1967) beschrieben nämlich eine erhöhte Spikeaktivität für oberflächenpositive Potentiale und in anderen Neuronen für oberflächennegative Potentiale.

I.2.2 Zur Elektrogenese ereigniskorrelierter Potentiale

Bei der Elektrogenese "evozierter Potentiale" sind nach dem Modell von Creutzfeldt (1971) die Zuordnungen etwas diffiziler. Am Beispiel eines visuell evozierten Potentials (VEP) läßt sich zeigen, daß die afferente Aktivität einerseits nicht völlig synchron abläuft und andererseits durch einen Lichtreiz ein Teil der retinalen Zellen erregt (ON-Zellen) und ein anderer Teil (OFF-Zellen) gehemmt wird. An den kortikalen Zellen konvergieren Fasern von verschiedenen retinogeniculären Elementen, sodaß je nach dem Überwiegen hemmender oder erregender Impulse in jeder Zelle ein etwas anderes Erregungsmuster entsteht.

Nach Goff, Allison und Vaughan (1978) reflektieren die meisten ereigniskorrelierten Potentiale den durch Polarisation und Depolarisation der Neuronen entstehenden *Potentialgradienten*. Für einige sehr frühe Komponenten der sensorisch evozierten Potentiale (z.B. N14) wurde aber auch ein klarer Zusammenhang mit Aktionspotentialen gezeigt. Karmos, Molnar, Csepe, Winkler und Grinchenko (1986) beschrieben ebenfalls einen direkten Zusammenhang zwischen *Spikeaktivität* und der Negativität im "frühen" exogenen evozierten Potential, und daß die (mit einer mittleren Latenz) nachfolgende Positivität von einer reduzierten Spikeaktivität begleitet war. Für mittel- und langlatente ereigniskorrelierte Potentiale wird angenommen, daß sie die exitatorischen und inhibitorischen *postsynaptischen Potentiale* bzw. deren Summenpotential repräsentieren. Leider ist es nicht möglich, vom Potentialverlauf allein zu bestimmen, ob exitatorische oder inhibitorische Potentiale für eine bestimmte Komponente im ereigniskorrelierten Potential verantwortlich sind.

Der meistversprechende Ansatz zur Aufhellung der Zusammenhänge von ereigniskorrelierten Potentialen und Einzelzellaktivität ist die gleichzeitige Ableitung beider Phänomene, wie es in den Arbeiten von Creutzfeldt (z.B. 1971, 1983) und seinen Mitarbeitern gemacht wird. Daraus läßt sich erkennen, daß:

1) langsame positive Komponenten des ereigniskorrelierten Potentials mit neuronaler Inhibition einhergehen, während

2) rasche, oberflächenpositive Potentiale mit einer exitatorischen Tätigkeit einhergehen.

3) Diese Zusammenhänge gelten nur für idealisierte kortikale Neuronen bzw. für ein gemitteltes (durchschnittliches) postsynaptisches Potential vieler Neuronen.

Vergegenwärtigt man sich, daß jedes ereignisbegleitende kortikale Potential eine zeitliche und räumliche Summation der Potentiale zahlreicher kortikaler Zellen und einen Mittelwert zahlreicher Ereignisse (auf die Mittelungstechnik wird weiter unten eingegangen) darstellt, erklärt sich zum einen die teilweise komplexe Struktur des Potentials (mit zum Teil oft nur angedeuteten Komponenten) und zum anderen die relative Eingeschränktheit der Aussagekraft zu Verhaltenskategorien und Leistungscharakteristika der Person.

In einem zusammenfassenden Artikel über die funktionalen Grundlagen des ereigniskorrelierten kortikalen Potentials weisen Goff et al. (1978) darauf hin, daß über die neuronalen Grundlagen der einzelnen Komponenten der meisten EPs nur sehr wenig und über die Grundlagen der langsamen Komponenten (wie der CNV) noch viel weniger bekannt ist.

Auf Grund experimenteller Befunde, wie der Polaritätsinversion von der Oberfläche zur Tiefe (z.B. Rowland & Anderson, 1971), wird davon ausgegangen, *daß langsame ereigniskorrelierte Potentiale, wie die CNV, postsynaptische Potentiale in den Pyramidenzellen reflektieren.* Bei der Untersuchung, ob sie hauptsächlich exitatorische oder inhibitorische Potentiale reflektieren, deuten die empirischen Befunde, wie oberflächennegative langsame Potentiale während der Lernphase (z.B. Sheafor & Rowland, 1974) und im "delayed response task" (z.B. Stamm & Rosen, 1972) bei gleichzeitig vermehrtem Auftreten von Aktionspotentialen (z.B. Fuster, 1980), auf eine *Depolarisation der Dendriten*, was bereits von Goldring, O'Leary und King (1958) vorgeschlagen wurde.

In thalamischen Ableitungen (Rebert, 1973; Yingling & Skinner, 1975) wurde ebenfalls eine vermehrte Erregungsaktivität während negativer Potentiale und eine verminderte Aktivität während positiver Potentiale festgestellt.

Goff et al. (1978) vermuten, daß auch das Bereitschaftspotential eine Depolarisation der Dendriten darstellt.

Gerbrandt und Fowler (1980) zeigten im Tierversuch, daß eine taktile oder elektrische Stimulation der Formatio Reticularis nicht nur zu einer synchronisierten Hippokampusaktivität führt, sondern für die

Dauer der Stimulation auch zu negativen Gleichspannungsänderungen im Hippokampus und im Neokortex (im Motorkortex, somatosensorischen und parietalen Kortex und mit kleinerer Amplituden am frontalen und posterioren Kortex). Da gleichzeitig im Hypothalamus Gleichspannungsänderungen gefunden wurden, schließen die Autoren, daß *langsame Potentialänderungen ein generelles Indiz für Aktivierung sind*, aber mit einer unerwarteten Heterogenität in Anatomie und Physiologie. Da die größten Potentialänderungen in Strukturen mit hoher Dichte von Gliazellen gefunden wurden, diskutieren die Autoren den möglichen Beitrag von Gliazellen in der Genese von langsamen Potentialen. Obwohl derzeit über funktionale Zusammenhänge von Gliazellen und Neuronen wenig bekannt ist, erscheint es evident, daß Gliazellen einen vielfältigen Beitrag im neurofunktionalen Geschehen leisten könnten (vgl. Lindsley & Holmes, 1984; Staschen, Lehmenkühler, Zidek & Caspers, 1987).

Andererseits zeigen experimentelle Befunde, daß oberflächennegative Potentiale nicht immer mit einer vermehrten Erregungsaktivität einhergehen. Fromm und Bond (1967) berichteten, daß es Neuronen gab, welche unter oberflächenpositiven Potentialen eine vermehrte Erregungsaktivität zeigten und unter oberflächennegativen Potentialen die Aktivität einstellten. In anderen Neuronen wurde auch das umgekehrte Muster gefunden; daraus ergibt sich, daß derzeit eine obligatorische Zuordnung von langsamen Potentialänderungen und Erregungsaktivität nicht möglich erscheint.

II TECHNISCHE GRUNDLAGEN

Die Anwendung elektrophysiologischer Methoden ist an die Verwendung elektrischer Meßgeräte gebunden. Die z.T. und vor allem für den meßtechnischen Laien kompliziert erscheinenden Apparaturen bzw. deren adäquate Handhabung sind also eine unbedingte Voraussetzung für die Anwendung elektrophysiologischer Methoden. Für einen nicht meßtechnisch ausgebildeten Anwender besteht zwar die Möglichkeit, ein voll funktionstüchtiges Meß- und Auswertesystem zu benützen, doch werden ihm viele Einschränkungen und Fehlermöglichkeiten nicht bewußt sein.

Im folgenden soll und kann auch weder eine Einführung in die bioelektrische Meßtechnik (siehe dazu: Bukstein, 1970; Meyer-Waarden, 1975) noch in die psychophysiologischen Registriertechniken (siehe: Adler, 1979; Bauer, 1984a; Becker-Carus, Heyden & Ziegler, 1979; Lanc, 1977; Lutzenberger, Elbert, Rockstroh & Birbaumer, 1985; Martin & Venables, 1980; Rogge, 1981, Kap. 2; Schandry, 1981, Kap. 4; Schönpflug, 1969; Schramm, 1985; Stern, Ray & Davis, 1980; Thompson & Patterson, 1973, 1974a, 1974b; Venables & Martin, 1967) gegeben werden, sondern es können nur einzelne Aspekte beleuchtet werden.

Die fehlerfreie Erfassung von Biosignalen ist die Grundlage aller psychophysiologischen Messungen. Unter Signal wird die zeitliche Änderung einer physikalischen Größe verstanden, wenn sie Information enthält. Die Information selbst kann dabei in den Änderungen der Amplitude, der Frenquenz, der Wellenform usw. enthalten sein und dekodiert werden. Die Änderung einer physikalischen Größe ohne Informationsgehalt wird als Rauschen bezeichnet. Beide Begriffe stammen aus der Nachrichtentechnik und werden in der Biosignalverarbeitung verwendet, wobei man unter Biosignal ein vom lebenden Organismus stammendes Signal versteht.

Bis zur inhaltlichen Verwertung der Information eines Biosignals (und von ereignisbegleitenden kortikalen Potentialen im besonderen) sind aber eine Reihe technischer Schritte notwendig, wie die Ableitung, Verstärkung, Digitalisation, eventuell eine zusätzliche Filterung und die Dekodierung des Signals, z.B. durch die Mittelungstechnik oder eine Frequenzanalyse.

II.1 Biosignale

Informationen über psychophysiologische Vorgänge können sich in einer Reihe von elektrischen und chemischen Parametern widerspiegeln. Bei den elektrischen Biosignalen kann man direkte bioelektrische Signale und indirekte bioelektrische Signale unterscheiden. Die bedeutendere Gruppe sind die direkten bioelektrischen Signale (die eigentlichen bioelektrischen Signale), die durch Aktivität von körpereigenen Spannungsgeneratoren entstehen. Zu ihnen gehören u.a. die elektrischen Änderungen, welche mit Muskelaktivitäten einhergehen (das Elektromyogramm), die Hirnströme (das Elektroenzephalogramm) und zahlreiche andere elektrische Potentialänderungen des Organismus. Indirekte bioelektrische Aktivitäten lassen sich durch die Applikation einer externen Spannungs- oder Stromquelle erfassen und messen, wie z.B. die Änderungen des elektrischen Widerstandes und des Leitwertes (z.B. Widerstands- und Leitwertsänderungen der Haut). Zahlreiche nichtelektrische Biosignale, wie Körpertemperatur, Blutdruck, Atemtätigkeit, Magenmotilität usw., lassen sich mit sogenannten Meßwandlern in elektrische Signale überführen.

Für die Neuropsychophysiologie sind außer dem eigentlichen Untersuchungsgegenstand, dem Elektroenzephalogramm, auch viele andere direkte bioelektrische Signale neben ihrem inhaltlichen Aspekt vor allem als potentielle Artefaktquellen von Bedeutung.

II.2 Ableitung bioelektrischer Signale

Die Ableitung elektrischer Spannungsdifferenzen zwischen zwei Punkten des Organismus (den Ableitorten) erfolgt mit Elektroden. Sie stellen die Verbindung zwischen dem leitenden Gewebe, in dem die elektrische Aktivität abläuft und dem Eingang des elektronischen Verstärkers dar. An der Elektrode erfolgt der Übergang von der *Ionenleitung* (der elektrischen Leitung in Flüssigkeiten) zur *Elektronenleitung* (der elektrischen Leitung im Metall). Die elektrischen Eigenschaften der Elektroden werden dabei von der Art des Metalles bestimmt und können durch Änderungen an der metallischen Oberfläche verändert werden.

II.2.1 Elektroden

Entsprechend den vielen Möglichkeiten, wie Biopotentiale abgeleitet werden können, gibt es zahlreiche Elektrodenarten und verschiedene Klassifikationen.

Geddes (1972) unterscheidet:

1) Oberflächenelektroden (Metallplattenelektroden, Eintauchelektroden, Saugelektroden, Metallscheibenelektroden, "Low-Mass" Elektroden, "Silver Cloth" Elektroden, "Recessed" Elektroden, Vielfachelektroden, Metallfilmelektroden und Conducting-Rubber" Elektroden;

2) "Subintegumental" Elektroden (Nadelelektroden, Klemmelektroden und Tiefenelektroden); und

3) "Intracellular" Elektroden (Mikroelektroden).

Entsprechend der Registrierung des EEGs unterscheiden Cooper, Osselton und Shaw (1984):

1) Skalpelektroden (Scheibenelektroden, Becherelektroden, Nadelelektroden);

2) Sphenoidalelektroden, welche durch das Muskelgewebe eingestochen werden;

3) Nasopharyngalelektroden, welche durch das Nasenloch eingeführt werden und zur Registrierung von der medio-basalen Oberfläche des Temporallappens dienen;

4) Kortexelektroden werden nach Entfernung des Schädelknochens auf das freigelegte Gehirn aufgelegt;

5) Intrazerebrale Elektroden sind meist aus Stahl oder Gold und können nicht nur zur Registrierung des EEGs (vgl. auch Karmos, Molnar & Csepe, 1982), sondern auch zur Reizung oder zum Setzen von Läsionen verwendet werden.

Für die *Angewandte Psychophysiologie* kommen aus Gründen der Praktikabilität und aus ethischen Gründen fast ausschließlich Oberflächenelektroden zur Anwendung. Intrazerebrale Ableitungen sind nur im Rahmen von medizinisch notwendigen Eingriffen, wie z.B. während stereotaktischer Operationen (z.B. Ganglberger, Groll-Knapp, Haider, Schmid & Trimmel, 1983) vertretbar und haben in der angewandten Psychophysiologie ebenso wie die zahlreichen anderen Ableitarten derzeit keine praktische Bedeutung. Mit der nasopharyngealen Ableittechnik (z.B. Schellenberg, Christoph, Kluba, Knorr, Siewert, Schindler & Linsel, 1988, welche eine reduzierte Hippokampus-Theta-Aktivität als Ausdruck eines gestörten Informationsverarbeitungsmechanismus bei Personen mit Schizophrenie fanden) könnten auch Ableitungen vom Hippokampus – für spezielle Untersuchungen bzw. Fragestellungen – durchgeführt werden.

Da in der angewandten Neuropsychophysiologie vor allem die sogenannten langsamen Anteile des ereigniskorrelierten Potentials bzw. Gleichspannungsänderungen als interessant erscheinen, kommt in der Praxis hauptsächlich den nicht polarisierbaren Oberflächenelektroden die größte Bedeutung zu. Aufgrund der elektrischen und mechanischen Eigenschaften hat sich die Verwendung von kommerziell angebotenen gesinterten Silber/Silberchlorid-Scheiben, welche in einem Kunststoffgehäuse eingegossen sind (im folgenden vereinfacht gesinterte Silber/Silberchlorid-Elektrode genannt), durchgesetzt. Einige Aspekte von gesinterten Silber/Silberchloridelektroden, wie das Elektrodenpotential und die Verwendung von Kontaktvermittlern, werden im folgenden beleuchtet.

II.2.2 Elektrodenpotential

Taucht man eine Elektrode in eine leitende Lösung, kann man zwischen der Elektrode und der Lösung das sogenannte Elektrodenpotential messen, welches vom jeweils verwendeten Metall, der Lösung und von der Temperatur abhängt (zum Aufbau und zur Aufrechterhaltung des Elektrodenpotentials siehe Cooper et al., 1984; Geddes, 1972). Das Elektrodenpotential kann je nach Metall 1 V oder mehr betragen (also ein Vielfaches des Biosignals!).

Für die praktische Anwendung ist allerdings nur die Differenz der Elektrodenpotentiale zwischen den verwendeten Elektroden (die Elektrodenpotentialdifferenz) bzw. deren Zeitverhalten, also die Stabilität der Elektrodenpotentialdifferenz, relevant.

Bei der Verwendung von Wechselspannungsverstärkern spielt das Elektrodenpotential solange keine Rolle, als nicht Zeitkonstanten (die *Zeitkonstante* ist jene Zeit, während der die Amplitude einer Sprungfunktion auf 36,2% ihres Anfangswertes sinkt) verwendet werden, welche im Zeitbereich der Änderung der Elektrodenpotentialdifferenz liegen.

II.2.3 Elektrodenselektion

Für die Registrierung von Gleichspannungspotentialen ist das Elektrodenpotential von grundlegender Bedeutung. Bei der Messung des sogenannten *Bestandspotentials* addiert sich die Elektrodenpotentialdifferenz zum Biopotential. Bei Messungen von biologischen Gleichspannungs*änderungen* addiert sich die Änderung der Elektrodenpotentialdifferenz zur biologischen Gleichspannungsänderung. Da die Änderung der Elektrodenpotentialdifferenz in den ersten Stunden nach der Applikation in der Regel nicht monoton verläuft (Trimmel & Groll-Knapp, 1984; siehe Abbildung 4), ist – zumindest in dieser Zeit – auch eine rechnerische Korrektur nicht möglich. Eine Lösung des Problems besteht darin,

1) die Elektroden entsprechend der Amplitude und dem Verlauf der Elektrodenpotentialdifferenz paarweise vorzuselektieren (Elektrodenselektion) und

2) bereits einige Stunden vor der Gleichspannungsableitung zu applizieren (oder zumindest mit dem Kontaktvermittler zu füllen und luftdicht abzuschließen), da sich zeigte, daß nach einigen Stunden nur mehr geringe Elektrodenpotentialdifferenzänderungen auftreten.

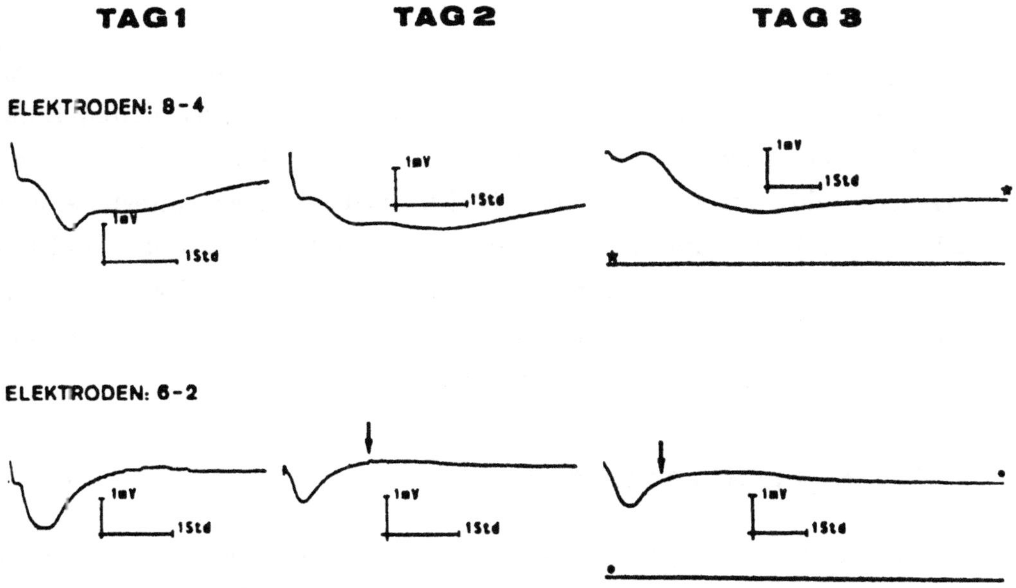

Abb. 4. Der Verlauf der Elektrodenpotentialdifferenz an 2 Elektrodenpaaren an 3 aufeinanderfolgenden Tagen. Zu den markierten Zeitpunkten wurde am Elektrodenpaar die Zusammenklebung für 1 Minute unterbrochen (aus Trimmel & Groll-Knapp, 1984, S. 21).

II.2.4 Thermische Einflüsse

Für das Elektrodenpotential bzw. dessen Stabilität stellt die Umgebungstemperatur einen wichtigen Faktor dar, weil das Elektrodenpotential temperaturabhängig ist. So hat Silberchlorid einen Temperaturkoeffizienten von +213 μV/ °C (Bethune, 1964; zitiert nach Geddes, 1972). Da es bei Ableitungen von Biosignalen durchaus denkbar ist, daß ein Ableitort sich mehr erwärmt als der andere (z.B. durch erhöhte Durchblutung), würde damit das Elektrolyt/Elektroden Potential unterschiedlich verändert werden. Auch eine gleiche Erwärmung beider Elektroden ist keine Garantie für eine gleichbleibende Elektrodenpotentialdifferenz, weil der Spannungs/Temperatur-Verlauf von verschiedenen Elektroden nie genau gleich ist.

In der Praxis erzielt man die relativ genauesten Ergebnisse dann, wenn man die Elektrolyt/Elektroden Interfaces (also die eigentlichen Elektroden) thermisch koppelt und thermisch stabilisiert. Girton und Kamiya schlugen 1974 vor, das Elektrolyt/Elektroden Interface vom Elektrolyt/Haut Interface mit flexiblen, mit Elektrolyt gefüllten Schläuchen zu trennen und thermisch zu verbinden. Sie erreichten damit eine beachtliche Stabilität mit einer Drift der Elektrodenpotentialdifferenz von nur 0,5 μV/Stunde.

II.2.5 Kontaktvermittler

Der elektrische Übergang vom Gewebe zur Elektrode wird mit einem Kontaktvermittler (Elektrolyt, Elektrodenpaste, Elektrodengel) hergestellt. Bei Biosignalableitungen im Mikrovoltbereich und im besonderen bei Langzeitableitungen werden nach Zipp, Hennemann, Grunwald und Rohmert (1980) Leistungsanforderungen in fünf Merkmalsgruppen gestellt:

1) Elektrische Langzeitkontaktsicherheit (Austrocknungsneigung, Resorbierbarkeit, Verflüssigungsneigung),

2) Meßgenauigkeit (Größe der Bewegungsstörspannung, spontane Störspannungen, Reduktion der Hautimpetanz, Rauschen, Offsetgleichspannung),

3) Akzeptabilität (Hautverträglichkeit, Aussehen, Geruch),

4) Praktikabilität (Reinigungsfreundlichkeit, Vorratsanzeige, Dosierbarkeit),

5) Wirtschaftlichkeit (Kosten, Lagerfähigkeit, Korrosion der Elektroden).

Bei der Untersuchung von 18 handelsüblichen Kontaktvermittlern waren die Unterschiede in den einzelnen Leistungsmerkmalen zum Teil beträchtlich (Zipp et al., 1980).

Für Gleichspannungsableitungen konnte kein signifikanter Unterschied in der Elektrodenpotentialdifferenz zwischen Beckman Electrode Electrolyte (NDC 0324-0045-06) und Siemens Elektroden-Gelee (Art. No. 4504213 EH0 14) gefunden werden, während für einen nicht chloridhaltigen Kontaktvermittler wie Parker Spectra 360 Electrode Gel (NHRIC 0.341-0021-08) naturgemäß eine vielfache Elektrodenpotentialdifferenz gemessen wurde (Trimmel, Groll-Knapp & Haider, 1982).

II.2.6 Lagerung der Elektroden

Werden für chlorierte Silber/Silberchloridelektroden noch Hinweise auf die Lagerung (z.B. Aufbewahrung in Wasser oder Salzlösung) gegeben (Cooper et al., 1984), so gab es jedoch lange Zeit keine verbindlichen Empfehlungen für die sachgerechte Lagerung von gesinterten Silber/Silberchloridelektroden, welche in der psychophysiologischen Praxis meistens verwendet werden. In der Praxis hat jedes Labor sein eigenes mehr oder weniger begründetes Verfahren, wobei die Empfehlungen für Silber/Silberchloridelektroden (welche auf Janz & Taniguchi, 1953 und Taniguchi & Janz, 1957 zurückgehen) oft unkritisch übernommen werden.

Messungen der Elektrodenpotentialdifferenz nach Lagerungen in Salzlösung, destilliertem Wasser, Kontaktvermittler und einer trockenen Lagerung zeigten, daß alle feuchten Lagerungen zu höheren Elektrodenpotentialdifferenzen führten als die trockene Lagerung (Trimmel & Groll-Knapp, 1984). Nach trockener Lagerung wurden über den Zeitraum von zwei Stunden durchschnittliche Elektrodenpotentialdifferenzen im Bereich von 200 - 300 μV gemessen (siehe Abbildung 5).

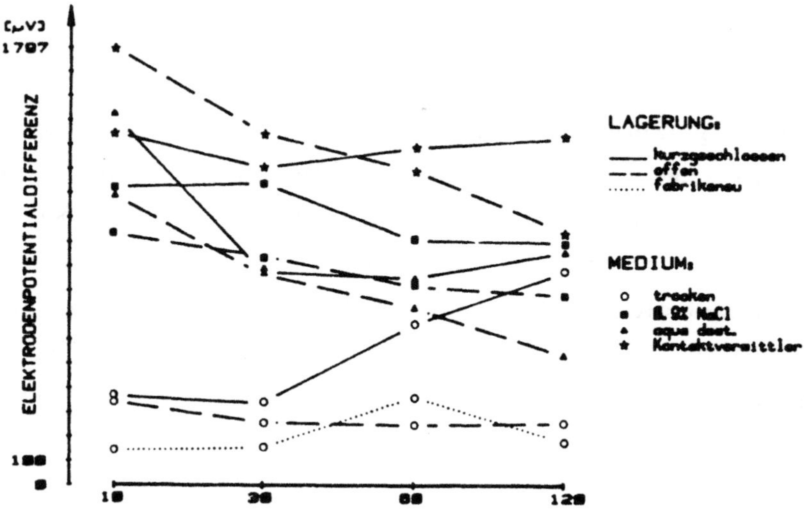

Abb. 5. Der Verlauf der Elektrodenpotentialdifferenz in Abhängigkeit von der Lagermethode und dem Lagermedium (Mittelwerte, n = 40). (Aus Trimmel & Groll-Knapp, 1984, S. 19.)

Bei feuchter Lagerung gibt es ferner die Möglichkeit, über die Elektrodenstecker einen Kurzschluß herzustellen, in der Meinung, daß sich die Elektrodenpotentiale ausgleichen. Empirische Daten zeigten, daß durch die "Kurzschlußlagerung" höhere Elektrodenpotentialdifferenzen gemessen wurden als ohne Kurzschluß (Trimmel & Groll-Knapp, 1984). Ferner konnte festgestellt werden, daß die Kurzschlußlagerung zu morphologischen Veränderungen der gesinterten Silber/ Silberchloridelektroden führten, sodaß sie dann auch bei offener Lagerung erhöhte Elektrodenpotentialdifferenzen zeigten (siehe Abbildung 5), bzw. daß die Kurzschlußlagerung sogar zur Zerstörung des Sinterblockes führen kann.

II.2.7 Korrektur des Elektrodenpotentials

Eine exakte Methode zur kontinuierlichen Messung des Elektrolyt/Elektroden Potentials und der rechnerischen Korrektur der Biopotentialmessung schlug Bauer (1984a, 1986) vor. Dabei wird mit einem sogenannten Elektrolytschalter zwischen der meßtechnischen Erfassung des Biosignals plus der Elektrolyt/Elektroden Potentiale und der Messung des Elektrolyt/Elektroden Potentials ohne Biosignal umgeschaltet. Berechnet man die Differenz von der Messung des Biosignals plus Elektrolyt/Elektroden Potential minus dem Elektrolyt/Elektroden Potential, ist es annähernd kontinuierlich möglich, das Biosignal ohne das Elektrolyt/Elektroden Potential zu erhalten.

II.2.8 Elektrodenpositionen

Die Wahl der Ableitorte richtet sich nach der Fragestellung (und eventuell nach den technischen Möglichkeiten), wobei die Elektrodenpositionen nach dem sogenannten 10-20-System (Jasper, 1958) angegeben werden sollen (siehe auch anatomisch topographische Aspekte). Im Falle von sogenannten "quasiunipolaren Ableitungen" wird als Referenzposition (Bezugspunkt) oft das Mastoid (der Knochen hinter dem Ohr) oder das Ohrläppchen gewählt bzw. eine elektrische Verbindung der beiden Mastoid- oder Ohrläppchenelektroden. Nach Picton und Hillyard (1972) treten am Ohrläppchen die geringsten Hautpotentiale auf, sodaß dieser Bezugspunkt besonders für die Registrierung langsamer Potentiale empfohlen werden kann.

Manchmal wird auch eine nichtzephalische Referenzposition (noncephalic reference; Lehtonen & Koivikko, 1971), also eine Referenzposition außerhalb des Kopfbereiches, verwendet. Bei dieser muß aber der Einfluß des Elektrokardiogramms (EKG) durch eine elektrische Schaltung ausgeschaltet werden. Dabei werden zwei dem Herzen diametral liegende Referenzpositionen verwendet, welche über ein Potentiometer verbunden sind. Ein mit dem Potentiometer einzustellendes Mittel dient dann als eigentliche Referenz.

II.2.9 Elektrodenapplikation

Vor der eigentlichen Applikation von Oberflächenelektroden muß die betreffende Hautstelle mit Alkohol entfettet und gereinigt werden. Besonders für die Ableitung von Gleichspannungsänderungen empfiehlt es sich, die Hautstelle zur Verringerung des Hautpotentials weiter vorzubereiten (siehe elektrische Hautaktivität). Bei der anschließenden Befestigung der Elektroden hat sich an behaarten Hautstellen ein Festkleben mit Kollodium und an blanken Hautstellen die Befestigung mit Kleberingen bewährt. Bei becherförmigen Silber/Silberchloridelektroden wird erst nach der Befestigung der Kontaktvermittler (z.B. mit einer stumpfen Injektionsnadel) in den Becher eingebracht. Das Lösen der Kleberinge ist unproblematisch und das Lösen der mit Kollodium geklebten Elektroden erfolgt mit Azeton, wobei wegen der Reizwirkung von Azeton darauf zu achten ist, daß keine Flüssigkeit in die Augen gerät. Bei besonders empfindlicher Haut, unangemessenem Kontaktvermittler (siehe Zipp et al., 1980) u.ä. kann eine Versorgung der Ableitstelle angeraten sein.

Bällchenelektroden, wie sie meistens im klinischen Routinebetrieb verwendet werden, sollen vorher in einer Kochsalzlösung getränkt werden. Sie halten durch ein vorher aufgesetztes Gumminetz. Bei dieser Methode ist die Applikation zwar schneller, doch kann sie, vor allem bei längerdauernden Ableitungen, aufgrund des dauernden Druckes zu Irritationen des Probanden führen.

Die Praxis zeigt, daß gerade die Vorbereitung zur Ableitung und auch die Elektrodenapplikation von Labor zu Labor zum Teil erheblich differiert. So ist es z.B. manchmal auch üblich, die Ableitstelle vorher mit Kontaktvermittler einzureiben (z.B. Lutzenberger et al., 1985), und auch bei der Wahl eines Verfahrens zur Verringerung des Hautpotentials läßt sich kein einheitliches Vorgehen beobachten. Zur Elektrodenapplikation siehe auch z.B. Cooper et al., 1984.

II.3 Bioelektrische Verstärker

Das in der Neuropsychophysiologie interessierende Biosignal bewegt sich in der Größenordnung von einigen μV (1 μV = 0,000001 Volt); im Falle der Hirnstammpotentiale und einiger anderer ereigniskorrelierter Potentiale sogar in der Größenordnung von nur einigen 1/10 μV. Um das Signal aber elektronisch zu verarbeiten (z.B. speichern, digitalisieren, filtern, mitteln usw.), ist es notwendig, das Signal dermaßen zu verstärken:

1) daß die kleinste interessierende Einheit sich vom elektronischen Rauschen abhebt (Auflösung) und

2) daß der ganze Signalumfang abgebildet werden kann, ohne daß es zu Überschreitungen des elektronischen Arbeitsbereiches eines Gerätes kommt (Übersteuerung).

Die meisten elektronischen Geräte haben einen Arbeitsbereich in der Größenordnung von 0,5 bis 10 Volt und eine Auflösung von meistens 8 oder 12 bit (entspricht 256 bzw. 4096 Unterteilungen). Um ein EEG mit einer Amplitude von +/- 50 μV auf einen Arbeitsbereich von +/- 5 V zu verstärken, ist eine Verstärkung von 100.000 notwendig, wobei bei einem 12 bit System dann noch 0,025 μV des Biosignals aufgelöst werden können, sofern der Rauschpegel des elektrischen Ableitsystems dies zuläßt.

Für Gleichspannungsableitungen – wo mit einer Offset-Spannung bis zu 100 mV (verursacht durch die Haut, Elektroden usw.) am Verstärkereingang gerechnet werden muß – reicht die oben beschriebene Auflösung von 12 bit nicht mehr aus, um das Biopotential adäquat zu beschreiben (bei einem Eingangssignal von +/- 10 mV können mit 12 bit nur 5 μV aufgelöst werden). Zur Lösung des Problems haben sich zwei Methoden bewährt:

1) Die elektronische Kompensation des – meistens für die Messung nicht interessanten – Offset-Wertes, entweder mit Handabgleich oder automatisch;

2) die Verwendung des analogen Bioverstärkers hauptsächlich zur Impetanzwandlung und zur Patiententrennung (z.B. mit Verstärkung 10) und die digitale Weiterverarbeitung in einem 16-bit System.

Bei der elektronischen Kompensation des Offset-Wertes ist darauf zu achten, daß der Offset-Pegel erst nach der ersten Verstärkerstufe (diese muß dann den vollen Signalumfang aussteuern können) erfolgen soll, da sich die Messung mit einer Kompensation direkt an der Elektrode von einer "normalen Messung" in unbekannter Weise unterscheiden kann. Bei einigen Gleichspannungsverstärkern ist ein händischer Pegelabgleich eingebaut (z.B. Zak Bioverstärker) oder läßt sich mit einiger technischer Erfahrung nachträglich einbauen (z.B. für Princeton PAR 16).
Eine Version, bei der der Abgleich elektronisch erfolgt, sobald das Signal an die Grenzen des Arbeitsbereiches kommt, wurde in den 70er Jahren am Institut für Psychologie der Universität Wien entwickelt (Bauer, Steinringer & Schock, 1980). In diesem System wird auch die Information über die Kompensation an den Computer weitergegeben, sodaß das volle Eingangssignal rekonstruiert werden kann.

Meßtechnisch betrachtet, kann eine einfache Verstärkerstufe (im Gegensatz zum Differentialverstärker) immer nur die Potentialdifferenz zwischen dem Eingang und der gemeinsamen Erde verstärken. Damit erhält man am Ausgang nicht nur das verstärkte Eingangssignal, sondern auch Störungen, welche von der Erde herrühren. Die meisten

Bioverstärker verwenden deshalb sogenannte *Differentialverstärker*, bei denen die Eingänge erdfrei sind und nur die Signaldifferenz verstärkt wird. Das Ausmaß, mit dem das Signal, welches an beiden Eingängen gleich ist (die Störspannungen), abgeschwächt wird, ist der "common mode rejection ratio" (CMRR; Gleichtaktunterdrückung), welcher in Dezibel (dB) angegeben wird (CMRR = 20 $\log_{10}$ common mode / differential mode).

Neben den Anforderungen an Verstärkungsumfang (ausreichende Dynamik), Empfindlichkeit (genügender Rauschabstand) des Verstärkers (bzw. eines Verstärkungssystems) und der Gleichtaktunterdrückung gibt es noch zahlreiche andere technische Anforderungen wie: Linearität der Verstärkung, Frequenz- und Phasengang, 50 Hz Filter, Temperaturabhängigkeit und Eingangswiderstand. Zu den Sicherheitsanforderungen gehört in einem Bioverstärker unter anderem eine galvanische Trennung des Patientenkreises (der ersten Verstärkerstufe) von der Spannungsversorgung des Gerätes.

Für reliable Messungen besonders wichtig, aber in der Praxis selten vorgesehen, sind Eichvorrichtungen, wo ein Signal bekannter Größe direkt an den Verstärkereingang angelegt werden kann und nicht erst in einer späteren Verstärkerstufe eingespeist wird. Fehlt eine derartige Vorrichtung, hat sich ein externer Signalgeber im μV Bereich bewährt, welcher händisch an jeden Kanal angeschlossen werden kann, und mit dem man dann das Gesamtsystem eichen kann.

Eingehendere Ausführungen finden sich u.a. bei Bauer (1984a), Cooper et al. (1984), Guttmann und Steinringer (1969) und Lutzenberger et al. (1985).

In der Praxis haben Bioverstärker neben verschiedenen Verstärkungseinstellungen auch eine Frequenzbegrenzung durch ein Tiefpaßfilter und ein Hochpaßfilter (Zeitkonstante), um nur den interessierenden

Frequenzteil des Signals zu verstärken und an den Pegel der Weiterverarbeitung anzupassen.

II.4 Frequenzbegrenzung

Ohne jede Begrenzung des Frequenzumfanges eines Signals würde ein unendliches Frequenzspektrum abgeleitet werden. In der Realität steht dem eine Begrenzung durch das Ableitsystem entgegen. Dieses ist aber in der Regel immer noch fähig, einen weit größeren Frequenzumfang adäquat abzuleiten, als für die jeweilige Anwendung angemessen oder z.B. nach dem *Nyquist-Kriterium* erlaubt ist.

In der Praxis wird die *obere Grenzfrequenz* so gewählt, daß sie die schnellste zu erwartende oder zu analysierende Frequenz (bei ereigniskorrelierten Potentialen muß man die Steilheit der Potentialflanken mitberücksichtigen) inkludiert.

Schwieriger verhält es sich mit der *unteren Grenzfrequenz*. Bei optimalen Ableitbedingungen (und entsprechender technischer Ausrüstung) gibt es keine Argumente gegen die Verwendung einer Gleichspannungsableitung – also der untersten Frequenzgrenze. In der Praxis, vor allem der klinischen, sind die Ableitbedingungen nicht entsprechend gut bzw. zu störanfällig, sodaß man die langsamen, nicht interessierenden Potentialänderungen ausfiltert. Die Wahl der Zeitkonstante (die untere Grenzfrequenz wird oft als Zeitkonstante angegeben, wobei folgender Zusammenhang besteht:

Zeitkonstante = 1 / Frequenz *2*Pi)

soll so getroffen werden, daß sie etwa dreimal so lang ist wie der langsamste interessierende Prozeß.

Damit ist das Problem aber noch nicht eindeutig gelöst. Nachdem es möglich ist, daß eine Potentialkomponente auf einer anderen, langsameren Komponente aufgesetzt ist (siehe auch Komponentenkonzept ereigniskorrelierter Potentiale), kann es sein, daß diese unterschiedlich abgeschwächt werden, weil die wahre Dauer der langsamen Prozesse nicht bekannt ist, und somit die Zeitkonstante nicht notwendigerweise genügend länger als die gleichzeitig ablaufenden langsamen physiologischen Prozesse gewählt worden sein könnten. Damit wird dann auch das ereigniskorrelierte Potential in Amplitude und Latenz durch die Wahl der Zeitkonstante – obwohl deutlich länger als die Hauptkomponente des interessierenden Potentials – beeinflußt.

In einer Überblicksarbeit über die verwendeten Zeitkonstanten bei P300 Arbeiten kommen Duncan-Johnson und Donchin (1979) zu dem Ergebnis, daß die verwendeten Zeitkonstanten höchst unterschiedlich sind. Elbert und Rockstroh (1980) schlagen aus diesem Grund vor, ereigniskorrelierte Potentiale durch eine geeignete Transformation auf eine einheitliche Grenzfrequenz, nämlich auf DC zu transformieren, um die Vergleichbarkeit zu gewährleisten.

Es soll aber hier festgehalten werden, daß nur eine Gleichspannungsableitung mit genügend hoher Grenzfrequenz das wahre Abbild des elektrischen Geschehens erkennen läßt.

II.5 Digitalisierung

Heutzutage erfolgt die gesamte Signalaufbereitung und Analyse mit einem digitalen Rechner (Computer). Ein analoges Signal (eine sich kontinuierlich ändernde Spannung) in Zahlenwerte überzuführen, nennt man digitalisieren, wobei die elektrische Spannung in definierten Zeitabständen (der *Digitalisationsrate*) gemessen wird. Die Digitalisationsrate (welche in Sekunden angegeben wird) bzw. deren Äquivalent, die *Digitalisationsfrequenz* (in Hz angegeben), bestimmt die zeitliche Auflösung des Signals.

Die Digitalisationsfrequenz muß mindestens zweimal so hoch sein wie die schnellste interessierende Frequenz (Nyquist-Kriterium). Andererseits dürfen im Signal keine höherfrequenten Komponenten als die halbe Digitalisationsfrequenz vorhanden sein, um einen "Alaising-Effekt" (die Entstehung von neuen, im ursprünglichen Signal nicht vorhandenen Signalkomponenten) zu vermeiden. Bei der Latenz-Analyse von Potentialen ist besonders darauf zu achten, daß alle Kanäle immer gleichzeitig (mit einer Sample- and Hold Vorrichtung) oder zumindest in einem genügend kurzen zeitlichen Abstand (Scan-Mode) gemessen werden.

Derzeit werden beide Möglichkeiten für den Industriestandard angeboten (z.B. Analog Devices: Serie RTI 800; Burr Brown; Data Translation: Serie DT 28xx; Metra Byte: Serie DASH 16). Derartige Analog/Digital Konvertierungssysteme (A/D Converter) arbeiten mit Digitalisationsfrequenzen bis zu einigen 10.000 Hz (bezogen auf einen Kanal) und meistens mit einer Auflösung von 12 bit (einige mit 14 oder 16 bit).

Einführungen und prinzipielle Grundlagen zur Digitalisation finden sich u.a. bei Bauer (1984a), Cooper et al. (1984), Guttmann und Steinringer (1969), Lutzenberger et al. (1985) und Vaughan (1974).

III DIGITALE DATENVERARBEITUNG UND SIGNALANALYSE

Beim derzeitigen Stand der Technik erfolgt nicht nur die Versuchssteuerung und Digitalisierung, sondern auch die Datenaufbereitung, Auswertung (sowohl Frequenzanalysen wie auch die Analyse gemittelter Potentiale), Kennwertbildung und statistische Analyse mit dem Computer. Seit einigen Jahren werden zwar Komplettsysteme (Reizdarbietung und Auswertung bis zur Kurvendarstellung) angeboten, allerdings meistens auf Kosten der Flexibilität, welche vor allem bei komplexeren Auswerteverfahren, wie z.B. von Kennlinien (Trimmel, 1988b), oder bei umfangreicheren Datenstrukturen und deren Analyse notwendig ist (z.B. 3 Gruppen, 4 Versuchsbedingungen, 5 Antwortkategorien, 3 Ableitungen und eine Reihe von Kennwerten, wie z.B. bei Groll-Knapp, Wurst, Wess & Trimmel, 1988). Letzlich ist man meistens an bestimmte implementierte Verfahren gebunden (z.B. die EOG-Korrektur, sofern sie überhaupt mitberücksichtigt ist), welche sich meistens nicht oder zumindest nicht leicht verändern lassen.

Eine mittlere Lösung zwischen einem Komplettsystem und der Verwendung einer vollständig selbst geschriebenen Software stellen relativ flexible Programmpakete zur Signalerhebung und Analyse dar (z.B. Asyst oder Stemmer). Allerdings ist es auch hierbei notwendig, über zahlreiche Grundkenntnisse der Biopotentialverarbeitung, einer Programmiersprache, der Beherrschung des Betriebssystemes und über ein durchdachtes Konzept der geplanten Untersuchungen zu verfügen.

Im folgenden sollen einige anerkannte Auswertungsmethoden aufgezeigt werden, welche sich an jedem digitalen Computer installieren lassen. Eine umfassende Darstellung verschiedener Analysemethoden (auch selten verwendeter Methoden) findet sich bei Rémond (1972), aber auch bei Bauer (1984a), Dolce und Künkel (1975), Law, Levey und Martin (1980), Glaser und Ruchkin (1976) und bei Walter und Brazier (1968). Buchsbaum und Coppola (1974) und Rugg, Fletcher und Lykken (1980) geben einen allgemeinen Überblick über die Verwendung von Computern bei der Registrierung und Analyse bioelektrischer Signale ("... bits, bauds and floating points"; Rugg et al., 1980, S. 587).

III.1 Softwarestruktur

Vor allem bei der Neuentwicklung von Verfahren wird es immer wieder notwendig sein, ein Programmsystem oder zumindest einzelne Programme selbst zu schreiben. Im folgenden Abschnitt über die Softwarestruktur sollen einige Strategien und Konzeptionen aufgezeigt werden, welche sich auf Grund der eigenen Erfahrung hauptsächlich an einer HP1000 Computeranlage in den letzten 15 Jahren bewährt haben.

Als ein brauchbares Konzept erwies sich die Erstellung von zahlreichen Programmen für relativ eng begrenzte Datenverarbeitungen, deren eigentliche Tätigkeit mit einer (oder mehreren) Steuerdatei(en) definiert ist. Die zahlreichen Steuerdateien beinhalten alle wesentlichen Parameter des jeweiligen Programms bzw. der jeweiligen Anwendung und dienen zugleich der Dokumentation der jeweiligen Datenbearbeitung. Ferner wird jedem Datenrekord ein "Datenkontrollblock" vorangestellt, in dem zahlreiche Informationen über die Eigenschaften und die Zuordnung der Daten (Projektnummer, Bedingung,

Versuchsperson, Versuchspersonreaktion/Code, Durchgang, Verstärkung, Digitalisationsrate, Anzahl der Kanäle, Filterung, Einzeldurchgang/Mittelwert, Recordlänge, Kanalzuordnung, Gleichspannungsänderung usw.) enthalten sind.

Die wichtigsten selbständigen Programme sind:

1) Steuer- und Digitalisationsprogramm zur Steuerung der Reizvorgaben, Eingabe der grundlegenden Datenkennungsparameter, Digitalisation der Biopotentialdaten sowie der gepackten digitalen Speicherung. Vor der Abspeicherung erfolgte auch noch eine einfache Auswertung gewisser Datencharakteristika, wie z.B. ein Kennwert über die Gleichspannungsänderung vor einem definierten Signal.

2) Das EOG-Korrekturwert-Erhebungsprogramm digitalisiert einen definierten Abschnitt mit Augenbewegungen und berechnet für jeden Kanal einen EOG Korrekturwert (siehe auch im Abschnitt EOG-Korrektur).

3) Das EOG-Korrektur-Programm korrigiert die EEG-Kanäle (entsprechend den erhobenen, individuellen Korrekturwerten) vom Einfluß des EOGs.

4) Datensicht- und Ausschlußprogramm zum manuellen bzw. automatischen Ausschluß von Einzeldurchgängen und Kanälen nach Kriterien, welche in einer Steuerdatei definiert sind.

5) Das Mittelungsprogramm bildet Mittelwertskurven nach diversen, in Steuerdateien festgelegten, UND Verknüpfungen (z.B. ein gemitteltes Potential der Versuchsperson: X, Kanal: Y, Antwortkategorie: Z, Bedingung: W, Gleichspannungsänderung: V) und speichert diese (Potentialkurve) mit den zugehörigen Datenkennwerten auf digitalem Datenträger.

6) Das Meßprogramm dient zur automatischen und/oder händischen Bestimmung von Potentialkennwerten, deren Grenzwerte in einer Steuerdatei (Anzahl der positiven, negativen Spitzenwerte, Flächenwerte, Umfangswerte bzw. zur Bestimmung der Fläche von einem Spitzenwert zu einem anderen usw.) festgelegt sind. Gleichzeitig kann in einem oder zwei Kontrollkanälen (in der Regel die EOG-Kanäle) ein entsprechender Kontrollwert bestimmt werden (z.B. zur Überprüfung der Frage, ob in einem EOG-Kanal ein gleicher experimenteller Effekt gefunden wird wie im EEG-Kanal). Bei der Bestimmung von Spitzenwerten im gemittelten Potential kann sich eine Glättung als notwendig erweisen, ohne daß man die abgespeicherten Potentialwerte verändern möchte. Für diesen Fall werden die Daten vor der Kennwertbildung nur im Arbeitsspeicher verändert, z.B. durch eine Mittelwertsbildung über 3 Punkte (smoothing):

$$x(n) = x(n-1)*0,25 + x(n)*0,5 + x(n+1)*0,25.$$

Bei der Bestimmung von Spitzenwerten ist der Vorgang dermaßen voreingestellt, daß für jeden Spitzenwert ein automatisch bestimmter Vorschlag am Bildschirm erscheint (ein Fadenkreuz an der ausschnittvergrößerten Position des gemittelten Potentials), welches korrigiert werden kann oder bloß quittiert zu werden braucht.

7) Zur Darstellung von Summenkurven über verschiedene Personen für diverse experimentelle Bedingungen dient ein weiteres Mittelungs- und Darstellungs- (Graphik-) Programm.

Ein anderes System, ebenfalls relativ allgemein gehalten und für die Analyse von Lidschlag-Konditionierungen, Hautwiderstand und gemittelten Potentialen ausgelegt, wird von Law et al. (1980) beschrieben

III.2 Amplitudenanalyse des EEGs

Die Amplitudenvariation der Spannungsschwankungen ist eines der auffälligsten Merkmale am EEG. Cooper et al. (1984) geben vier Methoden zur Quantifizierung der Amplitudenvariation an:

1) Die Messung der Spitze-Spitze-Amplitude;

2) die Messung der Amplitudendifferenz zwischen einer die negativen Spitzen und einer die positiven Spitzen einhüllenden Kurve;

3) den Mittelwert der Absolutwerte des Signals;

4) den Mittelwert des quadrierten Signals.

Alle diese Verfahren ignorieren sowohl Wellenform als auch die Frequenz des EEGs, außer sie werden an definierten Frequenzbändern angewandt (z.B. nach analoger oder digitaler Filterung). Eine weitere Amplitudenanalyse – allerdings frequenzselektiv – stellt die Spektralanalyse dar, bei der die Ausprägung einzelner Frequenzanteile quantifiziert wird. Spiel, Kundi und Benninger (1986) betonen, daß die EEG-Analyse im Zeitbereich (time domain) gegenüber den klassischen frequenzanalytischen Methoden den Vorteil hat, daß eine Differenzierung in Frequenz, Amplitude und weitere Wellencharakteristika möglich ist. Die von den Autoren beschriebene Intervallanalyse beruht auf der Festlegung charakteristischer Punkte der EEG-Kurve (Maxima- und Minimapunkten), aus denen die Wellenlängen bzw. Halbwellenlängen berechnet werden.

III.3 Korrelationsanalyse

Die Korrelationsanalyse dient zur Quantifizierung des Zusammenhanges zwischen den Amplitudenschwankungen von zwei oder mehreren Ableitungen. Berechnet man die Kovarianz, so erhält man ein Maß für die Ähnlichkeit zweier Signale. Da dieses aber von der Signalamplitude abhängt, kann die Kovarianz sowohl hoch sein, wenn die Signale sehr ähnlich sind, aber auch dann, wenn sie bloß von hoher Amplitude sind. Normiert man die Kovarianz, um sie von den Signalamplituden unabhängig zu machen, erhält man den Korrelationskoeffizienten.

Eine einfache Anwendung der Korrelationsanalyse wurde von Karrer und Johnson (1986) demonstriert. Sie verwenden den Korrelationskoeffizienten langsamer ereigniskorrelierter Potentiale verschiedener Ableitungen als einen Index für die "neuronale Organisation".

Klimesch und Schimke (1987) berechneten die Korrelationen interhemisphärisch homologer (O1:O2, P3:P4), intra- (O1:P3, O2:P4) und diagonalinterhemisphärischer (O1:P4, O2:P3) Komponenten des visuell evozierten Potentials für Wort- und Lichtreize. Sie fanden einen direkten Zusammenhang von der Intensität der geistigen Beanspruchung mit dem Ausmaß synchroner neuronaler Aktivität homologer kortikaler Gebiete.

III.3.1 Kreuzkorrelationsfunktion

Die Kreuzkorrelationsfunktion beschreibt die zeitliche Beziehung zweier ähnlicher Signale. Sie hat ihr Maximum an der Stelle, bei der die entsprechende Zeitverschiebung eines Signals die größte Ähnlichkeit zwischen den Signalverläufen zeigt. Da die zeitliche Beziehung zwischen zwei Signalen meistens nicht bekannt ist, kann durch die Berechnung der Kreuzkorrelationsfunktion eine nähere Aufklärung erfolgen.

Mann und Meyer-Wahl (1986) betonen die Brauchbarkeit der Kreuzkorrelationsfunktion bei der Untersuchung von Seitensymmetrien der Hirnstammfunktion und zeigten, daß die Größe des Korrelationskoeffizienten vor allem von den niederen Frequenzen des Signals bestimmt wird.

III.3.2 Autokorrelationsfunktion

Bei der Autokorrelationsfunktion sind die beiden Signale, zwischen denen die Kreuzkorrelationsfunktion berechnet wird, identisch (ein Signal wird mit sich selbst korreliert). Sie dient hauptsächlich zum Aufdecken von Periodizitäten eines Signales.

III.4 Autoregressionsanalyse

Der Autoregressionsanalyse liegt die Modellannahme zugrunde, daß die Amplitudenwerte zu jedem Zeitpunkt aus zwei Komponenten bestehen. Die erste Komponente ist mit den vorangehenden Werten korreliert, die zweite ist eine additive, zufällige Störung. Die Anzahl der vorangehenden und berücksichtigten Amplitudenwerte definiert die Ordnung des Modells. Eingehendere Darstellungen geben Bauer (1984a) und Rappelsberger und Petsche (1975).

Lopes da Silva, Dijk und Smith (1975) betonen, daß die Methode nicht anwendbar ist, wenn das Signal nicht stationär ist, und auch, daß es keine befriedigende Methode zur einwandfreien Bestimmung der optimalen Modellordnung gibt. Spiel, Spiel und Benninger (1987) vermuten, daß das ARIMA-Modell (Autoregressive Integrated Moving Average Model) einen Beitrag zur Objektivierung von Änderungen in Wiederholungsmessungen leisten könnte.

III.5 Kohärenzanalyse

Die Kohärenzanalyse vergleicht jeweils nur die gleiche Frequenz zweier Signale. Die Korrelation als Funktion der Frequenz ist die

Kohärenzfunktion oder das Kohärenzspektrum. Eine effiziente Methode zur Bestimmung der Kohärenzfunktion ist die Verwendung der Fouriertransformation (siehe Frequenzanalyse). Aus den Fourierkoeffizienten der beiden Signale wird das Kreuzspektrum (das Analogon im Frequenzbereich zur Kreuzkovarianzfunktion im Zeitbereich) berechnet, welches dann noch geglättet und normiert werden kann.

Die Bedeutung der Kohärenzanalyse des EEGs liegt darin, daß die Kohärenz zwischen elektrophysiologischen Signalen verschiedener Teile des Gehirns von der strukturellen Verbindung oder funktionellen Kopplung dieser Teile abhängt (Busk & Galbraith, 1975), und die Kohärenz als Maß für funktionale Zusammenhänge verschiedener Hirnareale angesehen werden kann (Rappelsberger, Petsche & Pockberger, 1987). Aber auch unterschiedliche kognitive Tätigkeiten spiegeln sich im Muster der Kohärenztätigkeit wider. Koles und Flor-Henry (1987) zeigten, daß aufgrund des EEG-Kohärenzmusters Ruhe, räumliche und verbale Informationsverarbeitung unterschieden werden können.

III.6 Frequenzanalyse

EEG-Signale können mit Bandpässen (Filter, welche nur einen bestimmten Frequenzbereich nicht abschwächen) in verschiedene Frequenzbänder zerlegt werden. Auf Grund der gängigen Auswerteverfahren mit Hilfe von Computern sind aber nur die digitalen Methoden von praktischer Bedeutung. Die gebräuchlichste Frequenzanalyse basiert auf einem mathematischen Algorithmus, der nach Jean-Baptiste Fourier (1768-1830) Fourier-Analyse heißt. Das Grundprinzip besteht darin, daß ein (periodisches) Signal als eine Summe von zahlreichen sinus- und kosinusförmigen Einzelkomponenten verschiedener Frequenz aufgefaßt wird.

In der Theorie der Spektralanalyse kann man drei Fälle unterscheiden (Rappelsberger, 1976):

1) Die Analyse von periodischen Signalen, welche durch die Summe einer Reihe sinusförmiger Wellen dargestellt werden, deren Frequenzen harmonische der Grundfrequenz des Signals sind (Fourier'sche Reihenentwicklung).

2) Die Analyse von nichtperiodischen, aber reproduzierbaren (d.h., daß die Gesetzmäßigkeit, die hinter dem Signal steht, bekannt ist) Signalen (Fourier'schen Integraldarstellung).

3) Die nicht exakt reproduzierbaren Signale (wie die biologischen Signale EEG, EMG, EKG usw.), auch zufällige oder stochastische Signale genannt, bilden den dritten Fall.

Die Analyse solcher Signale kann nur eine statistische Abschätzung des generierenden Prozesses liefern. Bei der Anwendung der Fouriertechnik auf digitale Signale verschwindet der Unterschied zwischen Fourier'scher Reihenentwicklung (die Grundlage der FFT; siehe weiter unten) und der Fourier'schen Integraldarstellung, weil eine numerische Integration einer Aufsummierung entspricht, womit der formale Rechengang für beide Methoden derselbe wird, und der Unterschied nur in der Interpretation liegt.

Die Dauer des gewählten Analyseabschnittes beziehungsweise die Dauer des verwendeten Glättungsfensters bestimmt die Grundfrequenz f1 (f1 = 1/T Hz), wobei T die Dauer des Analyseintervalls in Sekunden ist. So ergibt sich z.B. bei einem Analyseabschnitt von 1 sec eine Grundfrequenz von 1 Hz mit den Harmonischen bei 2, 3, 4 usw. Hz, bei einem 2 sec Abschnitt ist die Grundfrequenz 1/2 = 0,5 Hz und die Harmonischen liegen bei 1, 1,5, 2 usw. Hz. Damit ist auch die Grenze des maximalen Auflösungsvermögens gegeben. Die maximale Auflösung eines Spektrums ist identisch mit der Grundfrequenz f1.

Die zweite Begrenzung ist die obere Grenzfrequenz, bis zu der das Spektrum berechnet werden kann. Sie ergibt sich durch die halbe Abtastfrequenz (1/2 dt), entsprechend dem Shannon'schen Abtasttheorem und heißt Nyquist-Frequenz.

Detailliertere Beschreibungen finden sich z.B. bei Bauer (1984a) und Cooper et al. (1984). Umfassende Beschreibungen diverser Algorithmen (auch der schnellen Fourier Transformation, der "Fast Fourier Transformation", FFT) finden sich bei Brigham (1984) und mit zahlreichen Anwendungen in einer Publikation des Digital Signal Processing Committee (1979).

Von den zahlreichen Indizes zur Quantifizierung von Unterschieden mehrerer EEG-Ableitungen seien zwei herausgegriffen. Eine einfache Methode zur Abschätzung der Gleichheit zweier Spektren wurde 1982 von Irwin beschrieben. Der "spectral difference index, SDI" wird dabei als der gemittelte Absolutbetrag der Differenzen in allen 1 Hz Frequenzbändern im Powerspektrum berechnet. Von Andresen und Thom (1987) wurde ein "Asymmetrie-Index" (zum Vergleich der EEG-Aktivität in den beiden Hemisphären) derart berechnet, daß die Differenz der "Powerspektren" durch die Summe der beiden Powerspektren dividiert wurde.

III.7 'Synchro-probability-curve'

Petsche, Nàgypal, Prohaska, Rappelsberger und Vollmer (1975) beschreiben die 'Synchro-probability-curve' (S-P-curve) zur Quantifizierung der Synchronizität zweier Signale bzw. dessen Stabilität.

III.8 Mittelungstechnik

Die Mittelungstechnik ist eine Möglichkeit zur Anhebung des Signal/Rauschen Verhältnisses und die am meisten verwendete Technik, um kleine, ereigniskorrelierte Potentialänderungen im EEG erkennbar zu machen. Das technische Prinzip stammt aus der elektrischen Nachrichtentechnik und der Einsatz in der Neurowissenschaft wird Dawson (z.B. Dawson, 1954) zugeschrieben. Ausführliche Darstellungen finden sich z.B. bei Bauer (1984a), Cooper et al. (1984), John, Ruchkin und Vidal (1978), Glaser und Ruchkin (1976) und Picton (1980).

Die Anwendung der Mittelungstechnik ("signal averaging") besteht darin, daß das ereignisbegleitende Signal oftmals unter identischen Bedingungen abgeleitet und anschließend das (arithmetisch) gemittelte Signal errechnet wird. Die Methode beruht auf den Annahmen, daß das eigentliche Signal (z.B. das ereigniskorrelierte oder oft auch evozierte Potential genannt) sich von Durchgang zu Durchgang nicht ändert und weiters, daß das Hintergrundrauschen den Erwartungswert Null hat und unabhängig vom Wiederholungsdurchgang ist. Im Falle des ereigniskorrelierten Potentials im EEG bedeutet das, daß sich dieses von Reizdarbietung zu Reizdarbietung nicht ändert und das sogenannte Hintergrundrauschen (die "spontane" EEG-Aktivität) – während der oft zahlreichen Durchgänge – ebenfalls keinen systematischen Variationen unterliegen dürfte. Nach Vaughan (1974) setzt sich die abgeleitete Spannung V(t) aus der durchschnittlichen Amplitude des gemittelten Potentials E(t), einer variablen Komponente des gemittelten Potentials (z.B. der Habituation), delta-E(t) und dem Hintergrund EEG G(t) zusammen:

$$V(t) = E(t) + \text{delta-}E(t) + G(t).$$

In der Realität muß man davon ausgehen, daß sich das ereigniskorrelierte Potential bei wiederholter Reizdarbietung vor allem in den ersten Darbietungen sowohl in der Struktur als auch in der Ausprägung ändert.

Für den Fall, daß die ereignisbegleitenden physiologischen Prozesse von Einzelereignis zu Einzelereignis unterschiedliche Amplituden generieren, wird dann das ereigniskorrelierte Potential bloß den Mittelwert der ereignisbegleitenden Amplituden wiedergeben. Das "tatsächliche" ereignisbegleitende Potential kann aber während der wiederholten Reizdarbietungen auch in der Latenz variieren. In diesem Fall zeigt das gemittelte Potential eine kleinere Amplitude, verbunden mit einer "breiteren" Spitze. Aus diesen Gründen schlug Ruchkin (1971) eine Sortiermethode vor, bei der homogene Sätze von Einzeldurchgängen zusammengesucht und erst dann gemittelt werden.

Beschreibungen von Methoden zur Ermittelung und Elimination von Latenzschwankungen finden sich auch bei John et al., 1978; Glaser und Ruchkin, 1976, Wastell, 1977 und bei Woody, 1967 (siehe auch im Abschnitt über ereigniskorrelierte Potentiale).

Neben der Variabilität der ereigniskorrelierten Potentiale müssen auch systematische Effekte der Reizwiederholung auf die Hintergrundaktivität bedacht werden. Lutzenberger et al. (1985) verweisen auf den Umstand, daß eine eventuell vorhandene dominante Frequenz, wie z.B. die Alpha-Aktivität, zwar mit verringerter Amplitude, aber, möglicherweise auch von den experimentellen Bedingungen beeinflußt, als eine überlagerte Störung in das ereigniskorrelierte Potential eingeht.

Neben einer oft stimulationssynchronen Änderung der rhythmischen Aktivität lassen sich auch Veränderungen des Gleichspannungspotentials beobachten. Vor allem die langsamen Potentialänderungen, welche der Reizpräsentation unmittelbar vorangehen (preceding slow potential shifts, pSPSs), beeinflussen Amplituden und Latenzen der (konventionell gemittelten) ereigniskorrelierten Potentiale und können damit sehr leicht zu systematischen Fehlern bei der Erhebung von ereigniskorrelierten Potentialen führen (Trimmel, 1987b, 1988a).

Da beim Mittelungsvorgang entweder vom Reizzeitpunkt oder – naturgemäß nur dann, wenn eine Reaktion abverlangt wird – vom Reaktionszeitpunkt getriggert werden kann, was jeweils einer zeitlichen Synchronisation gleichkommt, spricht Rösler (1983) von *"reizgebundenen (stimulus-locked)"* oder *"antwortgebundenen (response-locked)"* Potentialen. Friedman (1984) bezeichnet die beiden Kategorien ereigniskorrelierter Potentiale als *"stimulussynchronisiert"* ("stimulus-synchronized averages, SSA") und *"antwortsynchronisiert"* ("response-synchronized averages, RSA").

Das Ergebnis der Mittelung ist ein "gemitteltes Potential", welches in der Regel ereigniskorreliert ist. Der Verlauf dieses Potentials, vor allem die positiven und negativen "Spitzen" (manchmal vereinfacht auch Komponenten genannt; siehe auch ereigniskorrelierte Potentiale und das Problem der Komponentendefinition) des Zeit-Spannungsdiagramms werden durch Ausmessen der *Amplituden-* und *Latenzwerte* bestimmt. Manchmal wird auch eine Durchschnittsfläche (mittlere Fläche) in einem bestimmten Bereich (Fenster) berechnet. Für den Vorgang des Ausmessens bzw. der Objektivierung der Potentialspitzen gibt es keine verbindlichen Richtlinien. Bei der Beschreibung der Spitzen kann man entweder den *Spitze-zu-Spitze Wert* (peak-to-peak) oder den *Amplitudenwert der Spitze, bezogen auf eine Basislinie* – deren Wahl oft nicht unproblematisch ist – angeben. Je nach der gewählten Methode gehen spezifische Annahmen entweder über die Zusammensetzung ereigniskorrelierter Potentiale oder über die Bedeutung des "relativen absoluten Potentialniveaus" ein (siehe auch den Abschnitt über das Komponentenkonzept ereigniskorrelierter Potentiale). Naturgemäß können die Ergebnisse nur vor dem Hintergrund der gewählten Methode interpretiert werden (vgl. auch Friedman, 1984).

Bei der Interpretation von Latenz- und Amplitudenwerten ereigniskorrelierter Potentiale wird in Zukunft zu beachten sein, daß beide nicht unabhängig voneinander interpretiert werden dürften. Nach neueren Befunden (Groll-Knapp & Trimmel, 1988) besteht ein korrelativer Zusammenhang zwischen Amplitude und Latenz einer Komponente: je länger die Latenz einer Komponente, desto ausgeprägter die Amplitude. Als Ursachen könnten die Ausbreitungscharakteristik von Potentialen, energetische Aspekte oder verarbeitungsspezifische Gründe in Frage kommen.

III.9 Musteranalyse

In Ergänzung zu den quantitativen Analysemethoden lassen sich mit der Mustererkennung verschiedene Formen ereigniskorrelierter Potentiale unterscheiden. Unter bestimmten Voraussetzungen kann dabei sogar auf das konventionelle Mitteln verzichtet und eine Einzelpotentialanalyse durchgeführt werden (wie z.B. beim "recognition index" von Weinberg & Cooper, 1972).

Heinz, Münthe, Künkel und Dickmann (1985) demonstrieren am Beispiel der CNV eine Musteranalyse, indem sie das Integral der Fläche unter dem Potential berechnen. Die CNV wird dabei als Differenzquotient der mittels robuster linearer Schätzung des Intervalls zwischen S1 und S2 erhaltenen Geraden ausgedrückt. Auf die gleiche Art ließen sich auch andere Potentiale, wie z.B. das Resolution-Potential *quantifizieren* und verschiedenen Kategorien zuordnen.

III.10 Funktionskennlinien

Die Analyse von Funktionskennlinien (Hirn-Funktionskennlinien, HFK; "operation characteristics, OC") ist ein völlig neuer Ansatz der Auswertung von Hirnpotentialen und wurde erstmals von Trimmel (1984b, 1985a, 1987e; und in einer allgemeinen Form, 1984a, 1985b) vorgeschlagen. Die empirische Basis dieses Ansatzes liegt in der Tatsache begründet, daß die Amplitude der CNV (contingent negative variation) von vorausgehenden Gleichspannungsänderungen (preceding slow potential shifts; pSPSs) beeinflußt wird (Bauer, Guttmann, Weber

& Trimmel, 1986; Trimmel, 1987a). Aber auch die Amplituden und bestimmte Latenzen des ereigniskorrelierten Potentials werden von vorausgehenden Gleichspannungsänderungen beeinflußt (Trimmel, Groll-Knapp & Haider, 1987; Trimmel, 1987c, 1988a).

In der Praxis besteht die Analyse von Funktionskennlinien darin, daß *ein Kennwert des ereigniskorrelierten Potentials* (z.B. die CNV) *als Funktion der vorausgehenden Gleichspannungsänderung analysiert wird* (Trimmel, Groll-Knapp & Haider, 1985; Trimmel, 1987d, 1988b).

Dabei wird angenommen, daß pSPSs bestimmte funktionale Zustände repräsentieren, deren Genese zwar nicht bekannt ist, aber über deren mögliche Ursachen spekuliert werden kann. So vermutet z.B. Nikula (1987), daß spontane Fluktuationen physiologischer Meßgrößen von überraschenden und aktivierenden Ereignissen des Bewußtseinsstromes beeinflußt werden; eine Ansicht, die zumindest für das Auftreten langsamer kortikaler Gleichspannungsänderungen geteilt werden kann.

In der Praxis wird dermaßen vorgegangen, daß für negative, positive und für keine vorausgehenden Gleichspannungsänderungen getrennt gemittelte Potentiale berechnet werden. Aus den gemittelten Potentialen wird auf konventionelle Art und Weise der interessierende Kennwert in jeder der drei Potentiale bestimmt (ausgemessen). Trägt man die drei damit erhaltenen Kennwerte in Abhängigkeit von der gemittelten vorausgehenden Gleichspannungsänderung (in jeder Kategorie) auf, erhält man die Funktion eines Kennwertes in Abhängigkeit der vorausgehenden Gleichspannungsänderung (Funktionskennlinie).

In einer Pilot-Studie (Trimmel, 1988b) wurde die CNV in Abhängigkeit von drei Kategorien der vorausgehenden Gleichspannungsänderung berechnet (siehe Abbildung 6).

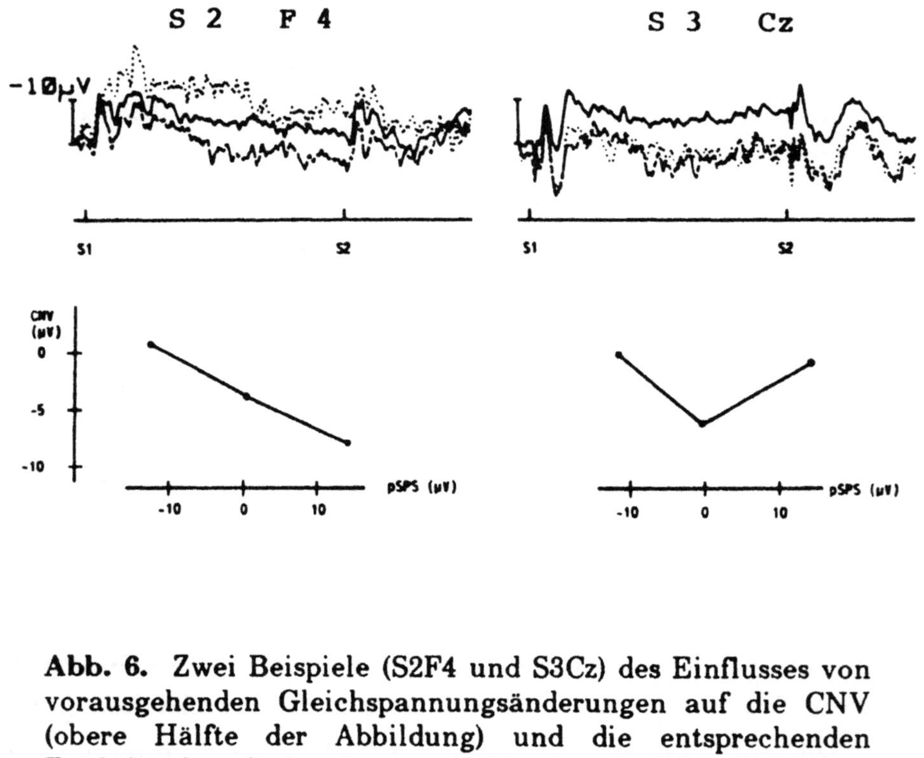

Abb. 6. Zwei Beispiele (S2F4 und S3Cz) des Einflusses von vorausgehenden Gleichspannungsänderungen auf die CNV (obere Hälfte der Abbildung) und die entsprechenden Funktionskennlinien (untere Hälfte der Abbildung). Die der Signaldarbietung (Warnreiz) vorausgehenden Gleichspannungsänderungen wurden entsprechend dem Kriterium von plus oder minus 8 μV, zwischen der ersten und der zweiten Sekunde vor S1, kategorisiert. Während im linken Teil der Abbildung ein typischer Einfluß der vorausgehenden Gleichspannungsänderungen dargestellt ist, entspricht der Einfluß der vorausgehenden Gleichspannungsänderung auf die CNV im rechten Teil der Abbildung einem eher seltenen Fall (aus Trimmel, 1988b, S. 244).

Im Prinzip ist es möglich, auch mehr Kategorien zu bilden, allerdings muß beachtet werden, daß dann mehr Einzeldurchgänge notwendig sind, weil in jeder Kategorie genügend Durchgänge vorhanden sein müssen, um ein gemitteltes Potential berechnen zu können (vgl. mit Abbildung 6).

Der theoretische Hintergrund der Analyse von Funktionskennlinien begründet sich im *hierarchischen Aktivierungsmodell* von Haider et al. (1981). Darin werden Gleichspannungänderungen als Ausdruck phasischer Aktivierungsänderungen (Haider et al., 1981) angesehen. In Abhängigkeit dieser Aktivierungsänderungen werden verschiedene zeitliche Abschnitte der Informationsverarbeitung (im Falle der Analyse von ereigniskorrelierten Potentialen) bzw. der aufgabenrelevanten Aktivierung (im Falle der Analyse der CNV) untersucht.

Damit dürfte die Analyse von Funktionskennlinien ein relativ komplexes Geschehen abbilden, deren Relevanz darin liegt, daß nicht die Amplitude oder die Latenz eines Potentials allein ausschlaggebend ist, sondern dessen Variation unter verschiedenen – definierten – hirnphysiologischen "Randbedingungen" (zur Bedeutung von funktionalen Zuständen für die Informationsverarbeitung sei z.B. auf Koukkou & Lehmann, 1987 verwiesen).

Bei der Methode der Analyse von Funktionslinien wird also ein Teil der Varianz, welche bei der konventionellen Mittelungstechnik ausgemittelt wird, zum Inhalt der Analyse (vgl. Abbildung 7).

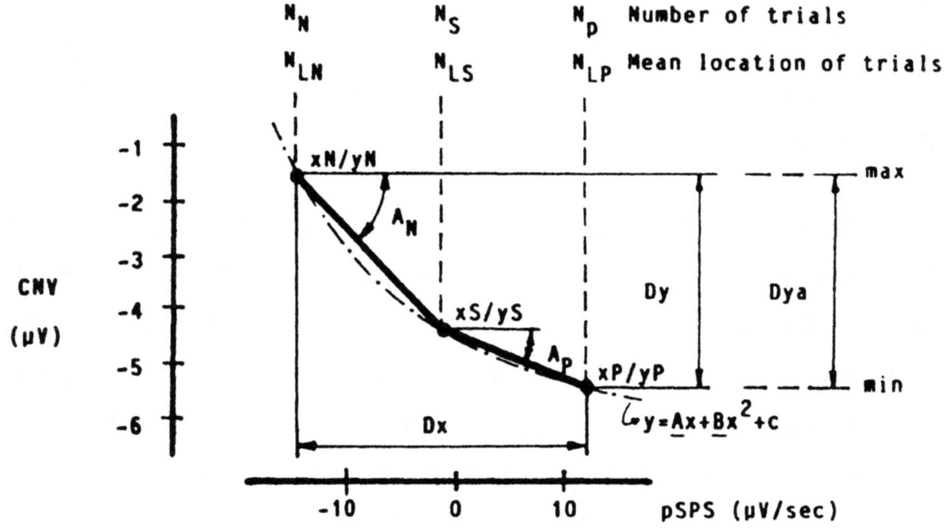

Abb. 7. Die schematische Darstellung einer (CNV-) Funktionskennlinie und der Variablen zur umfassenden Beschreibung der Funktionskennlinie (D ... Dynamik, A ... Anstieg, N ... Werte der Häufigkeiten des Auftretens bzw. der zeitlichen Lokalisation, B ... Krümmung). (Aus Trimmel, 1988b, S. 245.)

Die Funktionskennlinie selbst kann nach einer Reihe von Gesichtspunkten ausgewertet werden. In einer Pilot-Studie (Trimmel, 1986b, 1988b) wurde eine Reihe von Kennwerten gebildet, welche Aspekte der Dynamik, Steilheit, Häufigkeiten, Krümmung und der "normalen" Berechnung des gemittelten Potentials beinhalten. In einer Korrelationsanalyse wurden dann zahlreiche Hinweise gefunden, daß verschiedene Aspekte der Funktionskennlinie mit psychologischen Dimensionen hoch korrelieren.

Die Analyse von Funktionskennlinien könnte vor allem im Rahmen der Psychologie einen bedeutenden Beitrag bei der Erforschung von Hirn/Verhaltenszusammenhängen und/oder der physiologischen

Grundlagen psychischer Dimensionen liefern. Allerdings bedarf es noch der genaueren Abklärung zahlreicher experimenteller Randbedingungen, wie Aufgabenrelevanz, Amplitudenkriterium, Interstimulusintervall, Intertrialintervall, Analysezeit der vorausgehenden Gleichspannungsänderungen, der Einteilung der vorausgehenden Gleichspannungsänderungen und auch der testtheoretischen Anforderungen.

III.11 Transferfunktionen

Transferfunktionen wurden von Trimmel (1985a) als Erweiterung der Analyse von Funktionskennlinien vorgeschlagen. (Nicht zu verwechseln mit anderen Transferfunktionen, wie z.B. die von Stemmler, 1987 beschriebenen.)

Wird bei der Analyse der Funktionskennlinien der Einfluß von zeitlich vorausgehenden Gleichspannungsänderungen auf Hirnpotentiale an derselben Lokalisation untersucht, so beschreiben Transferfunktionen den Einfluß von vorausgehenden Gleichspannungsänderungen auf Hirnpotentiale an einer anderen Lokalisation. Mit dieser Methode könnte es möglich sein, individuelle Charakteristika von funktionalen Eigenheiten und/oder korrelativen Zusammenwirken verschiedener Gehirnstrukturen zu beschreiben.

Eine erste Analyse der Transferfunktion der Amplitude der N100 des S2-bezogenen (Click) Potentials zeigte eine funktionale Asymmetrie (siehe Abbildung 8) in der Frontalregion beim Typ B-Verhaltenstyp (zur A/B-Verhaltenstypologie siehe z.B. Dembroski, Weiss, Shields, Haynes & Feinleib, 1978) im Gegensatz zum A-Typ (Trimmel, 1985a). Allgemein zeigte sich eine vergrößerte N100 nach einer positiven vorausgehenden Gleichspannungsänderung. Beim B-Typ zeigte sich aber im Gegensatz zum A-Typ keine Vergrößerung der N100, wenn die vorausgehende Gleichspannungsänderung in der linken Hemisphäre auftrat, was als Ausdruck einer von der Aktivität des linken Frontalhirns abhängigen Inhibition der "frühen Informationsverarbeitung" (beim B-Typ) interpretiert werden kann.

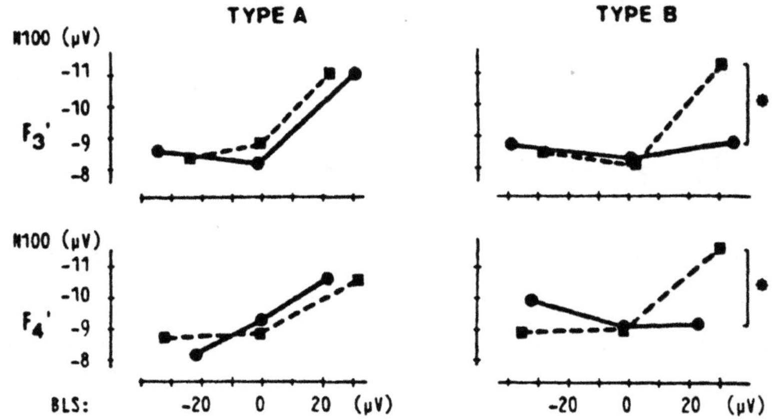

Abb. 8. Die Amplitude der N100 des S2-bezogenen Click-Potentials in einem CNV Experiment auf F3' und F4' (2 cm posterior der F-Positionen) in Abhängigkeit der vorausgehenden Gleichspannungsänderungen an der gleichen und an der kontralateralen Lokalisation (ausgezogene Linie: N100 Amplitude als Funktion der vorausgehenden Gleichspannungsänderung (BLS) auf F3'; gestrichelte Linie: als Funktion der BLS auf F4'; *... $p < 0{,}05$) für Typ A (TYPE A) und Typ B (TYPE B) der Herzinfarktrisikotypologie (aus Trimmel, 1985a, S. 330).

III.12 Biologische Gleichspannungen

Zwischen zwei beliebigen Punkten des Gehirns bzw. von einem beliebigen Punkt im oder am Gehirn zu einem beliebigen Punkt außerhalb des Gehirns läßt sich eine erhebliche Gleichspannung (im mV Bereich) messen. Solche Gleichspannungspotentiale sind ein universales Phänomen aller Lebensprozesse und finden sich in allen lebenden

Organismen (O'Leary & Goldring, 1964). Über die Bedeutung des absoluten Niveaus der Gleichspannungspotentiale (Bestandspotentiale, sustained potentials, steady potentials) gibt es derzeit keine verbindlichen Aussagen. Dies liegt hauptsächlich an den meßtechnischen Schwierigkeiten des Bestandspotentials (wegen der Kontamination durch zahlreiche andere Potentialquellen) – obwohl neuere Entwicklungen (z.B. Bauer, 1984b, 1986) einige der bisherigen Meßprobleme ausräumen – aber auch an der Schwierigkeit, eine adäquate Referenzposition zu finden bzw. sich über eine solche zu einigen.

Als weiteres Problem kommt hinzu, daß kein Gleichspannungspotential als stabil zu bezeichnen ist, sondern sich auf Grund von bekannten, aber auch unbekannten Bedingungen ändert, sodaß die Analyse von Änderungen des Gleichspannungspotentials im Vordergrund steht. Gleichspannungsänderungen (vor allem über kürzere Zeiträume) sind konsistenter und reliabler zu registrieren (z.B. die CNV als eines der kürzesten Phänomene von Gleichspannungsänderungen) als das Bestandspotential. Es gibt deshalb auch unvergleichlich mehr Daten, welche Gleichspannungsänderungen (auch spontane oder oszillierende) beschreiben, als Daten, die das Bestandspotential selbst betreffen.

Bisherige Publikationen zum *Bestandspotential* beschreiben zum Teil auch ganz verschiedene Phänomene. Einige Ergebnisse zeigen, daß die Kortexoberfläche in Relation zum Ventrikelsystem um 0,5 bis 5,5 mV positiver ist (Goldring & O'Leary, 1951), sich das Gleichspannungspotential bei Temperaturänderung des Blutes im Gehirn um 5 mV/°C ändert (von Euler, 1950, zitiert nach O'Leary & Goldring, 1964), bei Verletzungen ein Gleichspannungspotential gegenüber dem umgebenden Gewebe (Wundpotential) entsteht (O'Leary & Goldring, 1964) und ferner, daß das transzephale Gleichspannungspotential (von frontal zu parietal) bei nach außen gerichteter Aufmerksamkeit frontal negativ und bei nach innen gerichteter Aufmerksamkeit frontal positiv sei (Cowen & McDonald, 1965).

Auf die Schwierigkeit der Vergleichbarkeit von Gleichspannungsableitungen von "akuten" und implantierten Elektroden verweisen Irwin, Kakolewski, Criswell und Popov (1975). Die Autoren berichten von drei verschiedenen Gleichspannungs-Wundpotentialänderungen, welche bis zu 2 Stunden andauern können.

III.13 Gleichspannungsänderungen

Wie im Abschnitt über Gleichspannungspotentiale erwähnt, gibt es zahlreiche Publikationen über Gleichspannungänderungen, auch wenn die Nomenklatur alles andere als einheitlich ist. Caspers und Mitarbeiter (Caspers, 1974; Caspers, Speckmann & Lehmenkühler, 1987) weisen darauf hin, daß langsame kortikale bioelektrische Aktivitäten mit zahlreichen Termini belegt sind (z.B. standing potentials, steady potentials, sustained potentials, slow potential changes) und schlagen vor, alle bioelektrischen Ereignisse, welche mit Gleichspannungsverstärkern reliabel abgeleitet werden können, als *"DC-Potentiale"* (nach der englischen Bezeichnung für Gleichspannung: "direct current", obwohl sich Caspers auf "direct coupled amplifiers", also auf Gleichspannungsverstärker bezieht) zu bezeichnen. Danach würden alle bioelektrischen Phänomene im Frequenzbereich von 0 bis 100 Hz (also auch die Wellen des konventionellen EEGs) als DC-Potentiale und Abweichungen von einer Bezugslinie (baseline) als DC-shifts bezeichnet werden (Caspers et al., 1987). Für schnellere Fluktuationen, welche auf den DC-shifts aufgesetzt sind, schlagen die Autoren "fast DC transients" vor, wobei sie "deflections, fluctuations und oscillations" als Synonyme verwenden. Bei einer derart umfassenden Definition von DC-Potentialen (Caspers et al., 1987) würden mit Ausnahme der Hirnstammpotentiale (brainstem potentials) praktisch alle hirnelektrischen Phänomene (z.B. das spontane EEG, alle ereigniskorrelierten Potentiale und langsame Potentialänderungen, wie die CNV) unter diesen Oberbegriff fallen.

Haider et al. (1981) kombinierten die Bezeichnung "DC" der vorwiegend tierexperimentell arbeitenden Autoren, wie Caspers, mit der Bezeichnung "event-related slow potentials", welche hauptsächlich in Verbindung mit Humanexperimenten verwendet wird (z.B. McCallum & Knott, 1973), zu "event-related slow (DC) potentials" (Haider et al., 1981), eine Bezeichnung, welche schon von Lindsley (1969) verwendet wurde. Haider et al. (1981) geben auch eine Übersicht über eine Reihe von bisher verwendeten Begriffen für Gleichspannungsänderungen und schlagen eine Gruppierung der bisher verwendeten Termini in:

1) *phänomenologische Termini* (z.B. orienting potential, expectancy wave),

2) *topographische Termini* (z.B. association cortex potential),

3) *Potentialcharakteristika* (z.B. late positive component, slow negative potential, P300) und

4) *deskriptive Bezeichnungen*, nach den Ereignissen mit denen sie verbunden sind (z.B. information related potential, contingent potential, movement related potential), vor.

Bei der Registrierung von Gleichspannungspotentialen (bzw. deren Änderungen) kommt der ganzen Registriereinrichtung eine besondere Bedeutung zu. Im besonderen ist auf Gleichspannungsverstärker, nicht polarisierbare Elektroden, Elektrodenwartung, Kontaktvermittler sowie den zahlreichen Störspannungen bzw. Artefakte technischen und biologischen Ursprunges – siehe Artefakte bei der Registrierung des EEGs – zu achten. Weiters kommt auch der Wahl der Referenzposition eine gesteigerte Bedeutung zu, da es für langsame Potentialänderungen schwieriger ist, eine "pseudo-neutrale" Position zu finden, als für schnellere Potentialänderungen, was mit der Spezifität der Potentiale im Zusammenhang steht.

IV ARTEFAKTE BEI DER REGISTRIERUNG DES EEGs

Bei der Registrierung des EEGs ist jede Spannung, welche nicht vom Gehirn stammt, per Definition ein Artefakt. Bei der Ableitung von der Kopfhaut gibt es eine Fülle potentieller Artefaktmöglichkeiten, insbesondere bei der Ableitung mit längeren Zeitkonstanten und bei Gleichspannungsableitungen. Es ist aber nicht möglich, Kriterien für die Erkennung aller Artefakte anzugeben, weil es eine Reihe von physiologischen Artefakten gibt, welche vom EEG nicht zu unterscheiden sind. Hierin liegt auch ein Hauptproblem für eine breite Anwendung des EEGs. Nur ein Geschulter ist in der Lage, das EEG artefaktfrei zu registrieren.

Prinzipiell kann man Artefakte, welche in der Registriereinrichtung entstehen bzw. von elektrostatischen oder elektromagnetischen Feldern verursacht werden (technische Artefakte) und Artefakte biologischen Ursprunges (Potentiale, welche nicht vom Gehirn stammen) unterscheiden.

IV.1 Technische Artefakte

IV.1.1 Elektroden

Eine der bedeutendsten Quellen "technischer Störspannungen" bzw. *Störspannungsänderungen* sind die Elektroden. Zur Minimierung der Elektrodenpotentialdifferenzen wird auf den Abschnitt "Ableitung biologischer Signale" (Elektroden, Elektrodenpotentiale usw.) verwiesen.

Artefakte entstehen auch bei jeder Art der Relativbewegung der Elektroden gegenüber der Haut, also aufgrund von Druckänderungen oder minimaler Bewegungen der Haut unter der Elektrode (z.B. durch Grimassieren).

IV.1.2 Verstärker

Die technischen Gegebenheiten von elektrischen Verstärkern bergen eine Reihe von Artefaktquellen.

Eine Artefaktquelle ist das Rauschen des Verstärkers. Auch modernen Bioverstärkern sind die physikalischen Grenzen des Widerstandsrauschens gesetzt, wobei die Rauschspannungen im Bereich von einigen μV, also der Auflösung, wie sie von ereigniskorrelierten Potentialen erwartet wird, liegen.

Eine weitere Artefaktquelle ist die Stabilität der Verstärker. Auch moderne Verstärker haben nur eine begrenzte Stabilität des Verstärkungsfaktors. Vor allem der thermische Einfluß auf den Verstärkungsfaktor und die Stabilität des Verstärkungsfaktors (und dessen Konstanz in allen Kanälen) muß beachtet werden, zumal das interessierende Biopotential oft an der Grenze der Verstärkerungenauigkeit liegt. Auch muß die Aufwärmzeit von Verstärkern in Betracht gezogen werden, welche bis zu einigen Stunden betragen kann, sodaß es bei einer Untersuchung mit Gleichspannungsableitungen günstiger ist, wenn der Verstärker zwischen den Versuchen nicht abgeschaltet wird.

IV.1.3 Kabelbewegungen

Bei hohen Eingangswiderständen der Verstärker kann aufgrund von Kapazitätsänderungen der Streukapazitäten die Elektrodenkabelbewegung zu Artefakten führen.

IV.1.4 Kontaktstörungen

Am Weg von der Elektrode zum Verstärker gibt es mindestens einen (Steck-) Kontakt. Durch diverse Verunreinigungen und/oder mechanische Beschädigungen kann es zu Kontaktstörungen und in der Folge zu Artefakten kommen.

IV.1.5 Netzspannungseinstreuungen

Netzspannungseinstreuungen durch elektromagnetische Induktion sind die häufigste Art elektrischer Einstreuungen. Um sie zu vermeiden, besteht die Möglichkeit, alle Netzkabel im und in der Nähe des EEG-Labors zu schirmen, wobei zu beachten ist, daß alle Erdverbindungen der netzbetriebenen Geräte an einem einzigen Punkt zusammengefaßt werden (zur Vermeidung einer sogenannten Erdschleife). Das Bündeln der Kabel kann die Störfelder ebenfalls reduzieren. Besonders störend wirken sich starke Magnetfelder, wie sie in der Nähe von Transformatoren sind, aus. Netzspannungseinstreuungen können dermaßen massiv sein, daß auch gute 50 bzw. 60 Hz Filter (Notchfilter), wie sie in den meisten Bioverstärkern eingebaut sind, sie nicht immer ausreichend abschwächen können.

IV.1.6 Elektrostatische Artefakte

Hohe elektrostatische Spannungen, welche sich am Gewand oder am Schuh aufbauen können (sowohl am Probanden als auch am Versuchsleiter), führen zu Störspannungen. Als effektive Maßnahme zur Beseitigung derartiger Artefakte kann nur die Beseitigung der entsprechenden (Kunststoff-) Bekleidungsstücke empfohlen werden.

IV.2 Artefakte biologischen Ursprungs

Aufgrund der Tatsache, daß alle physiochemischen Lebensprozesse mit Gleichspannungsänderungen verbunden sind, ergibt sich, daß bei allen elektrophysiologischen Registrierungen, insbesondere bei der Messung von langsamen Potentialänderungen oder bei der Messung des Bestandspotentials eine Reihe von Potentialquellen einen Beitrag leisten, dessen Umfang mehr oder weniger unbekannt ist. Vor allem bei der Registrierung von DC-Potentialen muß man sich der Möglichkeit zahlreicher anderer Potentialquellen, außer den neuronalen Prozessen, gewahr sein, so kann z.B. eine Änderung der Natriumkonzentration von 1/1000 zwischen den Elektroden zu einem DC-Potential von 200 μV führen (Gumnit, 1974).

Beim Auftreten von Artefakten muß auch bedacht werden, daß bestimmte *Artefakte mit bestimmten Persönlichkeitseigenschaften gekoppelt sein können*. So konnten Gerth und Thiele (1987) zeigen, daß Neurosepatienten die größte Artefakthäufigkeit in Form von Lidschlag- und EMG-Artefakten aufwiesen, während bei zwanghaften Patienten neben EMG-Artefakten vor allem Hautpotential-Artefakte auftraten. Diese Umstände erschweren vor allem den Vergleich ereigniskorrelierter Potentiale zwischen diesen Gruppen, da die Potentiale unter Umständen systematisch verfälscht sein könnten (Bias).

IV.2.1 Okulare Aktivität

Offensichtliche Artefakte bei der Registrierung kortikaler DC-Potentiale sind Augenbewegungspotentiale. Da die Kornea gegenüber der Retina um ca. 0,1 V positiver ist, führt jede Bewegung der Augäpfel zu einer Änderung des Potentialgradienten und damit zu einer Potentialänderung an den sich in der Nähe befindlichen Elektroden. Bei einem Lidschlag wirken die Augenlider wie "gleitende Elektroden", die sich über dem Augapfel bewegen (Barry & Jones, 1965, zitiert nach Lutzenberger et al., 1985) und führen somit ebenfalls zu extrazerebralen Potentialänderungen.

Die Potentialänderungen durch Augenbewegungen bzw. durch Lidschlag werden zwar mit zunehmender Entfernung vom Auge kleiner, breiten sich aber über den ganzen Schädel aus. Gratton, Coles und Donchin (1983) geben für Sakkaden einen Faktor von 21% auf Fz, 9% auf Cz und 4% auf Pz und für Lidschläge von 17% auf Fz, 7% auf Cz und 4% auf Pz an.

Das Ausmaß der Augenbewegungspotentiale in diversen EEG-Ableitungen unterliegt aber auch individuellen und experimentellen Schwankungen. Lutzenberger et al. (1985) führen in einer Zusammenstellung verschiedener Veröffentlichungen zum Thema Augenbewegungen im EEG-Werte von 5 bis 19% auf Cz an. Die ziemlich große Variation erklärt sich auch aus der Tatsache, daß aufgrund des relativ steilen Potentialgradienten des Augendipols die EOG-Elektrodenposition einen hohen Einfluß auf den Anteil des EOGs im EEG hat.

Zur Vermeidung des Augenbewegungspotentialartefaktes im EEG werden eine Reihe von Methoden praktiziert. Prinzipell lassen sich 4 Verfahren unterscheiden (welche aber zum Teil auch kombiniert eingesetzt werden):

-) Die Vermeidung von Augenbewegungen, z.B. durch die Aufforderung, einen bestimmten Punkt zu fixieren *(Fixationsmethode)*.

-) Die Nichtverwertung von Abschnitten mit Augenbewegungen, sofern sie ein mehr oder weniger willkürlich festgesetztes Maß überschreiten *(Ausschlußmethode)*. Diese Methode erscheint spätestens seit der Veröffentlichung von Simons, Russo und Hoffman (1988) problematisch. Diese Autoren fanden zwar keinen Unterschied in den ereigniskorrelierten Potentialen nach visuellen Reizen, wenn die Mittelwerte von "ausgeschlossenen" und "nicht-ausgeschlossenen" Einzeldurchgängen verglichen wurden, aber die Analyse der ausgeschlossenen Einzeldurchgänge zeigte einen systematischen Zusammenhang von Aufgabenschwierigkeit und den langsamen kortikalen Potentialen (als auch der Herzrate). Damit kann der Ausschluß von Einzeldurchgängen mit stärkeren Augenbewegungen zu einer systematischen Verfälschung der Ergebnisse (Bias) führen.

-) Die *"Hardware Korrektur"* oder Kompensationsschaltungsmethode, bei der mit einer elektronischen Schaltung das EEG-Referenzpotential so verschoben wird, daß kein EOG- Einfluß erkennbar ist (Hillyard, Hink, Schwent & Picton, 1973; McCallum & Walter, 1968). Diese Methode beinhaltet aber auch eine unbestimmte Variation der EEG-Referenzposition und kann auch nur den linearen Anteil des Augenbewegungspotentials im EEG kompensieren.

-) Die *"Software-Korrektur-Methode"*. Die meisten Korrekturprozeduren gehen von einem regressionsanalytischen Ansatz aus, welcher einen linearen Zusammenhang zwischen dem EOG und dem Anteil des EOGs im EEG voraussetzt. Dabei wird der Regressionsfaktor "Alpha" dadurch bestimmt, daß die Kovarianz (cov) von vertikalem EOG (VEOG) und vom korrigiertem EEG gegen Null geht: Alpha = cov (VEOG, "Roh-EEG") / Varianz

(VEOG). Die Bestimmung des Alpha mit der Regressionsmethode hat Vorteile gegenüber der Bestimmung des Alpha durch die bloße Abschätzung der Amplitudenproportion (Corby & Kopell, 1972; Hillyard & Galambos, 1970) und zwar deshalb, weil auch der Potentialverlauf des VEOGs und des Roh-EEGs in die Berechnung eingehen (Semlitsch, Anderer, Schuster & Presslich, 1986).

Lutzenberger et al. (1985) beschreiben, daß die besten Ergebnisse mit einem dreifachen Regressionsmodell (in dem vertikale, radiale und horizontale Augenbewegungspotentiale zur Schätzung des Augenbewegungspotentials im EEG verwendet werden) erzielt werden, während Fortgens und DeBruin (1983) von jedem Auge zwei Ableitungen verwendeten. Der Zeitpunkt der Erhebung des Alpha bzw. die Auswahl der Einzeldurchgänge zur Bestimmung des Alpha werden derzeit noch sehr verschieden gehandhabt. Bauer und Lauber (1979), Bauer und Nirnberger (1981) und Fortgens und DeBruin (1983) erhoben den Alpha-Wert in eigenen Kalibrierungsdurchgängen. Verleger, Gasser und Möcks (1982) suchten Einzeldurchgänge mit maximaler VEOG-Aktivität zur Bestimmung des Alpha und Gratton, Coles und Donchin (1983) zogen alle Durchgänge des Experiments zur Bestimmung des Alpha heran. Semlitsch et al. (1986) verwendeten gemittelte (VEOG-getriggerte) Potentialverläufe zur Bestimmung des Alpha.

Schwind und Dormann (1986) stellen eine multiple lineare Regressionsmethode zur Korrektur des EOG-Einflusses im EEG vor, welche (1) den Korrekturfaktor innerhalb der relevanten Ableitung berechnet (nach Gratton et al., 1983); (2) Augenbewegungen und Blinkbewegungen differenziert behandelt (z.B. Gratton et al., 1983); (3) und eine Korrektur nur dann durchführt, wenn ein statistisch signifikanter Einfluß besteht.

Neben der EOG-Korrektur im Zeitbereich ist auch die Korrektur im Frequenzbereich möglich (Denoth, Zappoli & Wenegrat, 1986; Gasser,

Stroka & Möcks, 1985; Woestenburg, Verbaten & Slangen, 1983). Dabei wird ein Teil des EOG-Power Spektrums vom EEG-Power Spektrum subtrahiert bzw. wie im Fall von Woestenburg et al. (1983) die EEG-Korrektur im Frequenzbereich mit Hilfe einer multiplen Regressionsanalyse durchgeführt.

Bei allen diesen Methoden wird angenommen, daß der Einfluß des VEOGs im EEG linear und zeitlich (bzw. in verschiedenen experimentellen Bedingungen) konstant ist. Da das Bestandspotential zwischen Retina und Cornea von der umgebenden Helligkeit abhängt (Arden & Kelsey, 1962), ist es notwendig, daß die Erhebung der Regressionskoeffizienten (sofern dieser in eigenen Durchgängen erhoben wird) erst nach vollkommener Adaptation erfolgt, und die Helligkeit über die ganze Dauer des Experiments konstant gehalten wird, was besonders bei optischen Reizvorgaben zu Schwierigkeiten führen kann.

Ein weiteres Problem im Zusammenhang mit der Korrektur des EOGs im EEG stellt die Tatsache dar, daß gleichzeitig mit dem EOG auch eine EEG-Aktivität abgeleitet wird (z.B. Gasser, Sroka & Möcks, 1985), was bedeutet, daß bei den Korrekturmethoden auch immer ein Teil des EEGs "wegkorrigiert" wird.

Horizontale Augenbewegungen können vor allem bei aufgabenkontingenten Blickbewegungen Lateralisationseffekte vortäuschen und sollten ebenfalls zumindest kontrolliert werden. Ferner wurde beschrieben, daß horizontale Augenbewegungen eine hemisphärenspezifische Präferenz indizieren (z.B. Neubauer, Schulter & Pfurtscheller, 1986), wobei aber noch nicht geklärt erscheint, inwieweit Augenbewegungen die Lateralisation selbst herbeiführen.

In Ergänzung zu den oben erwähnten Verfahren soll für den Fall, daß keines dieser Verfahren verwendet wird, darauf hingewiesen werden, daß auf jeden Fall die Augenbewegungspotentiale abgeleitet werden sollten, und nur jene Abschnitte im EEG interpretiert werden dürften, in denen keine markanten Augenbewegungspotentiale auftraten.

Basierend auf den Ergebnissen aus einem Arbeitskreis in Tilburg 1987, wo die meisten der gängigen Verfahren zur Korrektur des EOGs im EEG verglichen wurden, stellt eine zusammenfassende Publikation (Brunia, Möcks, van den Berg-Lenssen, Coelho, Coles, Elbert, Gasser, Gratton, Ifeachor, Jervis, Lutzenberger, Sroka, van Blokland-Vogelesang, van Driel, Woestenburg, Berg, McCallum, Tuan, Pocock & Roth, 1989) die verschiedenen Verfahren vor und vergleicht deren Ergebnisse.

Obwohl sich – schon aus methodischen Gründen, nachdem das "wahre EEG" ja nicht bekannt ist – keine Methode als die "einzig richtige" herausstellte, wird diese Publikation jedem an dieser Problematik Interessierten wärmstens empfohlen.

IV.2.2 Elektrische Hautaktivität

Die elektrischen Eigenschaften der Haut (Hautpotential und dessen Änderung sowie Hautwiderstand, -leitfähigkeit, -impetanz und deren Variabilität) sind vielfältig und stehen in engem Zusammenhang mit zahlreichen psychologischen Variablen (z.B. Fowles, 1974; Edelberg, 1972; Venables & Christie, 1980). Ein umfangreiches und substantielles Lehrbuch über die elektrodermale Aktivität wurde von Boucsein (1988) vorgestellt und beinhaltet den neuesten Stand des Wissens zu diesem Thema.

Generell lassen sich bei allen elektrischen Hautaktivitäten ein Grundpegel sowie "spontane" und reizsynchrone Aktivitäten unterscheiden, wobei die verschiedenen Maße zum Teil sehr hoch korrelieren (z.B. Boucsein & Hoffmann, 1979).

Bei der Registrierung des EEGs stellt die elektrische Aktivität der Haut eine erhebliche Artefaktquelle dar. Bei der Messung des EEG-Bestandspotentials ist das Bestandspotential der Haut ein Hauptproblem. Bei der Erfassung der reizsynchronen EEG-Aktivität stellt vor allem die phasische Hautaktivität eine potentielle Artefaktquelle dar. Da sich die Latenzen der phasischen Hautaktivität von der reizsynchronen EEG-Aktivität aber deutlich unterscheiden (einige Sekunden bei der Hautaktivität gegenüber einigen 100 msec im ereigniskorrelierten Potential), dürften die Potentialkomponenten etwa in den ersten 400 msec nach dem Beginn der Reizdarbietung von elektrodermalen Einflüssen weitgehend unberührt sein.

Bei der Analyse langsamer kortikaler Potentiale ist die bestmögliche Ausschaltung oder zumindest die Kontrolle der Hautaktivität (vornehmlich des Hautpotentials) ein wichtiger Punkt. In einer grundlegenden Arbeit zeigten Picton und Hillyard (1972), daß vor allem die langsamen Potentiale, wie die CNV, von Hautpotentialänderungen kontaminiert sein können.

Die Autoren vergleichen auch den Einfluß verschiedener Methoden zur Eliminierung des Hautpotentials:

1) *"skin drilling"*, wobei mit einem Dentalbohrer die oberen Hautschichten abgetragen werden (Schackel, 1959);

2) *"scratching"* – "kratzen" mit einer sterilen Nadel bis zum Austreten von Blut und

3) *"Iontophorese einer 2%igen Atropin Lösung"* (Lader & Montagu, 1962).

Durch die Behandlung der Haut an den Elektrodenpositionen sowohl durch Scratching als auch durch Atropin Iontophorese konnten die langsamen, bis zu einigen mV großen Amplitudenänderungen nach akustischer Reizung bzw. nach Reaktionszeitaufgaben weitgehend ausgeschaltet werden. Picton und Hillyard (1972) empfehlen das Abtragen der oberen Hautschichten (durch Skin Drilling oder durch "Abradieren") und zur völligen Elimination des Hautpotentials die Atropin Iontophorese (welche allerdings relativ zeitaufwendig ist) und das Scratching.

Aufgrund von Messungen bei 5 Versuchspersonen fanden die Autoren auch, daß phasische Hautpotentialänderungen am Mastoid am größten und am Vertex und am Ohrläppchen am kleinsten sind. Corby, Roth und Kopell (1974) kommen ebenfalls zu dem Schluß, daß die Vertex-Ohrläppchenableitung am wenigsten mit Hautpotentialen kontaminiert sein dürfte, betonen aber auch die sich daraus ergebende Eingeschränktheit für den Experimentator.

Langsame Potentialänderungen ähneln oft in frappanter Weise den Hautpotentialschwankungen. Dazu verwies Hillyard (1974) einerseits darauf, daß die langsamen "arousal waves" (Arousalwellen des EEGs) in Latenz, Zeitverlauf und Auftretensbedingungen den Hautpotentialänderungen bei den 6 untersuchten Versuchspersonen ähnlich sind (ein Befund, der von Lutzenberger et al., 1985 und Rockstroh, Elbert, Birbaumer & Lutzenberger, 1982 mit Untersuchungen an 7 Versuchspersonen bestätigt wurde), andererseits aber auch darauf, daß durch chemische Manipulationen, welche normalerweise das Hautpotential beeinflussen, bzw. durch Skin Drilling die Arousalwellen nicht beeinflußt wurden (Karrer, Fabregat, Kohn, Ptashne & Czaja, 1970; zitiert nach Hillyard, 1974), sodaß der Schluß nahe liegt, daß sie nicht von der Haut generiert werden.

IV.2.3 Elektrische Muskelaktivität

Elektrische Muskelpotentiale als Artefakte im EEG wurden bisher nur für die Spikeaktivität beschrieben (z.B. Cooper et al., 1984). Als solche sind sie im EEG gut erkennbar, können aber bei ungenügender Filterung eine nicht vorhandene Beta-Aktivität vortäuschen.

Daß langsame Potentiale muskulärer Genese in das EEG einstreuen, wurde bisher kaum oder nicht berichtet (z.B. auch nicht in Hillyard, 1974), muß aber als eine mögliche Artefaktquelle in Betracht gezogen werden, nachdem in neueren Publikationen (Trimmel, Streicher, Groll-Knapp & Haider, 1987a, 1987b, 1989) gezeigt wurde, daß die Muskelaktivität von einem Muskel-Gleichspannungspotential begleitet wird, welches von physikalischen Faktoren wie Gewicht und Bewegung, aber auch von physiologischen Faktoren wie der Ermüdung abhängt (siehe Abbildung 9). Gleichzeitig wurde auch ein sich langsam änderndes Gleichspannungspotential ohne erkennbare Spikeaktivität beobachtet, welches mit dem Grad der Ermüdung korrelierte und ein Ausdruck metabolischer Prozesse sein könnte.

Diese Erkenntnisse wurden am Bizeps gewonnen, sodaß eine Generalisierung auf die Schädelmuskulatur nur mit Vorsicht möglich ist. Im Falle einer Bestätigung würde das aber bedeuten, daß bei kortikalen DC-Potentialen eine Kontamination mit Gleichspannungsmuskelpotentialen nicht ausgeschlossen werden kann. Eine experimentelle Überprüfung des Anteils von Muskelpotentialen in kortikalen DC-Ableitungen scheint dringend angeraten.

IV.2.4 Zungenpotentiale

Klass und Bickford berichteten 1960 von DC-Potentialänderungen am Vertex (gegen Mastoid) bei Zungenbewegungen. Da die Zungenspitze negativ geladen ist, geht eine nach oben gerichtete Bewegung, aber vor allem das Berühren des Rachens mit der Zunge, mit einer Negativierung bis zu ca. 200 μV (auf Cz gegen Mastoid) einher.

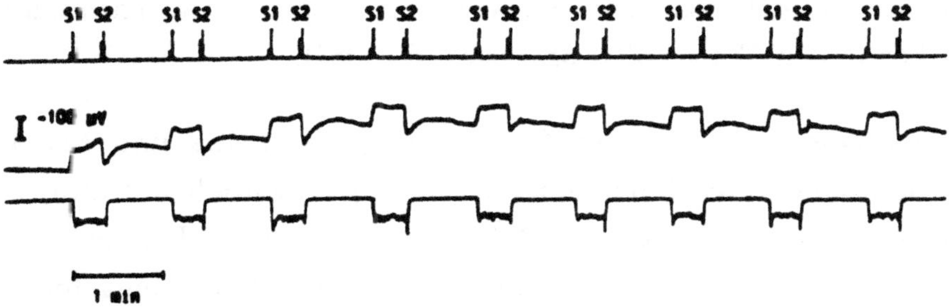

Abb. 9. EMG-DC-Potentiale (im mittleren Teil der Abb.) und das integrierte EMG (im unteren Teil), vom Bizeps beim Heben (S1), Halten und Absenken (S2) von einem Gewicht (aus Trimmel, Streicher et al., 1989, S. 461).

IV.2.5 Potentiale durch Zahnplomben

Diverse Materialien, welche zur Zahnsanierung verwendet werden, bilden ein elektrisches Element. Abgesehen von der Tatsache, daß diese Feldeinstreuungen biologisch wirksam sein könnten, führen vor allem die Änderungen der Potentialverteilung, wie sie durch Zungenbewegungen hervorgerufen werden, zu massiven Artefakten in den EEG-Ableitungen.

IV.2.6 Gaspartialdruck

Caspers und Mitarbeiter beschreiben in einer Reihe von Publikationen (zusammengefaßt in Caspers et al., 1987), daß eine Steigerung des partialen CO_2 Drucks (pCO_2) im Blut bei der künstlich beatmeten Ratte zu einem positiven DC-Potential in kortikalen Strukturen führt. Die Autoren verweisen aber auch auf widersprüchliche Ergebnisse, welche zum Teil in anderen Species und bei anderen Lokalisationen gefunden wurden.

Eine Reduktion des Sauerstoffpartialdrucks (pO_2) führt zu einer negativen kortikalen Potentialverschiebung. Für einen mittleren Bereich steht der Sauerstoffpartialdruck in einem linearen Zusammenhang mit dem kortikalen Potential (Caspers et al., 1987).

Im Zusammenhang mit der Beobachtung des EEGs und kortikaler DC-Potentiale unter künstlicher Beatmung beschreiben Caspers und Mitarbeiter (Caspers et al., 1987), daß in einer Beatmungspause DC-Verschiebungen und ein Verschwinden des EEGs beobachtet wurden, welche sich bei Beatmungspausen in der Dauer von 8-10 min wieder voll zurückbildeten. Bei längeren Beatmungspausen wird die Wahrscheinlichkeit der vollkommenen Rückbildung des EEGs immer kleiner und verschwindet bei Unterbrechnungen von über 30 Minuten. Die Autoren diskutieren auch, daß die "abschließende negative Gleichspannungsänderung" während der Asphyxie ein brauchbares Kriterium für die "Wiederbelebungszeit" des Gehirns sein könnte.

V EXPERIMENTELLE GRUNDLAGEN

Für neuropsychophysiologische Experimente gelten im Prinzip dieselben Regeln und Anforderungen wie für sonstige psychologische Experimente. Im folgenden soll also nicht auf allgemeine Verfahren der Versuchsplanung und statistischen Auswertung eingegangen werden (siehe dazu z.B. Edwards, 1971; Lienert, 1962, 1973, 1978; Weiner, 1971), sondern es sollen einige Aspekte, welche für neuropsychophysiologische Experimente besonders bedeutsam erscheinen, etwas näher beleuchtet werden. (Methoden der psychologischen EEG-Forschung sowie Ergebnisse und Anwendungen werden auch bei Pawlik, 1974 vorgestellt.)

Bei den experimentellen Anordnungen in der Psychophysiologie lassen sich hauptsächlich zwei Methoden, die interaktive und die nicht-interaktive unterscheiden. Die dritte zu beschreibende Methode (die postexperimentelle Analyse) kann sowohl für interakiv wie für nicht-interaktiv erhobene Daten angewandt werden.

V.1 Allgemeine Aspekte

Im Zusammenhang mit den allgemeinen Aspekten psychophysiologischer Versuchsanordnungen verweisen Lutzenberger et al. (1985) auf das "Drei-Ebenen-Meßkonzept" und auf intervenierende Variablen mit Bezug auf die jeweilige Stichprobe.

V.1.1 Das "Drei-Ebenen-Meßkonzept"

Birbaumer (1975) hat besonders hervorgehoben, daß sich am lebenden Organismus drei Beobachtungsebenen unterscheiden lassen:

1) Die physiologische Ebene,

2) die Verhaltensebene und

3) die verbal-subjektive Ebene, das Denken und Befinden.

Im psychophysiologischen Experiment sollten nach Birbaumer alle drei Beobachtungskategorien auch durch mehrere Maße repräsentiert sein. Lutzenberger et al. (1985) zeigen auf, daß die meisten Experimente an unzureichenden oder naiven Quantifizierungen der psychologischen Konstrukte leiden, welche sie eigentlich quantifizieren wollen. Manchmal steht die präzise Erfassung und Quantifizierung der physiologischen Größen in einem Mißverhältnis zur Beschreibung der psychologischen Größen. Auch der Verweis auf ähnliche Fehler in der klassischen Experimentalpsychologie und der Kognitiven Psychologie, wo oft die Tatsache ignoriert wird, daß der Mensch auch psychophysiologische Reaktionen aufweist, tröstet nicht.

V.1.2 Stichprobe und einige intervenierende Variablen

Einerseits werden in neuropsychophysiologischen Experimenten *Persönlichkeitsvariablen* als wirksame Einflußgrößen angenommen und untersucht, andererseits erfolgt in manchen Experimenten eine oft nur oberflächliche Erhebung, vor allem der im jeweiligen Fall nicht unmittelbar interessierenden Persönlichkeitseigenschaften.

Ähnliches gilt ganz allgemein für die *physiologischen Ausgangswerte* (Ausgangswertgesetz; law of initial values; Wilder, 1931), welche für kurz- und mittelfristige phasische Reaktionen bedeutende und mitbestimmende physiologische Faktoren sind (z.B. Myrtek, Förster & Wittmann, 1977).

Daß neben der tonischen physiologischen Ausgangslage auch *konditionierte Änderungen der Ausgangslage* – vor allem in einem Experiment mit wiederholter Testung – wirksam sind, konnten Kimmel, Birbaumer, Elbert, Lutzenberger und Rockstroh (1983) zeigen. In diesem Experiment diente die Farbe der Raumbeleuchtung als konditionaler Stimulus für Unsicherheit (aversive Bedingungen aufgrund unvorhersehbarer und unvermeidbarer Reize) oder für Sicherheit (Ausbleiben der Reize). Die im Anschluß an die Konditionierung erhobenen ereigniskorrelierten Potentiale zeigten eindeutige Beeinflussungen durch den konditionalen Stimulus.

Die Schwierigkeit der Erfassung der generellen *tonischen Aktivierung* wurde des öfteren demonstriert und liegt zum Teil daran, daß die Hintergrundaktivierung mit nur einem Parameter nicht ausreichend zu erfassen ist (z.B. Fahrenberg & Förster, 1982; Fahrenberg, Walschburger, Förster, Myrtek & Müller, 1983).

Für neuropsychophysiologische Experimente würde es aber schon ein erheblicher Fortschritt sein, wenn die kortikalen Gleichspannungsänderungen während des Experiments miterfaßt werden, auch dann, wenn man unmittelbar nur an den schnelleren Potentialen interessiert ist, weil Gleichspannungsänderungen die ereigniskorrelierten Potentiale auf verschiedene Art und Weise beeinflussen können (z.B. Trimmel, 1988a). Nachdem Gleichspannungsänderungen auch konditionierte kortikale Aktivierungsänderungen abbilden können (z.B. Trimmel, Groll-Knapp, Ganglberger, Enichlmayr & Haider, 1983; Trimmel, 1985a), erscheint die Registrierung der *kortikalen Gleichspannung* in neuropsychophysiologischen Experimenten als eine brauchbare, wenn nicht notwendige Methode zur genauen Erfassung experimenteller Einflüsse.

Lutzenberger et al. (1985) verweisen auch darauf, daß verschiedene Lebensgewohnheiten und die damit verbundenen *biochemischen Veränderungen* oft vernachlässigt werden. So dürften schon kurzzeitig *deprivierte Raucher* (z.B. während eines längeren Experiments) auf Belastungsbedingungen nicht nur verhaltensmäßig, sondern auch physiologisch sensitiver reagieren (vgl. Norton & Howard, 1988).

Eine weitere intervenierende Variable ist die *"vorbewußte Informationsverarbeitung"* (preconscious processing; Dixon, 1981), welche jede Form kognitiver und emotionaler Informationsverarbeitung, aber auch Wahrnehmungsschwellen, Prioritätensetzung und assoziativ reaktivierte Gedächtnisinhalte beeinflussen kann (Dixon, 1981). Der Autor beschreibt, daß bereits subliminare Reize (Reize unter der bewußten Wahrnehmungsschwelle) physiologische Reaktionen, wie z.B. ereigniskorrelierte Potentiale, auslösen können, welche dann z.B. die Wahrnehmungsschwelle, die Diskriminationsfähigkeit oder die affektiven Reaktionen der nachfolgenden Reize beeinflussen. Dixon postuliert auf Grund psychologischer und physiologischer Ergebnisse zwei getrennte Systeme, eines für die Informationsvermittlung und eines für das bewußte Erleben. Das neurophysiologische System des aufsteigenden retikulären Aktivierungssystems (ARAS) als Substrat der "langsamen" Vermittlung bewußter Wahrnehmungen und "schnelle" neuronale Verbindungen für sensorische Informationsvermittlung, welche als Substrat der vorbewußten Wahrnehmung angesehen werden. Dementsprechend muß ein Einfluß der vorbewußten Wahrnehmung auf Aspekte der Informationsverarbeitung bzw. auch auf die experimentellen Bedingungen angenommen und berücksichtigt werden, z.B. Aufmerksamkeit und Konzentration (Lutzenberger et al., 1985).

Nach Dixon (1981) werden Reize schon vor ihrer bewußten Wahrnehmung, welche erst relativ spät im Prozeß der Informationsverarbeitung erfolgt, durch vorbewußte Prozesse, welche ebenso auf das Gedächtnis wirken, indem sie die Schwellen beim Abruf von Gedächtnisinhalten und die Art der assoziativ reaktivierten Gedächtnisinhalte verändern, beeinflußt. Ferner können demnach vorbewußt gespeicherte Erfahrungen Vermeidungs- oder Annäherungstendenzen verstärken und so emotionale und motivationale Aspekte der Situation modifizieren.

V.2 Nichtinteraktive Methoden

Unter nichtinteraktive Methoden kann man alle experimentellen Anordnungen zusammenfassen, bei denen die Art (Qualität), die Intensität und das Intervall der Stimulation von der Versuchsperson nicht beeinflußt werden kann, sondern in einer vom Versuchsleiter bestimmten Form vordefiniert sind.

V.2.1 Stimulation

Bei der Stimulation lassen sich die Reize oder das Reizgeschehen physikalisch (ev. chemisch) umfassend und vollständig beschreiben. Dabei kann die Modalität der Stimulation akustisch, optisch oder somatosensorisch sein. Geruchs- und Geschmacksstimulationen sind in der psychophysiologischen Praxis wegen der aufwendigeren experimentellen Anordnung (vor allem zur Definition des "Triggerzeitpunktes") seltener zu finden. Eine spezielle Form der Stimulation ist das "Driving", was eine relativ rasche Wiederholung eines einfachen Reizes (meist akustisch oder optisch) beschreibt.

Bei der Beschreibung der Stimuli muß auf eine möglichst exakte und umfassende Charakterisierung aller Stimuluseigenschaften geachtet werden (vgl. auch die Publikationskriterien von Donchin et al., 1977). Die zahlreichen Möglichkeiten bzw. Merkmale der Reizpräsentation über Bildschirm können auch verschiedene unbeabsichtigte Wirkungen auf ereigniskorrelierte Potentiale haben (wie sie von Harris, Makepeace & Troscianko, 1987 aufgezeigt wurden) und sollen deshalb besonders genau beschrieben werden.

Zur Stimulation lassen sich auch jene Methoden zählen, wo den Reizen eine Signalwirkung für Handlungsabläufe zukommt (z.B. im vorgewarnten Reaktionszeitexperiment, bei dem es zur Ausbildung einer CNV kommt), sofern sie vom aktuellen Verhalten der Versuchs- oder Testperson unabhängig sind.

V.2.2 Provokation

Der Übergang von der Stimulation zur Provokation läßt sich nicht scharf abgrenzen. Bei einem komplexeren Reizgeschehen, bei dem man annimmt, daß es deutliche emotionale Reaktionen auslöst (z.B. bei einem Streßinterview oder der Vorführung eines Filmausschnittes), ist der Begriff Stimulation nicht voll zutreffend, sodaß der Begriff Provokation angemessen erscheint (siehe auch Speckmann & Caspers, 1973).

V.2.3 Instruktion

Im Gegensatz zu den oben genannten Methoden werden bei der Methode verschiedener Instruktionen die Reizgegebenheiten nicht verändert, sondern nur die jeweilige Aufgabe der Versuchs- oder Testperson. Die Variation der Instruktion stellt eine der wichtigsten Methoden bei der Untersuchung der sogenannten endogenen Potentialkomponenten (siehe dort) dar.

V.3 Interaktive Methoden

Im Gegensatz zu den nichtinteraktiven Methoden sind bei den interaktiven Experimenten bzw. Untersuchungen einige oder zumindest einer der im Experiment relevanten Parameter vom Verhalten (meistens physiologische Zustände oder Veränderungen) der Versuchsperson abhängig. Bei den interaktiven Methoden arbeitet die Versuchsperson entweder in einer bewußten und aktiven Art und Weise (wie z.B. beim Biofeedback) oder in einer ihr nicht erkennbaren oder wahrnehmbaren Form (wie z.B. beim Brain-Trigger-Design) am Experiment mit, was bedeutet, daß die Reizgegebenheiten vom jeweiligen Verhalten der Person abhängen und somit von Person zu Person bzw. Experiment variieren.

Daß dem Biofeedback, neben der bekannten Anwendung zum Training der willentlichen Kontrolle über physiologische Prozesse, eine wesentlich weitreichendere Anwendung als wissenschaftliche Methode zum Testen von Hypothesen über kausale Zusammenhänge in "lebenden aber verrauschten" Systemen zukommt, wurde von Mulholland einige Male betont (z.B. Mulholland, 1977). Rockstroh, Elbert, Lutzenberger und Birbaumer (1984) sehen Biofeedbackmethoden vor allem im Zusammenhang mit langsamen Hirnpotentialen als Werkzeug zur Untersuchung der Bedeutung langsamer Hirnpotentiale.

Auf Grund der Tatsache, daß bei den interaktiven Methoden die Versuchsperson als ein in ihrer Gesamtheit handelndes Wesen in den experimentellen Ablauf integriert ist, läßt sich auch erwarten, daß den Aussagen aus Erkenntnissen interaktiv gewonnener Ergebnisse eine große Praxisrelevanz zukommt. Zudem lassen sich bei diesen Methoden auch Aussagen über biologische Regelvorgänge und deren Einfluß auf kognitive Fähigkeiten im Zusammenhang mit den erhobenen physiologischen Parametern treffen.

V.3.1 Biofeedback

Als Biofeedback werden Verfahren beschrieben, bei denen physiologische Prozesse – welche im Normalfall durch die Sinnesorgane nicht oder nur ungenau erfaßt werden – der Wahrnehmung zugänglich gemacht werden. Das geschieht mit apparativen Einrichtungen, welche die entsprechende physiologische Funktion erfassen und dann in ein Signal umsetzen, welche der exterorezeptiven Wahrnehmung zugänglich sind. Auf diese Weise lassen sich alle meßbaren physiologischen

Parameter (EEG, Elektromyogramm, elektrische Hautaktivität, Blutdruck, Herzrate, Atmung usw., aber auch Verhaltensparameter, wie z.B. die Informationen über die Köperstellung) in einen Biofeedbackkreis integrieren. Neben der Zeitschrift *Biofeedback and Self Regulation* und den Sammelbänden (Aldine Annuals on the Regulation of Bodile Processes and Consciousness; Aldine publishing company, New York, 1972 - 1979) der *Society for Biofeedback and Self Regulation,* in denen Arbeiten der 70er Jahre gesammelt sind, gibt es neben zahlreichen Einzelarbeiten auch eine Reihe von zusammenfassenden Darstellungen über Grundlagen, Methoden und Anwendungen des Biofeedback (z.B. Basmajian, 1979; Birbaumer & Kimmel, 1979; Blanchard & Epstein, 1978; Elbert, Rockstroh, Lutzenberger & Birbaumer, 1984; Goldfried & Merbaum, 1973; Huber, 1977; Hume, 1979; Kröner & Sachse, 1981; Legewie & Nusselt, 1975; Richter-Heinrich & Miller, 1982; Schwartz & Beatty, 1977).

Bei der Beeinflussung hirnphysiologischer Vorgänge mit Biofeedbackmethoden waren hauptsächlich zwei Parameter, nämlich die Alpha-Aktivität (z.B. Trimmel, 1976, 1980a, 1980b) und das Gleichspannungspotential (z.B. Bauer & Lauber, 1979; Birbaumer, Elbert, Rockstroh, Lutzenberger, Lang & Cook, 1987; Elbert, 1978; Rockstroh, Lutzenberger & Birbaumer, 1980; Guttmann, 1984a; Roberts, Birbaumer, Rockstroh, Lutzenberger & Elbert, 1989; Sammer, Trimmel, Groll-Knapp, Ganglberger & Haider, 1986; Trimmel, Groll-Knapp, Sammer, Ganglberger & Haider, 1984, 1985a, 1985b; Trimmel, Sammer, Groll-Knapp & Haider, 1984) Gegenstand von Untersuchungen.

V.3.2 Biofeedforward

In einem theoretischen Artikel über Biofeedback als wissenschaftliche Methode behandelt Mulholland (1977) die Erfassung des "Feedforward" zur Beschreibung lebender Systeme. Als Feedforward wird ganz allgemein die "Transferfunktion" vom "Input" zum "Output" eines kybernetisch betrachteten Systems verstanden. Mulholland schlägt zur Überprüfung der Hypothese, daß Feedforward existiert, z.B. eine kontrollierte Oszillation der abhängigen Variablen (Output) vor. Im Biofeedbackexperiment läßt sich das durch die Abwechslung von positivem und negativem Feedback relativ einfach realisieren. Die Differenz zwischen den beiden Bedingungen ist eine Entsprechung des Feedforward, was mit EEG-Alpha-Biofeedback-Daten (Mulholland & Peper, 1971) belegt wurde.

Auch die Methode des "alpha wave modulated light" (Inouye, Sumitsuji & Matsumoto, 1980), bei der die Intensität der optischen Stimulation von der relativen Amplitude der augenblicklichen Alpha-Aktivität bestimmt wird, gibt Aufschluß über die Transfercharakteristik vom Rezeptor zu den kortikalen Verarbeitungszentren.

Mulholland (1977) diskutiert auch die Möglichkeit, inwieweit die "Feedforeward-Strecke" durch externes Feedback – wie im Biofeedback – neugestaltet oder modifiziert werden kann. Daraus ließe sich eine Beschleunigung bzw. eine Erhöhung der Effizienz der Feedforeward-Strecke durch ein Biofeedbacktraining ableiten.

V.3.3 Ereignisabhängige Stimulation: Biotriggerung

Im folgenden sollen unter dem Titel "Biotriggerung" eine Reihe von experimentellen Anordnungen vorgestellt werden, welchen der Umstand gemein ist, daß die Präsentation eines Reizes (Stimulus) – entweder zur Untersuchung der Reizverarbeitung oder der Reaktionscharakteristik an sich oder der Analyse, der die Reizverarbeitung begleitenden biologischen Veränderungen – vom Zustand zumindest eines biologischen Parameters abhängig ist.

Mit der Biotriggerung läßt sich nicht nur der Einfluß eines physiologischen Parametes bzw. dessen Änderung auf die Reizverarbeitung untersuchen, sondern wie im folgenden ausgeführt werden soll, auch das Zusammenwirken verschiedener physiologischer Systeme bzw. der simultane Einfluß verschiedener physiologischer Parameter auf psychologische Faktoren untersuchen.

Einige Methoden, auf die im folgenden näher eingegangen wird, haben bereits in der Literatur Eingang gefunden, wie z.B. das Brain-Trigger-Design; einige Methoden werden in der Literatur ohne besondere Namensgebung beschrieben, und andere werden als mögliche experimentelle Vorgangsweisen vorgestellt.

V.3.3.1 Alpha-kontingente Stimulation

Die Methode der Alpha-kontingenten Stimulation – ohne sie so zu benennen – wurde in der Dissertation Hinger, 1977 (Bauer, 1975) zur Prüfung der Reproduktions- bzw. Lernleistung unter Alpha-Produktion verwendet. In einem Design mit parallelisierten Stichproben wurde der Experimentalgruppe nur während des Auftretens von okzipitalen Alpha-Phasen das optisch präsentierte Lernmaterial dargeboten. Es zeigte sich eine deutlich geringere Reproduktionsleistung gegenüber der "yoked" Kontrollgruppe, bei der die Präsentation des Lernmaterials nicht Alpha-kontingent war. Dieses experimentelle Vorgehen bildete auch den Ausgangspunkt zu der in Wien entwickelten Methode des "Brain-Trigger-Designs" (Guttmann & Bauer, 1984).

Zur Erkennung des Beginns einer Alpha-Phase gibt es verschiedene Methoden, welche alle auf eine Mustererkennung der ersten Alphawellen einer (erhofften) Alphawellenphase hinauslaufen (z.B. Bauer, 1975; Rémond, 1968).

Den Autoren Goodman, Beatty und Mulholland (1980) gelang mit der Methode der Alpha-kontingenten Stimulation ein eleganter Beitrag zur Untersuchung der kortikalen Lateralisation der Verarbeitung verbaler bzw. spatialer Stimuli. In einer neueren Arbeit (Goodman & Mulholland, 1988) wird auch auf die Brauchbarkeit dieser Methode zur

Erkennung der zerebralen funktionalen Lateralisation verwiesen. Ergebnisse eines visuellen "half-fields" Stimulationexperiments zeigten eine signifikant längere Alpha-Blockade für die kontralaterale Stimulation im Vergleich mit der ipsilateralen Stimulation.

V.3.3.2 Braintriggerung

Als "Braintriggerung" werden hier das "Brain-Trigger-Design (BTD)" (Bauer, 1984a; Guttmann & Bauer, 1984) bzw. das idente, aber unabhängig davon entwickelte Paradigma der "Potential-Related-Events (PRE)" (Born, Whipple & Stamm 1982), welches auch schon von Stamm, Gillespie und Sandrew (1978) beschrieben und angewandt wurde, beschrieben.

Bei der Braintriggerung wird ein Einzeldurchgang erst dann gestartet, wenn ein definierter kortikaler Zustand aufgetreten ist. Das Kriterium des kortikalen Zustandes war in den bisherigen Experimenten fast ausschließlich über das Auftreten einer kortikalen Gleichspannungsänderung definiert. Allerdings waren die bisher verwendeten Kriterien in bezug auf Amplitude, Dauer des Beobachtungsintervalls und der elektrophysiologischen Ableitung meist unterschiedlich.

Bauer, Guttmann, Weber und Trimmel (1986) verwendeten eine Änderung von mehr als 15 μV zwischen 2 aufeinanderfolgenden 2 sec Abschnitten (Cz versus linked Mastoids) für eine "gestochene" (skin-puntered) Ableitung. Für eine "nicht gestochene Ableitung" wurde von Bauer und Nirnberger (1981) ein Kriterium von mehr als 25 μV zwischen 2 aufeinanderfolgenden 2 sec Abschnitten (C3 versus M2) verwendet. Born et al. (1982) benützten als Kriterium eine insgesamt 8 sec dauernde Epoche mit einem Ausgangwert, einem Anstieg und einem Plateau zur Definition des Kriteriums. Sie adjustierten die geforderte Amplitude entsprechend den individuellen Erfordernissen und fanden im Mittel ein Kriterium von -3,5 μV für negative shifts bzw. 1.5 μV für positive shifts von Fz nach M2 und -1,6 μV für negative bzw. 1,37 μV für positive shifts von Pz nach M2. Ähnliche Kriterien wurden in der Arbeit von Stamm, Whipple und Born, 1987 verwendet.

Die Mächtigkeit der Braintriggerung als wissenschaftliche Methode wurde inzwischen ausreichend dokumentiert (z.B. Bauer, 1984a; Bauer & Nirnberger 1980, 1981; Born et al., 1982; Guttmann & Bauer, 1984; Stamm et al., 1987); als eine Einschränkung kann derzeit nur die ungenügende Vergleichbarkeit diverser experimenteller Befunde aufgrund unterschiedlicher Kriteriendefinitionen gewertet werden.

V.3.3.3 Kardiovaskuläre Triggerung

Sandman, Swanson, Berka und Isenhart (1981) untersuchten die Zusammenhänge zwischen kardiovaskulären Zuständen und der kortikalen Reizverarbeitung. Dabei wurde der auditive Stimulus entweder synchron zum diastolischen oder synchron zum systolischen Blutdruck der Karotis dargeboten. Sie fanden bei Personen mit *Bluthochdruck* ein stark reduziertes ereigniskorreliertes Potential, wenn der Stimulus mit dem systolischen Blutdruck synchronisiert war. *Hyperaktive Kinder* zeigten im Gegensatz zum durchschnittlichen Muster größere ereigniskorrelierte Potentiale während des systolischen Blutdrucks, welche bei medikamentöser Behandlung auf die durchschnittliche Größe zurückgingen. Berka und Sandman (1981) zeigten mit der gleichen experimentellen Anordnung, daß die Amplituden der Komponenten des akustisch evozierten Potentials vom Blutdruck unterschiedlich beeinflußt werden. Wölk und Velden (1987) untersuchten die Signalerkennung in Abhängigkeit vom Zeitpunkt des *Herzschlages* (R-Zacke) und fanden, daß die Alpha-Aktivität mit dem Herzschlag in einem gewissen Zusammenhang steht und dadurch sich Leistungsunterschiede der Wahrnehmung zwischen zwei Herzschlägen erklären könnten.

Koriath, Lindholm und Landers (1987) berichten, daß die "cardiac-related cortical activity; CRCA" sowie die "cardiac-related cortical inhibition" (Koriath & Lindholm, 1986) mit der Zunahme der durchschnittlichen Herzrate steigt. *Sie vermuten, daß die kardiovaskuläre Aktivität die elektrokortikale Aktivität über den Grad der Exitabilität während des diastolischen und systolischen Blutdruckes beeinflußt.*

Daß außer der ereigniskorrelierten Aktivität auch die *Spontanaktivität* (vor allem die Alpha-Aktivität) in einem zeitlichen Zusammenhang mit der kardiovaskulären Aktivität steht, wurde von Walker und Walker, 1983 berichtet. Dabei zeigte sich, daß die rhythmische Aktivität während des systolischen Blutdrucks von einer etwas langsameren Frequenz begleitet war als beim diastolischen Druck. Die Autoren verweisen auf die Möglichkeit, daß das Verhältnis von kardiovaskulärer Aktivität und Verhalten zumindest teilweise über den *Einfluß des kardiovaskulären Systems auf elektrokortikale Rhythmen* erfolgt. In diesem Lichte gewinnen die Experimente zur Beeinflussung bzw. Selbstregulation der kardiovaskulären Aktivitäten (z.B. durch Biofeedback) zusätzlich an Bedeutung, zumal damit auf indirektem Wege auch die elektrokortikale Aktivität mitbeeinflußt wird (siehe auch Biofeedback).

V.3.3.4 Respiratorische Triggerung

Die Frage der kortikalen Informationsverarbeitung in Abhängigkeit der verschiedenen Phasen der Respiration läßt sich mit einer respiratorisch getriggerten Stimulusdarbietung elegant untersuchen. Es wäre auch zu prüfen, ob und inwieweit eine derartige Stimulusdarbietung auch einen Trainingseffekt beinhaltet, welcher z.B. in der Sportpsychologie seine Anwendung finden könnte. (Vor allem in den sogenannten fernöstlichen Kampfsportarten wird auf die respirationsabhängige Handlungsbereitschaft hingewiesen.)

V.3.3.5 Ergopsychometrie

Die Ergopsychometrie (Guttmann, 1982a; vgl. auch Kryspin-Exner, 1987) ist zwar keine eigentliche neuropsychophysiologische Methode, sondern ein Konzept zum Testen unter physiologischen und/oder psychologischen Belastungsbedingungen (Guttmann, Bauer & Trimmel, 1981, 1982, 1984), welche aber prinzipiell auch als neuropsychophysiologische Methode eingesetzt werden kann.

Psychologische Belastungsbedingungen lassen sich z.B. durch definierte Mehrfachbelastungen oder durch wohldosierte Überforderung erzielen und physiologische Belastungsbedingungen z.B. durch körperliche Anforderungen, wie sie z.B. am Fahrradergometer auftreten. Wird die physiologische Belastung durch eine Betätigung am Fahrradergometer induziert, so werden die psychologischen Tests z.B. erst bei Erreichung eines bestimmten Pulswertes vorgegeben; im weiteren Sinne ist diese Testvorgabe also Pulswert-getriggert.

Außer den bisher beschriebenen "Belastungs-Kriterien" für die Ergopsychometrie ließen sich auch zentralnervöse Parameter zur Definition (und Objektivierung) von verschiedenen kortikalen Zustandsbedingungen heranziehen. Unter diesem Gesichtspunkt erscheint die Analyse von ereigniskorrelierten kortikalen Potentialen in Abhängigkeit von vorausgehenden Gleichspannungsänderungen mit Hilfe sogenannter "Funktionskennlinien" (Trimmel, 1984a,b, 1985b, 1988b) als eine der Ergopsychometrie verwandte Methode.

Es bleibt auch zu prüfen, inwieweit die Beschreibung von Testleistungen unter abgestuften Belastungsbedingungen, sodaß sich eine *Funktionskennlinie* bilden läßt, die Aussagekraft und damit möglicherweise die Praxisrelevanz der Ergopsychometrie weiter steigern ließe.

V.3.3.6 Definitionscharakteristika der Biotriggerung

Unabhängig vom Parameter, der ständig auf das Auftreten eines dem Kriterium entsprechenden Musters geprüft wird, lassen sich übergeordnete Charakteristika der Biotriggerung unterscheiden: Kriteriumdefinition, Kriteriumskonstanz und Stimulationsdefinition.

V.3.3.6.1 Kriteriumsdefinition

Das Kriterium, mit dem über das Auftreten eines relevanten Funktionszustandes entschieden wird, kann punktuell, verlaufsabhängig, musterabhängig oder eine Kombination daraus sein.

V.3.3.6.1.1 Punktuelle Kriteriumsdefinition

Bei der punktuellen Kriteriumsdefinition wird nur nach dem Auftreten eines bestimmten Kriteriumswertes geprüft. Bei dieser Definition ist das Kriterium also völlig verlaufsunabhängig definiert. Eine Anwendung wäre die Freigabe der Stimulation, wenn z.B. ein bestimmter Punkt (oder Bereich) visuell fixiert wird, was z.B. mit der Prüfung von zwei EOG-Ableitungen (bei fixiertem Kopf) definiert wäre.

V.3.3.6.1.2 Verlaufsbhängige Kriteriumsdefinition

Bei der verlaufsabhängigen Definition wird das Kriterium um den zeitlichen Aspekt ergänzt. Es muß also ein bestimmter Parameter über eine bestimmte Zeit konstant bleiben oder sich in bestimmter Weise ändern. Als Beispiele können die verschiedenen bisher verwendeten Kriterien der Braintriggerung genannt werden.

V.3.3.6.1.3 Musterabhängige Kriteriumsdefinition

Unter musterabhängiger Kriteriumsdefinition wird das gleichzeitige Vorhandensein (also eine logische UND Verknüpfung) mehrerer, zumindest zweier Kriterien verstanden. Solche musterabhängige Kriterien können zu sehr komplexen Bedingungen führen, wobei dann der Aspekt der Auftretenswahrscheinlichkeit immer wichtiger wird. Als ein mögliches Beispiel könnte man sich das Auftreten von Alpha-Aktivität (bzw. nicht Alpha-Aktivität) und gleichzeitig ablaufender (positiver bzw. negativer) Gleichspannungsänderungen als Triggerkriterium zur Untersuchung der Auswirkungen beider Phänomene vorstellen.

V.3.3.6.1.4 Übergeordnete Gesichtspunkte der Kriteriumsdefinition

Bei den Ausführungen über die Biotriggerung wurde davon ausgegangen, daß immer, wenn das Kriterium erfüllt ist, auch eine Stimulation erfolgt. Es ist aber zu erwarten, daß eine derart kontingente "Rückmeldung" ihrerseits zu unkontrollierten Effekten führen kann (siehe auch abschließende Bemerkungen zur Biotriggerung).

Bei einer einheitlichen Kriteriumsdefinition kann es bei der Biotriggerung auch zu sehr unterschiedlichen temporären Verlaufsmustern (Dauer des Experiments) kommen; es könnte daher notwendig sein, gewisse zeitliche Mindestabstände zwischen den einzelnen Durchgängen einzuführen. Mit einer "zufälligen Zuordnung" von erfülltem Kriterium und tatsächlicher Stimulation ließe sich auch ein möglicher "Rückmeldeeffekt" reduzieren.

V.3.3.6.2 Kriteriumskonstanz

Bei der Betrachtung der Kriteriumskonstanz lassen sich zwei Hauptrichtungen unterscheiden: konstante und variable Kriterienbedingungen.

V.3.3.6.2.1 Konstante Kriteriumsbedingungen

Bei konstanten Kriterienbedingungen wird das Kriterium für alle Versuchspersonen beibehalten. Das bedeutet, daß ein Kriterium gefunden werden muß, welches annähernd eine brauchbare Auftretenswahrscheinlichkeit hat (vgl. Bauer, 1986; Bauer et al., 1986). Die individuellen Unterschiede im Auftreten der kriteriumsentsprechenden Bedingungen wirken sich (bei konstanter Anzahl der Durchgänge) vor allem auf die Dauer des Experiments aus. Bei bestimmten Kriteriumsdefinitionen ist auch denkbar, daß bei manchen Personen ein Experiment sogar abgebrochen werden muß oder gar nicht begonnen werden kann, wenn das definierte Kriterium bei der betreffenden Person zu selten oder gar nicht auftritt.

V.3.3.6.2.2 Variable Kriteriumsbedingungen

Bei variablen Kriteriumsbedingungen kann für fast jede Versuchsperson ein derartiges Kriterium bestimmt werden, daß die Auftretenswahrscheinlichkeit und damit die Dauer des Experiments für alle Versuchspersonen annähernd gleich ist. Dabei kann aber das effektiv verwendete Kriterium von Versuchsperson zu Versuchsperson erheblich schwanken (vgl. Stamm et al., 1987).

V.3.3.6.3 Sequentielle Gesichtspunkte der Stimulation

Bei der Verwendung von unterschiedlichem Stimulationsmaterial ist aus Gründen der Balance der experimentellen Vorgangsweise auf temporäre und sequentielle Einflüsse der Stimulation zu achten, da man nicht übersehen soll, daß die Versuchsperson auch in bezug auf die gesamte Versuchssituation ständig Hypothesen generiert und lernt.

V.3.3.7 Bemerkungen zur Biotriggerung

Abgesehen von der Tatsache, daß bestimmte Fragestellungen nur mit der Methode der Biotriggerung behandelt werden können, bietet die Methode den Vorzug, auch schwache aber reliable Zusammenhänge zu erfassen. Der Vorteil der Methoden, welche unter dem Titel Biotriggerung beschrieben wurden, liegt in der Tatsache, daß die Streuung des (oder eines) zugrundeliegenden Funktionszustandes (z.B. des EEGs) eingeschränkt wird, also die unabhängige Variable nicht bloß eine experimentelle Bedingung ist, sondern ein *überwachter Funktionszustand*. Im Falle eines komplexeren Kriteriums können sogar eine Vielzahl von relevanten Parametern in ihrer Funktion überwacht werden und in der Folge Aussagen über die Verabeitungscharakteristik *unter verschiedenen, aber definierten Funktionszuständen* gemacht werden. Da die relevanten physiologischen Funktionszustände nicht durch experimentelle Bedingungen definiert sind, sondern tatsächlich dem Kriterium entsprechend auftreten, werden mögliche Effekte der unabhängigen Variablen deutlicher abgebildet als bei einer Variation der unabhängigen Variablen, wie sie bei bloß experimentell definierten Bedingungen auftreten.

Bei allen interaktiven Prozeduren muß aber beachtet werden, daß die Versuchsperson in den Ablauf integriert ist, also einen nicht determinierten Bestandteil der experimentellen Anordnung bildet und weiters, als lernendes Wesen in der Lage ist, sich diversen Gegebenheiten verschiedenartig anzupassen. Daraus könnten sich bei einigen Prozeduren experimentelle Schwierigkeiten ergeben. Ein Problem liegt in der Festlegung des Schwellwertes, um ein Ereignis als solches zu qualifizieren, da alle physiologischen Parameter großen interindividuellen Schwankungen unterliegen. Daraus ergeben sich weitere Probleme, nämlich die Frage des Einflusses der Zeitdauer des Experiments und der Ausschluß (?) von Versuchspersonen, welche z.B. ein komplexeres Kriterium nicht erreichen, sodaß das Experiment abgebrochen werden muß. Auf jeden Fall muß gefordert werden, daß derartige Informationen in dem Ergebnisteil dargestellt werden.

V.4 Postexperimentelle Methoden

Die postexperimentellen Methoden zur Analyse ereigniskorrelierter kortikaler Potentiale beruhen auf dem Prinzip der *Mittelung ausgewählter Einzeldurchgänge ("selected averages")*. Als Auswahlkriterien kommen primär Pre-Ereignis-Charakteristika oder Verhaltens- bzw. Responsecharakteristika, wie Reaktionszeit oder Antwortkategorie, in Frage. Obwohl auch andere Kriterien durchaus denkbar und wissenschaftlich interessant sind (z.B. die vorherrschende Spontanfrequenz des EEGs zum Zeitpunkt der Stimulation), stellen die beiden obengenannten Auswahlkriterien – natürlich neben den experimentellen Bedingungen, wie verschiedenes Reizmaterial – die Hauptkriterien der "selektiven Mittelung". Bis zu einem gewissen Grad lassen sich mit postexperimentellen Methoden Ergebnisse berechnen bzw. Aussagen tätigen, wie sie sonst nur mit interaktiven Methoden (Biotriggerung) möglich sind.

V.4.1 Augenbewegung-getriggerte Potentiale

Augenbewegung-getriggerte Potentiale ("saccade-related brain potentials, SRPs") werden zur Analyse des Kontexteinflusses bzw. ganz allgemein zur neuropsychophysiologischen *Analyse des Lesens und der Informationsverarbeitung gelesenen Materials* verwendet (z.B. Marton Szirtes, 1988; Marton, Szirtes & Breuer, 1985). Die Methode besteht darin, daß die entscheidende Augenbewegung, welche in der elektrophysiologischen Ableitung (EOG) als Spannungssprung sichtbar ist, als Trigger für die Mittelung der kortikalen Spannungsänderungen benutzt wird. Die Schwierigkeiten bei der Realisierung solcher Analysen bestehen einerseits in der Stabilität der Gleichspannungsableitung des EOGs und andererseits im Algorithmus zur Erkennung der relevanten Augenbewegung. Der Vorteil dieser Methode (SRPs) – welche sich prinzipiell auch "on-line" installieren läßt – gegenüber der Analyse ereigniskorrelierter kortikaler Potentiale (ERPs) liegt darin, daß die kortikalen Potentiale in Abhängigkeit der relevanten Blickbewegung analysiert werden und nicht in Abhängigkeit vom Auftreten des Reizes, was eine andere Abbildung des kognitiven Geschehens erlaubt.

Szirtes, Marton, Breuer und Donauer (1985) zeigten, daß die späte Negativität zwischen 430 und 520 msc nach Beginn der Sakkade analog zu den späten Komponenten ereigniskorrelierter Potentiale, welche vom Stimulus getriggert wurden, die Verarbeitung semantischer Aspekte visuell dargebotener Reize reflektierten. Die Ergebnisse waren besonders deutlich, wenn ein Wort, welches aufgrund der vorangehenden Wörter nicht vorausgeahnt werden konnte, vorgegeben wurde.

Strukturelle Unterschiede des augenbewegungsgetriggerten Potentials zum VEP (auch zum VEP bei bewegten optischen Reizen) wurden im Detail von Szirtes, Marton und Urban (1988) beschrieben, wo z.T. völlig unterschiedliche Komponenten auftraten, *wonach auf eine Unterdrückung der kortikalen Informationsverarbeitung bei Augenbewegungen geschlossen werden kann.*

Neueste Ergebnisse augenbewegungsgetriggerter Potentiale (Marton, 1989) zeigen eine größere N250 (im Bereich von 220 - 280 msec) für bekanntes, aber überraschend auftretendes verbales Reizmaterial (wie z.B. bei veränderten Sprichwörtern) und eine vergrößerte Positivität im Bereich von 400 - 600 msec nach der Sakkade für Reizmaterial mit einem amüsanten pikanten Stimmungsgehalt, welche offenbar den deutlich positiven emotionalen Gehalt widerspiegelt.

Unabhängig vom inhaltlichen Aspekt läßt sich bereits 150 - 200 msec vor dem Beginn der Augenbewegung eine negative Potentialverschiebung beobachten, welche auch im Zusammenhang mit dem Bereitschaftspotential diskutiert wurde (Barlow & Ciganek, 1969).

Die Augenbewegung selbst löst eine sogenannte *"Lambda-Welle"* (Evans, 1953) aus, ein über den Okzipitallappen auftretendes positives Potential mit einer Latenz von etwa 130 msec, das als ein *Korrelat der kortikalen Registration des visuellen Musters* – also der physikalischen Reizeigenschaften – aufgefaßt wird (Marton & Szirtes, 1988). Seit Marton (z.B. Szirtes & Marton, 1987) werden auch die späteren Komponenten der augenbewegungsgetriggerten Potentiale als Lambda-Wellen oder deren späte Komponenten beschrieben.

V.4.2 Wirkungsanalysen von ereignisvorausgehenden Bedingungen

Eine postexperimentelle Methode zur *Analyse der Wirkung von vorausgehenden kortikalen Bedingungen* auf ereigniskorrelierte kortikale Potentiale bzw. ganz allgemein auf die Informationsverarbeitung und die Handlungsbereitschaft besteht in der Mittelung von ausgesuchten Einzeldurchgängen (selected averages) nach bestimmten Charakteristika innerhalb eines definierten Zeitraumes (sinnhafterweise innerhalb einiger Sekunden) vor einem Ereignis wie einem Stimulus oder einer Willkürhandlung.

V.4.2.1 Pre-Signal-Einflüsse

Bei der Untersuchung von ereignisvorausgehenden kortikalen Bedingungen auf ereigniskorrelierte kortikale Potentiale hat die Analyse des Einflusses von der EEG Spontanaktivität und mehr oder weniger spontanen kortikalen Gleichspannungsänderungen gefruchtet.

Zu den Untersuchungen des Einflusses der Spontanaktivität auf Komponenten des ereigniskorrelierten Potentials sei auf das Experiment von Miltner, Larbig und Braun (1988) verwiesen. Die Autoren untersuchten den Einfluß der Alpha-Power und Alpha-Frequenz, als Ausdruck des Aufmerksamkeitsniveaus, auf ereigniskorrelierte Potentiale visueller und somatosensorischer Stimulation. Die Ergebnisse zeigten, daß der N100-P200 Komplex des VEP von der Stärke der Alpha-Aktivität beeinflußt wird und der N150-P260 Komplex des SEP von der vorausgehenden Gleichspannungsänderung (CNV). Die Resultate demonstrieren einerseits die Bedeutung von Vorbereitungsprozessen (Aufmerksamkeit) im Zusammenhang mit der Schmerzwahrnehmung und andererseits, daß der Einfluß der vorausgehenden Alpha-Aktivität, nämlich die ereigniskorrelierte Desynchronisation – bei Verwendung des CNV Paradigmas – negiert werden kann.

In einem Vigilanzexperiment konnten allerdings Romani, Callieco und Cosi (1988) eindeutige Einflüsse der Pre-Stimulus Delta- und Theta-Aktivität auf das auditive ereigniskorrelierte Potential (auf die Latenz der N1 und die N1-P2 Amplitude) nachweisen und vermuten in der

Analyse von Pre-Stimuluseinflüssen auf ereigniskorrelierte Potentiale eine brauchbare Methode in der Objektivierung der Vigilanz.

Als eine weitere bedeutsame Pre-Signal-Einflußgröße auf ereigniskorrelierte Potentiale wurden kortikale Gleichspannungsänderungen vermutet (z.B. Rösler & Sojka, 1987) und beschrieben. Obwohl die Untersuchung von Einflüssen von langsamen Potentialänderungen auf ereigniskorrelierte Potentiale vielfältig sein können, hat sich die Untersuchung von vorausgehenden Gleichspannungsänderungen (sogenannte DC-shifts) als aussagekräftig gezeigt.

Als Kriterium für die Klasseneinteilung in positive, negative und "keine" vorausgehenden Gleichspannungsänderungen wurde die durchschnittliche Spannungsänderung von 8 μV in 2 Sekunden verwendet (Trimmel, 1987a, 1987b, 1987c, 1987d). Neben den praktischen Überlegungen (um genügend Einzeltrials in jeder Bedingung zu erhalten) und Überlegungen der Vergleichbarkeit (z.B. mit der Arbeit von Bauer et al., 1986) könnte dem gewählten Kriterium der Gleichspannungsänderung auch eine psychologische Bedeutung zukommen, da Libet (1985) Potentialänderungen dieser Größenordnung *Bewußtseinsprozesse* zuschreibt. Die Ergebnisse zeigen, daß nicht nur die "Contingent Negative Variation (CNV) von vorausgehenden Gleichspannungsänderungen beeinflußt wird (Trimmel, 1988a), was aus Abbildung 10 zu entnehmen ist, sondern auch die Amplituden- und Latenzwerte der ereigniskorrelierten Potentiale beeinflußt werden können (Trimmel, 1987b, 1987d).

Neben der Implikation für die Analyse und Interpretation von ereigniskorrelierten kortikalen Potentialen, welche demnach nur dann mit Potentialen anderer Bedingungen oder Experimente verglichen werden dürften, wenn auch die vorangehenden Gleichspannungsänderungen vergleichbar sind, zeigte sich auch, daß der Einfluß von Pre-Signal Gleichspannungsänderungen auf die CNV individuellen Schwankungen unterliegt, welche mit Persönlichkeits- und Verhaltensmerkmalen korreliert sind (Trimmel, 1988b; Trimmel, Groll-Knapp, Ganglberger, Enichlmayer & Haider, 1986). Vor allem die letztgenannte Tatsache läßt vermuten, daß der Analyse von Pre-Signal-Einflüssen auf ereigniskorrelierte Potentiale auch eine bedeutende differentialpsychologische Bedeutung zukommen könnte.

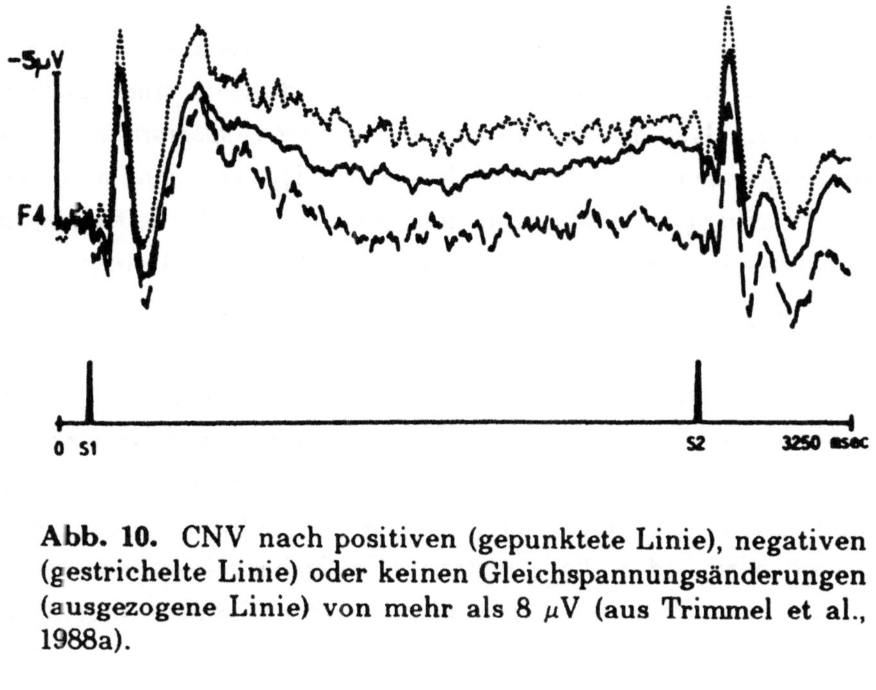

Abb. 10. CNV nach positiven (gepunktete Linie), negativen (gestrichelte Linie) oder keinen Gleichspannungsänderungen (ausgezogene Linie) von mehr als 8 μV (aus Trimmel et al., 1988a).

V.4.2.2 Pre-Willkürhandlungs-Einflüsse

Vor einer Willkürhandlung läßt sich (vor allem über dem primären Projektionsareal) bereits bis zu ein, zwei Sekunden vor der eigentlichen Handlung eine kortikale Potentialverschiebung, das sogenannte *Bereitschaftspotential* (BP), beobachten (z.B. Deecke et al., 1969; Kornhuber & Deecke, 1964, 1965). Anfangs wurde es mit Hilfe der zurücklaufenden Analogaufzeichnung analysiert, wobei die Willkürbewegung als Trigger für die Mittelung diente. Mit der heutigen Technik ist es leicht möglich, die erhobenen EEG-Daten in einen genügend langen

Ringbuffer einzuspeichern und synchronisiert mit dem Indikator der Willkürbewegung (z.B. dem EMG oder dem Mechanogramm) zu mitteln. So betrachtet, gehört die Analyse des Bereitschaftspotentials nicht unbedingt zu den postexperimentellen Analysen, allerdings auch nicht zu den interaktiven Methoden, solange nicht z.B. das experimentelle Geschehen von der jeweiligen Ausprägung des BPs abhängig ist.

Ein neuer Weg in der Analyse des Bereitschaftspotentials wurde von Freude und Ullsperger (1989) beschritten, indem in einer postexperimentellen Analyse die *Verteilung des Bereitschaftspotentials* über die Einzeldurchgänge beschrieben wurde. Dabei zeigte sich eine annähernd gleiche Verteilung von "positiven" und "negativen" BPn mit einem nur geringen negativen Überhang. Im arithmetischen Mittel stellt der negative Überhang das bekannte BP dar. Diese Daten lassen auch die Ergebnisse, in denen von Personen ohne BP gesprochen wurde, in neuem Licht erscheinen, da es denkbar wäre, daß "ein nicht vorhandenes BP" entweder ein über die Zeit ausgewogenes Aktivierungssystem reflektieren in dem vermutlich aufgrund einer optimalen tonischen Aktivierung keine aufgabenrelevante Aktivierungsänderung beobachtet wird, oder die gemittelten aufgabenrelevanten Aktivierungsänderungen (negative und positive Potentialänderungen) sich aufheben.

TEIL B: EREIGNISKORRELIERTE ELEKTRISCHE GEHIRNAKTIVITÄTEN

Haider et al. (1981) bezeichnen die Analyse der ereigniskorrelierten kortikalen Potentiale als faszinierend und enttäuschend zugleich. Faszinierend, weil zum Teil hohe Korrelationen zwischen hirnelektrischen Phänomenen und dem höheren psychischen Geschehen gefunden werden und enttäuschend deshalb, weil diese Korrelationen hauptsächlich phänomenologisch sind und über die zugrundeliegenden Hirnmechanismen – noch immer – nur äußerst wenig bekannt ist. Dennoch erscheinen die zahlreichen ereignisbegleitenden elektrophysiologischen Gehirnaktivitäten für die klinische Praxis, die wissenschaftliche Forschung und für die psychologische Anwendung als nützliche Indikatoren eines an sich hoch komplizierten Geschehens verschiedener physiologischer Systeme.

VI EREIGNISKORRELIERTE ÄNDERUNG DER EEG-WELLENCHARAKTERISTIK

VI.1 Alpha-Blockade

Seit Beginn der EEG Forschung nimmt die Analyse der Alpha-Wellen eine zentrale Stelle in der Psychophysiologie ein. Diese Tatsache ist wohl damit begründet, daß deren Auftreten (was auch als *Synchronisation* des EEGs bezeichnet wird) bzw. das Verschwinden der Alphawellen (die "Alpha-Blockade" oder auch Desynchronisation) erstens relativ leicht zu beobachten sind und zweitens ganz offensichtlich mit *Aufmerksamkeitsprozessen* bzw. mit dem *Grad der Wachheit* einhergehen (z.B. Berger, 1929; Rohracher, 1937).

Sokolov (1963b) beschrieb die Alpha-Blockade als Bestandteil der *Orientierungsreaktion*; ein Aktivierungsvorgang, dessen Auslöser eine Veränderung im Reizfeld des Individuums ist. Dementsprechend unterliegt sie auch der *Habituation* (dem Nachlassen oder Verschwinden einer Reaktion bei wiederholter identischer Reizung).

Auch die enge Verbindung vom okzipitalen Alpha und der visuellen Wahrnehmung ist seit den frühen Arbeiten bekannt. Allerdings dürfte nach Mulholland und Peper (1971) die Interpretation, daß es die visuelle Aufmerksamkeit sei, welche eine Alpha-Blockade auslöst, zu vereinfacht und unzutreffend sein. Mulholland und Peper konnten zeigen, daß das Auftreten von Alphaphasen mit "Änderungen im visuellen Kontrollsystem" einhergeht, was afferrente, integrative und efferrente Prozesse beinhaltet. Besonders der kombinierte Prozeß von Verfolgungsbewegungen, Konvergenz und Linsen-Akkomodation führte reliabel zur Alpha-Blockade oder zumindest abgeschwächter Alpha-Aktivität. Danach würde die verminderte Alpha-Aktivität bei visuellen Vorstellungen und bei auditiver Stimulation *im Sinne von visuellen Orientierungsprozessen interpretiert* werden, welche auch bei Vorstellungs- bzw. bei akustischen Wahrnehmungsprozessen auftreten. Daß eine vorherrschende Alpha-Aktivität auch die Lernleistung (genauer betrachtet, handelt es sich um die Reproduktionsleistung) reduziert, wurde von Bauer, 1975 berichtet (siehe Alpha-kontingente Stimulation).

Trimmel (1976) konnte zeigen, daß das Auftreten von Alpha-Aktivität sowohl unter Stimuluskontrolle gebracht werden kann als auch mit Hilfe von Biofeedback innerhalb kurzer Zeit von einer Phase der Alpha-Aktivität in eine Alpha-Blockade bzw. umgekehrt gewechselt werden kann. Als eine gedachte Anwendung wurde über einen programmierten Unterricht spekuliert, welcher neben der optimalen Aufbereitung des Lernmaterials auch den psychophysiologischen Zustand des Rezipienten erfassen sollte und in den Ablauf bzw. der Lernmaterialpräsentation mit einbeziehen sollte (Trimmel, 1978).

Neben der Erfassung der augenblicklichen kortikalen Wahrnehmungs- bzw. Lernbereitschaft zur Erhöhung der Effizienz des programmierten Unterrichts – man könnte in diesem Fall auch von einem *psychologisch-physiologisch-programmierten Unterricht* (PPPU) sprechen, siehe auch Computerpsychologie – ist auch ein Biofeedback-Training zum Erlernen der willkürlichen Alphakontrolle oder auch der Wahrnehmung von lernbereiten Zuständen denkbar.

Neben Berichten über den Zusammenhang von Alpha-Aktivität mit psychischen Vorgängen (z.B. Rohracher, 1937) bzw. mit motorischem Verhalten gibt es eine Reihe zum Teil auch widersprüchlicher Aussagen über das subjektive Empfinden von Alphaphasen (z.B. Brown, 1970; Plotkin & Cohen, 1976). Plotkin und Cohen untersuchten den Zusammenhang von 5 Dimensionen mit der okzipitalen Alpha-Aktivität:

1) Die Ausprägung der okulomotorischen Verarbeitung,

2) den Grad der sensorischen Bewußtheit,

3) den Grad der Körperbewußtheit,

4) die Vorsätzlichkeit von Gedanken und

5) die emotionale Angenehmheit.

Sie kommen zu dem Ergebnis, daß nur zwei der untersuchten Dimensionen, nämlich *die okulomotorische Verarbeitung und der Grad der sensorischen Bewußtheit, sich in der Intensität der okzipitalen Alpha-Aktivität widerspiegeln.*
Rappelsberger, Mayerweg, Kriegelsteiner und Petsche (1988) kommen zu dem Schluß, daß die EEG-Aktivität im Alpha-Frequenzbereich für kognitive Prozesse nicht so sensitiv sein dürfte, wie die Anzahl der veröffentlichten Arbeiten es vermuten lassen würden.

Trimmel (1980a, 1980b, 1986a) ließ den Grad der emotionalen Angenehmheit von Phasen mit hoher und Phasen mit geringer Alpha-Aktivität – wie sie im Alpha-Biofeedbackexperiment aufgetreten sind – skalieren und konnte zeigen, daß Alphaphasen hochsignifikant angenehmer erlebt wurden als Phasen ohne Alpha-Aktivität. Dabei zeigte sich auch, daß es signifikant schwieriger eingestuft wurde, von Alpha- zu nicht-Alpha-Aktivität zu wechseln als umgekehrt, während in der Dimension Anstrengung kein signifikanter Unterschied zwischen einem Wechsel von Alpha- zu nicht-Alpha und von nicht-Alpha zu Alpha skaliert wurde.

VI.1.1 Mapping der ereigniskorrelierten Frequenzänderungen

Die *ereigniskorrelierte Desynchronisation* ("event-related desynchronization", ERD) beschreibt kurzzeitige, ereignisbezogene Amplitudenänderungen physiologischer EEG-Rhythmen im Alpha- und Beta-Frequenzband (Pfurtscheller, Maresch & Schuy, 1985). Die ERD beschreibt sowohl die Alpha-Blockierung bei visueller Stimulation als auch die Blockade der My-Aktivität (eine zentral lokalisierte Gruppe von Wellen mit 7 bis 11 Hz) bei sensomotorischer Aktivität (z.B. Pfurtscheller & Aranibar, 1979). Die Berechnung der ERD kann sowohl im Zeit- als auch im Frequenzbereich erfolgen. Bei der Analyse im Zeitbereich wird das bandpaßgefilterte EEG-Signal (Alpha- oder Betaband) quadriert, über mehrere Ereignisse gemittelt und geglättet (Pfurtscheller, 1981). Das Ergebnis ist eine ERD-Kurve, welche den mittleren "Leistungsverlauf" des jeweiligen Frequenzbandes wiedergibt. Bei der Analyse im Frequenzbereich werden zwei Frequenzspektren (eines aus dem Referenzintervall und eines aus dem Ereignisintervall) über mehrere Ereignisse gemittelt und im entsprechenden Frequenzfenster (z.B. dem Alpha-Bereich) die Differenz der Leistungsspektren berechnet. Diese ist ein Maß für die ERD, welche auch auf die Leistung im Referenzspektrum zur Prozentwertbildung bezogen werden kann (Pfurtscheller et al., 1985).

Zur zweidimensionalen Darstellung der ERD (ERD-Mapping) sind sinnvollerweise eine Reihe von Ableitungen notwendig. Entsprechend der Elektrodenanordnung wird für alle Kanäle eine "Potentialkarte" über den ganzen Schädel berechnet und kodiert (z.B. in Graustufen) dargestellt. Bei der Berechnung der Verteilung kann man entweder davon ausgehen, daß sich die Parameter entsprechend einer Potentialverteilung verhalten, was mit einem großen Rechenaufwand zur Lösung der Potentialgleichung verbunden ist, oder man interpoliert zwischen den 3 oder 4 nächstgelegenen Ableitungspunkten (Pfurtscheller et al., 1985). Anderer, Saletu, Semlitsch und Kinsperger (1987) verweisen darauf, daß es auch beim Mapping keine anerkannte Übereinkunft über die Wahl der Referenz und über die Art der Interpolation gibt, sodaß die Berechnung mehrerer Maps mit verschiedenen Methoden angeraten wird. Die Autoren Anderer, Saletu, Hatzinger und Dittrich (1988) demonstrieren auch die Auswirkungen verschiedener Referenzen auf die Differentialdiagnose.

Hier sei angemerkt, daß die Überführung von physikalischen Messungen an definierten Punkten in eine berechnete Verteilung ("map") neben diversen Kritiken an den konkreten Verteilungs-Modellen im prinzipiellen Ansatz kritisiert werden kann und auch mehr Information vortäuschen als tatsächlich vorhanden ist. Maps sind aber zur raschen Gewinnung eines groben Überblicks über die Verteilung der kortikalen Aktivitäten gut brauchbar und prinzipiell auch zum statistischen Vergleich geeignet (vgl. Pfleger, Mutz & Teder, 1987).

VI.2 Infraslow Potential Oscillations

Nach Aladjalova (1964) sind "Infraslow Potential Oscillations (ISPOs)" sehr langsame, rhythmisch oszillierende Potentialänderungen mit einer Periode von 7-8 Oszillationen/min *(A-Rhythmus)* oder 0,5-2 Oszillationen/min *(B-Rhythmus)*. Selbstoszillierende Prozesse werden nicht nur für kortikale, sondern auch für zahlreiche andere Strukturen beschrieben (z.B. Aladjalova, 1964); unter anderem im Zusammenhang mit *Aufmerksamkeitsprozessen* und *Emotionen* (Bechtereva 1987).

Inwieweit das Auftreten von ISPOs bzw. die Vorzugsfrequenz der ISPOs von den die Person betreffenden Ereignissen abhängt, scheint derzeit nicht geklärt. Übereinstimmende Ergebnisse, wonach ISPOs bei manchen Personen überhaupt nicht und bei einigen nur zu bestimmten Bedingungen auftreten (vgl. Girton, Benson & Kamiya, 1973; Trimmel, Wölbinger & Groll-Knapp, 1986; Trimmel, Groll-Knapp, Wölbinger, Haider, in Druck), deuten auf eine Wechselwirkung individueller Eigenschaften mit Situationsbedingungen in bezug auf die Auftretenswahrscheinlichkeit von ISPOs.

Neben dem Umstand, daß das Auftreten der ISPOs von individuellen Eigenschaften beeinflußt sein dürfte, konnte aber auch gezeigt werden, daß Personen mit hoher Konzentrationsfähigkeit – im Gegensatz zu Personen mit niederer Konzentrationsfähigkeit – imstande sein dürften, die langsamen oszillierenden kortikalen Prozesse entsprechend den Situationsanforderungen im Sinne einer Phasenverschiebung zu beeinflussen (Trimmel, Groll-Knapp, Sammer, Ganglberger & Haider, 1985a).

VII EREIGNISKORRELIERTE POTENTIALE

Unter ereigniskorrelierten Potentialen (EKP; "event-related potential", ERP) versteht man hirnelektrische Potentialverschiebungen, welche definierbaren Ereignissen zugeordnet werden können bzw. diesen vorangehen oder folgen. Deshalb werden u.a. auch die Ausdrücke reizkorrelierte, (reiz-)evozierte und reaktionskorrelierte Potentiale verwendet. Vorweg soll festgehalten werden, daß der Terminus "ereigniskorreliertes Potential" als ein universeller Oberbegriff verstanden wird und zahlreiche andere Bezeichnungen (diverse "Potentiale" und Wellen) subsummiert.

Nach einem Verweis auf geschlechtsspezifische Unterschiede wird auf terminologische Fragen bzw. auf Probleme bezüglich der Konvention ereigniskorrelierter Potentiale eingegangen. In den nachfolgenden Abschnitten sollen experimentelle Bedingungen sowie psychologische und neurofunktionale Gesichtspunkte der ereigniskorrelierten Potentiale beleuchtet werden.

VII.1 Geschlechtsspezifische Unterschiede

Naturgemäß gibt es eine Vielzahl von geschlechtsspezifischen Einflüssen auf ereigniskorrelierte Potentiale, vor allem vermutlich überall dort, wo auch verhaltenspsychologische Unterschiede aufgezeigt werden können (z.B. Pfleger & Mutz, 1988). Im vorliegenden Beitrag wird darauf nicht weiter eingegangen, da die vorliegenden Daten zu diesem Thema äußerst lückenhaft sind und andererseits auch der geplante Umfang der Monographie eine derartige Ausweitung auf Geschlechtsunterschiede nicht erlaubt.

VII.2 Terminologie und Konventionen ereigniskorrelierter Potentiale

Ereigniskorrelierte Potentiale kann man nach verschiedenen Gesichtspunkten betrachten. Neben den Versuchen der Kategorisierung ereigniskorrelierter Potentiale nach verschiedenen Aspekten gibt es auch einige Überlegungen zur Definition von Komponenten des ereigniskorrelierten Potentials, und damit weitere Vorschläge zur Nomenklatur, aber auch zur Messung der ereigniskorrelierten Potentiale.

VII.2.1 Kategorisierungen ereigniskorrelierter Potentiale

Die Kategorisierung ereigniskorrelierter Potentiale kann wie deren Nomenklatur keinesfalls als einheitlich oder abgeschlossen betrachtet werden. So unterschied Vaughan, 1969 folgende 5 Klassen ereigniskorrelierter Potentiale:

1) Sensorische (sensorisch evozierte) Potentiale,

2) motorische Potentiale,

3) langsame Potentiale, welche mit komplexen psychologischen Variablen verbunden sind,

4) Gleichspannungsänderungen und

5) extrakraniale Potentiale (ERG, EOG, EMG usw.).

1974 bezeichnete Vaughan die Potentiale der Klasse 3 als Assoziationskortex Potentiale ("association cortex potentials", S. 162) und ließ die Klasse 5 weg. Besondere Probleme der Kategorisierung bereiten die sogenannten langsamen Potentiale (Klasse 3 nach Vaughan, 1969), da im Jahre 1969 nur *eine* "langsame" modalitätsunabhängige positive Komponente (mit einer Latenz von 300 bis 500 msec) beschrieben war. In der Folge wurden mehrere "späte" Einzelkomponenten im Zusammenhang mit Ereignissen und vor allem mit psychologisch beschreibbaren Bedingungen berichtet, sodaß z.B. Schandry (1981) die Klasse 3 nach Vaughan (1969) als *erlebniskorrelierte* Potentiale bezeichnet.

1980 konstatierten Picton und Stuss, daß die Welt der ereigniskorrelierten Potentiale nicht mehr so einfach und bequem ist wie noch vor ein paar Jahren, wo evozierte Potentiale wie die N1 dem Ereignis *(sensation)*, die P3 der Wahrnehmung *(perception)*, die CNV der *Erwartung* und das Bereitschaftspotential (BP) der *Intention* zugeordnet wurden. Neuere Ergebnisse zeigten nämlich, daß eine Fülle von neuen Komponenten, der sogenannten "exogenen" oder stimulusabhängigen Komponenten des ereigniskorrelierten Potentials, auf allen Ebenen der afferenten Erregungsleitung abgeleitet werden können und besonders, daß sich die "endogenen" Komponenten (Komponenten, welche ohne externe Stimuli auftreten können; siehe im Abschnitt über endogene Komponenten) vervielfacht haben.

VII.2.1.1 Terminologie nach Haider

Im besonderen für langsame Potentialänderungen (Gleichspannungsänderungen, DC-Potentiale) haben Haider et al. (1981) eine allgemeine Terminologie als auch einige situationsspezifische Termini und deren Abkürzungen vorgeschlagen.

Ereigniskorrelierte langsame (DC) Potentiale können demnach:

1) technologisch als *DC* vom englischen "direct current" (Gleichstrom) beschrieben werden und würden DC im Sinne von "direct coupled" (gleichspannungsgekoppelt) und "DC recordings" inkludieren;

2) entsprechend der Potentialcharakteristik als *SP* (slow potential) bezeichnet werden und "slow potential change" (SPC), "slow potential shift" (SPS), DC change, DC shift, standing potential, steady potential und sustained potential umfassen;

3) entsprechend dem Ereignis als *event-related potential* (ERP) bezeichnet werden.

Als situationsspezifische Termini werden für 3 große Bereiche ereigniskorrelierter langsamer (DC) Potentiale Oberbegriffe vorgeschlagen:

1) Für *"späte Potentiale"* sowohl *LPs (late potentials)* als Beschreibung der Potentialcharakteristik als auch *IRs (information-related potentials)* als deskriptive Ereignisbeschreibung. Diese Oberbegriffe beinhalten den phänomenologischen Terminus Orientierungspotential, den topographischen Terminus Assoziationskortexpotential, die nach der Potentialcharakteristik benützten Begriffe späte positive Komponente (late positive component, LPC), späte negative Komponente (slow negative component, SNP), P3 (auch P300) und PWSP (post-warning signal positivity).

2) *Kontingente Potentiale, CPs* (contingent potentials) als Oberbegriff für die deskriptiven Termini CNV (contingent negative variation), RCPV (reward contingent positive variation), PINV (post-imperative negative variation) und für die phänomenologischen Termini expectancy wave (E-wave, Erwartungswelle), imaginary potential und imagination potential.

3) *Bewegungskorrelierte Potentiale, MRPs* (movement-related potentials) für Intentionspotentiale (intention wave, I-wave) wie RRP (response-related potential), AMP (averaged movement potential), RP (readiness potential oder Bereitschaftspotential, BP), PMP (premotor positive potential), MP (motor potential) und GDMP (goal-directed movement potential).

VII.2.1.2 Terminologie bewegungskorrelierter Potentiale

Für bewegungskorrelierte Hirnpotentiale (movement-related brain macropotentials) erscheint die Einteilung nach Papakostopoulos (1978b) sinnvoll und bedeutsam:

1) *Ruhepotentiale* (resting potentials, RTPs),

2) *Präparationspotentiale* (preparatory potentials, PPs),

3) *Initiationspotentiale* (initiations potentials, IPs),

4) *Bewegungsausführungspotentiale* (movement-execution potentials, MEPs) und

5) *Beendigungspotentiale* (termination potentials, TPs).

VII.2.1.3 Exogene, mesogene und endogene Komponenten

Bei ereigniskorrelierten Potentialen nach sensorischer Stimulation lassen sich eine Reihe von Komponenten ermitteln, welche kurz nach der Stimulation beginnen und bis zu einigen hundert Millisekunden andauern können. Diese Komponenten sind in Amplitude, Latenz und Verteilung relativ stabil, solange sich die Stimulation nicht ändert. Sie sind Komponenten im Sinne von Donchin et al. (1978), weil ihre Amplitude und Latenz von den physikalischen Parametern der Stimuli und dem generellen Status der Person abhängen, und auch die Lokalisation der maximalen Ausprägung der einzelnen Komponenten modalitätsabhängig ist. Derartige Komponenten werden als *exogen* oder als *evoziert* bezeichnet, da sie unabhängig davon auftreten, ob die Person auf die Stimuli achtet oder nicht, ob sie schläft oder wach ist, aktiviert oder entspannt ist.

Im Gegensatz zu exogenen Komponenten sind *endogene* Komponenten (Sutton, Tueting, Zubin & John, 1967), welche von Weinberg, Walter, Cooper & Aldridge, 1974) auch als *emittierte* (emitted) Potentiale bezeichnet wurden, nur in geringem Ausmaß von den physikalischen Reizbedingungen beeinflußt. Sie werden von personen-internen Faktoren, wie Vorerfahrung, Intentionen und Entscheidungen bestimmt, und von der Art der Aufgabe und der Instruktion mitbeeinflußt.

Da der Wellenkomplex von etwa 50 - 250 msec nach Reizbeginn aus einem Zusammenwirken von exogenen als auch endogenen Komponenten besteht, werden sie als *mesogene* Komponenten bezeichnet (vgl. Picton, 1980). Da sie bei der Stimulation aller sensorischen Systeme, vor allem am Vertex gefunden werden (deshalb wurden sie auch als "Vertexpotentiale" bezeichnet), wird angenommen, daß sie gleiche, obwohl nicht notwendigerweise identische Prozesse, unabhängig von der Modalität, reflektieren. Da sie ein Begleitphänomen aller Sinnesmodalitäten sind, wurde auch angenommen, daß sie ein Korrelat der Konvergenz der sensorischen Information aller sensorischen Modalitäten im Assoziationskortex und im besonderen des Frontallappens (vgl. Picton, 1980) sind.

Für den Fall von einander überlappenden Komponenten spekulieren Picton, Woods und Proulx (1978a, 1978b), daß die mesogenen Potentiale einen Vergleichsprozeß ankommender exogener Information mit relevanten endogenen Gedächtnisinhalten repräsentieren.

Nachdem aber endogene Prozesse immer sowohl endogene als auch exogene Potentiale beeinflussen können, ist die Hauptcharakteristik der exogenen Komponenten, daß sie durch externe Stimuli *immer* ausgelöst werden. Besteht ein ereigniskorreliertes Potential "nur" oder zumindest hauptsächlich aus exogenen Komponenten, erscheint die Bezeichnung evoziertes Potential (eine Bezeichnung, die z.T. auch heute als genereller Oberbegriff statt ereigniskorreliertes Potential verwendet wird) gerechtfertigt.

VII.2.1.4 Einteilung evozierter (exogener) Potentiale

Es sei noch einmal erwähnt, daß im vorliegenden Beitrag mit der Bezeichnung evozierte Potentiale, ereigniskorrelierte Potentiale mit hauptsächlich exogenen Komponenten verstanden werden, obwohl in manchen Publikationen (z.B. Regan, 1972) unter evozierten Potentialen (evoked potentials) die Gesamtheit aller ereigniskorrelierter Potentiale verstanden wird.

Evozierte Potentiale lassen sich auf Grund der Reizung in Potentiale durch elektrische Reizung und Potentiale sensorischer Stimulation einteilen. Im Falle der sensorischen Stimulation werden die evozierten Potentiale nach der Sinnesmodalität und nach zeitlichen Gesichtspunkten unterschieden.

VII.2.1.4.1 EPs durch elektrische Reizung

Bei evozierten Potentialen durch direkte Reizung unterscheidet Creutzfeldt (1983) die

1) direkte elektrische Reizung der kortikalen Oberfläche (direct cortical response, DCR),

2) kortikale evozierte Potentiale nach elektrischen Reizen afferenter und efferenter Systeme (z.B. lokale kortikale EPs nach Reizungen in thalamischen Projektionskernen) und

3) die Veränderung der evozierten Potentiale bei repetitiver elektrischer Reizung (bei Stimulationsraten von über 5 pro Sekunde verändern sich die kortikalen evozierten Potentiale).

Die kortikalen evozierten Potentiale nach elektrischer Reizung sind relativ kurzdauernde und in relativ geringer Komplexität ablaufende Potentialänderungen. Umfassende und detaillierte Ausführungen finden sich z.B. bei Creutzfeldt, 1983.

VII.2.1.4.2 Einteilung nach der Sinnesmodalität

Bei sensorisch evozierten Potentialen sind neben anderen Stimulusparametern, wie Intensität, Dauer, Komplexität, Kontrast usw., vor allem die Reizmodalität für Form und Struktur des evozierten Potentials bestimmend. Auch deshalb werden evozierte Potentiale aufgrund der Stimulusmodalität in *akustisch* evozierte Potentiale (auditory evoked potentials, AEPs), *visuell* evozierte Potentiale (visual evoked potentials, VEPs) *somatosensorisch* evozierte Potentiale (somatosensory evoked potentials, SEPs), *olfaktorisch* evozierte Potentiale und *gustatorisch* evozierte Potentiale eingeteilt bzw. werden die evozierten Potentiale (manchmal mit Ausnahme der sogenannten späten Komponenten, also die exogenen Potentialkomponenten) immer nur im Zusammenhang mit den jeweiligen Stimulationsbedingungen behandelt.

VII.2.1.4.3 Einteilung nach zeitlichen Gesichtspunkten

Aufgrund des direkten Zusammenhanges von evozierten Potentialen mit der sensorischen Reizleitung bzw. -verarbeitung lassen sich evozierte Potentiale in *frühe* (bis 10 msec), *mittlere* (10-50 msec) und *"späte"* Anteile (ab 50 msec) einteilen. Die Unterteilung in zeitliche Klassen erlaubt die Zuordnung der frühen Latenzen zu den Hirnstammpotentialen (denen manchmal auch Rezeptorpotentiale, wie die kochleären Mikrophonpotentiale, zugeordnet werden), der mittleren Latenzen zu kortikalen Reflexantworten und die späten Latenzen zu den sogenannten Vertexpotentialen (vgl. Stöhr, Dichgans, Diener & Buettner, 1982).

VII.2.1.4.4 Einteilung nach Eigenheiten der Stimulation

Evozierte Potentiale kann man weiters in *transiente* (transient), *anhaltende* (sustained) und *steady-state* Potentiale unterteilen (z.B. Picton, 1980). Transiente Potentiale sind die Reaktion auf einen kurzen Stimulus oder auch die Potentiale auf die Änderung einer langdauernden Stimulation. Anhaltende Potentiale sind das Korrelat einer gleichzeitigen anhaltenden Stimulation. Steady-State Potentiale entstehen durch relativ kurzdauernde Reize, welche aber in einer so hohen Wiederholungsrate dargeboten werden, daß die Reaktion auf einen Reiz von der Reaktion auf den vorangehenden überlagert wird. Bei der Steady-State-Stimulation kann ein signalverarbeitendes System (wie das auditive oder das visuelle) in eine Art Schwingungszustand versetzt werden.

Bei jeder Stimulation läßt sich prinzipiell die *ON-Reaktion* von der *OFF-Reaktion* unterscheiden, d.h. sowohl für den Beginn der Stimulation als auch für das Ende der Stimulation lassen sich Potentialkomponenten dem physikalischen Geschehen zuordnen (siehe z.B. Hillyard & Picton, 1978; sowie Clynes, 1969, der auch die physikalischen Bedingungen der Reizänderungen untersuchte, welche zur Auslösung eines ereigniskorrelierten Potentials führen). Allerdings lassen sich bei kurzzeitiger Stimulation die entsprechenden Potentialkomponenten nicht auseinanderhalten, sodaß erst bei einer längerdauernden Stimulation die ON- und OFF-Reaktion unterschieden werden kann.

Der ON- und OFF-Reaktion auf visuelle Reize konnten Pockberger und Rappelsberger (1983) mit Hilfe der Mikro-EEG Analyse (bei der innerhalb eines umschriebenen Gebietes mit möglichst vielen Elektroden die elektrische Aktivität abgeleitet wird) unterschiedliche elektrische Aktivitäten in den kortikalen Schichten zuordnen und somit verschiedene Generatoren für ON- und OFF-Reaktionen aufzeigen.

VII.2.1.5 Einteilungen endogener Potentiale

Zur Identifikation endogener Komponenten halten Donchin et al. (1978) die folgenden Kriterien für brauchbar:

1) Die Komponente muß ein nicht-obligatorischer Teil der Reaktion auf die Stimulation sein;

2) die Amplitude, Latenz und topographische Verteilung der Komponente sind oft nicht beeinflußt von den physikalischen Parametern der Stimulation;

3) die Variation der endogenen Komponente ist im Normalfall von den Variationen der jeweiligen Aufgabe abhängig.

Aufgrund der steigenden Zahl endogener Komponenten meint Gaillard (1988), daß man auf Kriterien achten soll, nach denen man entscheidet, ob gleiche Verläufe ereigniskorrelierter Potentiale auch gleiche Komponenten repräsentieren. Aus diesem Blickwinkel unterscheidet er auch zwischen Komponenten ereigniskorrelierter Potentiale einerseits und zwischen "Wellen", "Spitzen" und "Gleichspannungsänderungen" (shifts) ereigniskorrelierter Potentiale andererseits.

Aus einer sehr restriktiven Betrachtungsweise zählen Donchin et al. (1978) folgende Potentiale des ereigniskorrelierten Potentials zu den endogenen Komponenten: N200, P300, "slow wave", CNV und das Bereitschaftspotential.

VII.2.1.5.1 Präparations- und integrative Potentiale

Picton (1980) unterteilt die endogenen Potentiale in Präparations- und integrative (integrativ) Potentiale. Wobei zu den Präparationspotentialen sowohl jene zur Vorbereitung einer motorischen Handlung, wie das Bereitschaftspotential, als auch jene zu einer nichtmotorischen Handlung gezählt werden. Integrative Potentiale wären die kortikalen Begleiterscheinungen von komplexen Wahrnehmungsleistungen, wie die P300 und die CNV.

VII.2.1.6 Unterscheidungen nach Picton und Stuss

Picton und Stuss (1980) sehen die Möglichkeit, ereigniskorrelierte Potentiale nach *physiologischen*, *psychologischen* und *statistischen* Gesichtspunkten zu beschreiben.

VII.2.1.6.1 Unterscheidung nach physiologischen Gesichtspunkten

Die Betrachtung nach physiologischen Gesichtspunkten (Picton & Stuss, 1980) läßt sich in weitere Bereiche unterteilen:

1) Einfluß des *internen Milieus*, wie z.B. pharmakologische Einflüsse (z.B. Saletu, 1977) und Blutgas Einflüsse (z.B. Caspers et al., 1987; Deecke, Goode & Whitehead, 1977).

2) Analyse *zeitlicher Zusammenhänge* einzelner Potentialanteile, welche z.B. mit einer Hauptkomponentenanalyse objektiviert werden, aber auch Aspekte der Wiederholungsrate der Stimuli (z.B. Courchesne, Courchesne & Hillyard, 1978).

3) Nach dem *sensorischen Kanal* der Informationsverarbeitung.

4) Einflüsse des *Schlaf-Wachzyklus* (z.B. Groll-Knapp, Haider, Jenkner, Liebich, Neuberger & Trimmel, 1982) und des spontanen EEGs auf die Komponenten des ereigniskorrelierten Potentials

(z.B. Deecke, Grözinger & Kornhuber, 1976; Pfurtscheller & Aranibar, 1979).

5) Nach der *Lokalisation* bzw. der kortikalen Verteilung ereigniskorrelierter Potentiale (z.B. Goff et al., 1978).

6) In bezug auf definierte *Läsionen*. So konnten z.B. Diekmann, Grözinger, Kornhuber, Kriebel und Bock (1980) mit Hilfe einer Läsionsstudie zeigen, daß das respiratorisch korrelierte Potential (R-Welle; r-wave) ein Korrelat der motorischen Steuerung der Atmung ist.

VII.2.1.6.2 Einteilung nach psychologischen Gesichtspunkten.

1) Nach *psychologischen Konzepten*. Wenn man die Struktur ereigniskorrelierter Potentiale durch die Manipulation von psychologischen Variablen erfassen will, ist es notwendig, auf eindeutige psychologische Konzepte zurückzugreifen. Leider ist das in vielen Bereichen, wie z.B. beim Konzept der Aufmerksamkeit (attention), nicht der Fall. Aufmerksamkeit kann sowohl als Prozeß, also der Auswahl eines bestimmten sensorischen Kanals oder eines Verhaltens verstanden werden oder als ein psychologischer Zustand, kombiniert mit dem allgemeinen Aktivierungsniveau, Wachheit, Erwartung und Vigilanz (Picton & Stuss, 1980).

Andererseits gibt es eine Reihe von Experimenten, deren experimentelle Bedingungen keiner gängigen psychologischen Theorie zugeordnet werden können. Dies führte manchmal zu psychologischen Konzepten, welche auf ausschließlich physiologischen Daten basierten. In diesen Fällen dient die Psychologie mehr der Interpretation als der experimentellen Grundlage (z.B.

die Interpretation der CNV als "scopeutic mode"; Cooper, McCallum & Papakostopoulos, 1978).

2) *Psychologische Aspekte des Stimulus.* In den Experimenten haben die Stimuli neben den physikalischen Eigenschaften auch psychologische Bedeutung. Die Variation der psychologischen Bedeutung der Stimuli ist eine wichtige Einflußgröße auf die Form und Struktur des ereigniskorrelierten Potentiales. Die wichtigsten Variablen sind dabei die Auftretenswahrscheinlichkeit, Struktur, Bedeutung und Konation der Stimuli.

Die relative Auftretenswahrscheinlichkeit eines bestimmten Stimuli ist eine wichtige Einflußgröße, z.B. auf die Amplitude der P300 im klassischen "odd-ball" Paradigma (Duncan-Johnson & Donchin, 1977), aber auch die absolute Auftretenswahrscheinlichkeit wird in der P300 Amplitude abgebildet (Squires, Wickens, Squires & Donchin, 1976).

Eine weitere wichtige Rolle spielt die Struktur *("intrinsic"* oder *"extrinsic";* Garner, 1974) eines Signals. Die intrinsische Struktur hängt von der unmittelbaren Bedeutung des Signals selbst, der Anzahl der Dimensionen und Variationen ab. Die extrinsische Struktur hängt von der zugeschriebenen Bedeutung bzw. von dem ab, was der Stimulus repräsentiert und deshalb von dessen Dimensionen und Variationsmöglichkeiten. Variationen der Stimuluskategorisierung zeigten ebenso Auswirkungen auf die P300 Komponente. Dabei gehen Gedächtnisprozesse (z.B. Polich & Donchin, 1988) und der Faktor automatisierte versus kontrollierte Informationsverarbeitung (vgl. Rösler, 1982) mit ein.

3) *Personenbezogene Charakteristika,* wie Angst, Motivation, Händigkeit und Lebensalter, können einzelne Komponenten, aber auch die ganze Struktur eines ereigniskorrelierten Potentials

massiv beeinflussen. So zeigen z.B. Personen mit einem hohen Angstniveau, im Gegensatz zu Personen mit einem niederen Angstniveau, keinen Einfluß der experimentellen Variable Streß auf die CNV (Knott & Irwin, 1967, 1968).

4) *Verhaltensaspekte;* einer der meistuntersuchten Verhaltensaspekte bei der Untersuchung ereigniskorrelierter Potentiale ist der Zusammenhang mit der Reaktionszeit. Für die notwendige Untersuchung des Zusammenhanges mit introspektiven Daten gilt es nach Picton und Stuss (1980), geeignete Methoden bzw. Paradigmen zu finden.

5) *Additive Faktoren;* dieser Untersuchungsansatz postuliert, daß die kognitive Informationsverarbeitung in diskreten Stufen abläuft, demgemäß werden die Komponenten des elektrophysiologischen Korrelates der gesamten Informationsverarbeitung erst durch mehrere experimentelle Bedingungen – analog zur Untersuchung additiver Faktoren der Informationsverarbeitung im Zusammenhang mit der Reaktionszeit – erfaßt (Picton & Stuss, 1980).

VII.2.1.6.3 Einteilung nach statistischen Gesichtspunkten

1) *Potentialspitzen.* Das Erfassen von Spitzenwerten des ereigniskorrelierten Potentials durch das Ausmessen von Amplitude und Latenz ist eine einfache Methode. Sie birgt aber einige Nachteile in sich. So kann von dem an der Oberfläche abgeleiteten Potential nicht auf die Aktivitäten der zugrundeliegenden Komponenten geschlossen werden, weil gleichzeitig mehrere Generatoren aktiv sein können. Wegen dieser sogenannten "Komponentenüberlappung" kann es auch zu korrelativen Zusammenhängen verschiedener Spitzen kommen. Durch die Be-

rechnung von "Differenzkurven" läßt sich dieses Problem aber zum Teil beseitigen.

2) Statistisch definierte *Komponenten.* Grundlegende statistische Funktionen, welche auf der gemeinsamen Variation beruhen und mit der Hauptkomponentenanalyse (Principal Component Analyses, PCA; z.B. Donchin & Heffley, 1978) berechnet werden, haben nach Picton und Stuss (1980) folgende Vorteile:

- Eine geringe Anzahl von Komponenten,

- die Komponentendefinition ist objektiv – obwohl über die Wahl des Extraktionsverfahrens, des Abbruchkriteriums und der Wahl der Rotation eine Einflußnahme gegeben ist – und datenorientiert und

- es können mit dieser Technik Komponenten extrahiert werden, obwohl sie sich räumlich oder zeitlich überlappen.

Als ein methodisches Problem läßt sich anmerken, daß bei diesem Verfahren Personen- und Bedingungsvarianz gemischt werden. Ein weiteres Problem betrifft das Ausmaß der tolerierbaren Latenzvariation "einer Komponente", bevor ein neuer Faktor berechnet wird, worauf u.a. von Curry, Cooper, McCallum, Pocock, Papakostopoulos, Skidmore und Newton (1983) hingewiesen wurde. Eine kritische Auseinandersetzung über die Brauchbarkeit der PCA zur Komponentendefinition ereigniskorrelierter Potentiale findet sich auch in den Diskussionsbemerkungen von Rebert und von Tukey in der Diskussion von Donchin et al. (1978).

VII.2.1.7 Transiente und Steady-State Potentiale

Die Unterscheidung *transienter* und *Steady-State Potentiale* geht im Kern auf die Stimulationsrate zurück. Ein transientes Potential ist das Resultat einer isolierten abrupten Änderung in einem Stimulusparameter. In der Praxis der ereigniskorrelierten Potentialforschung wird dieses Problem mit der Verwendung eines genügend langen Interstimulusintervalls überwunden, sodaß angenommen werden kann, daß sich die Prozesse zeitlich nicht überlappen. Das Steady-State Potential ist die Folge einer genügend raschen Stimulationsrate, sodaß sich einzelne Komponenten des ereigniskorrelierten Potentials überlappen (Regan, 1972). Dementsprechend werden transiente Potentiale am besten im Zeitbereich durch Amplitude und Latenz einzelner Komponenten beschrieben, während Steady-State Potentiale besser im Frequenzbereich beschrieben werden.

VII.2.1.8 DC-Potentiale

Abschließend sei bemerkt, daß einem Vorschlag von Caspers (1974; Caspers et al. 1984) folgend, alle Potentialänderungen von 0 bis 0,5 Hz – also alle länger als etwa 500 msec dauernden Potentiale – als "DC potentials" bezeichnet werden sollten.

VII.2.1.9 Ereigniskorrelierte Potentiale

Der Terminus *ereigniskorreliertes Potential* erscheint als allgemeinste Beschreibung für Hirnpotentiale, welche entweder mit einem "inneren" oder "äußeren" Ereignis in Zusammenhang gebracht werden, als sehr brauchbar. Dem weitverbreiteten englischen Ausdruck "event-related" käme die Übersetzung "ereignisbezogen" (wie z.B. bei Cooper et al. 1984, von Doz. Dr. P. Rappelsberger ins Deutsche übersetzt) zwar näher, doch erscheint der Ausdruck "ereigniskorreliert" im deutschen Sprachraum inzwischen eher verbreitet und akzeptiert (z.B. Bauer, 1984a; Lutzenberger et al., 1985; Rösler, 1982).

VII.2.2 Zum Komponentenkonzept ereigniskorrelierter Potentiale

Da die Ergebnisse ereigniskorrelierter Potentiale meistens auf Komponenten bezogen berichtet und diskutiert werden, nimmt das Komponentenkonzept eine zentrale Rolle ein. Ein ereigniskorreliertes Potential wird demnach als eine Sequenz seriell aktivierter Prozesse betrachtet, welche sich als eine Reihe von negativen-positiven Potentialänderungen manifestiert (Donchin et al., 1978).

Ein schematischer Verlauf ereigniskorrelierter Potentiale im sogenannten CNV Paradigma wird in Abbildung 11 dargestellt. Dabei handelt es sich aber um einen stilisierten Potentialverlauf, da die Amplitudenverhältnisse nicht der Wirklichkeit entsprechen und auch nicht immer (je nach Experimental- und Persönlichkeitsbedingungen sowie Ableitort) alle dargestellten Komponenten zu beobachten sind.

Da es möglich oder sogar sehr wahrscheinlich ist, daß das an der Kopfhaut abgeleitete Potential keine lineare Summation der verschiedenen Generatoren ist, treten eine Reihe von Problemen auf (Donchin et al; 1978): so ist es z.B. nicht möglich, Aussagen über das Ausmaß der Interaktion verschiedener Potentialquellen nur aufgrund der gemessenen Potentialgipfel und -täler zu machen. Daraus ergibt sich auch das Problem, ob der Potentialverlauf als *Spitze-Spitze- (peak to peak) Wert* oder als *Basiswert zu Spitzenwert* ausgedrückt werden soll.

Bei der Untersuchung bzw. der Ableitung langsamer Potentialänderungen (Gleichspannungsänderungen) sind die schnelleren Potentialänderungen auf den langsamen aufgesetzt. Damit wird die Definition und die Objektivierung ereigniskorrelierter Potentiale zu einem komplizierten Vorgang. Donchin et al. (1978) fordern, daß zur angemessenen Messung einer Komponente eine klar entwickelte Idee über die Komponente entwickelt sein muß. In ihrem Artikel wird davon ausgegangen, daß der Ausdruck Komponente nicht synonym mit einem Spitzenwert (peak) des Potentials verwendet werden soll. Dahinter steht das Konzept, daß verschiedene Komponenten eines Potentials die Aktivität funktional unterschiedlicher neuronaler Aggregate reflektieren. Weiters wird von den Autoren angenommen, daß neuronale Aggregate (deren Aktivität durch eine ERP Komponente repräsentiert ist) durch eine oder mehrere experimentelle Variablen unterschiedlich beeinflußt werden. Das heißt, daß die Existenz einer Komponente erst dann angenommen werden kann, wenn gezeigt wurde, daß sie systematisch mit einer unabhängigen Variable variiert und die anderen Komponenten davon unberührt bleiben, es sei denn, eine ganze Wellenform stellt eine Komponente dar (vgl. auch Scherg & von Cramon, 1986).

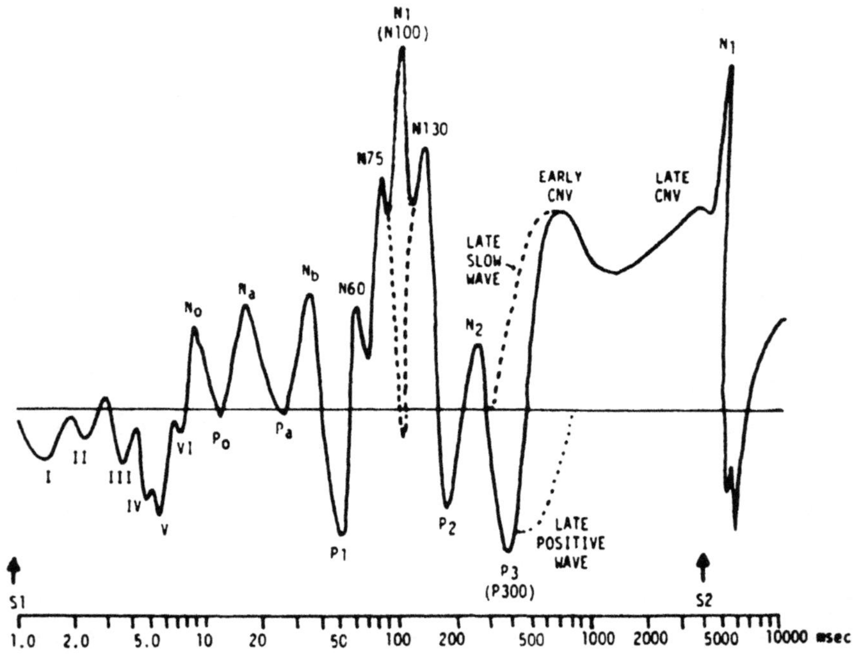

Abb. 11. Schematischer Verlauf ereigniskorrelierter Potentiale in einem CNV Paradigma mit akustischen Reizen. Man beachte die unnatürlichen Amplitudenverhältnisse und den logarithmischen Zeitmaßstab (aus McCallum, 1980, S. 262).

Nach Donchin (1981) lassen sich endogene Komponenten am besten als Manifestationen der Aktivität von "Unterprogrammen" (subroutines) verstehen – in diesem Zusammenhang sei auf die Analogie mit der Computertechnik hingewiesen und auf die Computerpsychologie verwiesen – welche durch den Informationsfluß aktiviert werden.

Zur Definition und Klassifikation von Komponenten ereigniskorrelierter Potentiale zählen die von Sutton und Ruchkin (1984) erstellten Kriterien:

1) Latenz,

2) Polarität,

3) Sequenz,

4) Verteilung,

5) Relation zu physikalischen Reizparametern,

6) Relation zum Verhalten und

7) Relation zur Population und dem Zustand des Organismus.

Eine inzwischen weitgehend geübte Methode der Komponentenbestimmung geschieht mit der *Hauptkomponentenanalyse* (principal component analysis, PCA; siehe Donchin & Heffley, 1978 und Pawlik, 1971), einer statistischen Methode, nach der Einzelmerkmale, welche gemeinsam variieren, zu einer Komponente zusammengefaßt werden. Der eindrucksvollen Extraktion meist bekannter Einzelkomponenten ist insofern eine Grenze gesetzt, als eine Komponente nur dann als solche extrahiert wird, wenn es gelingt, mit einer entsprechenden experimentellen Manipulation auch eine Variation der Ausprägungsmerkmale einer Einzelkomponente zu bewirken. Dabei eignet sich z.B.

das Fischer-Roppertsche Verfahren (Fischer & Roppert, 1965) der Transformationsanalyse faktorenanalytischer Ergebnisse zur Feststellung experimenteller Effekte. Ein neuer, weiterführender Ansatz zur "Dekomposition" ereigniskorrelierter Potentiale und auch zur Testung der Signifikanz topographischer Koeffizienten wurde von Möcks (1988) vorgestellt.

Kritische Betrachtungen zur Anwendbarkeit und Validität der PCA finden sich u.a. bei Rösler und Manzey (1981). Lutzenberger et al. (1985) verweisen darauf, daß man beim Einsatz der PCA auf keine generelle Regel oder Übereinkunft zurückgreifen kann, sodaß die Anzahl der zu extrahierenden Komponenten einer gewissen Willkür unterliegt. Auch die Aufgabe des Orthogonalitätskriteriums wird von Lutzenberger et al. (1985) angeregt, da es im allgemeinen den psychologischen Aspekt einer Komponente entbehrt.

Näätänen, Paavilainen, Alho, Reinikainen und Sams (1987) gehen von folgender Nomenklatur aus: Ein ereigniskorreliertes Potential besteht aus einer Reihe von positiven oder negativen Spitzen (Wellen). Diese sind zwar ein guter Anhaltspunkt zum objektiven Erfassen (Messen) der kortikalen Aktivität, werden aber nicht notwendigerweise von verschiedenen zerebralen Strukturen generiert. In jedem Augenblick können verschiedene zerebrale Prozese tätig sein und ihren Beitrag zum ereigniskorrelierten Potential leisten. Eine "Komponente" des ereigniskorrelierten Potentials ist nach den Autoren der Beitrag eines bestimmten Generators, wie z.B. die Aktivierung eines bestimmten kortikalen Bereiches bei einem bestimmten Reizgeschehen. Während die Spitzen oder Wellen des ereigniskorrelierten Potentials direkt erfaßt (gemessen) werden können, lassen sich die zugrundeliegenden Komponenten in der Regel nur durch die experimentelle Manipulation bestimmen.

Übereinstimmend mit der Auffassung, daß einer (endogenen) Komponente mehrere Generatoren zugrunde liegen, unterstreicht Gaillard (in

Rohrbaugh, McCallum, Gaillard, Simons, Birbaumer & Papakostopoulos, 1986) die Möglichkeit, daß Änderungen in Latenz und Amplitude einer Potentialspitze zu einer scheinbar unterschiedlichen Verteilung führt – was nach neurophysiologischer Auffassung als kritischer Faktor für verschiedene Komponenten angesehen wird – obwohl sie von denselben Generatoren produziert werden. Von dieser Auffassung getragen, kommt Gaillard (in Rohrbaugh et al., 1986) zu der Ansicht, daß der späten CNV und dem Bereitschaftspotential dieselben neurophysiologischen Generatoren zugrundeliegen.

VII.2.3 Nomenklatur ereigniskorrelierter Potentiale

Auch über das System der Bezeichnung einzelner Komponenten (bzw. Spitzen) ereigniskorrelierter Potentiale gibt es keine allgemeingültige Übereinkunft. Die einzige Minimalübereinkunft (etwa seit Goff, Matsumiya, Allison & Goff, 1969; welche mit Ausnahme der ganz schnellen Komponenten des ereigniskorrelierten Potentials angewandt wird) besteht darin, daß aus der Komponentenbezeichnung auch die Polarität der Potentialauslenkung ersichtlich sein soll. In der Praxis wird ein "N" für die negativen und ein "P" für die positiven Komponenten geschrieben. Derzeit herrschen zwei Systeme vor:

1) Das *sequentielle System,* bei dem die Komponenten nach ihrem Auftreten im Spannungs-Zeitdiagramm fortlaufend numeriert werden (z.B. P1, N1, P2, N2, P3,...) und

2) die *Latenz-Nomenklatur,* bei der die entsprechenden Komponenten durch ihre Polarität und ihre mittlere Latenz beschrieben werden (z.B. N100, P300,...), und dem der Autor des vorliegenden Beitrags in aller Bescheidenheit den Vorzug gibt.

Der Nachteil des sequentiellen Systems besteht darin, daß bei einer geänderten Wellenform mit einer zusätzlichen Komponente inhaltlich gleicher Komponenten verschiedene Bezeichnungen zugeordnet werden würden. Das heißt, dieses System erschwert den Vergleich von Komponenten ereigniskorrelierter Potentiale aus verschiedenen experimentellen Anordnungen oder/und unterschiedlicher Modalität, da die Wellenformen erheblich differieren können, obwohl bestimmte Komponenten des ereigniskorrelierten Potentials (z.B. die P300) durchaus vergleichbar sind. Der Nachteil des Systems nach der Latenz-Nomenklatur besteht darin, daß inhaltlich vergleichbare Potentialauslenkungen (also Komponenten nach Donchin et al., 1978) aufgrund experimenteller Einflüsse oder individueller Variation z.T. unterschiedliche Latenzen aufweisen können (z.B. P250, P300, P360 oder P400 usw., obwohl es sich immer um eine "P300" handelt). Aus diesem Grund wurde von einem internationalen Komitee (Donchin et al., 1977) darauf verwiesen, daß aus der Publikation klar hervorgehen soll, ob es sich im jeweiligen Fall um eine tatsächlich erhobene und gemessene Komponente, also eine empirische, oder um eine theoretische Komponente handelt. Zur klaren Abgrenzung einer theoretischen Komponente von einer empirischen wurde auch empfohlen, die theoretische Komponentenbezeichnung zur Verdeutlichung zu überstreichen.

VII.2.4 Darstellung der Polarität

Auch zur Darstellung der Polarität im Spannungs-Zeitdiagramm gibt es keine allgemeingültige Übereinkunft. Obwohl die meisten Autoren darin übereinstimmen, daß eine einheitliche Darstellung wünschenswert sei (z.B. Donchin et al., 1977), werden beide Darstellungsformen verwendet, wobei in den meisten Fällen die negative Potentialauslenkung nach oben dargestellt wird. Auf jeden Fall soll die Darstellungspolarität in der Abbildung eingezeichnet sein. In der Praxis überwiegt (mit Ausnahme bei der Darstellung von Hirnstammpotentialen) die Darstellung einer *negativen Potentialauslenkung* nach oben.

VII.2.5 Messung ereigniskorrelierter Potentiale

Die Objektivierung ereigniskorrelierter Potentialverläufe ist notwendig, um individuelle Reaktionen auf experimentelle Bedingungen oder um den generellen Einfluß experimenteller Bedingungen zu untersuchen. John et al., (1978) sehen auch die Suche nach einem hypothetischen Prozeß oder einer Dysfunktion als eine übliche Anwendung. Dementsprechend gibt es auch eine Reihe von Objektivierungen (Messungen), welche u.a. entsprechend der jeweiligen Anwendung ausgewählt werden. So läßt sich ein ereigniskorreliertes Potential als Gesamtverlauf oder im Detail mit Amplituden- und Latenzwerten der Potentialspitzen beschreiben. John et al. weisen darauf hin, daß ereigniskorrelierte Potentiale immer öfter im Detail beschrieben werden, obwohl die Einzelzellaktivität eher mit der Struktur des ereigniskorrelierten Potentials als mit Variationen einzelner Komponenten einhergeht. Daher sei die zugrundeliegende neuronale Aktivität auch nicht notwendigerweise direkt in einer bestimmten Komponente lokalisiert.

Nach John et al. (1978) lassen sich 5 *Meßprobleme* unterscheiden:

1) Trennung von Signal und Rauschen,

2) Bestimmung oder Konstruktion von Kennwerten zur Beschreibung von quantitativen Eigenschaften des Signals,

3) Analyse des Zusammenhangs von Signal als abhängige Variable und experimenteller Manipulationen der Stimuli, der Umgebung oder der Bedingungen als unabhängige Variable,

4) Analyse des Zusammenhangs ereigniskorrelierter Potentiale an verschiedenen Lokalisationen unter verschiedenen Bedingungen und die

5) Analyse des Zusammenhangs zwischen verschiedenen Bedingungen an derselben Lokalisation bei verschiedenen Personen.

VII.2.5.1 Trennung von "Signal" und "Rauschen"

Die meistgeübte Methode zur Trennung des Signals vom Rauschen ist das *Mitteln (Averaging).* Sie setzt aber ein homogenes Signal voraus. Ist das Signal z.B. aufgrund von systematischer Durchgang-zu-Durchgang Fluktuation nicht homogen, ist das Aussortieren homogener Subsets von Signalen *(Klassifikationsmethode)* die Methode der Wahl (z.B. Ruchkin, 1971).

VII.2.5.1.1 Mitteln

Der Mittelungsvorgang mehrerer Einzeldurchgänge ereigniskorrelierter Potentiale vermindert das Rauschen, aber nicht das Signal unter den Voraussetzungen, daß

1) das Signal streng zeitsynchron zum Ereignis (das durch einen Trigger markiert wird) ist,

2) die Form des Signals in den einzelnen Durchgängen gleich ist und

3) keine Interaktion zwischen Signal und Rauschen besteht. Für das Ausmaß der Verbesserung des Signal-Rauschverhältnisses ist bei konstanten Signal- und Rauschverhältnissen die Anzahl der Mittelungsdurchgänge maßgebend. Es verbessert sich um den Faktor der Quadratwurzel aus N, wobei N die Anzahl der Durchgänge ist.

Eine zusätzliche Information über ereigniskorrelierte Potentiale kann durch die zusätzliche Berechnung der Varianz erhalten werden.

Da die Voraussetzung für das Mitteln, ein stabiles ereigniskorreliertes Potential in jedem Durchgang und eine rein zufällige Hintergrundaktivität (Rauschen) auch unter strikten experimentellen Bedingungen nicht immer erfüllt ist, empfehlen John et al. (1978) die Reduktion von Variationen im ereigniskorrelierten Potential durch ein präzises und wohldefiniertes Design, um die Einflüsse von unkontrolliertem Verhalten zu minimieren. Führt dies nicht zum Erfolg, besteht die Möglichkeit, die Einzeldurchgänge "latenz-korrigiert" zu mitteln (adaptive correlation detection; Woody, 1967). Dabei wird für jedes ereigniskorrelierte Potential eine Kreuzkorrelation mit einer geschätzten oder erwarteten Potentialform (z.B. dem gewöhnlichen Mittelwert) berechnet. Die ereigniskorrelierten Potentiale werden dann um jenen Zeitbereich verschoben gemittelt, für welchen die größte Kreuzkorrelation gefunden wurde.

Die Mittelung von ereigniskorrelierten Potentialen (Durchgängen) trotz Variationen kann aber zu weniger verfälschten Ergebnissen führen als das latenzkorrigierte Mitteln, wenn die Wellenformen in den Einzeldurchgängen von der erwarteten Potentialform erheblich abweichen.

VII.2.5.1.2 Klassifikationsmethoden

Im Falle von Variationen aufgrund nicht zufälliger Ereignisse, welche aber nicht erkannt und deshalb auch nicht kontrolliert werden, können durch die Mittelung Potentialformen entstehen, welche mit dem "wahren" ereigniskorrelierten Potential nicht übereinstimmen müssen. Für diesen Fall empfehlen John et al. (1978) Klassifikationsmethoden, wonach nur bestimmte Durchgänge im Fall von Einzeldurchgängen oder Personen bzw. Bedingungen im Falle von gemittelten Potentialen in die Mittelwertsbildung aufgenommen werden. Eine quantitative Zuordnung der Nichthomogenität läßt sich durch Berechnungen für jeden Zeitpunkt (jeden digitalisierten Wert) vornehmen. Eine Möglichkeit ist die Anwendung der Chiquadrat-Verteilung zur Prüfung, ob das Amplitudenhistogramm sich von einer Normalverteilung unterscheidet (John et al., 1978).

Pfurtscheller und Cooper (1975) demonstrierten eine Klassifikation, welche auf der Kovarianzfunktion des Einzeldurchganges mit dem Modell beruht. Die Ergebnisse nach diesem Verfahren zeigten eine etwa 30% größere Amplitude.

Zur Klassifikationsmethode kann auch das Sortieren von Einzeldurchgängen aufgrund von ereignisvorausgehenden Potentialcharakteristika, wie die ereignisvorausgehenden Gleichspannungsänderungen (z.B. Trimmel, 1988a), gezählt werden. Neben der Reduktion der Varianz bietet diese Methode auch den Vorteil, daß die Zuordnung zu verschiedenen Potentialen nicht rein pragmatisch erfolgt, sondern nach einem inhaltlich bedeutsamen Kriterium (z.B. der Gleichspannungsänderung).

In der Übersicht über mögliche Klassifikationsprozeduren unterscheiden John et al. (1978):

1) Die Analyse nichthomogener ereigniskorrelierter Potentiale; wobei (a) die Bedingung der nicht-Homogenität oder (b) die Klassifikation individueller Einzeldurchgänge in homogene Gruppen im Vordergrund stehen kann.

2) Die Klassifikation von Einzeldurchgängen in bezug auf "bekannte Potentialformen", zu der z.B. (a) die Ausschließung von Einzeldurchgängen aufgrund von Artefakten gehört; (b) die Vorverarbeitung durch Wiener Filterung; (c) die schrittweise Auswahl der Durchgänge zur "Modellbildung".

3) Die Berechnung einer "Event-Related Information Wave, ERIW", welche die experimentell relevante Information in Raum und Zeit beschreiben soll. Die mit Hilfe der stufenweisen Diskrimi-

nationsanalyse erhaltene "information wave" gibt den gemeinsamen Informationsgehalt über die Zeit wieder.

4) Lineare Transformationen, wie Fourier-, Walsh- und Haar-Transformationen, sowie Hauptkomponentenanalyse und Varimaxrotation.

5) Varianzanalysen.

6) Clusteranalysen.

VII.2.5.2 Erfassung quantitativer Eigenschaften

Methoden, wie die *Hauptkomponentenanalyse* und die *Fouriertransformation,* dienen der Bestimmung von Kennwerten zur Beschreibung von quantitativen Eigenschaften der Gesamtform des ereigniskorrelierten Signals (Potentials). Die Verwendung von grundlegenden statistischen Parametern – wie das Verhältnis von Signal zu Rauschen oder der "Informationsgehalt" – zur Beschreibung ereigniskorrelierter Potentiale wird von Möcks, Gasser und Köhler, 1988 gefordert.

VII.2.5.3 Analyse des Einflusses der unabhängigen Variablen

Der Einfluß *experimenteller Manipulationen* der Stimuli, der Umgebung oder der Instruktion als unabhängige Variable auf das Signal (ereigniskorreliertes Potential) als abhängige Variable kann z.B. mit Varianzanalysen und t-Tests geprüft werden. Interessanterweise findet die Anwendung nichtparametrischer Methoden (z.B. Lienert, 1962, 1973, 1978) vor allem im anglo-amerikanischen Sprachraum keine Verbreitung. John et al. (1978) betonen, daß die stufenweise Diskriminanzanalyse den Einfluß der experimentellen Bedingungen auf die Besonderheiten des ereigniskorrelierten Potentials am besten wiedergibt.

VII.2.5.4 Lokalisationsaspekte

Der Zusammenhang von Kennwerten ereigniskorrelierter Potentiale an verschiedenen Lokalisationen bei gleichen experimentellen Bedingungen oder bei verschiedenen experimentellen Bedingungen kann mit Faktorenanalysen (z.B. Trimmel, Groll-Knapp & Haider, 1988b), aber auch mit Sortiermethoden und Diskriminanzanalysen gut beschrieben werden.

VII.3 Evozierte (exogene) Potentiale (EP)

Evozierte Potentiale können viele Aspekte eines sensorischen Systems, vom Rezeptor bis zum Kortex, widerspiegeln. Unter dem Titel *evozierte Potentiale* werden in der vorliegenden Monographie nur die "frühen" Anteile der ereigniskorrelierten Potentiale behandelt. Den stimulusunspezifischeren späteren Anteilen der ereigniskorrelierten Potentiale (bzw. mesogene und endogene Komponenten nach Picton, 1980) sind eigene, nicht modalitäts-, sondern verarbeitungsspezifische Kapitel gewidmet.

VII.3.1 Akustisch evozierte Potentiale

Bei einer auditiven Stimulation generiert das Nervensystem eine komplexe Sequenz elektrischer Aktivität vom Beginn bis zu einigen 100 msec nach Beginn der Stimulation. Picton, Hillyard, Krausz und Galambos (1974) unterscheiden nach der Latenz frühe (0 - 8 msec), mittlere (8 - 50 msec) und späte (50 - 500 msec) Komponenten (siehe auch Abbildung 12). Der allererste Teil des evozierten Potentials entspricht der elektrischen Erregungsaktivität von der akustischen Reizung der Haarzellen in der Kochlea (kochleare Potentiale). Eine Serie von Potentialen in den ersten 10 msec (die *"schnellen Komponenten"* des evozierten Potentials) repräsentieren die Aktivität des Hirnstammes. Die elektrophysiologischen Ereignisse zwischen 10 und

50 msec nach Reizbeginn (die *"mittelschnellen Komponenten"* des evozierten Potentials) entsprechen den sensorischen kortikalen und der thalamischen Aktivitäten, während die Aktivitäten etwa nach 50 msec nach Reizbeginn (die *"langsamen Komponenten")* ihren Ursprung im primären und im Assoziationskortex haben dürften. Die Einteilung in schnelle, mittelschnelle und langsame Komponenten des ereigniskorrelierten Potentials wurde von Picton (1980) übernommen und entspricht nicht dem "eigentlichen Komponentenkonzept" ereigniskorrelierter Potentiale (siehe dort).

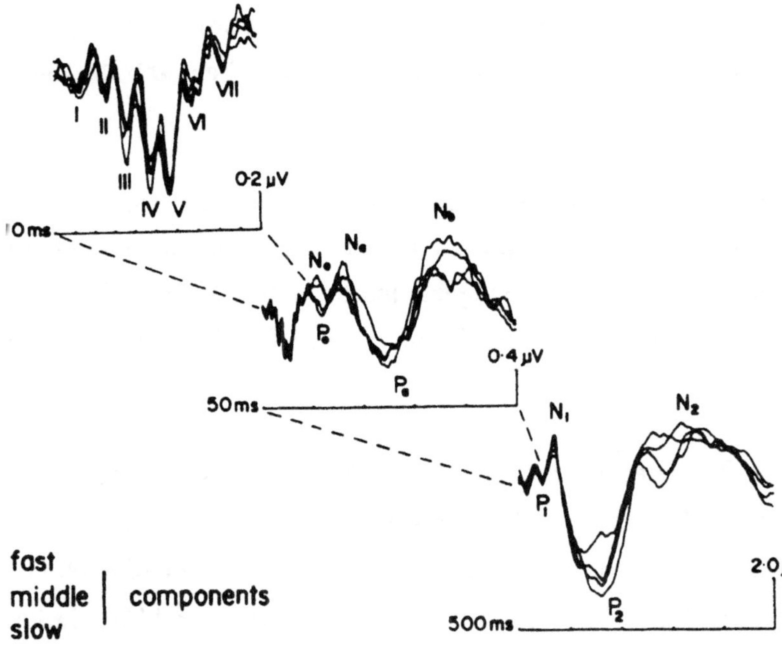

Abb. 12 Schnelle, mittelschnelle und langsame Komponenten des auditiven ereigniskorrelierten Potentials nach Picton (aus Picton, 1980, S. 369).

VII.3.1.1 Elektrokochleare Potentiale

Die erste elektrophysiologische Reaktion auf eine akustische Stimulation sind die "Mikrophonpotentiale" (cochlear microphonic, CM; alternating cochlear potential; Vernon & Meikle, 1973) der Haarzellen in der Kochlea mit einer Latenz von ca. 0,2 msec (Zerlin & Naunton, 1978). Die Form der Mikrophonpotentiale entspricht der elektrischen Wellenform des Stimulus bzw. dessen Luftschwingungen, was einen hohen Standard in der Ableittechnik voraussetzt, um es artefaktfrei zu registrieren. Die Mikrophonpotentiale sind zwar stimulusintensitätsabhängig, aber kein direktes Korrelat der Hörschwelle und auch kein Indikator zur Objektivierung des Hörens, aber ein Korrelat der Funktionstüchtigkeit der Haarzellen (Gibson, 1980), und dienen auch der Schwellenbestimmung der kochleoneuronalen Erregung nach Reizung mit reinen Tönen (welche allerdings über 500 Hz liegen müssen).

Bei genauerer Betrachtung ist dem Mikrophonpotential und dem noch zu beschreibenden Aktionspotential auch das *Summenpotential* (summating potential, SP) überlagert (siehe Abbildung 13). Es ist ein Korrelat der asymmetrischen Vibration der Basilarmembran (Gibbson, 1980).

Der dritte Teil des *kombinierten Aktionspotentials* (compound action potential) – der integrierten elektrokochlearen Aktivität – ist das *Aktionspotential* (AP) vieler einzelner synchron feuernder Nerven. Das gilt vor allem für höhere Töne (über 500 Hz), während für niedere Töne die Verhältnisse nicht so klar sind (Gibbson, 1980). Das Aktionspotential hat eine Latenz von 1,3 bis 1,4 msec (Gibbson, 1980; Starr, Sohmer & Celesia, 1978) und ist mit der N1 (nach Sohmer & Feinmesser, 1967) bzw. der NI (nach Jewett, 1970) des akustisch evozierten Hirnstammpotentials ident.

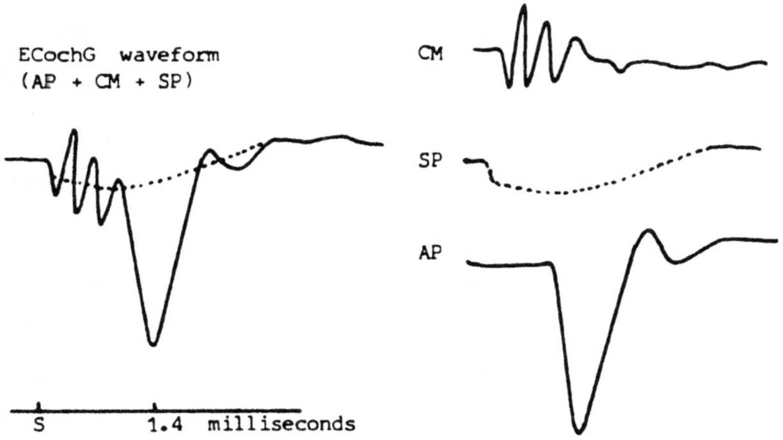

Abb. 13. Schema des elektrocochlearen Potentials nach unipolarer Stimulation (aus Gibson, 1980, S. 45).

Zur Methode der Trennung der einzelnen Komponenten (Separationsverfahren), Darstellung technischer Einzelheiten der Stimulation und Registrierung sowie der Angaben über Normalwerte zu den schnellen Anteilen akustisch evozierter Potentiale, sei der Leser an Maurer (1985) und an Stöhr et al. (1982) verwiesen.

Abschließend sei ergänzt, daß aufgrund der relativen Nähe des Ableitorts (z.B. äußerer Gehörgang) zum Entstehungsort der Innenohrpotentiale (CM und SP) und des Aktionspotentials des Hörnerves (AP) die elektrokochlearen Potentiale auch als *Nahfeldpotentiale* bezeichnet werden. Die Bezeichnungen *Nah-* bzw. *Fernfeldpotentiale* sind allgemeine Bezeichnungen für die Potentialanteile, aus denen sich Feldpotentiale zusammensetzen; vlg. Rappelsberger, Pockberger und Petsche, 1981. Als Fernfeldpotentiale werden in diesem Zusammenhang jene Potentiale bezeichnet, welche relativ weit vom Entstehungsort abgeleitet werden, wie z.B. bei der Registrierung von Hirnstammpotentialen in einer Vertex zu Mastoid Ableitung.

VII.3.1.2 Auditive Hirnstammpotentiale

Bei wiederholter akustischer Stimulation (mit etwa 1000 - 2000 Reizen) läßt sich in den ersten 10 msec nach Reizbeginn ein evoziertes Potential mit einem Wellenkomplex von 5 (z.B. Cooper et al., 1984) bis insgesamt 7 Gipfel (z.B. Stöhr et al., 1982) beobachten. Diese vom Hörnerv und Hirnstamm stammenden Potentiale werden *auditive evozierte Hirnstammpotentiale* (brainstem auditory evoked potentials, BAEPs), "Fernfeld-Potentiale", "frühe akustisch evozierte Potentiale (FAEP)" und auch "schnelle Komponenten des evozierten Potentials" genannt. Die ersten Berichte stammten von Sohmer und Feinmesser (1967), welche außer dem kochlearen Aktionspotential (der späteren Welle I) noch weitere Potentiale beobachteten. Daß die evozierten Hirnstammpotentiale auch mit Oberflächenelektroden abgeleitet werden können, wurde von Jewett (1969, 1970; Jewett, Romano & Williston, 1970) gezeigt.

Nach Sohmer und Feinmesser (1967) werden die Gipfel arabisch numeriert und der Komplex in der vierten und fünften msec als ein Gipfel betrachtet (N4a und N4b), während nach Jewett (1969, 1970) zwei Gipfel unterschieden werden (NIV und NV) und alles mit römischen Ziffern bezeichnet wird. Weiters werden die auditiven Hirnstammpotentiale, im Gegensatz zur allgemein bevorzugten Darstellung ereigniskorrelierter Potentiale, meistens mit einer positiven Potentialauslenkung nach oben dargestellt (siehe Abbildung 14).

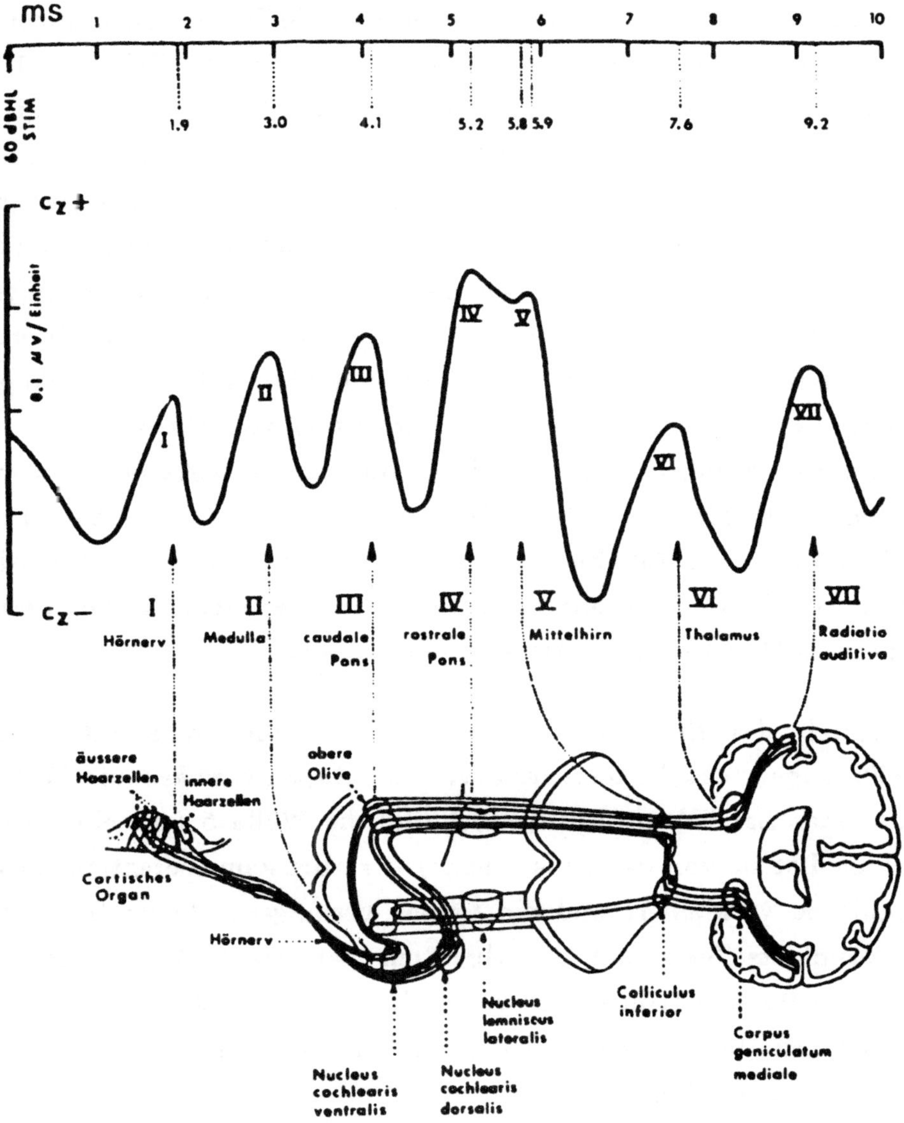

Abb. 14. Schematische Darstellung vermutlicher Entstehungsorte akustisch evozierter Fernfeldpotentiale am Hörnerven und im Hirnstamm (aus Maurer, 1985, S. 231).

Über Amplituden- und Latenzwerte, welche von verschiedenen Laboratorien, zum Teil mit leicht unterschiedlichen Laboratoriums- bzw. Stimulusbedingungen, erhoben wurden, gibt die Tabelle 4.1 bei Stöhr et al. (1982) Auskunft. Die aufgezeigte, nichtpathologische Variabilität der Hinstammpotentiale kann unter anderem vom Lebensalter (in frühen und späten Lebensjahren finden sich verlängerte Latenzen), Geschlecht (Frauen haben eine kürzere Latenz), Temperatur, Ableitort, Reizparameter (monaural, binaural oder kontralateral; Polarität des Reizes, Reizfrequenz und Reizstärke) und der Filterung der Ableitung (meistens ein Bandpaß von 100 - 3000 Hz) abhängen. Cooper et al. (1984) empfehlen zur Ableitung von Hirnstammpotentialen einen Bandpaß von 100 Hz (Zeitkonstante 0,002 sec) bis mindestens 2000 Hz und eine Reizfrequenz von 10/sec – obwohl die Refraktärzeit eine Rate bis 30/sec zulassen würde – und eine Intensität bis zu 110 dB(A). Bei Stöhr et al. (1982) wird die Intensität durch einen Pegel von 70 dB über der Hörschwelle definiert.

Bezüglich des Einflusses psychologischer Faktoren konnte Lukas (1980) zeigen, daß konzentrierte visuelle *Aufmerksamkeit* die Welle 1 (mit einer Latenz von ca. 2 msec) und die Welle 5 (mit einer empirischen Latenz von ca. 6 bis 7 msec) der Hirnstammpotentiale in der Amplitude verkleinert und die Latenz verlängert. Derart frühe Aufmerksamkeitseffekte auf die Hirnstammpotentiale führt Lukas auf efferente Bahnen (von der Olive zur Kochlea) zurück, welche die Erregungsaktivität auditiver Neuronen bei fokussierter visueller Aufmerksamkeit inhibieren.

Auch Brix (1984) berichtet einen Effekt von *Aufmerksamkeit versus Ablenkung* auf die Hirnstammpotentiale. Allerdings wurde von Woldorff, Hansen und Hillyard (1987) kein Effekt instruierter selektiver Aufmerksamkeit gefunden. Rohrbaugh, Varner, Peters, Ellingson und Eckardt (1987) fanden auch keinen eventuellen Effekt einer Orientierungsaktion auf Hirnstammpotentiale, sodaß das Wissen über psychologische Einflußfaktoren auf Hirnstammpotentiale als bei weitem noch nicht abgeschlossen zu betrachten ist.

VII.3.1.3 Stimulusfrequenz-analoge Potentiale

Für Stimulusfrequenzen von ca. 100 bis 5000 Hz werden mit einer Latenz von einigen msec in auditiven Kerngebieten des Mittelhirns und der Medulla "stimulusfrequenz-analoge Potentiale (frequency following potentials, FFP)" generiert. Sie können den frühen evozierten Potentialen zugeordnet werden und werden ebenso vom Vertex gegen eine Referenz, wie z.B. dem Ohrläppchen, abgeleitet (Moushegian, Rupert & Stillman, 1973). Sie treten aber erst bei einer Intensität von etwa 40 dB über der Hörschwelle ("sensation level, SL") auf, was darauf schließen läßt, daß mehrere Generatoren involviert sind. Die stimulusfrequenz-analogen Potentiale verschwinden bei *Maskierung*, was z.B. in der experimentellen Erforschung der Rolle von Hirnstammechanismen bei Phänomen der auditiven Maskierung genutzt wird (Moushegian, 1977).

VII.3.1.4 Akustisch evozierte Potentiale mittlerer Latenz

Als "Potentiale mittlerer Latenz (mid-latency responses, MLRs)" oder *mittelschnelle evozierte Potentiale* werden die Potentialspitzen im Bereich von etwa 10 - 50 msec nach Reizbeginn genannt. Auch sie lassen sich von der Kopfhaut, am deutlichsten vom Vertex, ableiten. Die Gipfel werden als No, Po, Na, Pa und Nb oder nach der "Latenz-Nomenklatur" als N9, P12, N19 (auch N16), P26 und N33 bezeichnet. Manchmal wird auch die Pb oder P55 (auch P50) zu den mittelschnellen Potentialen gezählt, welche sonst die P1 der langsamen Potentiale ist. Alle Komponenten sind in Amplitude und Latenz deutlich stimulusabhängig (so fanden z.B. Naber, Kathmann & Engel, 1988 auch *keine Habituation der P50)*. Ein ernsthaftes Problem bei der Interpretation der mittelschnellen Potentiale stellt die Tatsache dar, daß einige Kopfmuskelreflexe in der gleichen Zeit wie die mittelschnellen Potentiale aktiv sind. Streletz, Katz, Hohenberger und Cracco (1977) versuchten die neurogenen und myogenen Anteile der mittleren Potentiale zu differenzieren. Sie kommen zu dem Ergebnis, daß myogene Potentiale ("sonomotor responses") zwar eine Latenz von 8 - 60 msec zeigen, es aber dennoch möglich ist, die neurogenen Potentiale abzuleiten. Weitgehende Einigkeit herrscht darüber, daß die Pa (P25) eine neurogene Antwort des primären auditorischen Kortex sein dürfte (Picton, 1980; Stöhr et al., 1982). In Stöhr et al. (1982) wird auch ein Vergleich der verschiedenen empirisch ermittelten Latenzen mittelschneller evozierter Potentiale aus verschiedenen Arbeiten vorgestellt.

VII.3.2 Visuell evozierte Potentiale

Mit nichtinvasiven elektrophysiologischen Methoden lassen sich bei visueller Stimulation, elektrophysiologische Korrelate von der Aktivität der Retina (Elektroretinogramm) und vor allem von den kortikalen Aktivitäten (visuell evozierte kortikale Potentiale) ableiten.

VII.3.2.1 Elektroretinogramm

Die Retina ist ein komplexes Organ, welches die physikalische Lichtenergie in neuronale Aktivität transformiert. Dementsprechend lassen sich bei einer visuellen Stimulation, z.B. durch Flackerlicht, retinale Potentiale ableiten (Elektroretinogramm, ERG; electroretinogram; Armington, 1974).

Die Potentiale werden in den Photorezeptoren und in den tieferen Schichten der Retina generiert. Die Ableitung ist mit Elektroden knapp unterhalb des Auges gegen verbundenes Mastoid oder gegen Vertex mit einer Bandbreite von etwa 3 Hz bis 2000 Hz (bzw. ab 0 Hz, wenn auch die Gleichspannungsänderungen abgeleitet werden sollen) leicht möglich. Das Elektroretinogramm besteht aus einem negativen Gipfel (mit einer Latenz von ca. 20 msec und einer Amplitude von ca. 10 μV), welcher bei genauer Betrachtung aus einem Doppelgipfel besteht (aus dem etwas früheren "alpha photopic, AP" und dem "alpha scotopic, AS"), gefolgt von einem positiven Gipfel mit einer Latenz von ca. 50 msec und einer Amplitude von ca. 25 μV. An der Flanke vom negativen zum positiven Gipfel sind "oszillatorische Potentiale, OP" überlagert.

Neben den diagnostischen Möglichkeiten bietet das Elektroretinogramm in der Neuropsychophysiologie vor allem die Möglichkeit, auch bei komplexer visueller Stimulation den exakten Zeitpunkt der optischen Stimulation zu objektivieren.

VII.3.2.2 Visuell evozierte kortikale Potentiale

Den Einfluß visueller Stimulationen auf das EEG hat Rohracher bereits in den 30er Jahren untersucht (Rohracher, 1937). Die Erstbeschreibung visuell evozierter Potentiale (VEP) wird aber dennoch z.T. Cruikshank (1937) zugeschrieben (z.B. Stöhr et al., 1982), obwohl die Beobachtungen annähernd identisch waren.

Da die Potentialform des visuell evozierten Potentials von den Reizparametern mitbestimmt wird, lassen sich u.a. *Blitz-evozierte Potentiale* und *Musterumkehr-evozierte Potentiale* unterscheiden. Da sowohl das Blitz-evozierte Potential als auch das *Schachbrett-evozierte Potential* (das hauptsächlich verwendete Musterumkehr-evozierte Potential) in der klinischen Praxis routinemäßig angewandt wird, gibt es auch Normwerte für einzelne Komponenten.

Ab einer Reizwiederholungsfrequenz von ca. 3 Hz verändert sich aber die Form des evozierten Potentials und es kommt zu einem Übergang in ein annähernd sinusförmiges Potentialmuster (*"visuell evoziertes Steady-State-Potential"*; vgl. auch Regan, 1972; Stöhr et al., 1982)

Als Ableitort wird die Okzipitalregion (mit der Standardposition 5 cm oberhalb des Inions in der Mittellinie) und als Referenz werden verbundene Ohr- oder Mastoidelektroden gewählt. Als Bandbreite werden

0,5 bis 100 Hz empfohlen und als Wiederholungsrate ein bis zwei Stimulationen pro Sekunde (Lowitzsch, 1985).

VII.3.2.2.1 Blitz-evozierte Potentiale

Blitz-evozierte Potentiale können durch unstrukturierte Lichtblitze (z.B. wie in Abbildung 15) in der Praxis meistens durch Stimulation mit einem triggerbaren Stroboskop oder durch stroboskopische Darbietungen von Mustern abgeleitet werden. Der Nachteil dieser Stimulationen liegt in der Tatsache, daß die so entstandenen evozierten Potentiale immer eine Mischung aus der Reaktion auf Helligkeitsänderungen und der Reaktion auf die Reizstruktur sind. Andererseits ist bei Blitz-evozierten Potentialen keine aktive Mitarbeit des Probanden (z.B. Blickfixation) notwendig, sodaß die Anwendung z.B. bei komatösen, narkotisierten oder zur Kooperation nicht fähiger Personen möglich ist.

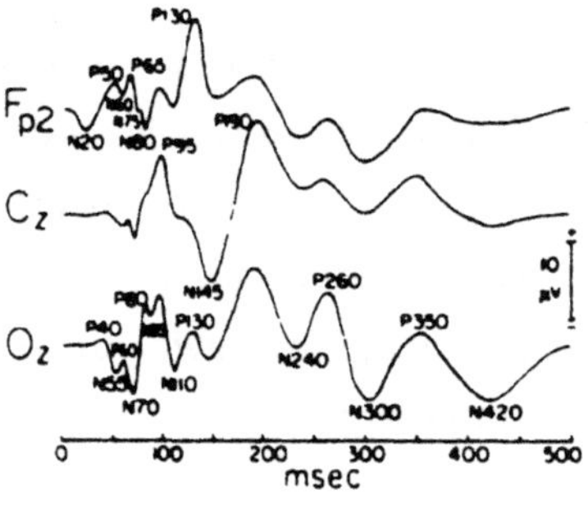

Abb. 15. Schematische Darstellung typischer visuell evozierter Potentiale (VEP) von verschieden Ableitpositionen bezogen auf eine Ohrelektrode (aus Goff et al., 1987, S. 20).

Für Blitz-evozierte Potentiale beschreiben Allison, Matsumiya, Goff und Goff (1977) 22 Komponenten, wovon 6 retinal und eine, die P130 (zumindest teilweise) myogen generiert sein dürften. Die der elektrophysiologischen Aktivität der Retina zugeschriebenen Potentialgipfel (N20, P50, N60, P65 und N80) finden sich über präfrontalen Skalplokalisationen (z.B. Fp2). Die von der okzipitalen Region abgeleitete P40 ist die erste Komponente kortikalen Ursprungs, wie auch die nachfolgenden Potentiale im visuellen Kortex generiert werden. Die späteren Komponenten (N240 - N420) sind die Entsprechungen der "späten Potentiale" des akustisch bzw. somatosensorisch evozierten Potentials (Goff et al., 1978).

Bei der Analyse der Retest-Reliabilität mittlerer und später Komponenten des ereigniskorrelierten Potentials auf Blitze finden Schellberg, Gasser und Köhler (1987) eine geringe Reliabilität über den nichtspezifischen Kortexregionen und eine größere über dem okzipitalen Kortex (siehe auch Hacke, 1985 zu testtheoretischen Aspekten visuell evozierter Potentiale im allgemeinen und der Reliabilität im besonderen).

VII.3.2.2.2 "Musterumkehr-evozierte Potentiale"

Bei der Stimulation durch eine Musterumkehr bleibt die Gesamtillumination konstant, aber die hellen und dunklen Anteile des Musters (z.B. eines Schachbrettes) werden rhythmisch vertauscht. In der Praxis erfolgt dies am häufigsten entweder durch eine optomechanische Vorrichtung oder durch ein über Bildschirm (TV Monitor) dargebotenes Bild. Dabei ist zu beachten, daß die Ergebnisse nicht direkt vergleichbar sind, da die optomechanische Vorrichtung, bestehend aus einem Diaprojektorbild und einem beweglichen Spiegel, etwa nur 5 msec für einen Bildwechsel benötigt, während der Bildaufbau an einem Fernsehschirm 20 msec braucht. Daraus ergeben sich unterschiedliche Potentiale vor allem in der Latenz. Weitere reizabhängige Einflußgrößen auf das Musterumkehr-evozierte Potential sind retinaler Ort der Reizabbildung (foveal oder parafoveal bzw. peripher), Reizlokalisation (z.B. vertikale oder horizontale Halbfeldreizung), Darbietungsmodus (Triggerung zum Musteranfang, Musterende oder Musterwechsel),

Wechselzeit, Musterkonfiguration, Mustergröße, Leuchtdichte, Farbe, Kontrast u.a., siehe z.B. Lowitzsch (1985) und Stöhr et al. (1982).

Das evozierte Potential nach einer Stimulation durch eine Schachbrett-Musterumkehr (siehe Abbildung 16) ist etwas einfacher strukturiert als durch Blitz-Stimulation. Die konstanteste und prominenteste Komponente ist dabei die P100, welche auch als P2 bezeichnet wird, mit einer Latenz von 90 - 103 msec bei Schachbrettmusterumkehrreizung mit Drehspiegel und 94 - 128 msec bei TV-Musterumkehrreizung (bei Blitzreitzung 94 - 121 msec). Die Amplitude schwankt intra- und interindividuell erheblich und bewegt sich im Bereich von 7 - 16 μV. In einigen Zusammenstellungen vergleicht Lowitzsch (1985) Latenzen und Amplituden der P100 in verschiedenen empirischen Arbeiten und stellt pathologische Befunde des visuell evozierten Potentials vor. Stöhr et al. (1982) geben altersabhängige Normwerte für die Latenz der P100 an und zeigen zahlreiche konkrete Anwendungen visuell evozierter Potentiale auf (z.B. objektive Messung des Visus, der Nachtblindheit, der Störung des Farbsinns, funktioneller Sehstörungen, Gesichtsfelddefekte, kortikaler Blindheit u.a.).

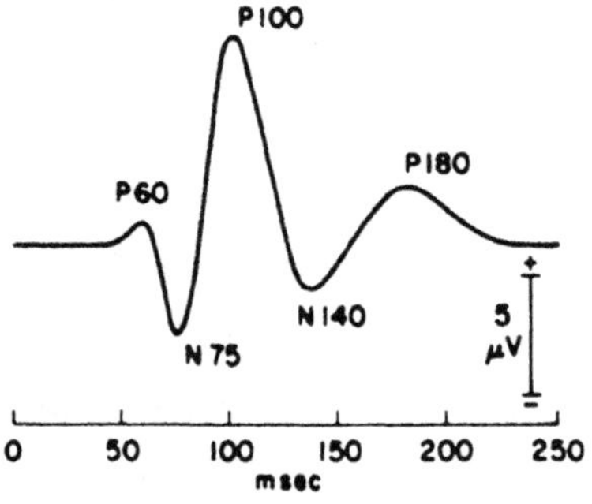

Abb. 16. Schematische Darstellung eines visuell evozierten Potentials nach Musterumkehrstimulation (aus Goff et al., 1978, S. 21).

VII.3.3 Vergleich verschiedener Reizarten

Zeitlhofer, Steiner, Mayr, Baumgartner und Deecke (1988) verglichen das VEP verschiedener optischer Reizarten. Musterumkehr- (Schachbrett), Blitz- und Diodenstimulation wurden untersucht und die Potentialkomponenten verglichen. Dabei zeigte sich, daß die Komponenten bei der Musterumkehrreizung und bei der Blitzreizung im Gegensatz zur Diodenreizung normalverteilt waren. Die Latenz (97,6 +/- 4,8 msec) und die Amplitude der P2 (P2/N3: 13,2 +/- 4,7 μV) zeigte bei der Schachbrettstimulation die geringste Streuung, während bei der Blitzreizung Amplituden von 19 +/- 9,5 μV mit einer Latenz von 134,3 +/- 15,5 msec und für die Diodenstimulation eine Amplitude von 16,5 +/- 7,6 μV mit einer Latenz von 134,5 +/- 17,7 msec beschrieben wurden.

Aber auch die Form des VEP war von der Stimulation abhängig. So fand sich bei der Musterumkehrreizung nur bei 3% ein Doppelgipfel, während bei der Diodenstimulation in 63% und bei der Blitzstimulation bei 40% der Probanden ein Doppelgipfel gefunden wurde. Die Autoren kommen zu dem Schluß, daß für diagnostische Zwecke das *VEP der Musterumkehrung* aufgrund der geringsten Streuung am besten geeignet sei.

VII.3.4 Somatosensorisch evozierte Potentiale

Auch eine taktile Stimulation wird von einem ereigniskorrelierten kortikalen Potential begleitet. Da aber die Standardisierung einer taktilen Stimulation schwierig ist, werden *somatosensorisch evozierte Potentiale* (somato-sensory evoked potentials, SEPs) hauptsächlich durch die elektrische Stimulation des Nervus Medianus am Handgelenk ausgelöst. Erste Berichte über kortikale Potentiale nach Nervenstimulation stammten von Dawson (1947) und wurden mit der "Superpositionstechnik" gewonnen. Bei dieser Technik, auch "Überlagerungstechnik" genannt, werden die Einzeldurchgänge bloß übereinandergezeichnet, wobei dann die zugrundeliegende Potentialform erkennbar wird (diese Methode hat beim derzeitigen Stand der Technik keine Bedeutung mehr, außer zur Demonstration der Reliabilität eines Phänomens).

Durch eine Stimulation der Rezeptoren oder einer spezifischen sensiblen Leitungsbahn erreichen die Aktionspotentiale über mehrere hintereinandergeschaltete Neurone die spezifischen sensorischen Rindenfelder. Dort lassen sich die frühen kortikalen evozierten Potentiale (z.B. mit einer Latenz von ca. 20 msec bei einer Stimulation am Handgelenk: N20) von der Kopfoberfläche über der zur Reizung kontralateralen sensorischen Handregion ableiten. Frühere Potentiale werden der Nervenleitung und subkortikalen Strukturen zugeordnet, wie z.B. die P15 dem Thalamus. Dem "kortikalen Primärkomplex" ordnen Stöhr et al. (1982) die N20 und die P30 zu. Dem kortikalen Primärkomplex folgen die Komponenten mittlerer Latenz N35, P45 und die N55, welche postzentral generiert werden dürften (vgl. Goff et al., 1978).

Komponenten mit einer Latenz von mehr als 70 msec werden nach Goff et al. (1979) zu den späten somatosensorisch evozierten Potentialen bzw. dem *Vertexpotential* zugeordnet. Im Vergleich zu den relativ konstanten und vorwiegend kontralateral zur Stimulationsseite auftretenden Komponenten mittlerer und früher Anteile des evozierten Potentials treten die späten Komponenten bilateral auf, unterliegen großer interindividueller Variabilität in Latenz und Amplitude und werden auch intraindividuell durch die Vigilanz und andere psychische Faktoren beeinflußt. (Die späten Komponenten der evozierten Potentiale werden in der vorliegenden Monographie für alle Sinnesmodalitäten gemeinsam weiter unten beschrieben.)

Da die somatosensorisch evozierten Potentiale (vgl. Abbildung 17) je nach Stimulationsort, Stimulationsart, Ableitung usw. in der Kurvenform variieren, sei der interessierte Leser auf die einschlägige Literatur somatosensorisch evozierter Potentiale verwiesen (z.B. Cracco & Cracco, 1985; Desmedt & Brunko, 1980; Jörg, 1983, 1984, 1985; Schramm, 1985; Stöhr et al., 1982). Jörg (1983, 1984, 1985), Stöhr (1982) und Zeitlhofer, Mamoli, Baumgartner und Mayr (1988) geben auch Normwerte einzelner Potentialkomponenten für verschiedene Stimulationen, Ableitungen und Altersgruppen an.

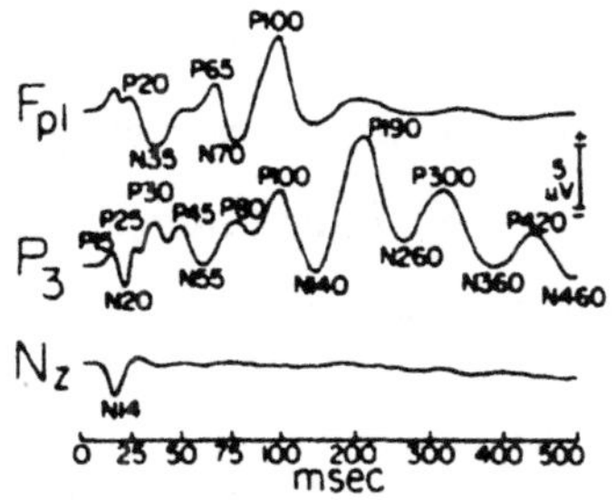

Abb. 17. Somatosensorisch evozierte Potentiale (SEP) nach Reizung des rechten medianus Nerven (aus Goff et al. 1978, S. 17).

Zur Ableitung empfehlen Cooper et al. (1984) eine obere Grenzfrequenz von 2000 Hz, eine Zeitkonstante von mindestens 0,005 sec und etwa 100 Einzeldurchgänge, welche mit einer Darbietungsrate von ca. 1/sec vorgegeben werden können. Eine regelmäßige Reizdarbietung, wie sie in der Routinediagnostik üblich ist, führt allerdings zu einer raschen Habituation der evozierten Potentiale über dem präfrontalen Kortex (Papakostopoulos & Crow, 1980). Bei der elektrischen Reizung des Nervus Medianus am Handgelenk wird der negative Pol über dem Nerv angebracht und die Reizspannung langsam so lange erhöht, bis der Daumen zu zucken beginnt. Dann wird die Reizelektrode leicht verschoben, um den Reizort zu optimieren, was am Daumenzucken zu erkennen ist. Die Kopfelektroden werden über der kontralateralen

Handregion montiert. Zur Erzielung eines optimalen Potentials empfiehlt sich eine Position 5 cm lateral und 2 cm posterior zu Cz.

Die Anwendung somatosensorisch evozierter Potentiale liegt zu einem Großteil in der neurologischen Diagnostik, aber auch in der Schmerzforschung (z.B. Ganglberger, Haider, Schmid, Knapp & McManemin, 1980), bei der neurophysiologische und psychologische Prozesse gemeinsam zum Tragen kommen und beachtet werden müssen. So finden Miltner, Larbig und Braun (1987) eine Amplitudenverkleinerung des N150-P260 Komplex des SEPs im Verlauf von 300 Schmerzreizen, aber keine Habituation der subjektiven Schmerzwahrnehmung, was auf keinen direkten Zusammenhang von Amplitudenmaß des N150-P260 Komplex und der Schmerzempfindung hinweist.

VII.3.5 Evozierte Geschmackspotentiale

Die Untersuchung von evozierten Geschmackspotentialen (gustatorisch evozierte Potentiale) stößt auf methodische Probleme, weil bei *reizadäquater Stimulation* vom Aufbringen des Geschmackstoffes bis zur Erregungsbildung im Rezeptor ein Zeitraum im Sekundenbereich vergeht, sodaß die Zuordnung eines Triggerzeitpunktes schwierig ist. Bei einer elektrischen Reizung der Geschmacksrezeptoren *(inadäquate Stimulation)* wird diese Schwierigkeit umgangen. Mit dieser Methode konnte Plattig (z.B. Plattig, 1967, 1968; zitiert nach Guttmann, 1982b) über den parietalen Gebieten sowohl ipsi- als auch kontralateral zur elektrischen Reizung ein evoziertes Potential mit 5 Komponenten nachweisen. Positive Komponenten mit einer Latenz von ca. 60 msec (P1), 180 msec (P2) und ca. 280 msec (P3) sowie negative Komponenten mit einer Latenz von ca. 100 msec (N1) und 200 msec (N2).

VII.3.6 Evozierte Geruchspotentiale

Nachdem bei der Geruchsstimulation eine inadäquate Stimulation, wie z.B. bei der Geschmacksstimulation, nicht möglich ist bzw. die Anwendung stark einschränkt, ist die Untersuchung von evozierten Geruchspotentialen *(olfaktorisch evozierte Potentiale,* OEP; Kobal & Plattig, 1978; Psycho- bzw. Neuropsychosmologie nach Krenn-Roland, 1988) mit erheblichem methodischen Aufwand verbunden.

Erste Berichte von olfaktorisch evozierten Potentialen, welche vom intakten Schädel des wachen Menschen abgeleitet wurden, stammen von Finkenzeller (1966) und von Allison und Goff (1967). Die technische Hauptschwierigkeit, nämlich eine zeitlich exakt definierte Geruchsstimulation herzustellen, wurde mit der sogenannten *Fluß-Methode* (Finkenzeller, 1966) überwunden. Bei dieser Reizmethode wird einem geruchlosen Gasdauerstrom zur Riechschleimhaut eine zeitlich und quantitativ definierte Konzentration eines Duftstoffes zugesetzt, oder der Duftstoff ersetzt das neutrale Gas gänzlich.
Eine zweite Methode ist die *Puls-Methode,* bei der ein zeitlich definierter "Duftstoffpuls", welcher eine Mischung aus einem neutralen Gas und eines Duftstoffes ist, stoßartig auf die Riechschleimhaut geblasen wird (z.B. Gerull, Giesen & Mrowinski, 1975; Kobal & Plattig, 1978). Die Puls-Methode hat zwar den Vorteil eines steilen Anstieges der Reizintensität, aber auch den Nachteil, daß außer den olfaktorischen Rezeptoren auch der somatosensorische Sinneskanal über die Mechanorezeptoren des Nervus trigeminus gereizt wird. Die so erhaltenen evozierten Potentiale sind deshalb eine Überlagerung von olfaktorisch und taktil evozierten Potentialen. Aus diesem Grund wird für die Anwendung, z.B. in der "objektiven Olfaktometrie", die Fluß-Methode empfohlen, wobei thermorezeptive, auditorische (durch die notwendige Ventilsteuerung) und endogene Artefakte, wie das EOG, zu berücksichtigen sind (Kobal & Plattig, 1978).

Ein mit der Fluß-Methode gewonnenes evoziertes Geruchspotential kann die Komponenten P1, N1, P2, N2 und P3 aufweisen, wobei N1, P2 und N2 wesentlich deutlicher ausgeprägt sind als P1 und P3. Nach Plattig und Kobal (1979) hat die N1 eine Latenz von 270 - 350 msec, die N2 eine Latenz von 520 - 620 msec und die P2 zeigt eine Latenz von etwa 410 - 500 msec. Die N1, möglicherweise somatosensorischen Ursprungs, ist zentral und kontralateral zur Stimulation am deutlichsten ausgeprägt und die N2, welche möglicherweise olfaktorischen Ursprungs ist, tritt präzentral ipsilateral am deutlichsten auf.

VII.4 Mesogene Komponenten des ereigniskorrelierten Potentials

Unter den mesogenen Komponenten (mesogenous components) versteht Picton (1980) den auffallenden negativ-positiv verlaufenden Wellenkomplex des ereigniskorrelierten Potentials im Bereich von 50 - 250 msec, welcher weitgehend modalitätsunabhängig und mit größter Amplitude am Vertex auftritt. Dementsprechend wurde diese Erscheinung bereits 1953 von Bancaud, Bloch und Paillard als *Vertexpotential* (vertex potentials, VPs) bezeichnet und in vielen Arbeiten auch als Spitze-Spitze-Wert (N1-P2) gemessen. Schon 1964 fand Walter in der Ausprägung des Vertexpotentials eine Interaktion mit der Stimulation in allen Modalitäten. Das führte zu der Interpretation, daß das Vertexpotential ein Ausdruck dafür sei, daß irgendeine Änderung im sensorischen Umfeld wahrgenommen wurde, während die spezifischen kortikalen Areale die Qualität der Änderung bestimmen (Walter, 1964).

Nachdem sowohl die Komponentenstruktur (z.B. der N115-P180 Komplex im akustisch evozierten Potential, der N145-P190 Komplex im visuell evozierten Potentiale und der N140-P190 Komplex im somatosensorisch evozierten Potential) als auch die Skalpverteilung des Vertexpotentials weitgehend modalitätsunabhängig ist, wurde z.B. von

Goff, Matsumiya, Allison und Goff (1977) vermutet, daß das Vertexpotential von Generatoren stammt, welche bei der Reizung in jeder Sinnesmodalität aktiviert werden. *Demnach könnte das Vertexpotential die Konvergenz aller über die verschiedenen Sinneskanäle einlaufenden Informationen repräsentieren, welche in die Assoziationsareale, im besonderen in den frontalen Kortex, weitergeleitet werden.* Clynes (1969) kam zu der Auffassung, daß das Vertexpotential bei einem Übergang von "sensorischer Ruhe" *(sensory rest)*, wie bei einer konstanten oder keiner Stimulation, zu "sensorischer Aktivität" *(sensory motion)*, wie z.B. bei einer Änderung der Stimulusparameter, ausgelöst wird.

Weitere Untersuchungen (z.B. Goff, Williamson, van Gilder, Allison & Fisher, 1979) erbrachten aber empirische Hinweise für die Beteiligung verschiedener Generatoren am Vertexpotential und andererseits gibt es auch zahlreiche andere Potentiale, welche am Vertex die größte Amplitude aufweisen, sodaß der Terminus *Vertexpotential* weiterhin nicht mehr hilfreich erscheint (Näätänen & Picton, 1987) und die Bezeichnung der Komponenten mit N100 (N1) und P175 (P2) im besonderen für auditive Potentiale äquivalent zu verwenden sind.

Aber erst die Vorstellung mehrerer zugrundeliegender Komponenten des Vertexpotentials, was erstmals von Wolpaw und Penry (1975) vorgeschlagen wurde, erlaubt die Zuordnung in eine Gruppe mesogener Potentiale, wo eine Überlappung von exogenen und endogenen Komponenten angenommen wird. Eine Überlappung exogener und endogener Komponenten im ereigniskorrelierten Potential könnte demnach als ein Korrelat eines generellen Vergleichsprozesses gewertet werden, wo einströmende exogene Information mit relevanter Information aus dem Gedächtnis verglichen wird (Picton, 1980).

VII.4.1 Die auditive N1

Als N1 oder N100 wird im ereigniskorrelierten Potential die negative Auslenkung mit einer Latenz von ungefähr 100 msec bezeichnet. Aufgrund der relativ einfachen experimentellen Gegebenheiten der auditiven Stimulation wurde die N1 hauptsächlich nach auditiver Stimulation untersucht.

VII.4.1.1 Komponenten der auditiven N1

Die auditive N1 wurde von Goff, Matsumiya, Allison und Goff (1977) mit einer Latenz von 115 msec (und einer Standardabweichung von +/- 21 msec) und mit einer mittleren Amplitude von -7,1 µV (Range -3,9 bis -9,8 µV) beschrieben.

Im Laufe der Erforschung der N1 konnte aber gezeigt werden, daß sie ein Produkt mehrerer zugrundeliegender Prozesse ist. So konnten McCallum und Curry (1980) nach akustischer Reizung in einem Experiment zum Richtungshören zwar eine N1 mit einer Latenz von 95-115 msec auf Cz feststellen, aber auf Fpz, T3, T4, T5, T6 und C3 einen Gipfel mit Latenzen von 60-90 msec und 116-150 msec ausmessen und bezeichneten die Gipfel als N1a (60-90 msec), N1b (95-115 msec) und N1c (116-150 msec). Dabei war die N1a mit einer mittleren Latenz von 75 msec temporal und frontal am größten, kontralateral zur dominanten Hand größer und auch größer, wenn auf den Reiz eine Reaktion folgte. Die N1b – mit einer mittleren Latenz von 106 msec – entsprach der N1 des Vertexpotentials und war unter den etwas anspruchsvolleren Versuchsbedingungen, wie z.B. bei einer zur Stimulation kontralateralen Reaktion, größer. Die N1c mit einer mittleren Latenz von 129 msec war temporal am größten und kontralateral zur Stimulation größer. In einer Folgearbeit von Curry et al. (1983) wurde in einer faktorenanalytischen Auswertung (Hauptkomponentenanalyse, principal component analyses, PCA) mit verschiedenen Extraktionsverfahren verifiziert, daß der untersuchten N1 mehrere Komponenten zugrundeliegen.

In einer umfassenden und detaillierten Zusammenfassung der Literatur zur auditiven N1 von Näätänen und Picton (1987) kommen die Autoren zu dem Schluß, daß im Zeitraum zwischen 50 und 200 msec nach dem Reizbeginn letztlich 6 verschiedene zerebrale Prozesse unterschieden werden können, welche die N1 im Zeitraum von 50 bis 150 msec beeinflussen. Sie unterscheiden drei Komponenten der N1, zu denen noch weitere drei Prozesse gleichfalls in diesem Zeitraum auftreten und der N1 überlagert sein können.

Die Komponente 1 der N1 ist eine frontozentral lokalisierte Negativität mit einer Latenz von 100 msec, welche in den auditiven Arealen des temporalen Kortex generiert wird und kontralateral etwas größer ist. Möglicherweise kann dieser Anteil der N1 über thalamokortikale Steuermechanismen durch Aufmerksamkeitszuwendung vergrößert werden. Die zweite Komponente ist der "T-Komplex" (Wolpaw & Penry, 1975), bestehend aus einer positiven Welle bei 100 msec und einer negativen bei 150 msec. Sie wird möglicherweise im auditiven Assoziationskortex, durch Verbindungen vom primären auditiven Kortex, und möglicherweise auch vom Thalamus generiert und ist kontralateral deutlich größer und in der Latenz etwas kürzer. Die Komponente 3 ist eine negative Welle unbekannten Ursprungs mit einer Latenz von 100 msec. Näätänen und Picton (1987) vermuten, daß dieses Potential Ausdruck retikulärer Prozesse zur Vorbereitung motorischer Handlungen sein könnte. Die Komponenten 1 bis 3, die "wahren Komponenten" der N1, sind weitgehend von den physikalischen Stimuluseigenschaften sowie von grundlegenden Personenparametern bestimmt.

Die Komponente 4 ist die "mismatch negativity", ein Potential, welches den automatischen Vergleich des augenblicklichen Reizes mit dem vorangehenden reflektiert. Als Komponente 5 wird die "sensory-specific processing negativity" beschrieben, welche vermutlich im auditiven sensorischen und assoziativen Kortex generiert wird. Die Komponente 6 ist die "attentional supervisor", eine zweite Komponente der "processing negativity". Sie dauert länger an und dürfte im anterioren frontalen Kortex generiert werden und Information vom auditorischen Assoziationskortex erhalten. (Auf die erwähnten Komponenten wird weiter unten im Detail eingegangen.)

VII.4.1.2 Physikalische Einflußgrößen auf die auditive N1

VII.4.1.2.1 Charakteristik der Stimulusänderung

Clynes zeigte bereits 1969, daß erst eine relativ abrupte Änderung der Energiezufuhr zu einem Rezeptor von einer N1 begleitet wird, wobei mit zunehmender Zeitdauer der Energieänderung (Unschärfe eines Ereignisses) die Latenz der N1 länger und die Amplitude kleiner wird. Eine andauernde Stimulation löst nur am Beginn *(ON-Reaktion)* und am Ende *(OFF-Reaktion)* eine N1 aus, und eine nur langsame Änderung der Reizgegebenheit wird von keiner N1 begleitet (Clynes, 1969). Dabei sind die Gegebenheiten aber so, daß das Potential, das ein Stimulationsende begleitet, erst bei einer Stimulationsdauer von mehr als 0,5 sec erkennbar ist und mit zunehmender Reizdauer deutlicher wird (z.B. Hillyard & Picton, 1978). Nach Picton et al. (1978a) zeigt die N1 einer Stimulationsbeendigung, zumindest über der kortikalen Mittellinie, auch die gleiche Komponentenstruktur wie für einen Stimulationsbeginn.

VII.4.1.2.2 Relative Reizintensität

Mit einer größeren Stimulusintensität wird auch die Amplitude der N1 größer und die Latenz kürzer. Keidel (1976) faßt zahlreiche Arbeiten, welche den Zusammenhang von der Intensität der akustischen Stimulation und der N1 Amplituden betreffen, zusammen und zeigt, daß ein Exponent zwischen 0,07 und 0,28, je nach Interstimulusdauer, gefunden wurde, wobei die höheren Werte bei einem längeren Interstimulusintervall (30 sec) erhoben wurden.

Es zeigte sich auch, daß die N1 Amplitude mit der Stimulusintensität höher korreliert als der N1-P2 Spitze-Spitze-Wert. Daß der Zusammenhang von Stimulusintensität und N1 Amplitude bei vielen Personen in einen Sättigungsbereich führt, wurde von Buchsbaum (1976) gezeigt. Auf der Basis, daß bei manchen Personen die N1 Amplitude bei höheren Stimulusintensitäten zu kleineren Amplituden führt, unterscheidet Buchsbaum *"augmenters"* und *"reducers"*, um damit die individuelle Charakteristik auf eine Stimulation zu erfassen. Nachdem aber die Art der Intensitätsfunktion von der sensorischen Modalität (Raine, Mitchell & Venables, 1981) und anderen Faktoren wie Lokalisation, Intensitätsbereich usw. abhängen kann, kommen Prescott, Connolly und Gruzelier (1984) in einer Zusammenschau der Arbeiten zu diesem Thema zu dem Ergebnis, daß das Erhebungsverfahren noch genauer spezifiziert werden müßte.

Weitere Einflußgrößen auf die N1 im Zusammenhang mit der Reizcharakteristik – wie schwellennahe Stimulation, Wahrnehmungssicherheit, bi- und monaurale Stimulation, Frequenzbereich, Hörschwelle und Sprachlaute als Stimuli – sind z.B. bei Näätänen und Picton (1987) aufgezeigt.

VII.4.1.2.3 Stimulationsohr

Eine monaurale Stimulation führt zu einer etwas größeren N1 in der kontralateralen Hemisphäre. Obwohl die empirischen Arbeiten hauptsächlich wegen verschiedener Reiz- und Ableitparameter kein einheitliches Bild zeigen, ist zu erkennen, daß die Komponente 1 und möglicherweise auch die Komponente 2 der N1 (Näätänen & Picton, 1987) bei monauraler Stimulation kontralateral größer ist.

VII.4.1.2.4 Sonstige physikalische Einflußgrößen

Sonstige physikalische Parameter, welche einen Einfluß auf die N1 ausüben, sind die Reizfrequenz bei tonalen Stimuli (z. B. Picton et al., 1978a) und Aspekte der Stimulus-Wiederholungsrate, welche von Näätänen und Picton (1987) als Ausdruck einer Kurzzeit-, Langzeit-, oder Kreuz-Habituation bzw. -Dishabituation beschrieben werden.

VII.4.1.3 Nicht-physikalische Einflußgrößen auf die auditive N1

VII.4.1.3.1 Auftretenserwartung

Die subjektive Auftretenserwartung des Reizes, welche von der Regel- bzw. Unregelmäßigkeit und der Interstimulusdauer der Reize abhängt, beeinflußt die N1 derart, daß mit zunehmender Unsicherheit ein größeres Potential auftritt (z.B. Wastell, 1980). Loveless (1983) kommt zu dem Ergebnis, daß der zeitliche Informationsgehalt des Reizes eine bedeutende Variable für schnelle Habituations- und Erholungsprozesse darstellt. Deshalb läßt sich auch ein großes Potential für einen ersten Stimulus ableiten, weil dafür die Möglichkeit der zeitlichen Vorhersage minimal ist, und ein immer kleiner werdendes Potential für eine lange regelmäßige Reizfolge, da die zeitliche Unsicherheit in diesem Fall immer geringer wird.

VII.4.1.3.2 Selektive Aufmerksamkeit

Schon die ersten experimentellen Befunde über die Wirkung von selektiver Aufmerksamkeit auf evozierte Potentiale (Haider, Spong & Lindsley, 1964; Spong, Haider & Lindsley, 1965) zeigten vergrößerte Amplituden für die zu beachtenden Reize. In einer Reihe von Folgearbeiten wurde der Effekt der selektiven Aufmerksamkeit auf die N1 genauer untersucht. In einer Zusammenfassung der Arbeiten kommen Hillyard und Picton (1979) zu dem Schluß, daß die N1 bei selektiver Aufmerksamkeit erhöht ist, allerdings aber nur bei schnelleren Reizwiederholungsraten und nicht zu hohen Reizintensitäten (siehe Abbildung 18).

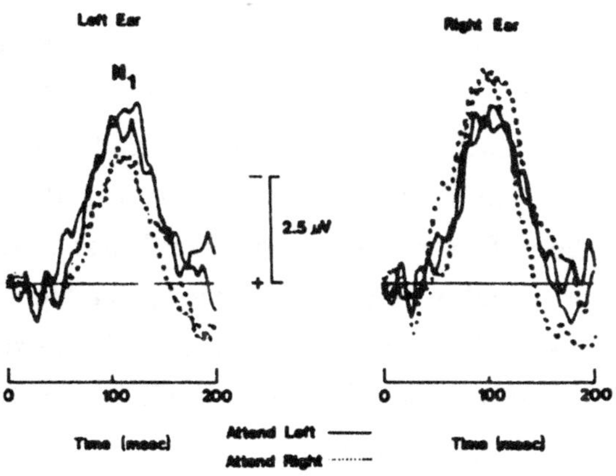

Abb. 18. Beispiel des Einflusses der Aufmerksamkeitsinstruktion auf die Amplitude der N1 des akustischen ereigniskorrelierten Potentials vom Vertex gegen Mastoid (nach Hillyard et al., 1978, S. 280).

Näätänen und Mitarbeiter (Näätänen, Gaillard & Mäntysalo, 1980; Näätänen & Michie, 1979a, 1979b) gingen von der Überlegung aus, daß Aufmerksamkeitseffekte nicht nur an die N1 gebunden sein könnten, sondern einige 100 msec andauern könnten. Sie untersuchten deshalb das *Differenzpotential,* was sich aus der Subtraktion des evozierten Potentiales für nicht beachtete Reize vom evozierten Potential für aufmerksam beachtete Reize ergibt. Dieses Differenzpotential zeigt eine Negativität, welche bei ca. 100 msec beginnt, nach ca. 200 msec einen Gipfel zeigt und einige 100 msec anhält. Dieses Potential wurde von Näätänen und Mitarbeiter als *Processing Negativity* (Verarbeitungsnegativität) und von Hansen und Hillyard (1980) "Nd" benannt (siehe

Abbildung 21). Näätänen und Picton (1987) sehen in der Processing Negativity, welche noch in eine frühe und eine späte Komponente unterteilt werden kann, einen eigenständigen Prozeß, welcher der N1 überlagert sein kann (Komponenten 5 und 6 der N1).

VII.4.1.3.3 Vorausgehende Gleichspannungsänderungen

Obwohl über psychologisch-inhaltliche Aspekte von Gleichspannungsänderungen nicht sehr viel bekannt ist, herrscht weitgehend darüber Einverständnis, daß sie Ausdruck nervöser Aktivierungsänderungen sind. Trimmel (1988a) konnte zeigen, daß kurzzeitige Gleichspannungsänderungen (im Zeitraum von 2 sec vor dem Stimulus) die Amplitude der N1 beeinflussen, während die Latenz nicht beeinflußt wird. Nach einer vorausgehenden Positivierung wurde eine signifikant größere Amplitude der N1, verglichen mit der N1 sowohl nach einer vorausgehenden Negativierung, als auch nach einer vorausgehenden stabilen Gleichspannung, gefunden.

VII.4.1.3.4 Sonstige Einflußgrößen

Unterschiedliche Aktivierungszustände – wie in verschiedenen Schlafstadien – können die Potentialform des ereigniskorrelierten Potentials stark beeinflussen (z.B. Groll-Knapp et al., 1982) und damit auch die N1. Weitere Einflußgrößen können der emotionale Gehalt des Stimulus, die Motivation und pharmakologische Wirkstoffe sein.

VII.4.1.4 Funktionale Bedeutung der N1 Komponenten

Die drei Komponenten der N1 reagieren auf Änderungen der Reizgegebenheiten bzw. diskreter Reizung im Gegensatz zu andauernder Reizung. Eine Reihe von Daten sprechen auch dafür, daß die N1 ein weitgehend reiz- (aber auch modalitäts-) unabhängiges Potential ist. Dementsprechend wäre die N1 ein Korrelat eines "Kurzzeitmechanismus", welcher für abrupte Änderungen im sensorischen System zuständig ist; ein Mechanismus, der für das auditive System schon 1971 von Gersuni vorgeschlagen wurde.

Im Zusammenhang mit Aufmerksamkeitsprozessen wurde auch vorgeschlagen, daß die Komponenten 1 und 3 "unspezifische Aufmerksamkeits-Trigger Prozesse" (nonspecific attention-triggering processes; Näätänen & Picton, 1987) repräsentieren, welche nicht bewußte, aber von schneller ablaufenden Prozessen bereits ausgewählte Information bewußt machen. Genauso gut ist aber auch denkbar, daß die N1 das Resultat eines Aufmerksamkeits-Triggers ist. Dann würde die N1 ein Ergebnis der Informationsverarbeitung sensorischer Analysen sein, welche von der Formatio Reticularis ausgelöst wurde. Nachdem aber der Wahrnehmungsprozeß selbst nicht notwendigerweise auf das gesamte Ergebnis dieser Informationsverarbeitung zurückgreift, läßt sich auch kein ganz enger Zusammenhang von N1 und Wahrnehmung herstellen.

Eine weitere Interpretation der funktionalen Bedeutung der Komponente 1 der N1 geht davon aus, daß durch eine Stimulation ein neuronales Modell der Stimulation aufgebaut wird "Gedächtnisspur-Hypothese" (memory-trace hypothesis; Näätänen & Picton, 1987). Dieses Modell würde die physikalischen Eigenschaften und die zeitlichen Aspekte der Stimulation beinhalten. Der eigentliche Vergleich eines sensorischen Inputs mit der Gedächtnisspur, welche für etwa 4 sec erhalten bliebe, würde in der *Mismatch Negativity* reflektiert werden.

Die Komponente 3 dürfte eine weitverbreitete Aktivierung repräsentieren, welche sowohl sensorische und motorische Antworten auf die Stimulation als auch die damit verbundenen integrativen Prozesse fördert.

VII.5 Endogene Komponenten ereigniskorrelierter Potentiale

Potentialkomponenten des ereigniskorrelierten Potentials, welche ab ca. 200 msec auftreten und eher mit dem psychologischen Kontext im Zusammenhang stehen (Picton, 1980) oder nach Donchin et al. (1978) auch Komponenten, welche ohne externer Stimulation auftreten bzw. dadurch charakterisiert werden können, daß sie nur teilweise von den physikalischen Eigenschaften der Reize beeinflußt werden, sind die *endogenen Komponenten.*

Aus einer eher restriktiven Sichtweise zählen Donchin et al. (1978) folgende Komponenten des ereigniskorrelierten Potentials zu den endogenen Komponenten: N200, P300, Slow Wave, CNV und Bereitschaftspotential.

Sie führen drei Kriterien an, welche zur Identifikation endogener Komponenten herangezogen werden können:

1) Die Komponente muß eine nicht-obligatorische Reaktion auf den physikalischen Reiz sein bzw. muß derselbe Reiz unter bestimmten Bedingungen einmal die endogene Komponente auslösen, unter anderen Bedingungen aber nicht. Weiters kann die endogene Komponente auch bei Ausbleiben des Reizes ausgelöst werden, wenn dem Ausbleiben eine entsprechende Bedeutung zukommt.

2) Die Potentialcharakteristika, wie Amplitude, Latenz und Verteilung, sind oft unempfindlich gegenüber der Reizmodalität.

3) Die Variation der endogenen Komponenten hängt normalerweise von der Variation der experimentellen Situation ab (z.B. von der Instruktion).

Die Schwierigkeiten, die bei der Klassifikation von ereigniskorrelierten Potentialen auftreten, können daran ermessen werden, daß die P300 in jeder Klassifikation (z.B. auch Donchin et al., 1978) als klassisches Beispiel einer endogenen Komponente dargestellt wird. Für endogene Komponenten gilt aber, daß dem Einfluß der physikalischen Reizgegebenheiten keine praktische Bedeutung beigemessen wird. Andererseits zeigten aber Roth, Doyle, Pfefferbaum und Kopell (1980), daß akustische Reize (von 55 bis 115 dB über der Wahrnehmungsschwelle) unter verschiedenen Aufgaben, wie Ignorieren oder Zählen, zu stark unterschiedlichen Amplituden (von 0 bis 20 μV) führte. In diesem Experiment verhielt sich die P300-Amplitude in der Reizabhängigkeit wie eine exogene Komponente. Qualitative Unterschiede konnten nur für die Bedingung, wo ein erwarteter Reiz ausblieb, beobachtet werden.

Aufgrund der neuropsychophysiologischen Arbeiten, bei denen die Zusammenhänge mit Situations- und Leistungsparametern untersucht wurden, beschreiben Näätänen und Michie (1979a) folgende *endogenen negativen Potentiale:*

1) *Sprachbezogene Negativität* (speech-related negativity).

2) *Anhaltende Negativität* (sustained negativity); eine spezifisch sensorische Komponente, welche relativ inflexibel und automatisch in Abhängigkeit der physikalischen Reizgegebenheiten auftritt.

3) *Mismatch Negativity* und *missing-stimulus negativity,* welche nicht nur aufgrund ihrer Verteilung einander sehr ähnlich sind, repräsentieren eine automatische Erkennung von Änderungen in den Reiz- oder Reaktionsgegebenheiten.

4) *Verarbeitungsnegativität* (processing negativity) und

5) *Erkennungsnegativität* (detection negativity; vgl. Cooper, McCallum, Newton, Papakostopoulos, Pocock & Warren, 1977) tre-

ten wie die unspezifische zentrale Negativität (nach den Autoren die "wahre CNV") und die langsame spezifisch motorische Negativität bei willkürlichen Akten auf und reflektieren ein großes Maß an "höheren kognitiven Funktionen".

Nach Ansicht der Autoren Näätänen und Michie (1979a, S. 260-262) lassen sich diese durch die Situationsbedingungen oder Leistung beschriebenen endogenen negativen Potentiale durch das Auftreten von einer oder mehreren der folgenden Komponenten erklären:

1) Eine *frontale unspezifische negative Potentialverschiebung* (frontal nonspecific negative shift); ein fronto-zentral lokalisiertes negatives Potential, welches 500-700 msec nach Reizbeginn ein Maximum aufweist und mit subkortikalen nichtspezifischen Aktivierungsprozessen verbunden sein könnte.

2) Eine *zentral lokalisierte, unspezifische, weit verbreitete negative Potentialverschiebung* (central, nonspecific widely distributed negative shift); die "wahre CNV", welche auch außerhalb des oder unabhängig vom CNV Paradigma auftreten kann.

3) Eine *modalitätsspezifische Negativität* (modality-specific negativity); Näätänen und Michie kommen zu dem Schluß, daß unter diversen Leistungsbedingungen mit sensorischen Aspekten drei Typen negativer Potentialverschiebungen existieren: "mismatch negativity", "processing negativity" und "the specific component of the sustained potential".

4) Eine *spezifisch motorische Negativität* (motor-specific negativity); die spezifisch motorische Potentialverschiebung vor motorischen Aktionen.

5) Andere *Formen funktionsspezifischer Negativitäten* wie z.B. die Potentiale bei Wort- oder Musterverarbeitung.

Näätänen und Michie (1979a, S. 263) schlagen auch eine Unterteilung der endogenen negativen Potentiale nach grundlegende ("first-order") und höhere ("higher-order") Prozesse vor (siehe Tabelle 1).

VII.5.1 N2

Die N2 oder N200 ist nach der N1 die zweite prominente negative Komponente (deshalb N2) des ereigniskorrelierten Potentials mit einer Latenz von etwa 200 msec. Sie ist immer dann zu beobachten, wenn ein seltenes oder unerwartetes Ereignis auftritt, oder auch dann, wenn ein Ereignis nicht im Zentrum der augenblicklichen Aufmerksamkeit steht. Das positiv gehende Ende dieser negativen Potentialauslenkung geht in den P3-Komplex über, welcher beim Auftreten einer N2 auch immer zu beobachten ist (Donchin et al., 1978).

Die Verteilung der N2 ist im Gegensatz zu den anderen endogenen Potentialen, wie z.B. der P3, modalitätsabhängig (Simson, Vaughan & Ritter, 1976). Auch finden sich innerhalb einer Modalität verschiedene Verteilungen z.B. wie für physikalische und semantische Reize (Ritter, Simson & Vaughan, 1979).

Grundlegende Prozesse:	Höhere Prozesse:
- NONCOGNITIVE	- COGNITIVE
- INFLEXIBLE	- FLEXIBLE
wenig Einfluß von	Einfluß von
Variablen wie Lernen, Stimulusbedeutung, Aufmerksamkeit, Aufgabenstellung, usw.	
- DETERMED	- NOT DETERMED
BY PHYSICAL STIMULUS FEATURES	
-"FIRST ORDER"	- "HIGHER ORDER"
SUSTAINED POTENTIAL (specific)	NONSPECIFIC CENTRAL ("true CNV")
MISMATCH NEGATIVITY	READYNESS POTENTIAL (specific)
	PROCESSING NEGATIVITY
NONSPECIFIC FRONTAL	

Tabelle 1. Die von Näätänen und Michie (1979a) vorgeschlagene Klassifikation der Komponenten endogener negativer Potentiale, bei der die "NONSPECIFIC FRONTAL" Komponente einen Grenzfall zwischen den negativen Potentialen "FIRST ORDER" und "HIGHER ORDER" darstellt (nach Näätänen & Mitchie, 1979a, S. 263).

Näätänen und Mitarbeiter (z.B. Näätänen, Simpson & Loveless, 1982) schlugen vor, daß sich die N2 letztlich aus zwei Komponenten, nämlich der N2a (gleichzusetzen mit der Mismatch Negativity, MMN; z.B. Näätänen & Gaillard, 1983), welche in den spezifischen sensorischen kortikalen Arealen generiert werden dürfte, und der N2b zusammensetzt, welche möglicherweise unspezifischen Ursprungs sein könnte. Wobei das Ausmaß der MMN von den physikalischen Unterschiedlichkeiten der Reize abhängt, während die N2b einen relativen stabilen Verlauf zeigt. Beide Potentialkomponenten dürften mit der Informationsverarbeitung, welche einer Orientierungsreaktion vorangeht, im Zusammenhang stehen, aber nur dann eine typische Orientierungsreaktion auslösen, wenn ein N2b-P3a Komplex auftritt (vgl. Abbildung 19).

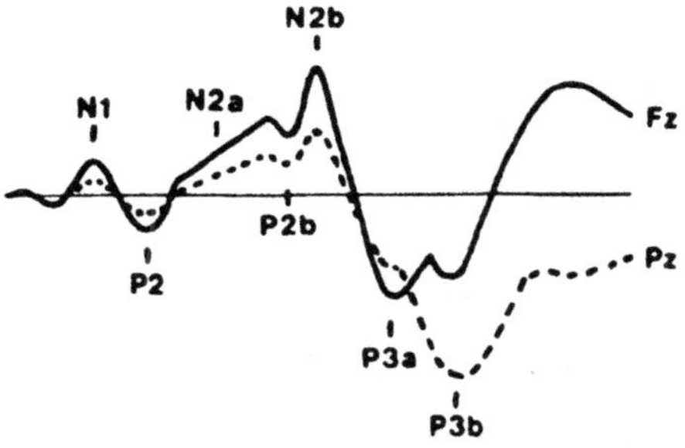

Abb. 19. Schematische Darstellung ereigniskorrelierter Potentiale "abweichender Signale" (deviant stimuli) in Erkennungsaufgaben (aus Näätänen et al., 1982, S. 86).

Folgt man Näätänen und Picton (1986), so lassen sich allein 8 verschiedene N2-artige Komponenten im ereigniskorrelierten Potential unterscheiden:

1) Die grundlegende N2 (basic N2),

2) die N2 während des Schlafens,

3) Mismatch Negativity,

4) N2b,

5) Klassifikations N2 oder N2c,

6) "fehlende Stimulus N2" (omitted stimuls N2),

7) Erkennungs N2 (detection N2),

8) N400.

Breton, Ritter, Simson und Vaughan (1988) kommen aufgrund experimenteller und topographischer Unterschiede bei visueller Stimulation auf eine frontozentrale und eine posterior-lateral dominante N2, welche von der N400 unabhängig sein dürften.

VII.5.2 Mismatch Negativity (MMN)

Näätänen beschreibt, daß jeder abweichende Stimulus – in einem konstanten und regelmäßigen Stimulationsablauf – eine Mismatch Negativity (MMN) auslöst (Näätänen & Gaillard, 1983; vgl. auch Näätänen et al. 1987). Der zeitliche Beginn und die Dauer der MMN ist nicht einfach zu definieren, da sie anderen Komponenten des ereigniskorrelierten Potentials überlagert ist, aber auch, weil sie von verschiedenen Bedingungen, wie z.B. dem Ausmaß der Unterschiedlichkeit, abhängt. Näätänen und Gaillard (1983) beschreiben, daß die MMN ca. 100 msec nach dem Reizbeginn erscheint, wobei in einer Arbeit von Simson, Vaughan und Ritter (1977) die negative Auslenkung nach 130 msec (+-25 msec) bei einer akustischen Stimulation und nach 170 msec (+-30 msec) bei einer visuellen Aufgabe beginnt. Die MMN kann daher eine Aktivität darstellen, welche bereits der N1 überlagert ist, wie in Abbildung 20 schematisch dargestellt wird (Näätänen & Picton, 1987).

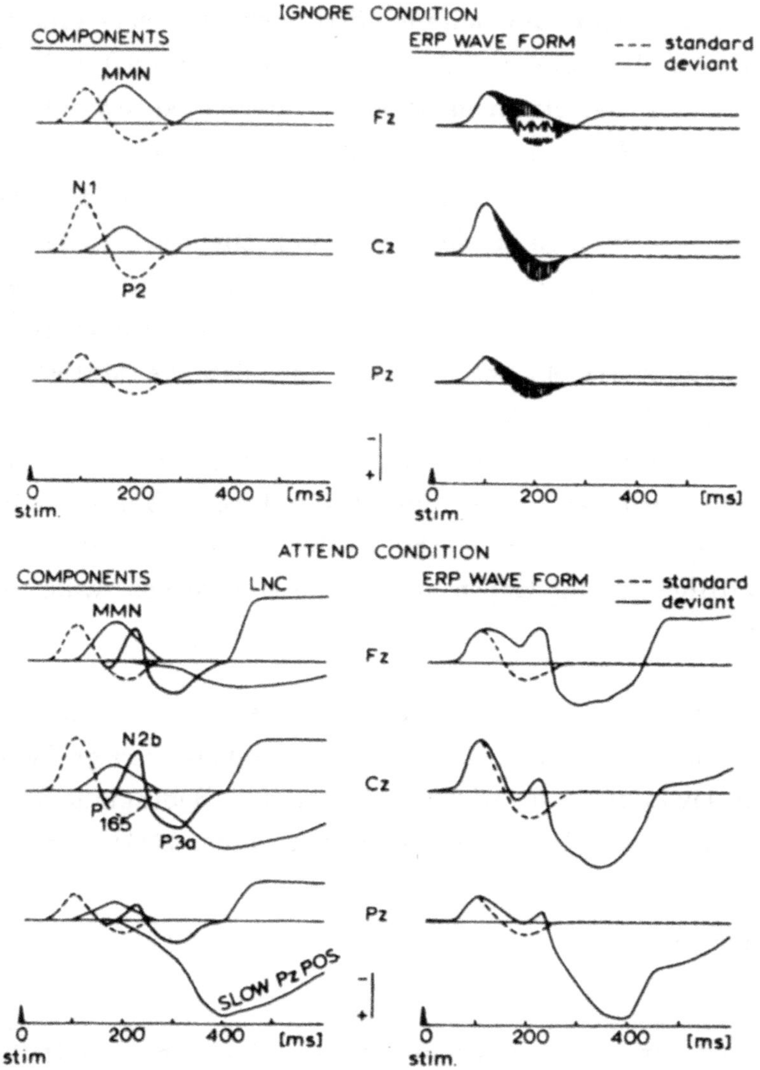

Abb. 20. Schematische Darstellung der Komponentenstruktur ereigniskorrelierter Potentiale im "Odd-ball-Paradigma" für die nicht-zu-beachtende (oberer Teil) und die zu-beachtende Bedingung (unterer Teil). LNC: späte negative Komponente (late negative component); MMN: Mismatch Negativity (aus Näätänen, Sams & Alho, 1986, in Näätänen & Picton, 1986, S. 173).

Nach der Unterscheidung *Change-1, Change-2* tritt die MMN nur bei Change-2 (einer Änderung aufeinanderfolgender Reize) und nicht bei Change-1 (das überraschende Auftreten eines Stimulus) auf (Näätänen & Picton, 1987). Bei einem deutlichen Unterschied des abweichenden Reizes vom Standardreiz dauert die MMN etwa 100 msec, während sie bei nur kleinen Unterschieden in den Reizen einige hundert msec andauern kann (Näätänen & Gaillard, 1983). Die Autoren sehen in der MMN eine Komponente, welche hauptsächlich eine automatische zerebrale Aktivität auf physikalisch unterschiedliche Reize reflektieren dürfte. Näätänen (1986) schlug auch vor, daß die MMN damit die Existenz eines *"Echospeichers"* (Neisser, 1974) belegt. Der Echospeicher entspricht nach Neisser dem, was James (1890) *"primäres Gedächtnis"* nannte und dazu gebrauchte, um das "offenbar Gegenwärtige", den kurzen integrierten Zeitbruchteil, welchen der Wahrnehmende als "jetzt stattfindend" im Gegensatz zu "bereits vorbei" wahrnimmt, zu beschreiben.

Nach Paavilainen, Alho, Reinikainen, Sams und Näätänen (1987) ist die MMN unabhängig von der Aufmerksamkeit (gleich große MMN in aufgabenrelevanten und aufgabenirrelevanten Bedingungen), was für einen automatisch ablaufenden Mechanismus der MMN spricht.

VII.5.3 N2b

Die N2b ist eine scharfe fronto-zentral lokalisierte modalitätsunabhängige negative Komponente, welche eng an kontrollierte kognitive Prozesse gebunden ist (Näätänen & Picton, 1986). Während die MMN aufgabenunabhängig ist, ist die N2b Komponente insofern aufgabenabhängig, als sie hauptsächlich unter Aufmerksamkeitsbedingungen und bei überraschenden Reizen (vgl. Duncan-Johnson & Donchin, 1982) zu beobachten ist und meistens mit einer P3a als ein gemeinsamer Komplex auftritt. MMN und N2b lassen sich derart untersuchen, indem man ereigniskorrelierte Potentiale bei Aufgabenstellungen, bei denen ein bestimmter Reiz ignoriert wird – wobei dann nur eine MMN auftritt – mit ereigniskorrelierten Potentialen von Aufgaben vergleicht, wo auf physikalisch unterschiedliche Reize unter Aufmerksamkeitbedingungen reagiert werden soll (Näätänen & Gaillard, 1983).

VII.5.4 Verarbeitungsnegativität (Processing Negativity)

Ereigniskorrelierte Potentiale aufmerksam beachteter Signale beinhalten eine kleine negative Verschiebung des Potentials. Bei kurzen Interstimulusintervallen und einfach zu diskriminierenden Reizen kann sie bereits ca. 60-70 msec nach Reizbeginn – sofern die Zeit zum Diskriminieren des "Zielreizes" reicht – auftreten. Bei der Diskrimination des Zielreizes zwischen rechtem und linkem Ohr und einem 800 msec Interstimulusintervall begann die negative Verschiebung zwischen 100 und 200 msec und bestand 500 msec, bei verkürztem Intervall trat sie jedoch bereits vor der N1 auf (Näätänen & Michie, 1979a, 1979b). Dieser endogenen Komponente, der Verarbeitungsnegativität (Processing Negativity, PN; Näätänen & Michie, 1979a, 1979b; Nd, Hansen & Hillyard, 1980) sind die exogenen Komponenten überlagert und daher etwas in den negativen Potentialbereich verschoben, wobei die Verarbeitungsnegativität bei Aufmerksamkeitszuwendung auf auditive Reize frontal am größten ist.

Gaillard (1988) verweist darauf, daß für die *Verarbeitungsnegativität* – aufgrund der Verschiedenheit der experimentellen Designs – eine Reihe von Definitionen vorgestellt wurden:

1) Erhöhte N1-Amplitude (Hillyard et al., 1973),

2) Keine eigene Komponente, welche der N1 überlagert ist (Näätänen, Gaillard & Mäntysalo, 1978),

3) die Differenz (Nd) zwischen ereigniskorrelierten Potentialen auf "aufmerksam und unaufmerksam verfolgten Kanälen" (Hansen & Hillyard, 1980),

4) die Differenz zwischen aufmerksam verfolgten und durch Ablenkung ausgeblendeten (ignored) Stimuli (Alho, Töttölä, Reinikainen, Sams & Näätänen, 1987),

5) zu einer frühen Komponente (100-200 msec) wurde eine spätere (300-400 msec) beschrieben (Hansen & Hillyard, 1980; Näätänen, Gaillard & Varey, 1981),

6) in den meisten Arbeiten wurde eine Verarbeitungsnegativität unter einer selektiven Aufmerksamkeitsbedingung gefunden, wo zumindest zwei Dimensionen (z.B. Ton und Lokalisation) involviert waren, obwohl Alho et al. (1987) auch in einer eindimensionalen Aufgabe (Tonhöhe) eine Verarbeitungsnegativität beschreiben und

7) die Negativität, welche durch "Zielreize" in einer Gedächtnisvergleichsaufgabe ausgelöst wird; ihr wurde auch zugeschrieben, daß sie "weitere Prozesse" reflektiert (Okita, Wijers, Mulder & Mulder, 1985).

Im Experiment von Hansen und Hillyard (1980) hörten die Versuchspersonen gleichzeitig verschiedene Töne, wobei die Unterscheidbarkeit durch die Frequenzdifferenz der Töne (50, 100, 400 Hz) experimentell variiert wurde. 80% der Töne dauerten 50 msec (Standardtöne), 20% der Töne dauerten 100 msec und waren die sog. "Zieltöne", d.h. jene, auf die ein Tastendruck folgen sollte und wobei die Reihenfolge kurzer und langer Töne nicht vorhersehbar war (siehe Abbildung 21).

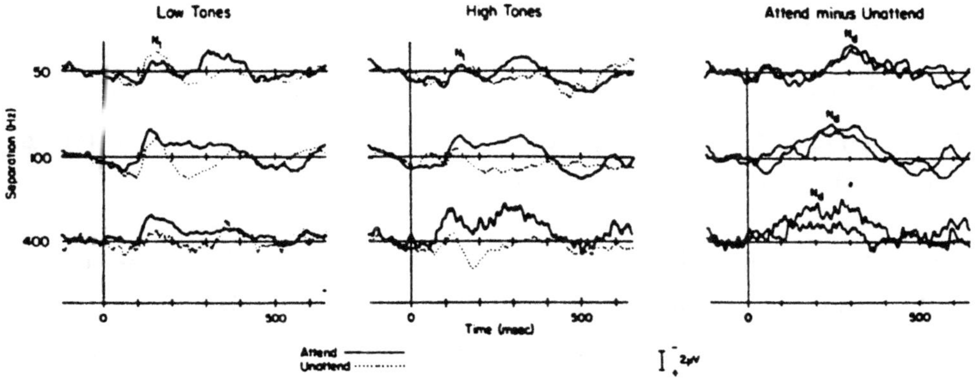

Abb. 21. Verarbeitungsnegativität (Nd) als Differenz (im rechten Teil der Abbildung) von ereigniskorrelierten Potentialen auf Zieltöne (attend; ausgezogene Linie) minus dem Potential auf Referenztöne (unattend; punktierte Linie), welche im linken und mittleren Teil der Abbildung dargestellt sind. Im linken Teil sind die Potentiale für jene Bedingung dargestell, wo der Zielreiz immer der 300 Hz Ton war; in der Mitte, jene Bedingung wo der Zielreiz entweder 350 (erste Zeile), 400 (zweite Zeile) oder 700 Hz (dritte Zeile) war. Ableitung Cz gegen rechtes Mastoid (aus Hansen & Hillyard, 1980, S. 281).

Aus Abbildung 21 ist deutlich zu erkennen, daß ein Reiz, nur dann, wenn er instruktionsgemäß der Zielreiz ist und damit im Mittelpunkt der Aufmerksamkeit steht, die Verarbeitungsnegativität auslöst. Ein weiterer Hinweis darauf, daß es sich um ein endogenes Potential handelt, ist die Tatsache, daß die Anfangslatenz der Verarbeitungsnegativität unter schwer unterscheidbaren Bedingungen später einsetzt als unter leicht erkennbaren Bedingungen.

Experimentelle Befunde, welche meistens auf die Untersuchung des Effekts der selektiven Aufmerksamkeit ausgerichtet waren, lassen sich nach Näätänen und Michie (1979a) auch dermaßen interpretieren, daß ein experimenteller Zeitdruck zu einem früheren Beginn der Processing Negativity führt, aber eine erschwerte Diskriminierbarkeit des Zielreizes mit einem späteren Einsetzen der Negativität einhergeht.

Desmedt und Robertson (1977) zeigten, daß bei somatosensorischen Aufgaben die Verarbeitungsnegativität über den kontralateralen parietalen Bereichen größer ist als ipsilateral.

Ritter, Simson und Vaughan (1983) beschreiben für eine semantische Diskriminationsaufgabe eine der N2 vorausgehende Negativierung (NA), welche den "Patternrecognitionsprozeß" aufeinanderfolgender Stimuli repräsentiert. Dabei wird auch diskutiert, ob die NA ein "Mitglied der Familie der frühen negativen Wellen" ist.

Näätänen und Picton (1987) unterscheiden weiters zwischen einer "sensory-specific processing negativity" (spezifisch sensorische Verarbeitungsnegativität), welche ca. 50 - 100 msec nach Reizbeginn auftritt und für die Dauer der aufmerksamen Zuwendung besteht und einer längerdauernden "attentional supervisor", welche frontal generiert wird, während die "sensory-specific processing negativity" im auditorisch sensorischen Kortex und parietal generiert wird.

VII.5.5 Der späte positive Komplex (P3, P300)

Die vermutlich robusteste und am besten beschriebene endogene Komponente ist die P300 des ereigniskorrelierten Potentials. Das grundlegende Phänomen der P300, nämlich die Abhängigkeit der P300 von psychologischen Bedingungen in der Aufgaben- oder Reizsituation wurde bereits von Sutton et al. (1965) – im ersten Bericht der P300 – erkannt.

Die *P300 (P3, P300-Komplex, späte positive Komplex, late positive component, LPC)* ist ein ereigniskorreliertes Potential, das am deutlichsten über dem parietozentralen bis frontalen Kortex mit einer Latenz von ungefähr 300 msec (oft länger) auftritt und eine Amplitude ca. 5 μV bis zu 20 μV haben kann. Die Bezeichnungen haben ihren Ursprung darin, daß die P300 zunächst im sensorisch evozierten Potential beobachtet wurde. Inzwischen wurde aber gezeigt, daß der der P300 zugrundeliegende Prozeß nicht unbedingt im dritten prominenten positiven Gipfel und auch nicht unbedingt im Zeitbereich von 300 msec abgebildet werden muß, sondern bis zu 800 msec (z.B. McCarthy & Donchin, 1980) andauern kann. Rösler (1982) schlägt aus diesem Grund auch vor, besser von der "ereigniskorrelierten Positivierung" zur Beschreibung des Phänomens zu sprechen. Allerdings dominiert in der internationalen Literatur die Bezeichnung P300 und P3, sodaß im folgenden diese Nomenklatur beibehalten wird.

An dieser Stelle sei auch angemerkt, daß die P300 zu den meistuntersuchten Phänomenen ereigniskorrelierter Potentiale gehört. Dies wohl einerseits deshalb, weil sie offenbar ein Phänomen ist, in dem zentrale Aspekte der Informationsverarbeitung abgebildet werden und damit eine Herausforderung an sich darstellt, andererseits, weil sie in einer Vielzahl von experimentellen Anordnungen beobachtet werden kann. Dazu zählt Rösler (1982):

1) Vigilanzaufgaben,

2) Signaldetektionsaufgaben,

3) Rückmeldung über zuvor geäußerte Hypothesen,

4) komplexere Informationsverarbeitung wie sprachliche Wahrnehmung,

5) Suchoperation im Gedächtnis,

6) Zeitschätzung,

7) Diskriminationslernen,

8) Ähnlichkeitsbeurteilung und

9) arithmetische Operationen.

Die zahlreichen Bedingungen, in denen eine "P300" beobachtet wurde, führte zu einer differenzierteren Auffassung der P300, sodaß eher von einer P300-Familie oder einem späten positiven Komplex gesprochen wird. Daß es sich dabei aber eindeutig um ein Potential endogenen Ursprungs handelt (Sutton et al., 1965), läßt sich aus dem Umstand ableiten, daß eine P300 ohne äußeren Stimulus ausgelöst werden kann, und auch daraus, daß das Fehlen eines Stimulus eine P300 auslösen kann, wenn die zeitliche Abfolge der Stimulation in vorausgehenden Durchgängen angezeigt wurde.

VII.5.5.1 Ursprung der P300

Zur Frage der Lokalisation der P300-Generatoren sind die Ansichten widersprüchlich. Halgren, Stapleton, Smith und Altafullah (1986) sehen aufgrund von Tiefenableitungen im Hippocampus und im parahippocampalen Gyrus, wo auf kurzen räumlichen Distanzen ein Polaritätswechsel der P300 gefunden wurde, diese Strukturen als Generatoren der P300. Demgegenüber vermuten Yingling und Hosobuchi (1984) den P300-Generator im Thalamus und Courchesne, Elmasian und Yeung-Courchesne (1986) vertreten die Hypothese, daß die P3b und die fronto-zentrale P300 im Kortex generiert werden.

VII.5.5.2 Komponenten der P300

Betrachtet man die empirischen Arbeiten zur P300, so zeigte sich in den 70er Jahren der Trend, verschiedene P300 zu beschreiben (P3a, P3b, P3 visuell frontal, P3 NO-GO, P3 Vertex), worauf Donchin (zitiert nach Tueting 1978) für strengere Kriterien, wie Verteilungscharakteristik und Amplituden- und Latenzcharakteristika, eintrat, "um in den

P300-Club" aufgenommen zu werden. Rösler (in Rösler, Sutton, Johnson, Mulder, Fabiani, Plooijn van Gorsel & Roth, 1986) unterscheidet letztlich 3 Komponenten: P3a, P3b und eine positive langsame Welle (positive Slow Wave, pSW).

VII.5.5.2.1 P3a

Die P3a tritt am deutlichsten *bei unerwarteten und aufgabenirrelevanten Reizen auf* (Roth, 1978). Dabei kann sie nach Roth mit der P2 verschmelzen oder erst nach 300 msec auftreten (z.B. Roth, 1973; Ford, Roth & Koppell, 1976; N. Squires, Squires & Hillyard, 1975). Auch nach Friedman, Vaughan und Erlenmeyer-Kimling (1981) tritt sie schon ab 200 msec auf, während Rösler et al. (1986) von einer Latenz von 270 - 350 msec sprechen. Einheitlich wird berichtet, daß die Amplitude der P3a fronto-zentral am größten ist.

VII.5.5.2.2 P3b

Die P3b wird z.B. *durch seltene aufgabenrelevante Ereignisse oder durch Reize bei Daueraufmerksamkeitsbedingungen* ausgelöst. Sie hat eine Latenz von 300 - 600 msec, meistens eine größere Amplitude als die P3a, und ist centro-parietal am größten. Sie ist ein stabiles Begleitphänomen einer Reihe experimenteller Aufgaben wie Erkennungsaufgaben (target detection), Überschreiten der Wahrnehmungsschwelle, Ausbleiben eines Stimulus und auditive sowie visuelle Diskrimination (Hillyard, Courchesne, Krausz & Picton, 1976; Picton & Hillyard, 1974; Ritter, Simson & Vaughan, 1979; Cooper et al., 1977). Die allgemeinen Bezeichnungen P3 und P300 beziehen sich in den meisten Fällen auf diese Komponente.

VII.5.5.2.3 P3e

Die P3e hat eine relativ kurze Latenz (250 - 350 msec), ist zentral am deutlichsten ausgeprägt und tritt *bei aufgabenrelevanten Reizen* gemeinsam mit der P3b auf. Sie ist ebenfalls eine "rein endogene" Komponente und kann sowohl durch auftretende als auch fehlende relevante Reize ausgelöst werden. Im Gegensatz zur P3b, welche bei geringer Auftretenswahrscheinlichkeit eine größere Amplitude zeigt, ist die P3e davon unbeeinflußt, zeigt aber eine kleinere Amplitude bei einer gesteigerten Wahrnehmungsschwierigkeit (Ruchkin, Sutton & Mahaffey, 1987).

VII.5.5.2.4 Positive langsame Welle (positive Slow Wave, pSW)

Die "positive Slow Wave" ist eine langsame positive Welle, die im Bereich von etwa 500 bis 1000 msec nach Stimulusbeginn zentro-parietal am deutlichsten auftritt (vgl. Abbildung 22). Gleichzeitig läßt sich oft frontal eine "negative Slow Wave" beobachten, sodaß über längere Zeit von "der" Slow Wave gesprochen wurde (z.B. Lutzenberger et al., 1985; N.H. Squires et al., 1975). Neuere Untersuchungen weisen aber darauf hin, daß die frontale und die parietale Slow Wave voneinander unabhängige Phänomene sein dürften (Loveless, Simpson & Näätänen, 1987).

Auf modalitätsspezifische Unterschiede in der Latenz der positiven Slow Wave verweisen Ruchkin und Sutton (1983). Demnach beginnt die Auslenkung bei auditiven Reizen bereits nach 90-300 msec und bei visuellen Stimuli zwischen 200 und 350 msec.

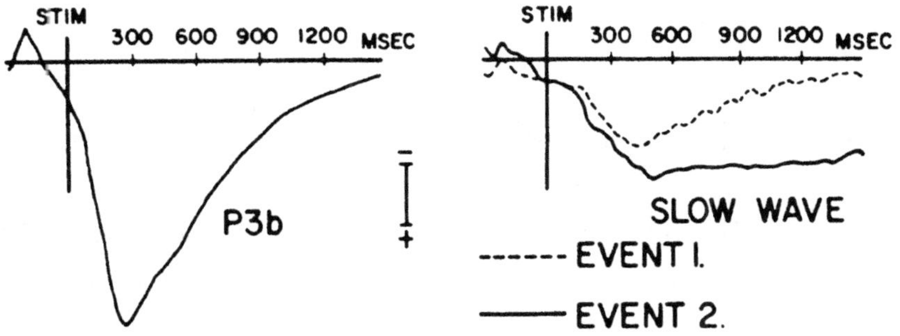

Abb. 22. P3b und Slow Wave Kurvenformen aufgrund einer Hauptkomponentenanalyse (aus Ruchkin & Sutton, 1983, S. 245).

Nach Ruchkin, Sutton, Kietzman und Silver (1980) wird bei Wahrnehmungsaufgaben mit zunehmender *Urteilsunsicherheit* die positive Slow Wave (auf Pz und Cz) größer. Daß bei zunehmender Schwierigkeit der Informations-Dekodierung (größere Equivokation; Unsicherheit) die P3b kleiner und die pSW größer wird und länger andauert, konnten Ruchkin, Munson und Sutton 1982 zeigen. In einem Übersichtsartikel über die möglichen Zusammenhänge von P3b und positiver Slow Wave kommen Ruchkin und Sutton (1983) aber zu dem Ergebnis, daß P3b und die positive Slow Wave funktional unterschiedlich sind und deshalb auf verschiedene Arten zusammenhängen können. Auch aufgrund der Analyse von P300 und Slow Wave in Durchgängen mit schneller und langsamer Reaktionszeit kommt Friedman (1984) zu dem Ergebnis, daß P300 und Slow Wave voneinander unabhängige Prozesse sind.

Ausgehend von der Analyse von Einzeldurchgängen, in denen prominente positive Wellen als P300 qualifiziert wurden, vermutet Johnson (in Rösler et al., 1986), daß die pSW in Wahrheit gemittelte multiple P300 mit unterschiedlichen Latenzen sind.

Auf den Aspekt "multipler P300" wird weiter unten im Detail eingegangen (siehe auch Abbildung 26).

VII.5.5.3 Elektrophysiologische Einflußgrößen auf die P300

Neben der EEG Spontanaktivität (z.B. Basar, Basar-Eroglu, Rosen & Schütt, 1984) und bewegungskorrelierten Potentialen (z.B. Kok, 1988) können auch die vorausgehenden kortikalen Gleichspannungsänderungen die Latenz und Amplitude der P300 beeinflussen (Trimmel, 1988a; vgl. auch mit Verleger & Hopman, 1989). Daraus läßt sich ableiten:

1) daß die P300 (wie andere ereigniskorrelierte Potentiale auch, nur wenn sie aus "vergleichbaren Einzeldurchgängen" gemittelt wurden, verglichen werden sollten und

2) der Zusammenhang von Spontanaktivität und P300-Kennwerten als ein eigenständiges neuropsychophysiologisches Maß betrachtet werden kann (vgl. Trimmel, 1988b).

Naturgemäß stehen die elektrophysiologischen Parameter, welche die P300 beeinflussen, wieder in engem Zusammenhang mit der experimentellen Gesamtsituation und den jeweiligen experimentellen Variablen; so konnten Semlitsch und Anderer (1989) anhand einer Einzelpotentialanalyse zeigen, daß die P300 Amplitude in hohem Ausmaß vom Inter-Stimulus-Intervall beeinflußt wird.

VII.5.5.4 Experimente zur und Interpretationen der P300

Die kurz nach der Entdeckung angebotene Interpretation, die P300 sei Ausdruck eines unspezifischen phasischen Aktivierungs- bzw. Desaktivierungsprozesses (z.B. Papakostopoulos & Crow, 1976; Wilkinson & Lee, 1972), wurde in der Folge nicht aufrechterhalten. Auch die Interpretation, daß in CNV Experimenten die P300 "nur eine notwendige" Folge einer vorausgehenden Negativierung im Sinne einer Rückstellfunktion sei, wurde in zahlreichen Arbeiten widerlegt (z.B. Donchin, Tueting, Ritter, Kutas & Heffley, 1975; Rösler, 1978).

Das schillernde Phänomen der P300 wird in der psychophysiologischen Literatur mit zahlreichen psychologischen Konzepten und Modellvorstellungen in Zusammenhang gebracht. Bereits 1978 zählte Tueting zahlreiche Situationen auf, in denen die P300 beobachtet und mit dem jeweiligen psychologischen Kontext in Zusammenhang gebracht wurde: Unsicherheit, Informationsfreigabe, Bedeutung, Herausragendes, Orientierung, Inhibition, selektive Wahrnehmung, auch verbunden mit einer Reaktionsauswahl, und auch Bewußtheit. Im folgenden sollen einige markante situative Gegebenheiten beschrieben werden, welche für die P300 bedeutsam sind.

VII.5.5.4.1 Orientierung

Nach Friedman (z.B. 1978) reflektiert die frontale P300 nach neuartiger Stimulation den Orientierungsprozeß. Diese Auffassung wurde durch "gleichzeitig" ablaufende Reaktionen des autonomen Nervensystems (z.B. Hautaktivität und okulare Aktivitäten) belegt. Tueting (1978) verweist allerdings auch auf die Schwierigkeit des Vergleiches zentraler mit autonomer Aktivität aufgrund des unterschiedlichen Zeitverhaltens in den Reaktionen.

Groll-Knapp, Schmid, Ganglberger und Haider (1981) fanden die größten Amplituden der späten modalitäts-unabhängigen Potentiale über dem parietalen Kortex und keine Polaritätsumkehr zwischen der Oberflächen- und der Tiefenableitung aus dem Thalamus, was für einen tiefergelegenen Generator der Orientierungspotentiale spricht.

VII.5.5.4.2 Entscheidungsfindung

In einer Reihe von Untersuchungen zur P300 wurde ein Zusammenhang mit Aspekten der Entscheidungsfindung hergestellt (z.B. Squires, Hillyard & Lindsay, 1973). Bei genauerer Betrachtung zeigt sich aber, daß eine *Entscheidungsfindung* sehr vielfältig sein kann (Tueting, 1978), z.B.:

1) Vergleich eines Reizes mit einem Gedächtnisinhalt,

2) Kategorisierung des Stimulus in eine bestimmte Klasse,

3) Entscheidung über die zugehörige Reaktion.

Aber auch andere, mit der Entscheidungsfindung im Zusammenhang stehende Prozesse, könnten in der P300 reflektiert werden, wie:

4) die Bewußtheit des Ergebnisses der Entscheidung (Simson et al., 1976) oder

5) eine Gedächtnisreorganisation (memory updating), wofür auch die Ergebnisse der Feedback-P300 (siehe weiter unten) sprechen.

Auch der Befund von Wagner, Kathmann und Engel (1987), wonach die P300 – bei optisch dargebotenen Entscheidungsaufgaben – für leicht zu diskriminierende Aufgaben, und, wenn sich die Versuchsperson über eine vorangegangene Entscheidung sicher war, eine größere Amplitude hatte, zeigt, daß die P300 Amplitude von Prozessen im Zusammenhang mit Entscheidungen beeinflußt wird.

Zum ersten Punkt, Vergleich eines Reizes mit einem Gedächtnisinhalt, unterscheidet Mulder (in Rösler et al., 1986) drei experimentelle Hauptuntersuchungsstrategien:

1) Die Richtigkeit (accuracy), welche z.B. durch den Anteil richtiger Reaktionen evaluiert wird;

2) die Latenz von Präsentationsbeginn bis zu einer erkennbaren Reaktion; und

3) Urteilssicherheit, indem die Versuchsperson die subjektive Sicherheit zu einer ja/nein Entscheidung skalieren.

Der Autor gibt auch eine umfangreiche Literaturübersicht über ereigniskorrelierte Potentiale und Vergleiche mit Gedächtnisinhalten und deren Hauptergebnisse (in Rösler et al., 1986, S. 60-61) an.

Die relative Breite experimenteller Bedingungen, in denen eine Entscheidung abverlangt wird und welche von einer P300 begleitet wird, führte zu der Überlegung, ob nicht die Entscheidung darüber, ob eine Reizgegebenheit gleich/ungleich (match/mismatch) einer Repräsentation im Gedächtnis (einem "template", *"Schablone"* nach Neisser, 1974) eine zugrundeliegende Dimension ist (z.B. Squires et al., 1973). In diesem Zusammenhang schlug Donchin (in Tueting, 1978) zwei match/mismatch Prozesse vor. Einer für die Auftretenswahrscheinlichkeit, welche in der frontalen P300 reflektiert werden würde und einen für eher komplexe Erkennungsaufgaben, welche in der parietalen P300 reflektiert werden würden.

Ford (1978) spekuliert, ob psychologische Ereignisse, welche mit der Variation der Auftretenswahrscheinlichkeit physikalischer Ereignisse verbunden sind, den "Umweltschablonen" (environmental templates) oder *"neuronalem Modell"* nach Sokolov (1963a) entsprechen. Nach K. Squires, Squires und Hillyard (1975) wird ein physikalisches Ereignis mit einer Reihe von Schablonen verglichen, beginnend mit der dem Reiz ähnlichsten, bis zur unähnlichsten. Bei einer zufriedenstellenden Übereinstimmung würde dann eine P300 ausgelöst werden, was die Variabilität der P300 erklären könnte. Der Grad der Entscheidungssicherheit würde dann in der Amplitude der P300 abgebildet sein.

Nach N. Squires et al. (1975) wird allerdings die Nichtübereinstimmung der tatsächlichen Auftretenswahrscheinlichkeit mit der Schablone in der P3a und die Übereinstimmung einer Gegebenheit mit der Schablone in der P3b abgebildet. Die Auffassung von einem sequentiellen Vergleich eines Reizes mit einer Schablone und dessen Abbildung in der P3b wird durch die Arbeit von Elton, Scherg und Cramon (1986) gestützt, welche eine 140 msec später auftretende P3b für die "ungleich"-Bedingung (mismatch) in Relation zur "gleich"-Bedingung (match) fanden.

N. Squires, Squires und Hillyard (1978) konnten auch zeigen, daß sich für präsentierte und fehlende Reize in Erkennungsaufgaben und Aufgaben, bei denen die Reize einer bestimmten Kategorie gezählt werden, die Amplituden, Latenzen und Verteilung der P300 nicht unterscheiden. Auch für den Einfluß der Auftretenswahrscheinlichkeit und der Reizintensität auf die P300 bei fehlenden und präsentierten Reizen wurde kein unterschiedlicher Effekt festgestellt.

VII.5.5.4.3 Subjektive Auftretenswahrscheinlichkeit

Mit einem sogenannten *"Odd-ball-Paradigma"* wurde der Einfluß der Auftretenswahrscheinlichkeit auf die P300 untersucht. Das Odd-ball-Paradigma ist eine typische Anordnung zur Untersuchung *endogener Potentiale*. Dabei wird eine Serie von Reizen vorgegeben, die zwei Kategorien zugeordnet werden soll: eine Klasse von Reizen wird als Zielreiz (target) definiert, welche im Gegensatz zu den irrelevanten Reizen (non-target) zu erkennen, zählen, diskriminieren oder deren Auftreten vorherzusagen sind. Die unabhängige Variable ist das Verhältnis der Anzahl der beiden Töne, womit die Auftretenswahrscheinlichkeit variiert wird. Duncan-Johnson und Donchin (1977) konnten in einem Odd-ball-Experiment, bei dem zwei verschiedene Töne dargeboten wurden und die Anzahl einer Klasse gezählt werden sollte, zeigen, daß die P300 mit zunehmender Auftretenswahrscheinlichkeit kleiner wird (siehe Abbildung 23).

In einem weiteren, etwas diffiziler geplanten Experiment von K. Squires, Wickens, Squires und Donchin (1978) konnte das Ergebnis bestätigt und die Interpretation ausgeweitet werden: die jeweilige Erwartung für einen einzelnen Reiz und damit die P300 Amplitude hängt demnach:

1) von der Gedächtnisrepräsentation der vorausgehenden Stimulationen,

2) der Struktur der jeweiligen Reizfolge und

3) der generellen Wahrscheinlichkeit des Reizes ab.

Aufgrund der Tatsache, daß physikalisch idente Stimuli, je nachdem, wie überraschend sie für eine Person präsentiert werden, die P300 Amplitude beeinflussen, sprechen Donchin et al. (1978) davon, daß die P300 eine Manifestation der aufgabenrelevanten Überraschung ist.

In einer neueren Arbeit kommt Pritchard (1988) zu dem Ergebnis, daß die neuronalen Generatoren der elektrophysiologischen Reflexion der Auftretenswahrscheinlichkeit in der rechten und jene für die Bedeutung in der linken Hemisphäre lokalisiert seien.

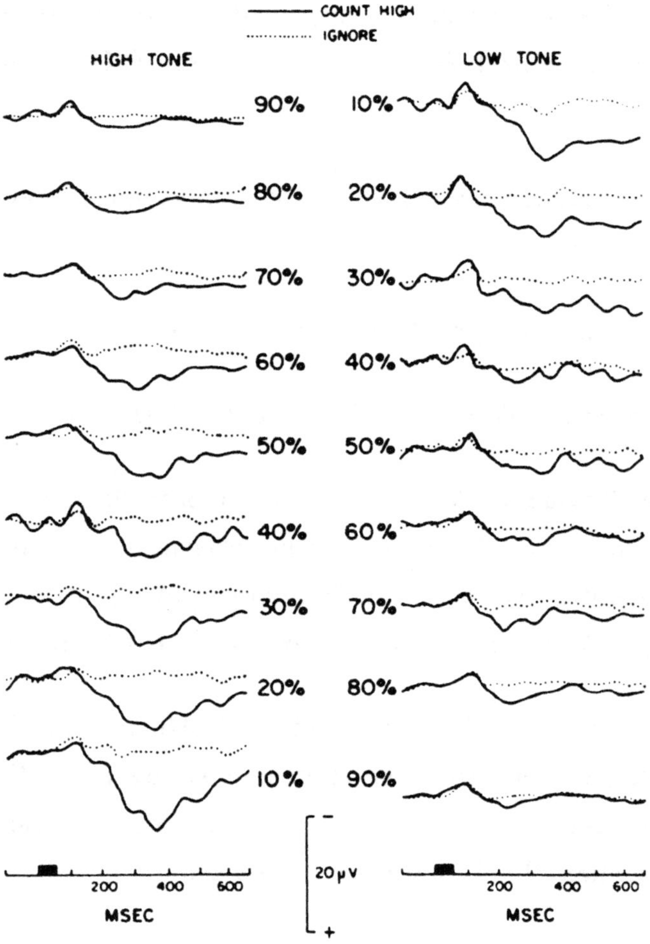

Abb. 23. Ereigniskorrelierte Potentiale, die den Zusammenhang von P300 Amplitude und Auftretenswahrscheinlichkeit des Zielreizes demonstrieren (odd-ball paradigm) (aus Duncan-Johnson & Donchin, 1977, in Donchin, 1979, S. 49).

VII.5.5.4.4 Ungewißheit

Nach dem Konzept der klassischen Informationstheorie (Shannon & Weaver, 1949) ist die empfangene Information gleich der bereitgestellten Information minus einem Informationsverlust. Das Ausmaß der bereitgestellten Information hängt von dessen *a priori* Wahrscheinlichkeit dessen Auftretens ab. Je geringer die Auftretenswahrscheinlichkeit, umso größer die bereitgestellte Information. Andererseits hängt der Informationsverlust von der *a posteriori* Unsicherheit ab und ist diesem direkt proportional. Die *a posteriori* Unsicherheit oder Equivokation bezieht sich also auf den subjektiven Zustand, der z.B. nach einer kurzfristigen Darbietung eines Ereignisses existiert, wenn rückwirkend entschieden werden muß, um welches von verschieden möglichen Ereignissen es sich gehandelt haben könnte. Bei diesem experimentellen Vorgehen läßt sich durch die Intensitätsvariation der Darbietung von Ereignissen (schwellennahe bis überschwellig) die *a posteriori* Unsicherheit (Equivokation) experimentell variieren.

Ruchkin und Sutton (1978) kommen in einer Übersichtsarbeit zu dem Schluß, daß die P300 Amplitude u.a. vom Ausmaß der Equivokation abhängt, d.h. je größer die Reduktion von Unsicherheit, desto größer die P300. Weiters kann die P300 von der empfangenen Information auf zwei Arten beeinflußt werden: (1) Für ein fixes Maß der *a priori* Unsicherheit ist die P300 Amplitude vom Ausmaß der Änderung der Equivokation abhängig und (2) für eine fixe Equivokation von der Änderung der *a priori* Unsicherheit. Daraus ließe sich auch ableiten, daß die P300 Amplitude Prozesse reflektieren könnte, welche eher in den frühen Stadien der Entscheidungsfindung involviert sind als in den späteren, bewußten Stufen.

VII.5.5.4.5 Bewußtheit

Sommer und Matt (1988) untersuchten den Zusammenhang der Bewußtheit kognitiver Prozesse und der P300 Amplitude. Selektiv gemittelte Potentiale, welche entsprechend dem Urteil der Bewußtheit in 3 Kategorien ausgewählt wurden, zeigten einen direkten Zusammenhang von P300 Amplitude und Bewußtheit.

VII.5.5.4.6 Feedback

Bereits in der ersten P300 Publikation (Sutton et al., 1965) wurde ein Zusammenhang mit der Feedbackbedeutung und der P300 hergestellt. Es zeigte sich, daß bei der Wahrnehmung (erkennen) einer falschen Vorhersage eine größere P300 Amplitude auftrat als bei der Wahrnehmung (erkennen) einer richtigen Vorhersage des Reizes.

In der Folge (z.B. Sutton, Tueting, Hammer & Hakerem, 1978) wurde aber deutlich, daß nicht die Dimension richtige/falsche Vorhersage einer Gegebenheit, also das Erraten, sondern der – möglicherweise biologisch determinierte – *Bedeutungsgehalt* des Feedbacks eine grundlegende Variable ist, welche die P300 Amplitude beeinflußt. Eine zunehmende individuelle Bedeutsamkeit wird in einer größeren P300 Amplitude reflektiert. In diesem Zusammenhang erscheint auch die Tatsache bemerkenswert, daß die P300 Amplitude durch operante Konditionierungen sowohl verkleinert als auch vergrößert werden kann (z.B. Sommer, 1987). Mit dem Einfluß der individuellen und situativen Bedeutsamkeit auf die P300 ließe sich nach Sutton et al. (1978) auch die relativ große individuelle Variabilität der P300 Amplitude erklären (siehe auch "Anreiz" und P300).

Bei der Analyse der Feedbackbedeutung im größeren Kontext der reafferenten Informationsverarbeitung berichten Haschke, Dormann, Schwind und Haschke (1987), daß das ereigniskorrelierte Potential für ein negatives Feedback eine negativ-positive Potentialänderung und für ein positives Feedback nur eine positive Potentialänderung zeigt, wobei diese Potentialveränderungen alle im 300 msec Bereich zu beobachten waren.

In einer Konzept-Identifikations-Aufgabensituation beobachteten Stuss und Picton (1978) zwei deutliche, positive Gipfel (P3 mit einer Latenz von 355 msec und P4 mit 647 msec), welche in einem Zusammenhang mit dem Feedback zum Erlernen eines Konzeptes standen. Der P3 wurde die Evaluation der Feedbackinformation und der P4 die Neugestaltung der Wahrnehmungshypothesen zugeschrieben. In einer Folgearbeit (Stuss, Toga, Hutchison & Picton, 1980), in der ebenfalls aufgrund des Feedbacks ein Konzept zu erlernen war, konnte gleichfalls neben einer P2 (211 msec), eine P3 (354 msec) und eine P4 (590 msec) beobachtet werden, die mit zunehmendem Informationsgehalt eine größere Amplitude zeigten. Die Autoren diskutieren deren Bedeutung als modalitätsunspezifische Korrelate der Informationsverarbeitung, wobei die P2 das *Erkennen* der sequentiellen Darbietung, die P3 die *Bewertung* und die P4 die *Verwertung* (utilization) der Information repräsentieren mag.

Johnson (in Rösler et al., 1986) berichtet von einem Experiment, in dem Versuchspersonen Sekundenzeiträume abschätzen sollten und denen dann die Genauigkeit der Schätzung zurückgemeldet wurde. Die Auswertung der gefilterten Einzeldurchgänge zeigte dann im Durchschnitt über die Versuchspersonen in 80% der Fälle zwei positive Gipfel und in weiteren 30% der Durchgänge wurden 3 positive Gipfel innerhalb von 1500 msec nach Darbietungsbeginn des Feedbacks gefunden (vgl. Abbildung 24). Nachdem für die erste P300 eine größere Amplitude nur für jene Reize gefunden wurde, welche eine korrekte Leistung anzeigten, liegt der Schluß nahe, daß diese P300 den Stimulus-Evaluationsprozeß reflektiert. Die nachfolgenden P300 dürften Prozesse über die Verwertung der Information für nachfolgende Gegebenheiten repräsentieren. (Siehe auch den Abschnitt über multiple P300.)

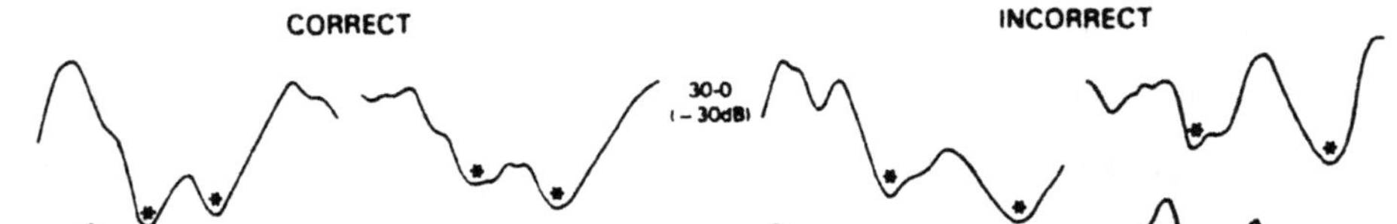

Abb. 24. Beispiele gefilterter Einzeldurchgänge mit multiplen P300 Potentialen (aus Johnson, 1986, S. 53).

VII.5.5.4.7 Anreiz

Hömberg, Grünewald und Grünewald-Zuberbier (1980) untersuchten in einer "aufgabenfreien" P300 Anordnung den Einfluß intrinsischer Relevanz auf die P300-Amplitude. Verschiedene Zahlen repräsentierten in der Experimentalgruppe den Gegenwert in Geld und waren ohne Bedeutung in der Kontrollgruppe. Das Ergebnis zeigte einen klaren Zusammenhang von P300 Amplitude und Bedeutungsgehalt (Anreiz) auf Pz, etwas weniger stark auf Cz und Oz und nicht signifikant auf Fz.

VII.5.5.4.8 Adaptationsniveau

Aufbauend auf dem Konzept der Adaptationsniveau-Theorie ("adaptation-level theory") nach Helson (1964) bzw. zum "Bezugssystem" der "Reference-Frame Theory" (Lauterbach & Sarris, 1980) haben Ullsperger, Gille und Metz (1987) demonstriert, daß die P300 Amplitude dahingehend interpretiert werden kann, daß sie die Distanz zwischen Adaptationsniveau und der aktuellen Bewertung der Stimulusinformation auf einer internen Skala reflektiert. Ullsperger und Gille legen 1988 weitere Daten vor, wonach die P300 Amplitude als Maß der "mentalen Distanz zum Adaptationsniveau" betrachtet werden kann.

VII.5.5.4.9 Semantische Kategorisierung

Bei den Experimenten, in denen der Einfluß der Auftretenswahrscheinlichkeit auf die P300 untersucht wird, ist die Vorgangsweise derart, daß die Versuchsperson fortlaufend stimuliert wird, wobei die Stimuli jeweils einer bestimmten Kategorie zugeordnet werden sollen und instruktionsgemäß die Anzahl der Stimuli einer Kategorie gezählt werden. Dabei zeigen die Stimuli der niederen Auftretenswahrscheinlichkeitskategorie eine größere Amplitude. In diesem Paradigma ist die Kategorienzuordnung meist physikalisch determiniert (Lautstärke, Frequenz usw.). Kutas und Donchin (1978) untersuchten den Einfluß der Kategorisierung nach semantischen Eigenschaften (fixe Wörter, männlich/weibliche Namen, Reime und Synonyma; siehe auch Abbildung 25). Dabei zeigte sich, daß die Latenz der P300 mit zunehmender Komplexität der Kategorisierung zunimmt. Dementsprechend stützen diese Daten Donchins (1975) Auffassung, daß die P300 kognitive Prozesse reflektiert und mit zunehmender Komplexität des kognitiven Prozesses auch längere Latenzen zeigt. Diese Auffassung wird von Ergebnissen ereigniskorrelierter Potentiale visueller Reize bestätigt (Czigler & Szenthe, 1988), wo ebenfalls ein Zusammenhang von P300 Latenz und der Komplexität des Reizmaterials gefunden wurde.

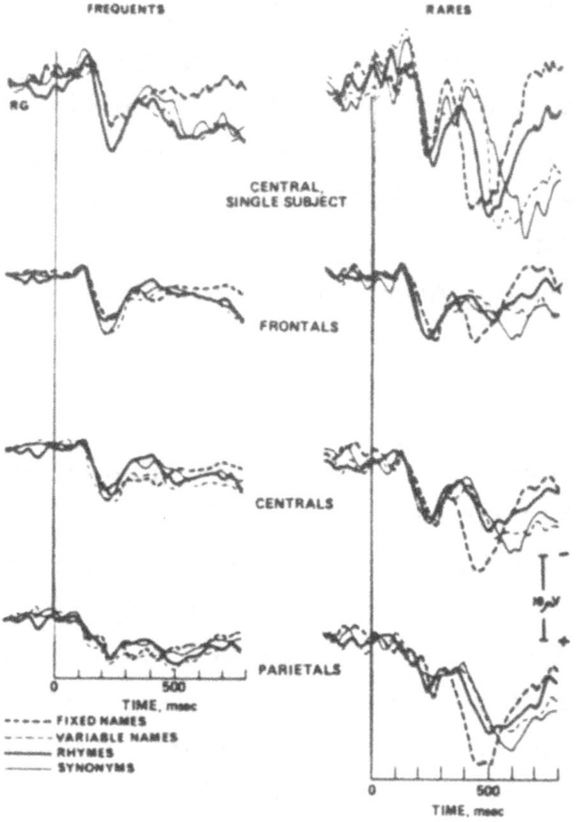

Abb. 25. Beispiel des Einflusses der Komplexität des Reizmaterials auf den späten positiven Komplex bei einer semantischen Kategorisierungsaufgabe (aus Kutas & Donchin, 1978, S. 199).

VII.5.5.4.10 Levels of Processing

Nach Craik und Lockhard (1972) bestimmt der *Level of Processing* die Behaltensleistung im Langzeitgedächtnis als eine Funktion der Tiefe der Verarbeitung und der Quantität der ankommenden Stimuli. Naumann, Bartussek, Möller und Laufer (1987) fanden für die semantische, emotionale Dekodierung sowohl für positive als auch für negative Eigenschaften, nicht aber für neutrale größere P300 und Slow Wave Amplituden, was als Ausdruck einer gedächtnisunabhängigen Verarbeitungstiefe interpretiert wurde.

VII.5.5.4.11 Multiple P300

In einer Aufgabe mit komplexen visuellen Reizen (Bilder der linken und der rechten Hand, die in verschiedene Richtungen wiesen) beobachtete Johnson (in Rösler et al., 1986) multiple P300. In den meisten Durchgängen mit der schwierigeren Stimulusdiskrimination wurden dabei zwei P300 gefunden. Während die erste P300 die gleiche Latenz hatte wie die in der einfach zu diskriminierenden Bedingung, trat die zweite einige hundert msec später auf und hatte eine sehr variable Latenz. Dieser Befund wurde dahingehend interpretiert, daß die Personen in einem zwei-Stufen Prozeß die Stimuli klassifizierten. So könnte in der ersten Stufe die Orientierung oben/unten des Reizmaterials analysiert werden und in der zweiten Stufe die Entscheidung, ob die abgebildete Hand richtig erkannt wurde, getroffen werden.

Daraus läßt sich auch ableiten, daß bei der Analyse gemittelter Daten, wie das bei ereigniskorrelierten Potentialen normalerweise der Fall ist, die "zweite P300" aufgrund unterschiedlicher Latenzen in den einzelnen Durchgängen im Mittel als positive Slow Wave beschrieben wird, obwohl es sich bei der Analyse von Einzeldurchgängen um multiple P300 handelt (siehe Abbildung 26).

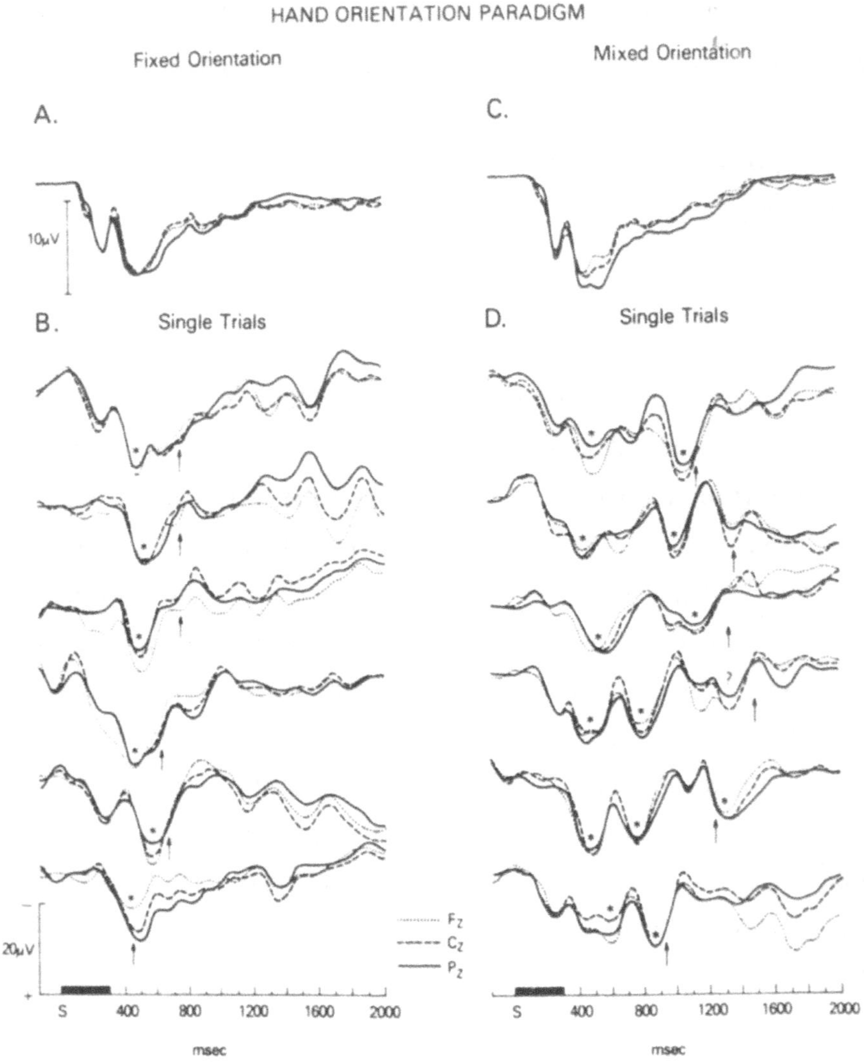

Abb. 26. Gemittelte ereigniskorrelierte Potentiale (A. C.) und gefilterte Einzeldurchgänge (B. D.) aus einem Hand-Orientierungs-Paradigma mit den Bedingungen fixe und variable Orientierung. Die Sternchen markieren P300 Gipfel und die Pfeile den Reaktionszeitpunkt (aus Johnson, 1986, in Rösler et al., 1986, S. 56).

Im Zusammenhang mit multiplen P300 kommt der "Wiederholungsrate" der P300 insofern Bedeutung zu, als Woods, Courchesne, Hillyard und Galambos (1980) zeigten, daß bei der Aufeinanderfolge von P300-Potentialen innerhalb von etwa 500 msec die Amplitude verkleinert ist. Die Autoren interpretierten den Befund im Sinne einer "Erholungsphase" (recovery) und verwiesen auf die Analogie der psychischen Erholungsphase für kognitive Prozesse mit einer vergleichbaren Periode. Auch die Ergebnisse von Semlitsch und Anderer (1989), wonach die P300 Amplitude vom Interstimulus-Intervall beeinflußt wird, stützen diese Auffassung.

VII.5.5.4.12 Gedächtnisaktualisierung (memory updating)

1981 schlägt Donchin entsprechend dem Konzept der Orientierungsreaktion – ohne die P300 als einen Teil der Orientierungsreaktion zu sehen – vor, daß die P3b jene Prozesse widerspiegelt, welche das zugehörige *neuronale Modell* (das Schema, mit dem der aktuelle Input verglichen wird) und damit auch den experimentellen Erwartungswert aktualisieren. Nach Pribram und McGuinnes (1975) wird diese "Systemadjustierung" auch "Situationsanpassung" *(context updating)* genannt. Donchin vermutet, daß die P300 jene Prozesse widerspiegelt, welche unmittelbar bei der *Veränderung des Gedächtnisses* (der Konzepte, der Maps) aktiv sind; in anderen Worten: den *Lernprozeß*. Ebenso kommen Fabiani, Karis und Donchin (in Rösler et al., 1986) in einem Review zu dem Schluß, daß die Amplitude der P300 das Ausmaß widerspiegelt, in dem das Arbeitsgedächtnis (working memory) von der die P300 auslösenden Gegebenheit modifiziert wird *(memory updating)*. Auch diese Ansicht stützt jene Überlegungen, nach denen die P300 eine Manifestation von Operationen ist, welche die Repräsentationen im Arbeitsspeicher verändern.

VII.5.5.4.13 Aktivierungsüberschuß (excess activation)

Verleger (1988a) kritisiert die Situationsanpassungs-Hypothese (context updating bzw. memory updating) und formuliert eine "Aktivierungsüberschuß-Hypothese" (excess activation). Danach stellt die P300 eine nach dem Ende der Perzeptions-Epoche überschießende Aktivierung der "Wahrnehmungskontrollzentren" dar. Danach würde bei schwierigeren Reizbewertungsaufgaben, wo mehr Aktivierung konsumiert wird, der Akti- vierungsüberschuß (die P300) reduziert sein (Verleger, 1988c).

VII.5.5.4.14 Zeitschätzung

Die Experimente, in denen Zeitschätzungen mit psychophysiologischen Methoden untersucht wurden, teilt Plooijn van Gorsel (in Rösler et al., 1986) in drei grundlegende Methoden:

1) Produktion, bei der die Person nach einem bestimmten, instruierten Zeitintervall reagieren soll;

2) Reproduktion, bei der das Zeitintervall vorgegeben wird und

3) Vergleich oder Zeitdiskrimination, wobei die Versuchspersonen angeben soll, welches von zwei nacheinander präsentierten Intervallen länger oder kürzer ist.

Letztlich zeigt sich unter allen Aufgaben zur Zeitschätzung, daß ein langsames negatives Potential (späte CNV) von einem späten positiven Potential (P300) beendet wird. Die P300 läßt sich in jenem Moment beobachten, der als relevant erlebt wird. Ferner kann angenommen werden, daß die P300, vor allem die pSW, mit Aktivitäten verbunden ist, welche für die Adjustierung nachfolgender Ereignisse zuständig sei, wie bessere Vorbereitung *(advanced preparation)* und Situationsanpassung *(context updating)*

VII.5.5.4.15 Automatische/kontrollierte Informationsverarbeitung

Rösler (z.B. 1983) versucht, einige bestehende Konstrukte zur Erklärung der P300 (wie Kontextneugestaltung oder Abrufungen aus dem Gedächtnis) in das generelle Konzept der "automatischen" versus "kontrollierten Informationsverarbeitung" zu integrieren. Das zugrundeliegende theoretische Konzept wurde aufgrund rein psychologischer Erwägungen von Schneider und Shiffrin (1977) und Shiffrin und Schneider (1977) formuliert. Vergleichbare Überlegungen gibt es aber auch von Posner und Snyder (1975), der von *automatischer Aktivierung von Verbindungen* (automatic activation of pathways) und *bewußter Aufmerksamkeit* (conscious attention) spricht, als auch von Neisser (1967), wenn er von *"preattentive processing"* und *"focal attention"* spricht.

Übersieht man die semantischen Unterschiede, so lassen sich *automatische Prozesse* dadurch charakterisieren, daß sie ohne Intention ablaufen und die Person sich dessen nicht bewußt ist. Dabei gibt es auch keine Interferenzen mit anderen automatisch ablaufenden Prozessen des zentralen Nervensystems. *Kontrollierte Prozesse* hängen von der Absicht der Person ab, können durch Introspektion leicht beobachtet werden und hängen von einem zentralen Verarbeitungsbehelf (-mechanismus) mit begrenzter Kapazität ab, welcher mit anderen kognitiven Aktivitäten ähnlicher Art interferiert. Kontrollierte Prozesse (z.B. Gedächtnisoperationen, Zählen, Entscheidungen treffen usw.) dauern länger als automatisch ablaufende, haben aber den Vorteil, daß sie leicht abgesetzt, verändert und in neuen Situationen eingesetzt werden können.

Den Aspekt der Entwicklung automatischer Prozesse hat Schneider (1985) in einer Ausweitung der zwei-Prozesse-Theorie beschrieben. Danach schlägt er vor, daß der Übergang von kontrollierten zu automatischen Prozessen kontinuierlich in vier Phasen abläuft:

1) Kontrollierte Prozesse mit Gedächtnisvorbereitung (preload);

2) kontrollierte und automatisierte Prozesse;

3) automatische Prozesse, unterstützt von kontrollierten;

4) automatisierte Prozesse – alles aufgrund des Lernens von Prioritäten.

Betrachtet man den Zeitverlauf des Überganges von kontrollierten zu automatisierten Prozessen in diversen Subsystemen, so kommen Kramer und Strayer (1988) aufgrund der Analyse von Reaktionszeitdaten und der P300 zu dem vorläufigen Ergebnis, daß die "Stimulusbewertungsprozesse" schneller automatisiert werden als die Prozesse der Auswahl der Reaktion.

Rösler (z.B. 1982) konnte nun zeigen, daß in Aufgabensituationen, welche eine kontrollierte Informationsverarbeitung verlangen, immer eine P300 mit bedeutender Amplitude beobachtet werden kann, während in Aufgabensituationen, welche automatisiert abliefen, keine P300 oder eine mit nur unbedeutender Amplitude beobachtet wird.

VII.5.5.5 Einfluß des Lebensalters

Courchesne (1977, 1978) beschreibt für eine visuelle Odd-ball-Aufgabe ein Potential mit den Komponenten N1, P2, N2 und P3 für Personen im Alter von 6 bis 36 Jahren. Der deutlichste Effekt des Lebensalters war eine Verkürzung der P300-Latenz mit zunehmendem Alter, was als Ausdruck einer prinzipiell gleichartigen Informationsverarbeitung bei Kindern und Erwachsenen – *bei geistiger Effizienz* – interpretiert wurde.

Bei überraschenden Reizen zeigten Kinder eine Ne-Welle (eine negativ Welle mit einer Latenz von ca 410 msec) und eine Pc-Welle (eine positive Welle mit einer Latenz von ca 900 msec), während bei den Erwachsenen die Ausprägung des P3-Komplex beeinflußt wurde. Dieser Befund wurde als Ausdruck unterschiedlicher Kategorisierung interpretiert (Courchesne, 1978), welcher den entwicklungspsychologischen Stand reflektiert.

Wijker, Molenaar und Molen (1988) untersuchten altersabhängige Veränderungen in den P350, P550 und N800 Komponenten in einer visuellen Odd-ball-Aufgabe und finden keine morphologischen Unterschiede, aber Einflüsse auf die Topographie. Übersichtsarbeiten zum Einfluß des Alters finden sich bei Klorman, Thompson und Ellinson (1978) und Kurzberg, Vaughan, Courchesne, Friedman, Harter und Putnam (1984).

VII.5.5.6 Abschließende Bemerkungen zur P300

Goff et al. (1978) sehen als psychologische Korrelate der P300 Prozesse die Orientierungsreaktion und die kognitive Stimulusbewertung.

Nach Rösler (1982) erscheint auch bei aller Skepsis gegenüber vorschnellen und spektakulären Aussagen die Annahme gerechtfertigt, *daß mit großer Wahrscheinlichkeit gerade die P300 solche Teilfunktionen des zentralen Nervensystems repräsentiert, die als Basis für bewußte bzw. dem Bewußtsein zugängliche Informationsverarbeitungsprozesse angesehen werden können*. Die Ergebnisse sprechen für eine kognitive Interpretation des Phänomens, mit dem man "dem Bewußtsein auf der Spur" (p. 70) ist.

Rösler und Sutton (in Rösler, 1986) kommen zu dem Schluß, daß im Augenblick die Methoden der kognitiven Psychologie bei der Erforschung der ereigniskorrelierten Potentiale einen größeren Beitrag leisten können, als die ereigniskorrelierten Potentiale der Psychologie bieten können.

Neben den vielen Unklarheiten im Zusammenhang mit der P300 lassen sich zumindest zwei Elemente der P300 mit kognitiven Konstrukten, die der angewandten Neuropsychophysiologie dienlich sind, in Zusammenhang bringen. *Die Latenz der P3b kann als ein von der Motorik unabhängiges Maß der Verarbeitungszeit angesehen werden* (vgl. Michalewski, Kamel & Starr, 1988; die einen engen Zusammenhang der P475 mit der Schwierigkeit einer mentalen Aufgabe nachwiesen). *Die Ausprägung des späteren Teiles der P300 ist eng mit dem Ausmaß der Verarbeitungsbeanspruchung verknüpft.*

Aufgrund der zahlreichen Arbeiten zur P300 konnte naturgemäß nur ein kleiner Teil der relevanten Literatur aufgezeigt werden. Eingehende Reviews bzw. umfassende Artikel finden sich u.a. bei Donchin (1981), Pritchard (1981), Rösler (1983), Rösler et al. (1986) und Tueting (1978).

VII.5.6 N400

Kutas und Hillyard (1980) gingen mit der Hypothese an ein Experiment, daß unvorhersehbare Endwörter in einem Satz eine P300 auslösen würden. Im Abstand von 700 msec präsentierten sie mit Dias je ein Wort aus einem Satz mit 7 Wörtern. Überraschenderweise wurden die unerwarteten Endwörter (z.B. "He shaved off his mustache and eyebrows") nicht von einer P300, sondern von einem negativen Potential mit einer mittleren Latenz von 400 msec und größter Amplitude im zentro-parietalen Bereich begleitet.

Unterschied sich das Endwort nur in der physikalischen Art der Präsentation (z.B."I take coffee with cream and SUGAR"), so wurde nur eine P300 ausgebildet und im Falle der Kombination von physikalischer Auffälligkeit und semantischer Abweichung (z.B. "I take coffee with cream and ENGINE"), so entsprach das ereigniskorrelierte Potential etwa der algebraischen Summe von P300 und N400 (Kutas & Hillyard, 1980).

Bei Untersuchungen zur Erwartung von Endwörtern (mit einer empirischen Einteilung von sehr wahrscheinlichen bis sehr unwahrscheinlichen Endwörtern; "cloze procedure" nach Bloom & Fischler, 1980) fanden Kutas und Hillyard (1984) für sehr wahrscheinliche Endwörter eine breite späte Positivität und für unwahrscheinliche Wörter eine N400, deren Amplitude mit der "cloze"-Wahrscheinlichkeit invers korreliert war.

Daß das negative Potential im Zeitbereich der sogenannten N400 im besonderen komplexe kognitive Aktivitäten reflektiert, geht auch aus einer psychophysiologischen Untersuchung über die mentale Rotation hervor (45 bis 180 Grad), wo die N400 vor allem auf Pz und Oz monoton mit dem Ausmaß der Rotation anstieg. Die Autoren leiten aus ihren Ergebnissen ab, daß die "geistige Vorstellung" eine Funktion des visuellen Systems ist (Farah & Peronnet, 1989b).

Ob die N400 einen einzelnen neuronalen Prozeß repräsentiert, oder wie die P300 eine Klasse von Prozessen darstellt, ist zum gegenwärtigen Zeitpunkt unklar (Regan, 1989). Als Generator oder zumindest beteiligte Struktur wird der mediale Temporallappen angesehen. Ein in Tiefenableitungen gefundener Polaritätswechsel auf kurzen räumlichen Distanzen im Hippocampus und parahippocampalen Gyrus deutet auf den gleichen Potentialursprung wie den der P300 hin (vgl. Halgren et al., 1986).

VII.5.7 Orientierungspotentiale

Die reflektorische – im Gegensatz zur absichtlichen – Reaktion auf intensive, plötzliche oder gewaltige Reize und die damit verbundene reflektorische Aufmerksamkeitszuwendung sind Teil der Orientierungsreaktion (z.B. Pavlov, 1927; Sokolov, 1963a).

Das Konzept der Orientierungsreaktion gehört seit den frühen Konditionierungsexperimenten in das Inventar der Psychologie und ist wahrscheinlich eines der wichtigsten Konzepte der kognitiven Psychophysiologie. Rohrbaugh (1984) geht davon aus, daß alle ins Auge springenden Reize von einer Orientierungsreaktion begleitet werden. Deshalb begegnet uns die Orientierungsreaktion in zahlreichen experimentellen Situationen und ist sowohl für sensorische als auch kognitive Prozesse von Bedeutung.

Auf neuropsychophysiologischem Niveau manifestiert sich die Orientierungsreaktion sowohl in der Spontanaktivität in Form einer Alpha-Blockade, wobei zwischen lokaler und genereller Orientierungsreaktion unterschieden wird (Sokolov, 1963b), als auch im ereigniskorrelierten Potential.

Obwohl ereigniskorrelierte Potentiale bei der Analyse der Orientierungsreaktion aufgrund der Mittelungstechnik und auch, weil nach gängiger Auffassung die Orientierungsreaktion der Habituation unterliegt, auf Schwierigkeiten stößt, läßt sich die Orientierungsreaktion durch geeignete experimentelle Anordnungen bzw. durch diverse Signalextraktionsverfahren (mooving averages, Einzelpotentialanalysen, korrelative Verfahren usw.) dennoch untersuchen. Dabei zeigt sich, daß einerseits nahezu alle nicht-spezifischen Komponenten des ereigniskorrelierten Potentials von der Orientierungsreaktion beeinflußt werden (Rohrbaugh, 1984), als auch eine spezifische Potentialkomponente, nämlich die Orientierungswelle als Manifestation der Orientierungsreaktion betrachtet werden kann.

Näätänen und Gaillard (1983) zeigten, daß sowohl die N2b als auch die Mismatch Negativity (MMN) von Prozessen der Orientierungsreaktion beeinflußt werden. Ferner weisen sie darauf hin, *daß eine "voll ausgeprägte" Orientierungsreaktion nur dann abläuft, wenn im ereigniskorrelierten Potential ein N2b-P3a Komplex auftritt.*

1968 beschrieben Haider, Groll und Studynka ein in Oberflächenableitungen negatives Potential mit einer Spitzenlatenz von 250 - 350 msec als Reaktion auf unerwartete Reize. Bei diesem Experiment wurde den Versuchspersonen eine Serie von Reizen in einer regelmäßigen zeitlichen Aufeinanderfolge (1,1 sec) geboten. Relativ selten wurde ein Intervall auf 800 msec verkürzt. Für diese Bedingung wurde nicht nur ein oberflächennegatives "Orientierungspotential" gefunden, sondern auch Potentialveränderungen im Thalamus. Die thalamischen Potentiale unerwarteter Reize zeigten sowohl Veränderungen in der Latenz als auch größere Amplituden, was auf die Beteiligung der thalamischen Relaykerne bei Orientierungsreaktionen schließen läßt. Aber auch der Befund aus Groll-Knapp et al. (1981), wonach in den späten modalitäts-unabhängigen Potentialen – welche über dem parietalen Kortex am deutlichsten ausgeprägt sind – keine Polaritätsumkehr zwischen Oberflächen- und Tiefenableitung gefunden wurde, spricht für tiefergelegene Generatoren.

Dieses Orientierungspotential (Haider, Groll & Studynka, 1968) war besonders verstärkt, wenn auf das unerwartete Signal reagiert werden mußte obwohl es auch ohne tatsächlich durchgeführter motorischer Reaktion ebenfalls auftrat. Auch dieser Befund weist auf die Bedeutung des motorischen Thalamus in Verbindung mit dem Orientierungspotential.

Ein oberflächennegatives Potential nach unerwarteten Reizen wurde in der Folge aber nicht repliziert. Stattdessen wurde von anderen Autoren für vergleichbare situative Gegebenheiten ein oberflächenpositives Potential im Bereich von 200 - 300 msec nach Reizbeginn (P300) beschrieben (vgl. Abbildung 27).

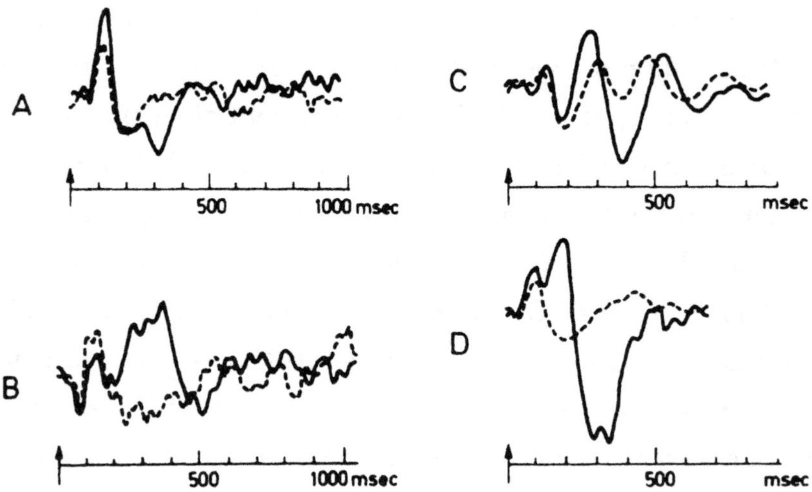

Abb. 27. Ein Vergleich "langsamer Potentiale" für erwartete (strichlierte Linie) und unerwartete (durchgezogene Linie) Reize verschiedener experimenteller Beiträge. A: Ritter, Vaughan und Costa (1968). B: Haider et al. (1968). C: Squires, Hillyard und Lindsay (1973). D:Courchesne, Hillyard und Galambos (1975). (Aus Haider et al., 1981, S. 132.)

Seit der Arbeit von Loveless und Sanford (1974) wird die Bezeichnung *Orientierungswelle (O-Welle, O-wave)* auch für den frühen Teil der CNV verwendet. 1976 beschrieb Loveless für Töne mit unvorhersehbarer Änderung der Frequenz einen frontal dominanten negativen Komplex und eine zentral dominante langsame positive Welle. Diese einer Orientierungsreaktion zugeschriebenen Potentiale (z.B. Simons, Rockstroh, Elbert, Fiorito, Lutzenberger & Birbaumer, 1987) traten bei sogenannten "non-signal" Stimuli auf, also bei Reizen, auf die in keinerlei Art und Weise reagiert werden mußte. Im frontal lokalisierten negativen Komplex unterschied Loveless eine N3 (mit einer mittleren Latenz von 414 msec) und eine N4 (mit einer mittleren

Latenz von 700 msec), deren Wellenformen bei den Personen unterschiedlich auftraten. So wie Loveless (1976) stellen auch Rohrbaugh und Gaillard (1983) mehrgipfelige Potentiale vor, welche als ein Korrelat der Orientierungsreaktion aufgefaßt werden können (siehe Abbildung 28).

Rohrbaugh und Gaillard (1983) diskutieren die Angemessenheit der Bezeichnung Orientierungswelle für den frontal dominanten negativen Potentialkomplex. Die Bezeichnung rührt daher, weil Intensität, Bedeutungsgehalt und Neuartigkeit des Reizes auf das Potential einen bestimmenden Einfluß haben. Andererseits konnten diese Zusammenhänge experimentell nicht einwandfrei belegt werden. Weiters muß beachtet werden, daß weder die O-Welle noch die Orientierungsreaktion als ein singulärer Prozeß abläuft.

Die Autoren finden aber die zahlreichen anderen Bezeichnungen als unzutreffend, weil: "slow negative wave; negative afterwave; cortical negative wave" den positiven Teil des Potentials ignorieren, "slow wave" sich nur auf den ersten Teil des Komplexes bezieht, und "early CNV wave" die Möglichkeit ausschließt, daß das Potential auch in nicht-CNV Situationen auftritt. Eher aus Gründen der Konvention denn aus Gründen der Überzeugung blieben sie bei der Bezeichnung O-Welle (im folgenden synonym mit Orientierungspotential verwendet) für den gesamten Komplex, der in ihrer Terminologie aus einer ersten langsamen negativen Welle ("SNW1"), frontal lokalisiert mit einer Latenz von 500 - 700 msec, einer langsamen positiven Welle ("SPW"), parietal lokalisiert mit etwa der gleichen oder einer etwas früheren Latenz und einer späten weit verteilten langsamen negativen Welle ("SNW2") besteht. PCA-Analysen (Rohrbaugh, Syndulko & Lindsley, 1976, 1978, 1979) zeigten, daß der erste Faktor die frontale Negativität und die parietale Positivität beinhaltet, während der zweite Faktor die dem ersten folgende frontale Negativität zeigt, welche von der parietalen Positivität unabhängig ist.

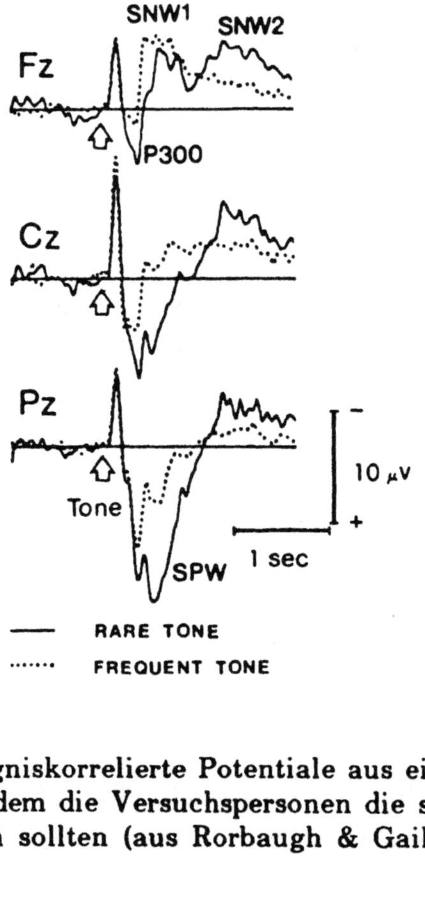

Abb. 28. Ereigniskorrelierte Potentiale aus einem Odd-ball Paradigma, in dem die Versuchspersonen die seltenen Töne (p = 0,25) zählen sollten (aus Rorbaugh & Gaillard, 1983, S. 275).

Rohrbaugh und Gaillard (1983) verweisen auf funktionale Unterschiede der SNW1 und der SPW; danach ist die SPW von der Auftretenswahrscheinlichkeit eines Ereignisses mehr abhängig als die SNW1.

Die frontale Lokalisation der mit der Orientierungsreaktion in Zusammenhang gebrachten ereigniskorrelierten Potentiale steht im Einklang mit Untersuchungen über die Bedeutung des frontalen Kortex bei der Steuerung der Orientierungsreaktion (Luria & Homskaya, 1970) und bei der Stimulusregistrierung (Pribram & McGuinness, 1975). Demgegenüber vertritt Barry (z.B. 1988) mit der "Primary Process Theory" – in der die Orientierungsreaktion als ein aus mehreren grundlegenden Prozessen bestehende Reaktion beschrieben wird – die Auffassung, daß die positive Slow Wave ein Indikator der Orientierungsreaktion sei.

VII.5.7.1 Einflußfaktoren auf das Orientierungspotential

Bei der Zusammenschau der Gemeinsamkeiten der O-Welle in CNV und nicht-CNV Situationen beschreiben Rohrbaugh und Gaillard (1983) eine Reihe von experimentellen Variablen – obwohl sie finden, daß die psychologischen Determinaten des Orientierungspotentials bisher nicht präzise definiert sind – welche z.T. im folgenden wiedergegeben werden.

VII.5.7.1.1 Reizmodalität

Anhand einer einfachen Zählaufgabe konnten Rorbaugh et al. (1979) zeigen, daß das Orientierungspotential bei akustischer Stimulation einheitlich größer war als für visuelle Stimuli. Dieser Befund deckt sich mit früheren Beobachtungen, wonach die langsamen Aktivitäten nach visueller Stimulation generell als eher klein oder positiv beschrieben wurden (z.B. Kok & Looren DeJong, 1980; Rösler, 1981), obwohl dieser Modalitätseffekt nicht immer gefunden wird (Rohrbaugh et al., 1979).

VII.5.7.1.2 Reizintensität

Der Einfluß der Reizintensität auf Orientierungspotentiale ist bisher nicht systematisch untersucht worden, doch gibt es Hinweise, daß bei Personen mit einer ausgeprägten O-Wave im Falle der akustischen Stimulation ein direkter Zusammenhang von Reizintensität und Amplitude der O-Wave besteht (Rohrbaugh & Gaillard, 1983).

VII.5.7.1.3 Lateralisation

Rohrbaugh und Gaillard (1983) zeigen, daß die O-Wave unter verschiedenen experimentellen Bedingungen, wie passives Hören, Zählen und Diskriminieren, in der rechten Hemisphäre sowohl frontal als auch zentral größer ist. Dieser Befund wird einerseits dahingehend interpretiert, – nachdem die Reize in diesem Experiment Töne waren – daß dem rechten Frontalhirn bei der Wahrnehmung von Ton und Klang eine bedeutende Rolle zukommt (z.B. nach Shapiro, Grossman & Gardener, 1981), oder den Spekulationen von Heilman und van den Abell (1979, 1980) folgend, daß Aufmerksamkeits- und Orientierungsprozesse grundlegende Funktionen der rechten Hemisphäre sind, was eine Verbindung zu grundlegenden Überlegungen der O-Wave herstellt.

VII.5.7.1.4 Reizwiederholungsrate

Daß die Reizwiederholungsrate einen starken Einfluß auf die Amplitude der O-Wave hat, konnten Rohrbaugh et al. 1979 damit zeigen, daß bei einem längeren Stimulationsintervall die O-Wave stärker ausgeprägt ist. Es bleibt aber offen, ob der zugrundeliegende Mechanismus in einer Art Erholungsphase des Orientierungspotentials begründet ist, oder ob es bei einer durchgehend schnelleren Stimulation zu einer generellen negativen Verschiebung des Gleichspannungspotentials als eigentliche Ursache einer verkleinerten O-Wave bei schnellerer Stimulation kommt.

VII.5.7.1.5 Motorische Reaktion

Die Tatsache, daß bei einer motorischen Antwort (meistens das Drücken einer Taste) die Ausbildung einer O-Wave nicht oder nur sehr atypisch erfolgt, ist bei Rohrbaugh und Gaillard (1983) für Einzelreize demonstriert und von McCallum und Papakostopoulos (1972) für S1 im CNV Paradigma gezeigt worden. Die Begründung könnte einerseits in einer Überlappung mit einem die motorische Reaktion begleitenden positiven Potential (z.B. Trimmel, Streicher, Groll-Knapp & Haider, in Druck) liegen oder in einem durch die motorische Reaktion bewirkten Unterbrechen der der O-Welle zugrundeliegenden Prozesse.

VII.5.7.1.6 Zusammenhang mit Leistung

Bei der Beschreibung des Zusammenhanges von O-Wave und Leistungsverhalten greift Rohrbaugh (1984) auf eine Arbeit mit variabler Vorperiode von Loveless (1973) zurück, in der ein klarer Zusammenhang von O-Wave und Reaktionszeit aufgezeigt werden konnte.

VII.5.7.1.7 Habituation

Kenemans, Verbaten, Sjouw und Slangen (1988) untersuchten die Habituation von N1, N2 und P3 der ereigniskorrelierten Potentiale in Einzeltrials und in Verbindung mit der elektrischen Hautaktivität als einen Indikator der Orientierungsreaktion. Dabei zeigte die N1 im Laufe der Durchgänge eine deutliche Amplitudenabnahme (ähnlich wie die elektrische Hautaktivität) – welche allerdings durch Instruktion verzögert werden konnte – während die P300 nur in den ersten Durchgängen einen Amplitudenabfall zeigte und die N2 eine langsame Habituation zeigte.

VII.5.8 Slow Wave

N. Squires et al. (1975) beschrieben eine Slow Wave, welche sich mit der P300 überlappte, aber etwas mehr anterior lokalisiert war und von der Stimulusbedeutung beeinflußt wurde. Trotz der experimentellen Schwierigkeiten bei der Bestimmung und Evaluation der einzelnen Komponenten aufgrund der Überlappung (siehe Ruchkin, Sutton & Stega, 1980) zeigte sich eine funktionale Unabhängigkeit von P300 und parietaler positiver Slow Wave (Ruchkin, Sutton & Stega, 1980; Ruchkin, Sutton, Kietzmann & Silver, 1980), obwohl beide als Ausdruck eines "späten positiven Komplexes" (late positive complex, LPC) verstanden werden, z.B. Ruchkin und Sutton, 1983 (siehe auch P300).

Auf methodische Probleme bei der Slow Wave Extraktion mit faktorenanalytischen Verfahren bei der Varimax-Rotation (Vermengung eines linearen Trends mit überlappenden Komponenten) verweisen Verleger und Möcks (1987).

Fitzgerald und Picton (1981) vermuten, daß die positive Slow Wave *"Informationsbelastung" (information load)* reflektiert und Ruchkin und Sutton (1983) meinen, daß sie ein Abbild *"weiterer Verarbeitung"* sei.

Nach Näätänen und Michi (1979b) und Picton und Stuss (1980) besteht die Slow Wave aber aus einer frontalen negativen Welle und einer parietalen positiven Welle, welchen jeweils spezifische kognitive Prozesse zugeordnet werden. Nach Friedman (1984) wird die parietale Slow Wave von Prozessen, welche bei der Stimulation aktiviert werden, beeinflußt und die frontale Slow Wave von Prozessen, welche mit einer Reaktion verbunden sind, beeinflußt. Aspekte der Slow-Wave werden auch im Abschnitt Orientierungspotentiale beschrieben (siehe auch Abbildung 28).

VII.5.9 Vorbereitungspotentiale

Im folgenden werden einige kortikale Potentiale beschrieben, welchen gemeinsam ist, daß sie bereits vor einem markanten und antizipierten Ereignis oder Handlung auftreten. *Die Bezeichnung "Vorbereitungspotential" (präparation potential) wurde als Oberbegriff der im folgenden beschriebenen Potentiale gewählt bzw. zur allgemeinen Beschreibung von kortikalen Potentialen, welche angekündigten oder selbstinitiierten Tätigkeiten vorangehen, ohne auf den Aspekt der beteiligten Motorik näher einzugehen.* Diese Auffassung betrachtet Vorbereitungspotentiale aus einer globaleren Sicht als der im folgenden kurz umrissene

Standpunkt von Gaillard (in Rohrbaugh et al., 1986), der Vorbereitungsprozesse in engem Zusammenhang mit der Motorik sieht.

Gaillard zählt eine Reihe von Argumenten auf, wonach die späte CNV (E-wave; terminal CNV) von denselben Generatoren wie das Bereitschaftspotential generiert wird und formuliert die "Reaktions-Präparations Hypothese" (response(R)-preparation hypothesis), wonach es sich um

> "... processing of information, which is carried out before stimulus evaluation is completed and which is aimed at facilitating the response processing occurring after stimulus evaluation." (Gaillard in Rohrbaugh et al., 1986, S. 205)

handelt. Bei der expliziten Aufzählung der relevanten Prozesse:

1) Programmierung der Bewegung,

2) "timing" der Bewegung,

3) Innervation der involvierten Muskeln und

4) "presetting" für eine bestimmte Bewegung;

bleibt Gaillard aber ausschließlich bei Aspekten, welche die Motorik miteinschließen und erscheint deshalb als zu eingeschränkt.

Erstens liegen eindeutige Befunde vor, wonach auch bei der Antizipation "nicht-motorischer Aufgaben", wie Kopfrechnen (z.B. Birbaumer, Elbert, Lutzenberger, Rockstroh & Schwarz, 1981) oder lautloses Zählen des imperativen Reizes S2 (z.B. Bauer et al., 1986) eine *Erwartungswelle* (späte CNV) beobachtet wird. Zweitens müssen die Ergebnisse der *Stimulus Preceding Negativity* (siehe weiter unten) mitberücksichtigt werden, ebenfalls ein negatives Potential ohne Beteiligung der Motorik. Drittens muß beachtet werden, daß auch das

Bereitschaftspotential von mentalen Aktivitäten beeinflußt wird (Freude, Ullsperger, Krüger & Pietschmann, 1988), sodaß möglicherweise der späten CNV und dem Bereitschaftspotential tatsächlich auch ein gemeinsamer "Antizipations- und Präparations-" Prozeß zugrundeliegt und deshalb als ein Index für zentralnervöse Vorbereitungsaktivitäten betrachtet werden kann.

VII.5.9.1 Bereitschaftspotential

Vor Willkürbewegungen (Kornhuber & Deecke, 1964, 1965), aber auch vor willentlichen Augenbewegungen (Becker, Hoehne, Iwase & Kornhuber, 1972) vor dem Schreiben und Zeichnen (Kornhuber, Schreiber, Deecke, Kornhuber, Schreiber, Lang, Lang, Kornhuber, Heise & Keidel, 1986) und vor Sprachäußerungen (Grözinger, Kornhuber, Kriebel & Murata, 1972; Grözinger, Kornhuber, Kriebel, Szirtes & Westphal, 1980) läßt sich im Sekundenbereich vor dem eigentlichen Akt ein langsames kortikales Potential beobachten, welches nach Kornhuber und Deecke (1964; 1965) Bereitschaftspotential (BP; manchmal auch "readiness potential, RP") genannt wird, aber auch allerdings selten – nach der Beschreibung von Vaughan, Costa und Ritter (1968) – N1.

Entgegen der klassischen Theorie über die Beteiligung des Motorkortex bei der Initiierung einer Bewegung, tritt das erste beobachtbare Potential vor einer willkürlichen Bewegung nicht nur auf der kontralateralen Seite, sondern in beiden Hemisphären auf. Das Bereitschaftspotential beginnt bis zu einigen Sekunden vor dem Akt und zeigt zwar eine relativ große Variation von Person zu Person, ist aber intraindividuell relativ stabil (Deecke & Kornhuber, 1977, siehe Abbildung 29).

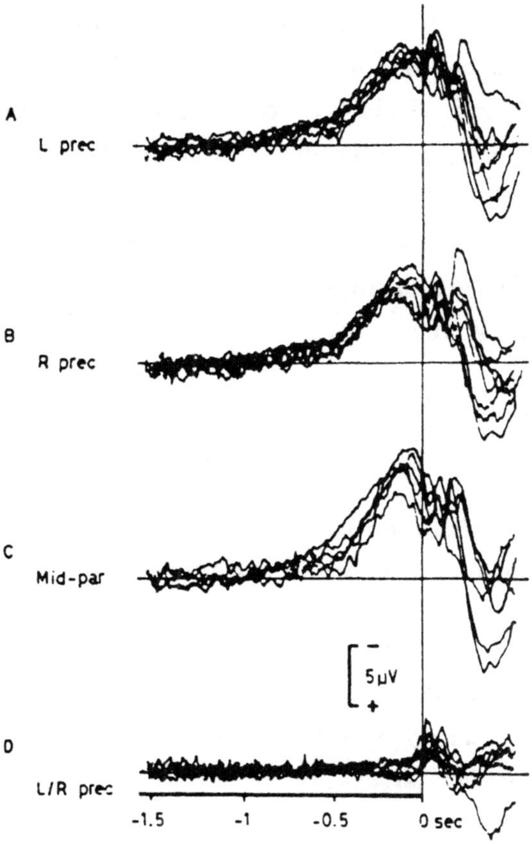

Abb. 29. Bereitschaftspotentiale von einer Person an aufeinanderfolgenden Tagen jeweils übereinandergezeichnet zur Demonstration der Stabilität. A, B und C wurden jeweils gegen verbundene Ohren abgeleitet; D ist eine bipolare Ableitung und zeigt, daß das Bereitschaftspotential präzentral (mit Ausnahme der letzten msec) nicht laterialisiert ist (aus Deecke & Kornhuber, 1977, S. 134).

Das Bereitschaftspotential ist ein langsam ansteigendes oberflächennegatives Potential (eine Negativierung der kortikalen Gleichspannung) über dem kontra- und ipsilateralen, präzentralen und parietalen Kortex mit einer maximalen Amplitude am Vertex (vgl. Becker & Kristeva, 1980; Freude & Ullsperger, 1987a; Grünewald, Grünewald-

Zuberbier, Hömberg & Netz, 1979a; Kristeva & Deecke, 1980; Kristeva, Keller, Deecke & Kornhuber, 1979). Allerdings wird die Form des Bereitschaftspotentials bei Kindern als wesentlich komplexer und variabler beschrieben (z.B. Kristeva & Tchakaroff, 1986; Kristeva & Vladova, 1987). Die Amplitude des Bereitschaftspotentials unterliegt, durch experimentelle, psychologische und technische Umstände bedingt, verschiedenen Schwankungen und kann frontal auch positiv sein; bezogen auf DC Ableitungen geben Deecke und Kornhuber (1977) einen Wert von -7 μV an.

Als Unterschiede zwischen Bereitschaftspotential und CNV führen Deecke und Kornhuber (1977) 4 Punkte an:

1) Das Bereitschaftspotential vor schnellen Fingerbewegungen ist parietal am größten, während die CNV frontal am größten ist;

2) die CNV ist – mit Ausnahme von verbalem Stimulusmaterial – bilateral symmetrisch, während das Bereitschaftspotential nur parietal symmetrisch ist und präzentral über der kontralateralen Seite etwas größer ist;

3) der seichtere Anstieg des Bereitschaftspotentials im Vergleich mit der CNV;

4) die etwas kleinere Amplitude des Bereitschaftspotentials.

Aufgrund der Verteilung präzentral abgeleiteter Potentiale unterscheidet Deecke (1984) einen "frühen" – in der Terminologie von Shibasaki "das Bereitschaftspotential" (z.B. Shibasaki, Barrett, Halliday & Halliday, 1981) – und einen "späten" Anteil des Bereitschaftspotentials (negative shift nach Shibasaki et al., 1981), denen auch unterschiedliche funktionelle Bedeutungen zugeschrieben werden. Während die frühe Komponente des Bereitschaftspotentials bilateral symmetrisch verteilt ist, beginnt etwa 500 msec vor der Bewegung eine kontralaterale Dominanz der Negativität (contralateral preponderance of negativity, CPN). *Dem frühen Teil des Bereitschaftspotentials wird eine allgemeine unspezifische Vorbereitungsaktivität des zerebralen Kortex zugeschrieben, während der lateralisierte späte Teil Ausdruck eines speziell auf die Bewegung gerichteten Vorbereitungsmechanismus sein soll.*

Zur Frage der *Genese* des Bereitschaftspotentials wird das supplementäre motorische Areal und Gyrus cinguli vermutet (Deecke & Kornhuber, 1978). Insgesamt lassen die topographischen Analysen aber keine eindeutigen Schlußfolgerungen über die Quellstruktur des Bereitschaftspotentials zu (Freude & Ullsperger, 1987b). Die weite, bilaterale Verteilung des Bereitschaftspotentials läßt auf eine Beteiligung *großer kortikaler Areale und subkortikaler Strukturen* (vgl. Groll-Knapp, Ganglberger & Haider, 1977; Haider et al., 1981) an der Genese des Bereitschaftspotentials schließen, obwohl dem *supplementären motorischen Areal* bei menschlichen Willkürhandlungen auch aufgrund magnetoenzephalischer Untersuchungen (Deecke, Boschert, Brickett & Weinberg, 1985) eine bedeutende Rolle zukommt.

Brunia (1988) kommt aufgrund der Tatsache, daß sich letztlich *drei verschiedene Motorareale*, (1) der primäre motorische Kortex (MI), (2) das supplementäre Motorareal (SMA) und (3) der prämotorische Kortex (PMC) unterscheiden lassen, zu der Vermutung, daß das Bereitschaftspotential über den verschiedenen Regionen – obwohl es überall die gleiche Form zeigt – möglicherweise verschiedene Prozesse reflektiert.

Untersuchungen zur *Händigkeit* und der Ausbildung des Bereitschaftspotentials (z.B. Deecke, Grözinger & Kristeva, 1978; Papakostopoulos, 1978a, 1980b; Kristeva, 1984b; Kristeva & Deecke, 1980; Kristeva et al., 1979) zeigen bei Rechtshändern eine stärker ausgeprägte Präponderanz einer Hemisphäre, während die Ergebnisse für Linkshänder nicht so eindeutig erscheinen und eine generell geringere Asymmetrie zeigen (Gerbrandt, 1977).

Coles, Gratton und Donchin (1988) analysierten das lateralisierte Bereitschaftspotential, um Aussagen über die Natur von Evaluationsprozessen zu tätigen und diverse Lokalisationseffekte der Informationsverarbeitung zu beschreiben. Dabei kommen sie zu der Folgerung, daß das Reizbewertungssystem (stimulus evaluation system) Informationen an das Reaktionssystem weitergeben kann, noch bevor die Reizevaluation abgeschlossen ist *("early communication")*. In diesem Zusammenhang erscheint der Befund von Requin, Riehle und Seal (1988) interessant, wonach die strenge Dichotomie "sensorischer" und "motorischer" Neuronen zugunsten einer Vorstellung von mehr oder weniger sensorisch bzw. motorisch und der Integration beider Eigenschaften zu verschiedenen Anteilen aufgegeben wurde.

VII.5.9.1.1 Einflüsse der Bewegungscharakteristik

Einheitliche Ergebnisse lassen sich über den Zusammenhang von physikalischen Parametern der Bewegung und dem Bereitschaftspotential beobachten. So führt eine Bewegung mit größerer *Kraft* auch zu einem größeren Bereitschaftspotential (z.B. Becker & Kristeva, 1980; Freude & Ullsperger, 1987a; Trimmel, Streicher, Groll-Knapp & Haider, 1989). Vergleichbares gilt für den *Geschwindigkeitsaspekt* der Bewegung, wonach sich bei schnelleren Bewegungen im Vergleich zu langsameren ein größeres Bereitschaftspotential findet (vgl. Grünewald, Grünewald-Zuberbier, Netz, Hömberg & Sander, 1979). Über den Einfluß der Bewegungsgeschwindigkeit auf das Bereitschaftspotential wird vermutet, daß langsame Bewegungen von den Basalganglien und schnellere Bewegungen vom Kleinhirn programmiert werden (Kornhuber, 1971). An dieser Stelle sei angemerkt, daß die Untersuchungen zum Bereitschaftspotential sich meistens auf sogenannte "ballistische" Bewegungen, wie Tastendruck und ähnliches, beziehen, Potentiale komplexerer Bewegungen, wie "Zielbewegungen" (goal-directed movements), werden weiter unten beschrieben.

VII.5.9.1.2 Psychologische Einflußfaktoren

Bereits aus den ersten Untersuchungen von Kornhuber und Deecke (1965) konnte gefolgert werden, *daß Faktoren wie Konzentration, Sorgfalt, Ermüdung und Gleichgültigkeit einen Einfluß auf das Bereitschaftspotential haben.* Das impliziert auch, daß jede Betrachtung des Bereitschaftspotentials als ausschließlich motorisches Hirnpotential zu irreführenden Schlußfolgerungen führen muß. Auf die bedeutende Rolle des psychologischen Kontext bei der Einleitung von Willkürbewegungen verweist auch Kornhuber (1984).

Eine zentrale Rolle nimmt dabei das Verhältnis zur *Intention* ein (vgl. Freude & Ullsperger, 1987a; Hink, Kohler, Deecke & Kornhuber, 1982; Kornhuber & Deecke, 1964, 1965; Kristeva, 1977), wonach eine starke intentionale Beteiligung im Prozeß der Vorbereitung zu einer Vergrößerung des Bereitschaftspotentials führt. Andererseits nimmt mit steigender Anzahl der Versuchsdurchgänge die intentionale Beteiligung und das Bereitschaftspotential ab. Bei häufiger Wiederholung einfacher motorischer Handlungen kann man aber auch von einer zunehmenden Automatisierung willkürlicher Bewegungen ausgehen, sodaß die Bewegungen ohne spezifische Aufmerksamkeitssteuerung ablaufen, was auch als eine zugrundeliegende Ursache für ein damit einhergehendes verringertes Bereitschaftspotential angesehen werden kann. Daß sich unter *Ermüdungsbedingungen* eine Vergrößerung des Bereitschaftspotentials beobachten läßt, konnten Freude und Ullsperger (1987a) zeigen. Dabei wurde angenommen, daß ein erhöhtes zentralnervöses Aktivierungsniveau erforderlich ist, um im muskelermüdeten Zustand eine vorgegebene Kontraktionskraft aufzubringen.

Der Befund von Kristeva (1984a), wonach das Klavierspielen einer Melodie mit einem früheren Beginn und einer größeren Amplitude des Bereitschaftspotentials begleitet wird als das Spielen einer einzelnen Note, wurde dahingehend interpretiert, daß die unterschiedliche *Komplexität* der erforderlichen motorischen Programme der entscheidende

Einfluß wäre. Freude und Ullsperger (1987b) weisen aber darauf hin, daß eine stärkere intentionale Beteiligung beim Spielen einer Melodie ebenfalls plausibel wäre. Die Autoren meinen auch, daß die Experimente zur Untersuchung der Kraftabhängigkeit des Bereitschaftspotentials in ähnlichem Licht diskutiert werden sollten. Demnach könnten Kontraktionen mit größerem Kraftaufwand von einer stärkeren intentionalen Vorbereitung auf die motorische Handlung einhergehen und deshalb von einem größeren Bereitschaftspotential begleitet sein. Diese Auffassung wird von Experimenten gestützt, die zeigten, daß bei Bewegungen, welche zwar einen geringen Kraftaufwand, aber eine hohe Präzision erfordern, ein relativ großes Bereitschaftspotential beobachtet wurde (z.B. Freude & Ullsperger, 1987a; Kristeva & Kornhuber, 1980).

Libet, Wright und Gleason (1982) untersuchten das Bereitschaftspotential unter anderem bei "selbst-initiierten" (im Gegensatz zu bloß "selbstgetimten") willentlichen Bewegungen und "vorgeplanten" Bewegungen.

Für die komplett freigewählten Bewegungen waren zumindest zwei verschiedene Typen des Bereitschaftspotentials zu unterscheiden:

Typ I mit einem kontinuierlichen Anstieg und etwas mehr als 1 Sekunde vor der Bewegung beginnend;

Typ II begann etwa 500 msec vorher; und möglicherweise ein

Typ III mit einem Beginn der negativen Potentialauslenkung 240 msec vor der Bewegung.

Die Autoren postulieren zwei mögliche Prozesse:

1) *Ein Prozeß, der mit der Vorplanung und der Präparation in der nächsten Zeit (Sekunden) zu agieren verbunden ist,* unabhängig davon, ob eine Wahlmöglichkeit vorhanden is oder nicht; und

2) ein Prozeß, der etwa eine halbe Sekunde vor einem Akt einsetzt und eher mit der *willentlichen Entscheidung und der Intention zu agieren verbunden ist* und dem ersten Prozeß auch überlagert sein kann.

Daß gerade die *Intention* zum Beginn und zur Ausführung einer Handlung die Voraussetzung für die Ausbildung eines Bereitschaftspotentials ist, geht auch aus Arbeiten von Keidel (z.B. 1983) hervor, der zeigen konnte, daß eine Bewegungsintention auch ohne anschließende Bewegung ebenfalls zu einer Verschiebung des kortikalen Potentials führt, was von ihm als "motorisches Intentionspotential" bezeichnet wurde.

In Analogie zu Interpretationen, die CNV sei Ausdruck der Motivation (z.B. McAdam & Seales, 1969), ließe sich auch eine Abhängigkeit des Bereitschaftspotentials von der Motivation diskutieren.

Nach Freude et al. (1988), welche eine Abhängigkeit des Bereitschaftspotentials von der *kognitiven Beanspruchung* unter gleichzeitig konstanten motorischen Bedingungen fanden, *kann das Bereitschaftspotential auch als ein Index der Vorbereitungsprozesse zentralnervöser Aktivierung mentaler Aktivitäten betrachtet werden.*

VII.5.9.2 Stimulus-Preceding Negativity

Brunia hat ein neuartiges Design zur Untersuchung von Potentialen vor motorischen und vor nicht-motorischen Aktivitäten (Brunia & Damen, 1988; Damen & Brunia, 1987) eingeführt. Dabei soll die Versuchsperson in Abständen von 20-22 Sekunden eine Taste drücken, was zur Ausbildung eines *Bereitschaftspotentials* führt. Dann erfolgt in einem bestimmten zeitlichen Abstand (2 bzw. 4 sec in Abbildung 30) eine Rückmeldung über die Erfüllung der Aufgabe (knowledge of result), was zur Ausbildung einer *"Stimulus-Preceding Negativity (SPN)"* führt (vgl. Abbildung 30).

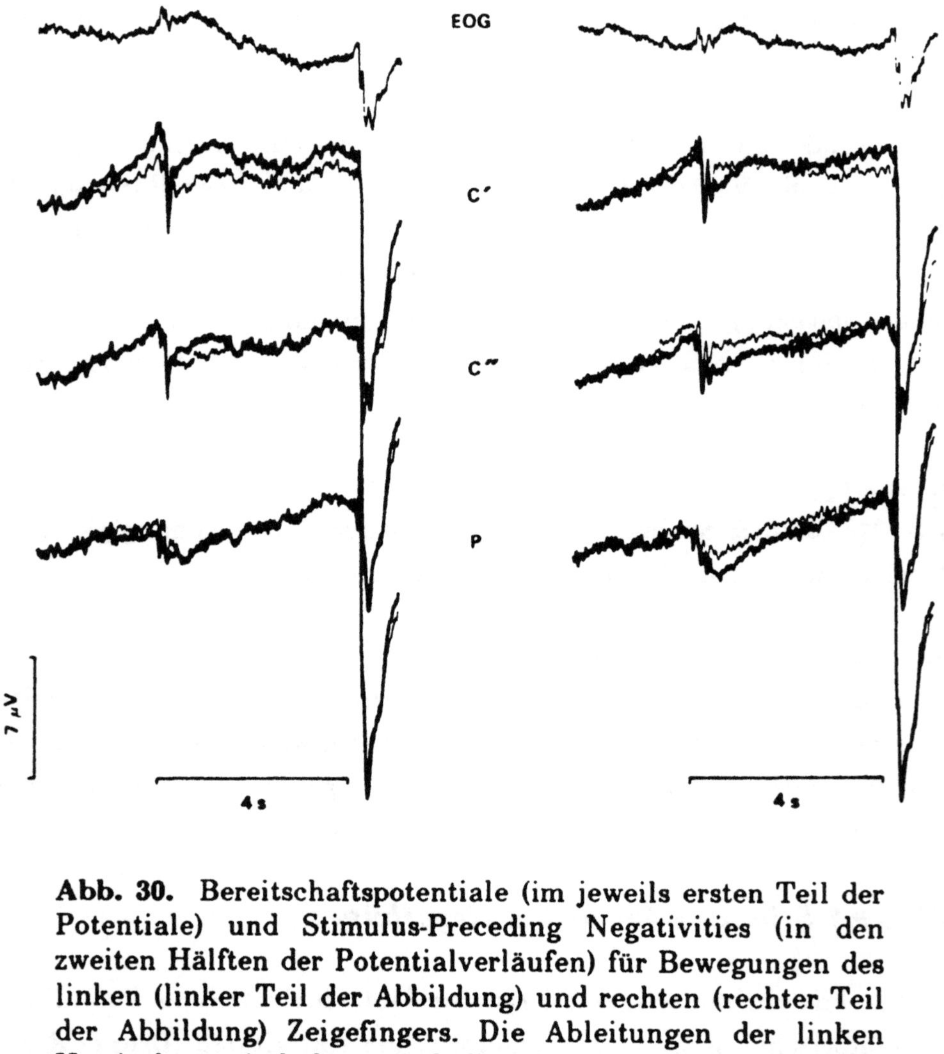

Abb. 30. Bereitschaftspotentiale (im jeweils ersten Teil der Potentiale) und Stimulus-Preceding Negativities (in den zweiten Hälften der Potentialverläufen) für Bewegungen des linken (linker Teil der Abbildung) und rechten (rechter Teil der Abbildung) Zeigefingers. Die Ableitungen der linken Hemisphäre sind dünn und die der rechten sind dick gezeichnet (aus Damen & Brunia, 1987, S. 704).

Damen und Brunia (1987) finden für das Bereitschaftspotential präzentral-postzentral eine maximale Amplitude und für die Stimulus-Preceding Negativity postzentral-parietal. Weiters zeigt die Stimulus-Preceding Negativity auch keine von der Aufgabe abhängige Lateralisation, ist aber über der rechten Hemisphäre größer. Die Autoren meinen deshalb, daß die Stimulus-Preceding Negativity ein vom Bereitschaftspotential verschiedenes Potential ist. In bezug auf die E-Wave der CNV überlegen Damen und Brunia (1987) und Brunia (1988), ob die späte CNV nicht eine Kombination aus Bereitschaftspotential und Stimulus-Preceding Negativity ist.

Nach den neueren Ergebnissen (Brunia, 1988) *tritt die Stimulus-Preceding Negativity vor jedem vorhersehbaren Auftreten eines Stimulus auf,* unabhängig davon, ob er informativ ist oder nicht, aber mit zunehmendem Informationsgehalt steigt die Amplitude (vgl. auch Chwilla & Brunia, 1989). Weiters zeigt nur jenes Potential, welches in Antizipation auf die Rückmeldung einer eigenen vorher erbrachten Leistung (knowledge of result) auftritt, eine rechtsseitig vergrößerte Amplitude. Als einen weiteren prinzipiellen Einflußfaktor auf die Amplitude der SPN nennt Brunia die *Motivation,* wobei die Frage, inwieweit *emotionale Aspekte* mitabgebildet werden, derzeit nicht beantwortet werden kann.

Die Neuartigkeit des Paradigmas und der damit verbundene Mangel an weiteren, auch persönlichkeitsbezogenen experimentellen Ergebnissen, lassen noch keine weitere Beurteilung der Generalität oder Spezifität der Stimulus-Preceding Negativity zu. Auch muß erst der Einfluß sonstiger experimenteller Faktoren (differenzierte Feedbackbedeutung, Timing usw.) auf die Ausbildung der Stimulus-Preceding Negativity näher beleuchtet werden. Aufgrund der vorliegenden Kenntnisse könnte sich die Stimulus-Preceding Negativity aber auch zur Objektivierung bzw. Erfassung der individuellen Perzeption verschiedener Fehlermeldungen oder ganz allgemein der Rückmeldung bei der Arbeit mit Computersystemen eignen (vgl. Trimmel, 1989).

VII.5.9.3 Augenbewegungs-vorangehende Potentiale

Aufgrund von Einzelzellableitungen (vgl. Goff et al., 1978) lassen sich auf neurophysiologischem Niveau spontane Augenbewegungen von "visuell getriggerten" Augenbewegungen unterscheiden. Für willentliche Augenbewegung wurden bereits von Barlow und Ciganek (1969) ereigniskorrelierte Potentiale beschrieben (vgl. auch Becker et al., 1972). Die Augenbewegungs-vorangehenden Potentiale ("antecedent eye movement potential; EMP") beginnen etwa 1 sec vor der Augenbewegung mit einer leicht ansteigenden negativen Potentialauslenkung (besonders ausgeprägt parietal und in der posterioren Frontalregion), welche von einem positiv-negativ verlaufenden Potential begleitet wird und der die "Lambda-Welle" folgt. Die Klassifikation dieses Potentials erscheint uneindeutig. So ordnen es Goff et al. (1978) unter bewegungsbegleitende Potentiale neben Motorpotentiale und sprachverbundenen Potentiale ein. Neben der unmittelbaren funktionellen Bedeutung dürfte den augenbewegungs-vorangehenden Potentialen eine kritische Rolle bei der Analyse diverser sonstiger ereigniskorrelierter Potentiale zukommen, da sie in diesem Falle als "Artefakte" eingehen.

VII.5.9.4 Sprachkorrelierte Potentiale

McAdam und Whittaker untersuchten 1971 langsame Potentiale vor Sprachäußerungen und diskutierten die Analogie zum Bereitschaftspotential. *Die Potentialverteilung zeigte die größte Negativität über dem Broca'schen Areal und dem linken präzentralen Motorkortex.* Grözinger, Kornhuber und Kriebel (1976) beschreiben eine Asymmetrie des langsamen Potentials vor Sprachäußerungen und vermuteten einen Zusammenhang mit der Hemisphärendominanz. Das gleichzeitig auftretende *atmungskorrelierte Potential* (respiration wave, R-wave; R-Welle) dürfte von jenen Mechanismen generiert werden, welche die an der Atmung beteiligten Muskeln kontrollieren.

In einer Untersuchung zur Verarbeitung von verbalem und räumlichem Reizmaterial (Deecke, Uhl, Spieth, Lang & Lang, 1987) zeigte sich unter der Bedingung: verbales Material, dargeboten im rechten visuellen Feld und reproduziert mit der rechten Hand, eine rein linkssseitige Aktivität. *Für räumliches Aufgabenmaterial wurde in der rechten Hemisphäre eine antizipatorische Aktivität beschrieben,* obwohl aufgabenspezifische topographische Aktivitätskorrelate von Sprachverarbeitung und kognitiver Informationsverarbeitung hauptsächlich während der Verarbeitungsprozesse zu beobachten sind (vgl. Jung, Altenmüller & Natsch, 1984; Lang, Lang, Uhl & Kornhuber, 1987; Lang, Lang, Goldenberg, Podreka & Deecke, 1987).

Stamm et al. (1987) stellten bei der Untersuchung des Effektes von spontanen Gleichspannungsänderungen auf die *semantische Informationsverarbeitung* fest, daß frontale Gleichspannungsänderungen keinen Effekt auf die semantische Informationsverarbeitung zeigten, während unter negativen parietalen Potentialänderungen verkürzte Reaktionszeiten gefunden wurden. Die Autoren interpretieren die Resultate (auch aufgrund der Ergebnisse aus Born et al., 1982) derart, daß frontale und parietale negative Gleichspannungsänderungen in bezug auf die semantische Informationsverarbeitung funktional unterschiedliche Prozesse widerspiegeln.

VII.5.9.5 Abschließende Bemerkungen zu den Vorbereitungspotentialen

Als Vorbereitungspotentiale (VP; preparation potential, PP) sollen jene Potentialverschiebungen im Sekundenbereich verstanden werden, welche einer antizipierten – wozu auch selbstinitiierte Aktivitäten gezählt werden – kognitive und/oder motorische Aktivität vorausgehen.

Dieser phänomenologische Terminus erscheint vor allem dann angebracht, wenn die zugrundeliegenden Generatoren und Mechanismen nicht sinnvoll getrennt werden können oder eine Trennung als nicht sinnvoll erscheint. *E-Welle, Bereitschaftspotential, Intentionspotential und Stimulus-Preceding Negativity werden als Vorbereitungspotentiale verschiedener experimenteller Gegebenheiten verstanden,* wofür die traditionellen Bezeichnungen vor allem dann angebracht erscheinen, wenn auf deren spezifische Unterschiede hingewiesen werden soll. Die Bezeichnung Vorbereitungspotential soll als ein Überbegriff für die gemeisamen Eigenschaften der E-Welle, Bereitschaftspotential, Intentionspotential und Stimulus-Preceding Negativity verstanden werden, anstatt einen dieser Begriffe in eine andere Begriffssphäre auszudehnen.

Der Terminus Vorbereitungspotential erscheint auch für die späte CNV angebracht, nachdem eine späte CNV sowohl bei motorischer als auch nicht-motorischer Aktivität zu S2 auftritt, und auch ein Bereitschaftspotential bei motorischer und nicht-motorischer selbstinitiierter Aktion zu beobachten ist, und ferner beide Phänomene zum Teil gemeisame Charakteristika aufweisen (vgl. Gaillard in Rohrbaugh et al., 1986). Es erscheint daher angemessen, beide Phänomene – zumindest in einem gewissen Umfang – als Ausdruck eines gemeinsamen zugrundeliegenden psychologischen Phänomens – nämlich der *Vorbereitung* – zu betrachten, wofür der Oberbegriff Vorbereitungspotential vorgeschlagen wird.

VII.5.10 Ereigniskorrelierte Potentiale motorischer Aktivitäten

Ereigniskorrelierte Hirnpotentiale motorischer Aktivitäten (oft vereinfacht bewegungskorrelierte Potentiale genannt) bestehen aus einer Reihe von Komponenten. Das allen selbstinitiierten motorischen Aktivitäten vorausgehende Bereitschaftspotential wurde bereits weiter oben im Abschnitt "Vorbereitungspotentiale" vorgestellt. Im folgenden sollen einige Potentiale näher beleuchtet werden, welche im Zusammenhang mit motorischen Aktivitäten beobachtet werden. Dabei lassen sich zumindest zwei Arten von Bewegungen unterscheiden (z.B. Kornhuber, 1971), *"ballistische"* (kurz, schnell; vgl. Abbildung 31) und "rampenartige" Bewegungen (kontrolliert und länger dauernd), welche im folgenden als *"komplexe Bewegungen"* bezeichnet werden. Eine dritte Art motorischer Aktivität sind *andauernde isometrische oder isotone Kontraktionen*, welche ebenfalls kurz erläutert werden.

VII.5.10.1 Ereigniskorrelierte Potentiale ballistischer Bewegungen

Unter ballistischer Bewegung werden kurze (ca. 200 msec oder weniger dauernde) schnelle Bewegungen verstanden, für die man annimmt, daß sie "vorprogrammiert" sind und ohne periphere Rückmeldung ablaufen können (Grünewald & Grünewald-Zuberbier, 1983). Neben dem Bereitschaftspotential lassen sich noch 3 andere Komponenten unterscheiden, welchen auch verschiedene Namen und neurophysiologische Entsprechungen zugeordnet wurden, was aus Abbildung 31 zu entnehmen ist.

VII.5.10.2 Ereigniskorrelierte Potentiale komplexer Bewegungen

Unter komplexen Bewegungen werden Bewegungen, wie die von Grünewald und Grünewald-Zuberbier (z.B. 1983) beschriebenen "rampenartigen" Bewegungen (ramp movements) verstanden, welche langsam und fließend in Zeiträumen von mehr als einer halben Sekunde ablaufen und auf ein peripheres Feedback angewiesen sind. In sogenannten *Positionierungsaufgaben (goal-directed movements, GDM)*, bei denen die Versuchspersonen mit definierter Kraft einen Hebel in eine definierte Auslenkung zu bringen haben (z.B. Grünewald-Zuberbier, Grünewald & Jung, 1978; Grünewald-Zuberbier, Grünewald, Runge, Netz & Hömberg, 1981), wurde für die Dauer der Aktion ein negatives Potential beobachtet, welches schon Sekunden vorher begann und über der kontralateralen Zentralregion größer war (siehe Abbildung 32). Daß nicht die Bewegung an sich die Ursache für das negative Potential während der Positionierung ist, konnte daran gezeigt werden, daß auch bei isometrischen rampenartigen Kontraktionen das ereigniskorrelierte Potential und dessen Verteilung dem Potential der Zielbewegung entsprach (Grünewald-Zuberbier, Grünewald, Schuhmacher & Wehler, 1980).

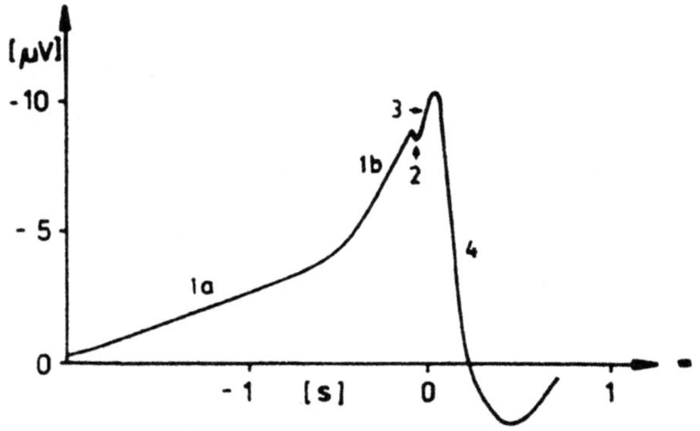

Abb. 31. Schematische Darstellung eines bewegungskorrelierten Hirnpotentials mit der Bezeichnung der verschiedenen Komponenten (1a bis 4). Die von verschiedenen Autoren vorgeschlagen bzw. verwendeten Bezeichnungen sind in Tabelle 2 zusammengefaßt (aus Freude & Ullsperger, 1987, S. 450).

1 - Bereitschaftspotential, readiness potential (Kornhuber & Deecke, 1964, 1965; Deecke et al., 1976, 1978; Grünewald & Grünewald-Zuberbier 1983);
- N1-Komponente (Vaughan et al., 1968; Gerbrandt, Goff, Smith, 1973; Gerbrandt, 1977; Kutas & Donchin, 1977).

1 a- Bereitschaftspotential, readiness potential, preparatory potenial (Deecke, 1984).

1 b- Contralateral preponderance of negativity (CPN), lateralized preparatory potential (Deecke, 1984);
- negative shift (NS') von 500-90 msec vor Bewegungsbeginn (Shibasaki, Barrett, Halliday & Halliday, 1980).

2 - Prämotorische Positivierung (PMP; Deecke et al., 1969, 1976; Deecke & Kornhuber, 1977);
- "Initiation Potential" (Deecke, 1984);
- P1-Komponente (Vaughan et al., 1968; Gerbrandt et al., 1973);
- P-50-Komponente (Shibasaki et al., 1980).

3 - Motorpotential (MP; Deecke et al., 1969; Deecke & Kornhuber, 1977);
- "Final common pathway potential" (Deecke, 1984);
- N2-Komponente (Gerbrandt et al., 1973; Kutas & Donchin, 1977);
- N-10-Komponente (Shibasaki et al., 1980).

4 - Reafferenzpotential (RAP; Kornhuber & Deecke, 1965);
- "movement evoked potential" (Deecke, 1984);
- P2-Komponente (Kutas & Donchin, 1977).

Tabelle 2. Nomenklatur bewegungskorrelierter Hirnpotentiale (in Anlehnung an Freude & Ullsperger, 1987, S. 451).

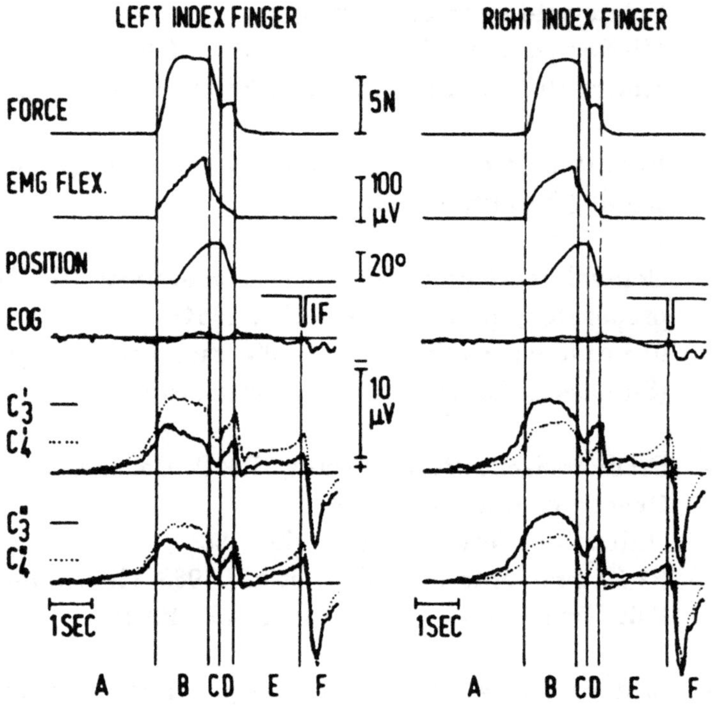

Abb. 32. Rampenartige Positionierungsbewegungen des linken und rechten Zeigefingers. A: Intervall vor der Bewegung B: Positionierungsintervall C: Ziel-Stop Intervall D: Rückstellbewegungsintervall E: Zeit vor der Rückmeldung F: Intervall nach der Rückmeldung (aus Grünewald & Grünewald-Zuberbier, 1983, S. 318).

VII.5.10.3 Ereigniskorrelierte Potentiale bei Nachführaufgaben

Nachführaufgaben (voluntary manual tracking; Deecke, Heise, Kornhuber, Lang & Lang, 1984) sind willentliche stimulusgeleitete Handbewegungen. Aus diesem Grund sind die begleitenden ereigniskorrelierten Potentiale eine Kombination motorischer und sensorischer Potentiale.

In den Arbeiten von Deecke et al. (1984a) und Lang, Lang, Heise, Deecke und Kornhuber (1984) bestand das experimentelle Design aus einer selbstbestimmten absichtlichen Bewegung und einer stimulusabhängigen konditionierten Bewegung als Reaktion auf ein zeitgebundenes Ereignis – dem Wechsel der Bewegungsrichtung. Dementsprechend bestand das ereigniskorrelierte Potential aus einem Bereitschaftspotential und einem CNV-artigen Potential. Beide Potentiale waren über den sensorischen Arealen (parieto-okzipital bei der visuellen Darbietung und zentro-parietal bei der taktilen Stimulusdarbietung) offenbar *aufgrund von Aufmerksamkeitsprozessen erhöht und wurden "Directed Attention Potential, DAP" genannt.* Dieses Potential trat in der Bedingung ohne "tracking" nicht auf und unterscheidet sich nach Lang et al. (1984) von Hillyard's "attention negativity" (Hillyard et al., 1973) und von Näätänen's "processing negativity" (Näätänen & Michie, 1979b) vor allem dadurch, daß diese Potentiale nach einem Reiz auftreten, während das DAP in seiner Natur antizipatorisch sei.

Deecke et al. (1984) diskutieren auch die Möglichkeit, daß die Positivität nach Bewegungsbeginn (post-motion positivity) Ausdruck einer Entspannung sei (relaxation potential). Das "Entspannungspotential" tritt nämlich nur dann auf, wenn die Bewegung zu einem Stillstand kommt. Diese Interpretation würde auch erklären, warum es bei Zielbewegungen und Nachführaufgaben zu keiner post-motion positivity kommt, bevor das Ziel nicht erreicht ist.

VII.5.10.4 Ereigniskorrelierte Potentiale andauernder Muskelkontraktionen

Grünewald und Grünewald-Zuberbier (1983) untersuchten zur Abklärung der Frage, ob das unter Zielbewegungsbedingungen abgeleitete Potential auch bei einer andauernden Kontraktion zu beobachten ist;

also das ereigniskorrelierte Potential unter "ramp-and-hold-contraction (Anstiegs- und Haltekontraktions-) Bedingungen". Dabei sollten die Versuchspersonen ohne nähere Hinweisreize die Hand kontrahieren und wieder völlig entspannen. Zur Auswertung der Potentiale wurde einmal vom Beginn der Bewegung und einmal von der Beendigung der Bewegung getriggert. *Sowohl die Kontraktion als auch die Relaxation waren von negativen, kontralateral größeren Potentialen begleitet.* Die negative Potentialauslenkung begann bereits Sekunden vor der Kontraktion und hatte eine Tendenz – in dem aus methodischen Gründen nicht ausgewerteten Zeitraum der anhaltenden Kontraktion – positiv zu werden.

Die gleiche Fragestellung wurde von Trimmel, Streicher et al. (in Druck) untersucht, allerdings unter Bedingungen, in denen der Zeitpunkt zum Heben bzw. Senken eines Gewichtes mit einem akustischen Signal angekündigt wurde. Mit Hilfe von Gleichspannungsableitungen (von C3 und C4 gegen linked Mastoid) konnte über einen Zeitraum von 20 sec andauernder Kontraktion ebenfalls ein kontralateral negativeres Potential abgeleitet werden (siehe Abbildung 33). *Die Tendenz zu einem oberflächenpositiven Potential unter anhaltender Kontraktion zeigte sich in der beobachteten V-ähnlichen Form des Potentials,* welches zum Zeitpunkt der halben Dauer der Kontraktion im ausgemessenen Durchschnittswert sogar deutlich positiv war. Dieses Ergebnis unterstützt die Beobachtungen von Otto, Benignus, Ryan und Leifer (1977) und Otto und Benignus (1978), welche für andauernde Handkontraktionen im Zeitraum von einigen Sekunden eine positive Verschiebung des Gleichspannungspotentials beschrieben. In der Arbeit von Trimmel, Streicher et al. (in Druck) konnte auch gezeigt werden, daß weder der Faktor *isometrische/isotone Bewegung* noch die aufgewendete *Kraft* (vgl. Abbildung 34) einen Einfluß auf die Struktur des unter andauernder Muskelkontraktion abgeleiteten Potentials haben.

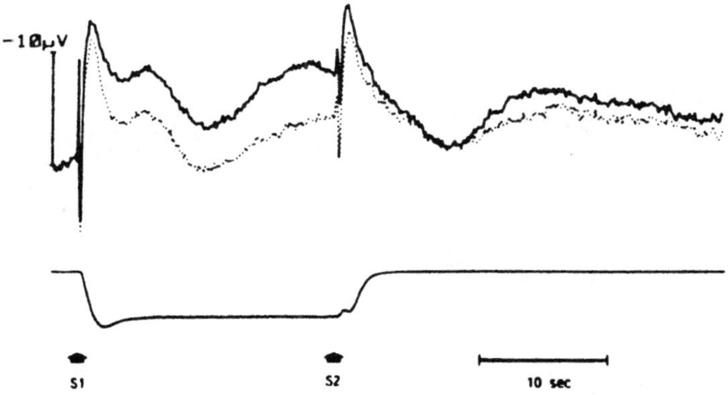

Abb. 33. Gleichspannungspotentiale von der linken (ausgezogenen Linie; C3) und rechten (punktierte Linie; C4) Zentralregion, während einer 20 sec anhaltenden isotonen Kontraktion des rechten biceps brachii (im unteren Teil der Abbildung ist das integrierte EMG dargestellt). (Aus Trimmel, Streicher et al., in Druck.)

Mit der Arbeit von Trimmel, Streicher et al. (1989) konnte gezeigt werden, daß vor allem Prozesse der sensomotorischen Koordination (wo die Versuchsperson die Bewegung soweit kontrollieren mußte, bis der Arm einen durch einen Anschlag definierten Winkel eingenommen hatte) und Erwartungsvorgänge (Vorbereitungsvorgänge) – wie auf das Absenken des Unterarms – zu einem oberflächen-negativen Potential führen.

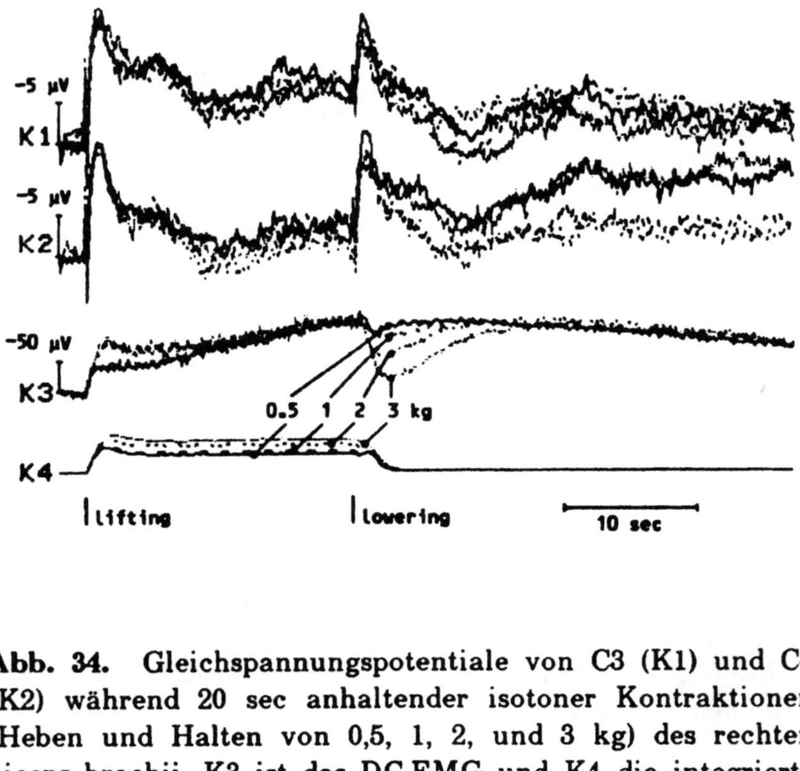

Abb. 34. Gleichspannungspotentiale von C3 (K1) und C4 (K2) während 20 sec anhaltender isotoner Kontraktionen (Heben und Halten von 0,5, 1, 2, und 3 kg) des rechten biceps brachii. K3 ist das DC-EMG und K4 die integrierte Spikeaktivität (aus Trimmel, Streicher et al., 1989).

Weiters zeigte sich, daß die langsamen Potentialänderungen (Positivierung bzw. Negativierung) für die Dauer von etwa 10 sec auftraten. Ob der auffällige Zeitraum von 10 sec ausschließlich durch die experimentelle Anordnung bewirkt war oder ein Korrelat von Erwartungs- bzw. Vorbereitungsprozessen, verbunden mit Bewußtseinsschwankungen ist, bedarf einer weiteren Klärung.

VII.5.10.5 Skilled Performance Positivity

1980 untersuchte Papakostopoulos (1980a) Hirnströme für selbstinitiierte ein- und zweihändige einfache und "skilled" (Fachkenntnis erfordernde) Bewegungen. Während die einfache Bewegung lediglich aus einem willkürlichem Tastendruck bestand, war die Aufgabe bei der skilled Bewegung folgende: Mit dem Tastendruck der linken Hand wurde die Anzeige des Oszilloskops getriggert; dann sollte die Anzeige 40-59 msec nach der Initiation (was am Oszilloskop markiert war) mit einem Tastendruck der rechten Hand gestoppt werden. Die Ableitungen für diese "skilled Bewegung" zeigten neben der bekannten Potentialform für ballistische Bewegungen (siehe dort) im Anschluß an die P200 eine weitere Positivität mit einer durchschnittlichen Latenz von 460 msec, bezogen auf den Bewegungsbeginn, und eine zentro-parietale Verteilung mit etwa 13 μV am Vertex: die Skilled Performance Positivity (SPP).

Papakostopoulos (1980a) verwies darauf, daß im Gegensatz zur CNV und P300, Stimulus, Aufgabe und Reaktion zwar notwendige Voraussetzungen zum Ausbilden einer SPP sind, aber noch keine hinreichenden Kriterien. *Die SPP bildet sich erst unter Bedingungen aus, in welchen die Person Information über eine selbstinitiierte, koordinierte Bewegung erwartet und erhält.* Diese Betrachtungsweise läßt auch einige Gemeinsamkeiten mit der "belohnungskontingenten positiven Variation" (reward contingent positive variation, RCPV; z.B. Marczynski, York & Hackett, 1969) erkennen (siehe dort).

VII.5.11 Kontingente Potentiale (CNV, PINV, RCPV)

Haider et al. (1981) zählen zu den kontingenten Potentialen (contingent potentials, CP) die *Contingent Negative Variation* (CNV), die *belohnungs-kontingente positive Variation* (rewarding contingent positive variation, RCPV) und die *post-imperative negative Variation* (post-imperative negative variation, PINV). Da die Unterscheidung in kontingente Prozesse und bewegungskorrelierte Prozesse oft nicht getan wird und manchmal auch nur schwer möglich erscheint – auch McCallum (in Rohrbaugh et al., 1986) findet eine strikte Unterscheidung von motorischen und anderen Prozessen als eher gekünstelt – werden im folgenden auch Potentiale motorischer Aktivitäten, sofern sie im CNV Paradigma auftreten, nicht ausgeschlossen.

VII.5.11.1 Contingent Negative Variation (CNV)

Die CNV wurde erstmals von Walter et al. (1964) beschrieben. Sie ist eine negative Potentialverschiebung zwischen einem Warnreiz und einem imperativen Reiz. Wird der zeitliche Abstand zwischen dem Warnreiz und dem imperativen Reiz aber größer, z.B. einige Sekunden, so findet man kein anhaltendes negatives Potential, sondern eine zweigipfelige Form (Loveless & Sanford, 1973):

1) einen Gipfel am Intervallbeginn, die *frühe CNV,* und

2) eine negative Potentialverschiebung am Intervallende, die *späte CNV,* welche meistens unmittelbar vor dem imperativen Reiz ein Maximum erreicht. Die Amplitude der CNV zum Zeitpunkt des imperativen Reizes wird auch als *terminal CNV* beschrieben (Gaillard, 1978).

Seit Loveless und Sanford (1974) wird der erste Abschnitt der CNV auch als *Orientierungswelle* (O-Welle, orienting wave, O-wave) und der zweite als *Erwartungswelle* (E-Welle, expectancy wave, E-wave) bezeichnet. Die Bezeichnug Erwartungswelle wurde bereits von Walter et al. (1964), allerdings zur Beschreibung des Gesamtphänomens CNV, verwendet. In der allgemeinsten Form läßt sich die "zwei-Komponenten Hypothese" der CNV so auffassen, daß die erste Komponente, die frühe CNV, frontalen Ursprungs und inhaltlich eine späte Komponente des Warnreizes ist. Die auffälligen Gemeinsamkeiten zwischen der frühen CNV im CNV Paradigma und der von Einzelreizen ausgelösten O-Welle wird von Rohrbaugh und Gaillard (1983) umfangreich beschrieben. Entsprechend der "zwei-Komponenten Hypothese" wäre die späte CNV dem imperativen Stimulus zuzuordnen und mit dem Bereitschaftspotential ident (Gaillard in Rohrbaugh et al., 1986).

Aufgrund von Hauptkomponentenanalysen (PCA) mit varimax-rotierten Lösungen vermuten Lutzenberger et al., 1985 (vgl. Lutzenberger, Elbert, Rockstroh & Birbaumer, 1981a) eine dritte, mittlere Komponente, in der sich aber auch Überlappungen und Verschiebungen der frühen und der späten Komponente niederschlagen könnten. Eine vierte Komponente läßt sich dann extrahieren, wenn die zeitliche Signalauflösung nach dem ersten Reiz (S1) groß genug ist. Sie beinhaltet vor allem die langsame Positivität über dem parietalen Kortex und kann mit dem P300/Slow-Wave-Komplex in Zusammenhang gebracht werden. Den dritten Faktor interpretiert McCallum (in Rohrbaugh et al., 1986) derart, daß gerade dieser Faktor die "wahre CNV" widerspiegelt. Diese Ansicht wird von den Ergebnissen von McCallum und Curry (1981) gestützt, welche ebenfalls mit der Methode der PCA einen ersten Faktor extrahieren, welcher 46% der Varianz erklärt und eindeutig "die CNV" repräsentiert.

McCallum (in Rohrbaugh et al., 1986) sieht keine überzeugenden Argumente dafür, daß die frühe CNV eine Orientierungsreaktion sein soll. Geht man von der grundlegenden Bedeutung der Orientierungsreaktion aus: "Was ist los ?", so finden sich in einem Reaktionszeitexperiment mit einer konstanten Vorperiode zum Warnreiz (konstantes S1-S2-Intervall) und aufgrund von Habituationsvorgängen durch zahlreiche Wiederholungen keine überzeugenden Argumente für die Interpretation, daß die frühe CNV Ausdruck einer Orientierungsreaktion sein soll. Zu der Ansicht, daß die späte CNV mit dem Bereitschaftspotential gleichgesetzt werden könnte, sprechen zwar einige Gemeinsamkeiten der Potentiale (z.B. größte Amplituden am Vertex; Auftreten sowohl vor mentalen als auch motorischen Aktivitäten), andererseits aber haben beide Potentiale unterschiedliche Verteilungen (z.B. McCallum, 1978) und letztlich ist die Amplitude der typischen CNV deutlich größer als das Bereitschaftspotential.

Auch die Tatsache, daß jene Experimente, welche die Zweikomponentenstruktur der CNV stützen, meistens längere Inter-Stimulus-Intervalle verwenden als z.B. 1-3 Sekunden, führen zu der Frage, ob sich dadurch die experimentelle Situation nicht grundlegend ändert, weil der Nutzen der Vorwarnung für die Versuchsperson immer geringer wird.

Daß ereigniskorrelierte langsame Potentiale gepaarter Reize (CNV) nicht bloß eine Zusammensetzung ereigniskorrelierter Potentiale von Einzelreizen sind, läßt sich auch anhand von subkortikalen Ableitungen (z.B. Haider, Ganglberger & Groll-Knapp, 1968; Haider et al., 1981; Rebert, 1973) belegen, wo langsame Potentiale in diversen Tiefenstrukturen nur bei jenen Reizen auftraten, die vorgewarnt dargeboten wurden (CNV Situation). Ebenso konnte Rebert (1972) mit Hilfe von Tiefenableitungen zeigen, daß sich am Kortex, aber vor allem in unspezifischen Projektionskernen (Formatio Reticularis, Hypothalamus und Thalamus), die langsamen Potentialänderungen im Verlaufe von einigen Tagen deutlich ausbilden, *was die Bedeutung von Lern- (Konditionierungs-) Vorgängen im Zusammenhang mit der CNV demonstriert.*

Neben dem Aspekt, aus welchen Einzelpotentialen sich die CNV zusammensetzt, wurden auch zahlreiche andere Aspekte der CNV untersucht: z.B. topographische Verteilung, sensorische oder motorische Kontingenz, Reizantizipation versus Handlungsvorbereitung, Erwartung versus Handlungsvorbereitung, Bedeutungsgehalt des Warnreizes, Vergleich von CNV und Bereitschaftspotential.

Hillyard (1973) klassifizierte folgende Situationen, in denen eine CNV generiert wird:

1) Bereithalten einer motorischen Reaktion;

2) Vorbereitung für ein Urteil über eine Wahrnehmung;

3) Antizipation eines Verstärkers – egal, ob positiv oder negativ; und

4) Vorbereitung für eine kognitive Entscheidung.

Etwas allgemeiner formuliert tritt eine CNV dann auf, wenn das Verhalten sich auf eine geplante Aktion bezieht und der kritische Zeitpunkt aufgrund eines Vorreizes antizipiert werden kann.

VII.5.11.2 Einflüsse auf die CNV und Interpretationen der CNV

Neben dem topographischen Einfluß auf die Amplitude der CNV wurden eine Vielzahl von psychologisch und neurophysiologisch formulierten Einflußgrößen auf die Ausprägung der CNV Amplitude untersucht bzw. damit in Zusammenhang gebracht.

VII.5.11.2.1 Topographische Einflüsse

Die CNV ist bei einer sogenannten vorgewarnten Reaktionszeitaufgabe – der Standard CNV Situation: Eine Reaktionszeitmessung wird mit einem Warnreiz (S1) angekündigt und auf den (meistens in einem fixen Intervall) folgenden imperativen Reiz (S2) soll möglichst rasch reagiert werden – am Vertex am größten, mit einer Amplitude bis zu ca. 20 μV, bezogen auf Mastoid oder Ohrläppchen. Sie ist auf C3 und C4 nur geringfügig kleiner, jedoch über temporalen, parietalen und okzipitalen Regionen um vieles kleiner. Nach Donchin et al. (1978) hat die CNV über dem frontalen Kortex nur etwa die halbe Amplitude, bezogen auf den Vertex und wird präfrontal noch kleiner. Aufgrund der Vielzahl von Einflußfaktoren auf die CNV Amplitude erscheinen generelle Größenangaben bzw. Verhältnisse eher unrealistisch, wenngleich die Tatsache der größten Amplituden in frontozentralen Bereichen als belegt angesehen werden kann (auch aus Abbildung 35 zu entnehmen).

VII.5.11.2.2 Lateralisation

In CNV Situationen mit motorischen Reaktionen ist die CNV über der kontralateralen Zentralregion mehr negativ als über der homologen ipsilateralen Region (Syndulko & Lindsley, 1977). Diese Lateralisation wurde aber in den frontalen, parietalen und okzipitalen Regionen nicht gefunden. Sie wurde auch nicht gefunden, wenn keine motorische Aktivität gefordert war. Weiters war die Lateralisation kleiner, wenn mit der linken Hand reagiert werden mußte, besonders für linkshändige Personen.

VII.5.11.2.3 Reizmodalidät und CNV

Daß die Reizmodalität keinen bedeutenden Einfluß auf die CNV hat, wurde bereits von Walter 1965 und anhand von weiteren Einzelbeispielen 1967 demonstriert. Blowers, Ongley und Shaw (1976) untersuchten den Einfluß unterschiedlicher Reizmodalitäten (auditiv, visuell und taktil) auf die CNV systematisch in allen möglichen S1/S2 Kombinationen. Die Ergebnisse zeigten, daß die Modalität des Stimulus im CNV Paradigma keinen signifikanten Einfluß auf die Form und Amplitude der CNV hat.

Andererseits fanden Gaillard und Näätänen (1976) für auditive Warnreize am Vertex größere Amplituden als für visuelle Warnreize, besonders ausgeprägt in der frühen CNV, was auch zu unterschiedlichen Formen der CNV führte. Auditive Warnreize führten zu einer eher rampenartigen CNV (CNV-A-Typ), während eine ansteigende CNV (CNV-B-Typ) – die Unterscheidung in CNV-A und CNV-B-Typ wurde von Tecce (1971) eingeführt und beschreibt die Form der CNV anhand des Potentialverlaufes zwischen S1 und S2 – bei visuellen Warnreizen gefunden wurde. Der "steilste Anstieg" der CNV wurde bei einem visuellem Warnreiz, gepaart mit einem auditiven imperativen Reiz beobachtet. An der okzipitalen (O2) und temporalen Ableitung (T3) war der Modalitätseffekt geringer und zeigte nur eine größere frühe CNV bei den auditiven Stimuli.

Allerdings diskutieren die Autoren auch, inwieweit Intensitätseffekte für die gefundenen Unterschiede verantwortlich sein könnten. Auch Deecke, Niesser und Ziller (1980) berichten Modalitätseffekte auf die CNV, allerdings nur für S1 und nur auf die frühe CNV. Danach ist die CNV nach einem taktilen Reiz zentral größer als nach einem visuellen Reiz und umgekehrt.

Deecke et al. (1980) kommen zu der Auffassung, daß auch die primären Projektionsareale an der CNV-Genese beteiligt sind, was auch einige Lateralisationseffekte der CNV erklären würde.

VII.5.11.2.4 Auftretenswahrscheinlichkeit von S2

Die ersten Berichte der CNV (Walter et al., 1964) legten die Auffassung nahe, *daß die CNV eine konditionierte Reaktion sei* und sich demgemäß nach den Gesetzmäßigkeiten der Lerntheorie verhält. Aus diesem Blickwinkel wurde die CNV auch als kortikales Korrelat der Erwartung angesehen und *Erwartungspotential (Erwartungwelle)* genannt.

In einem Experiment von Karrer, Kohn und Ivins (1973) wurde nach einer Lernphase, in der in jedem Durchgang auf den Warnreiz (S1) ein imperativer Reiz (S2) folgte, in der Experimentalphase, bei der nur in 50% der Fälle S1 von S2 gefolgt wurde, die CNV analysiert. Die Ergebnisse zeigten, daß unter geringerer Auftretenswahrscheinlichkeit des S2 eine größere CNV zu beobachten war. Das Resultat wurde derart diskutiert, daß Unsicherheit zu erhöhter Aufmerksamkeit führt und mit einer größeren CNV einhergeht.

Neuere Ergebnisse zum Einfluß der Auftretenswahrscheinlichkeit des S1-S2 Paares auf die CNV wurden von Bauer, Radil und Rebert (1988) berichtet. Das Experiment bestand aus 3 Durchgängen und in jedem Durchgang gab es zwei verschiedene Reaktionsmöglichkeiten (Drücken der linken oder rechten Taste) zu S2, was bereits mit S1 (S1a, S1b) angekündigt wurde. Im ersten Durchgang war die Verteilung der Reaktionswahrscheinlichkeiten 10/90, im zweiten 30/70 und 50/50 im dritten, und die Reihenfolge der Durchgänge war über die Versuchspersonen ausbalanciert. Die Ergebnisse zeigten eindeutig, daß die Amplitude der CNV – gleich der P300 Amplitude – von der Auftretenswahrscheinlichkeit der Situation beeinflußt wird: *Je niedriger die Auftretenswahrscheinlichkeit der geforderten Reaktion, desto größer die CNV Amplitude.* Bauer et al. (1988) interpretierten das Resultat in Analogie zur "adaptation-level Hypothese" für die P300 Amplitude (Ullsperger et al., 1987), wonach das Ausmaß der antizipierten (kognitiven) Anstrengung ein die Amplitude bestimmender Faktor sei.

VII.5.11.2.5 Reaktionseffizienz

Als Reaktionseffizienz soll das Wissen über die Güte der auf S2 erfolgten Reaktion verstanden werden. Bereits die frühen CNV Arbeiten (z.B. Karrer et al., 1973; Peters, Knott, Miller, van Veen & Cohen, 1970) zeigten klare Zusammenhänge, *wonach bei Rückmeldung über die Güte der erbrachten Leistung die CNV ansteigt.* Die Ergebnisse wurden im Sinne einer erhöhten *Motivation* diskutiert. Unter anderem wurde daraus auch abgeleitet, daß die CNV als ein Indikator der Motivation angesehen werden kann.

VII.5.11.2.6 Aufgabenrelevanz zu S2

Frost, Neill und Fenelon (1988) kommen bei der Untersuchung von Einflußgrößen auf die E-Welle zu der Auffassung, daß die parietal dominante E-Welle von der Aufgabenrelevanz des nachfolgenden Stimulus (S2) abhängt.

VII.5.11.2.7 Kognitive und Affektive Antizipation

Simons (in Rohrbaugh et al., 1986) kommt bei der Zusammenschau von Variablen des autonomen Nervensystems (Herzrate, Hautpotential) und ereigniskorrelierter Potentiale zu dem Ergebnis, daß – unter Bedingungen ohne motorischer Involvierung – zwei unterschiedliche Prozesse mit der späten CNV assoziiert sein können. *Eine "kognitive Antizipation"*, welche durch eine Herzrhythmusdezelleration ohne E-Welle charakterisiert ist, *und eine "affektive Antizipation"*, wenn sowohl autonome wie zentrale Parameter Veränderungen zeigen.

VII.5.11.2.8 Arousal

Daß zwischen Arousal und CNV Amplitude ein positiv korrelierter Zusammenhang besteht, wurde anhand von Analysen · der Herzratenänderungen und Hautpotentialänderungen gezeigt. Dabei zeigte sich aber auch, daß CNV und Herzrate (HR) auch jeweils verschiedene Prozesse widerspiegeln: die HR Aufmerksamkeit und Reaktionsintention; *die CNV Reaktionsintention und "Reinforcement"* (Lacy & Lacy, 1973).

VII.5.11.2.9 Aufmerksamkeit

Positive Zusammenhänge zwischen der CNV Amplitude und der Reaktionszeit wurden zum Teil derart interpretiert, daß die CNV ein Merkmal der Aufmerksamkeit sei (z.B. Hillyard & Galambos, 1967). In einer zweiten Klasse von Experimenten, nämlich jenen, wo Ablenkungsreize im CNV-Intervall dargeboten wurde, und wo sich eine Verringerung der Amplitude zeigte, wurde ebenfalls die Möglichkeit diskutiert, daß die CNV ein Maß der Aufmerksamkeit sei. Beiden Interpretationen warf Hillyard (1973) vor, daß nicht gleichzeitig die

Effizienz der sensorischen Verarbeitung an sich erhoben wurde und somit über die Art des Aufmerksamkeitsprozesses nichts Genaueres gesagt werden kann, umsomehr, als verschiedene Kategorien von Aufmerksamkeit unterschieden werden (z.B. Berlyne, 1970).

VII.5.11.2.10 Arbeitspunkteinstellung

Neuere Publikationen (Bauer, Guttmann & Trimmel, 1983; Bauer et al., 1986; Trimmel, 1987a, 1987b, 1987c; Trimmel, Groll-Knapp, Ganglberger et al., 1983; Trimmel, Groll-Knapp & Haider, 1983, 1985, 1987, 1988a) zeigen, daß die CNV Amplitude von Gleichspannungsänderungen, die dem CNV-Intervall vorangehen, beeinflußt wird (siehe Abbildung 35).

Die gefundenen Amplitudenunterschiede der CNV zeigten aber keinen Einfluß auf die Reaktionszeit (Bauer et al., 1986; Trimmel, 1987a), sodaß die Ergebnisse im Sinne einer optimalen kortikalen Erregung zum Zeitpunkt der geforderten Reaktion interpretiert wurden. *Dementsprechend wäre die CNV Ausdruck eines Mechanismus, welcher für "die (eine) optimale kortikale Aktivierung", also die Arbeitspunkteinstellung, verantwortlich ist.* Dieser Mechanismus könnte Lurias (1973) "funktionale Einheit zur Regulation der Aktivierung" sein.

Ein weiteres Indiz dieser Hypothese stellt die Tatsache dar, daß Gleichspannungsänderungen vor S1 fast keinen Einfluß auf die ereigniskorrelierten Potentiale von S2 zeigten (vermutlich aufgrund der Arbeitspunkteinstellung im S1-S2-Intervall), während für den Fall, daß keine Möglichkeit der Regulation des optimalen Aktivierungsniveaus besteht, die vorausgehenden Gleichspannungsänderungen einen differenzierten Einfluß auf das ereigniskorrelierte Potential zeigten (siehe Abbildung 36):

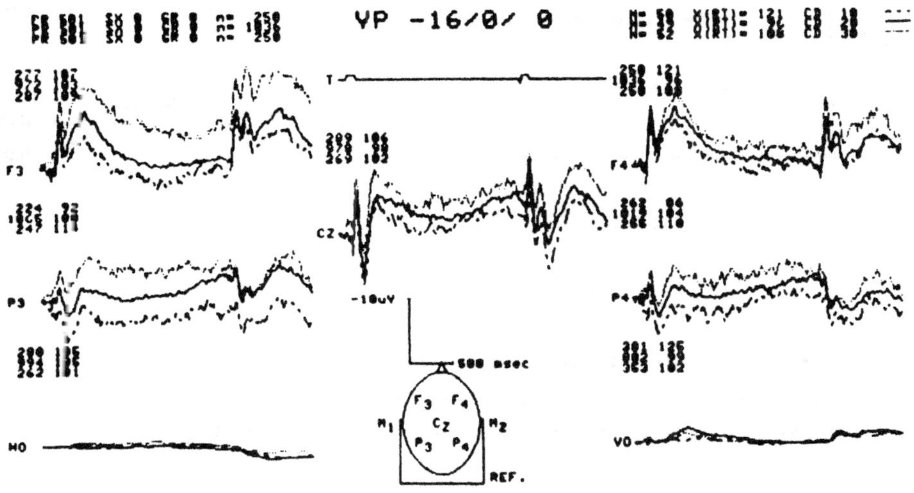

Abb. 35. Beispiel des Einflusses von Gleichspannungsänderungen in den letzten 2 Sekunden vor S1 auf die CNV. Gestrichelte Linie: negative shift; ausgezogene Linie: keine shift größer als 8 μV; punktierte Linie: positive shift.

1) nach einer positiven Verschiebung des Gleichspannungsniveaus waren die negativen Spitzen des ereigniskorrelierten Potentials vergrößert;

2) nach einer negativen Gleichspannungsänderung war die positive Spitze (P3) vergrößert.

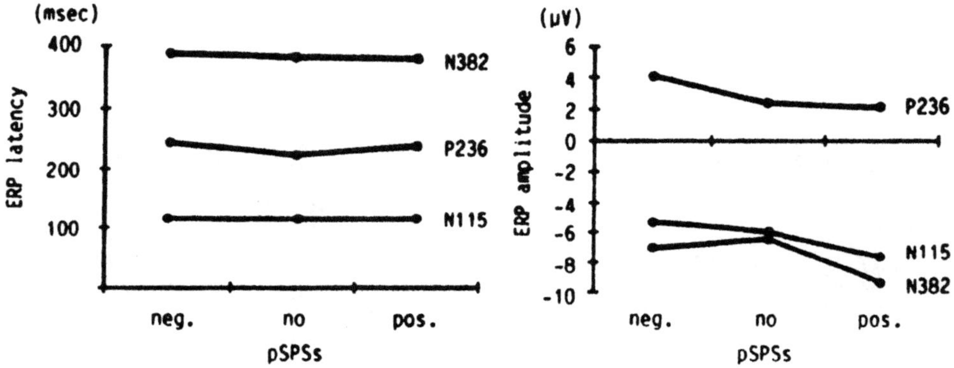

Abb. 36. Amplituden und Latenzen des ereigniskorrelierten Potentials von S1 nach negativen, positiven oder keinen Gleichspannungsänderungen (aus Trimmel, 1988a).

Die beschriebenen Einflüsse wurden aber nur für das ereigniskorrelierte Potential von S1 gefunden und nicht für das von S2. Diese Ergebnisse ließen sich derart interpretieren, *daß die CNV Ausdruck einer "vorbereiteten optimalen Arbeitspunkteinstellung" für den Zeitpunkt des S2 darstellt.*

Besteht keine Möglichkeit einer vorbereiteten Arbeitspunkteinstellung, wie z.B. bei S1, so verhalten sich die Potentiale, als würden sie von einem *"schnellen Aktivierungskorrekturmechanismus"* vom Einfluß von vorausgehenden Gleichspannungsänderungen korrigiert werden (Trimmel, Groll-Knapp & Haider, 1988a). Allerdings zeigen die Ergebnisse (Trimmel, 1988a), daß dieser schnelle Aktivierungskorrekturmechanismus nach einer negativen Gleichspannungsänderung nur die positive Potentialkomponente vergrößert und nach einer vorausgehenden positiven Gleichspannungsänderung nur die negativen Potentialkomponenten vergrößert.

Bei den Latenzen zeigte sich nur bei der P236 ein Einfluß (Trimmel, 1988a). Die Latenz war am kürzesten in der Bedingung ohne vorausgehende Gleichspannungsänderung und unter beiden "shift-Bedingungen" länger (signifikant aber nur gegenüber der negativen Gleichspannungsverschiebung), was als *ein Indiz für eine schnellere Informationsverarbeitung unter Bedingungen ohne vorausgehende shift angesehen werden kann.* Bedeutende interindividuelle Unterschiede in diesem "Regulationsverhalten" (Trimmel, 1986b, 1988b; Trimmel et al., 1986) könnten auf einen neuartigen Indikator kortikaler Eigenschaften hinweisen, der als neuartiger Indikator psychologischer Dimensionen verwendet werden könnte (vgl. mit Abbildung 6).

VII.5.11.3 Post-imperative Negativierung

Timsit-Berthier, Delaunoy und Rousseau (1976) berichten, daß bei jenen psychotischen Personen, bei denen eine CNV auftritt, in 75% der Fälle eine "verlängerte CNV" gefunden wurde. Die Autoren klassifizierten 4 verschiedene CNV Typen entsprechend der Charakteristik, wie sich die Negativierung "auflöst", d.h. wie und wann der post-imperative Teil der CNV (post-imperative negative Variation, PINV) auf das Ausgangsniveau zurückkehrt. Nachdem die PINV zuerst an psychiatrischen Patienten beobachtet wurde, zeigten Delaunoy, Gerono und Rousseau (1978), daß die PINV unter bestimmten Bedingungen auch bei normalen Versuchspersonen auftritt: Nach einem Wechsel vom Standard CNV Paradigma, wo mit der Reaktion auf den imperativen Stimulus dieser beendet wird, zu einer Aufgabensituation, wo ein Tastendruck den imperativen Stimulus nicht beendet, wurde eine PINV beobachtet. Das Auftreten einer PINV bei *Kontrollverlust* auf den imperativen Stimulus wurde auch von Rockstroh et al. (1982) beschrieben. Als eine entscheidende Einflußvariable stellte sich *der emotionale Gehalt des imperativen Stimulus* heraus. So zeigte sich, daß ein aversiver imperativer Stimulus, wie auch unangenehme Überraschungen zu S2 oder Kontrollverlust über S2 zur Ausbildung einer PINV führen.

Nach topographisch-experimentellen Gesichtspunkten läßt sich eine PINV mit frontalem Maximum von einer PINV mit maximaler Ausprägung am Vertex unterscheiden. Die PINV mit frontalem Maximum wurde dann beobachtet, wenn eine gut gelernte Flucht- oder Vermeidungsreaktion die Gültigkeit verliert, sodaß man annimmt, daß sie einen Zustand erhöhter anhaltender kortikaler Vorbereitung reflektiert, während die oft bei psychiatrischen Patienten beobachtete "Vertex-PINV" eher eine kortikale Inibition im Sinne einer Mobilisation reflektieren könnte (Rockstroh et al., 1982).

Rockstroh et al. (1982) diskutieren auch, daß die PINV möglicherweise der elektrophysiologische Ausdruck von kognitiven Prozessen sei, welche bei Änderung der Kontingenz oder bei Kontrollverlust – verallgemeinert betrachtet bei Attribuierungsprozessen – auftreten. Weiters wurde festgehalten (Rockstroh, Elbert, Lutzenberger & Birbaumer, 1979), daß die PINV – als Änderung des kortikalen Gleichspannungsniveaus ohne gleichzeitige Änderungen der peripheren physiologischen Parameter Herzrate und Hautleitfähigkeit und der elektromyographischen Aktivität – nicht als Artefakt betrachtet werden kann, sondern als ein Beispiel der Unabhängigkeit von zentralnervösen und autonomen somatischen Reaktionen.

Ganz allgemein vermuten Birbaumer, Elbert, Rockstroh und Lutzenberger (1986), daß eine PINV immer dann auftritt, wenn Erwartungen bezüglich relevanter Kontrolle nicht erfüllt werden. *Die frontale PINV entstehe, wenn eine erwartete Reaktionsfolge nicht auftritt, es also zum Verlust der Kontrolle über die Reaktion kommt,* nach Seligman (1975; vgl. auch Seligman, 1981) zur *Unkontrollierbarkeit* und damit auch zur erlebten *Hilflosigkeit* (helplessness). *Die mehr posterior lokalisierte PINV tritt bei Reizunvorhersehbarkeit, beim Fehlen eines Reaktions-Kontroll-Systems, bei nichtkonsistentem Auftreten des imperativen*

Stimulus und bei der Variation des imperativen Stimulus auf, wenn also die Stimuluscharakteristik unvorhersehbar wird. Nach Kathmann und Engel (1987) ist die PINV bei unvorhersehbarem Kontrollverlust noch größer als bei anhaltendem Kontrollverlust, sodaß die PINV auch als ein Indikator einer Kontingenz-Evaluation aufgefaßt werden kann. Untersuchungen an Patienten mit Frontalhirnläsionen (Elbert, Rockstroh, Lutzenberger & Birbaumer, 1982) demonstrierten die bedeutsame Rolle des *Frontalhirns* bei der Ausbildung der PINV.

VII.5.11.4 Reward Contingent Positive Variation (RCPV)

Ein langsames positives Potential, welches belohnende Reize begleitet, wurde von Marczynski (z.B. Marczynski et al., 1969; Marczynski, Hackett, Sherry & Allen, 1971) als belohnungskontingentes positives Potential (Reward Contingent Positive Variation, RCPV) beschrieben. Es steht im engen Zusammenhang mit der Qualität der Belohnung und wurde in primären und sekundären visuellen Projektionsarealen sowie in Teilen des Assoziationskortex abgeleitet. Marczynski et al. (1969, 1971) konnten auch zeigen, daß die RCPV mit der von Clemente, Sterman und Wyrwicka (1964) beschriebenen "postreinforcement synchronization, PRS" des EEGs einhergeht. Marczynski und Karmos zeigten 1978, daß die RCVP auch mit einer physischen Hyperpolarisation und der damit verbundenen Inhibition größerer Neuronenpopulationen verbunden ist.

VII.6 Ereigniskorrelierte Potentiale und Lebensalter

Naturgemäß besteht ein enger Zusammenhang zwischen dem Reifungsgrad des Gehirns und den kognitiven Fähigkeiten. Deshalb besteht auch ein großer Einfluß vom Lebensalter auf die Komponentenstruktur ereigniskorrelierter Potentiale sowie deren Amplituden und Latenzen, vor allem in den ersten Lebensjahren (z.B. Courchesne, 1983, 1987). Obwohl sich auch im Erwachsenenalter die Normwerte in Abhängigkeit vom Lebensalter verändern, so sind doch die Veränderungen vor allem gegenüber den ersten 12 Lebensjahren relativ gering. Daß das Lebensalter aber dennoch eine wichtige Einflußgröße darstellt, sei an der Latenz der P300 demonstriert, welche nach Goodin, Squires, Henderson und Starr (1978) mit 20 Jahren etwa 300 msec, mit 40 Jahren etwa 350 msec und mit 70 Jahren etwa 400 msec lang ist (vgl. auch Taghavy & Kügler, 1988, welche altersabhängige Werte für die "Pattern Flash P300" angeben, und Hegerl, Klotz & Ulrich, 1985, welche Alters- und Geschlechtseinflüsse auf die späten Komponenten akustisch evozierter Potentiale untersuchten).

Veränderungen der N100, N200 und P300 bei Kindern von 7 bis 18 Jahren für visuell präsentierte sprachliche Stimuli und mit Rücksicht auf topographische Einflüsse wurden von Taylor (1988) präsentiert, wobei für die Latenz der N200 und der P300 signifikante Effekte beschrieben wurden. Eine umfassende Zusammenschau bekannter Veränderungen ereigniskorrelierter Potentiale aufgrund des Lebensalters findet sich u.a. bei Klorman, Thompson und Ellingson (1978).

VIII
GLEICHSPANNUNGSPOTENTIALE

Wenn von kortikalen Gleichspannungspotentialen gesprochen wird, so sind aufgrund methodischer Gegebenheiten (siehe technische Grundlagen und Signalanalyse) in nahezu allen Fällen *Gleichspannungsänderungen* gemeint. Auch gibt es keine Übereinkunft, ab welcher Zeitdauer Potentialänderungen als *Gleichspannungsänderungen* bezeichnet werden, und die Bezeichnung von ereigniskorrelierten Potentialen *nur* aufgrund der Ableitart (im Konkreten Wechselspannungs- bzw. Gleichspannungsableitung) scheint ebenfalls nicht zielführend. Nicht zuletzt aus diesem Grund hat sich vor allem im angloamerikanischen Sprachraum der Terminus "slow potentials (SP)" für Potentialänderungen, beginnend bei dem Bereitschaftspotential und der CNV, sowie für alle weiteren langsameren Potentiale (vgl. Goff et al., 1978; Rebert, 1978, 1980) eingebürgert.

Demgegenüber schlägt Caspers (1974; Caspers et al., 1984) vor, alle Potentialänderungen, die den Zeitraum von 0,5 sec überschreiten, als DC-Potentiale zu bezeichnen (vgl. auch Trimmel, 1985a).

In der vorliegenden Monographie wurden die Vorbereitungspotentiale und die kontingenten Potentiale den endogenen ereigniskorrelierten Potentialen zugeordnet. Im folgenden sollen weitere längerdauernde Potentiale, welche sowohl in der Spontanaktivität, wie z.B. die "infraslow potential oscillations" und situationsbedingte Gleichspannungsänderungen, als auch Potentiale, die erst nach einem Mittelungsvorgang zu beobachten sind (wie z.B. manche auditiven Gleichspannungspotentiale), kurz dargestellt werden.

VIII.1 Gleichspannungspotentiale anhaltender auditiver Stimulation

Bei den bisher beschriebenen physikalischen Einzel-Stimuli handelte es sich um kurzdauernde physikalische Ereignisse im Bereich von einigen msec bis zu maximal ein paar 100 msec. Ereigniskorrelierte Potentiale, welche derartige Reize begleiten, werden auch als *transiente Potentiale* bezeichnet. Längerdauernde Stimulationen und deren ereigniskorrelierte Potentiale *(sustained potentials;* Picton et al., 1978a) wurden hauptsächlich im auditiven Bereich untersucht, obwohl Köhler und Held bereits 1949 bei bewegter visueller Stimulation im Gesichtsfeld eine Gleichspannungsänderung über den okzipitalen Kortex beobachteten. 1952 berichteten Köhler, Held und O'Connell auch über Gleichspannungsänderungen bei akustischer Stimulation.

Mit Hilfe der Mittelungstechnik untersuchte die Erlanger Gruppe (z.B. David, Finkenzeller, Kallert & Keidel, 1969a, 1969b) den Zusammenhang von Gleichspannungsänderungen und diversen Parametern akustischer Stimulation. Allgemein läßt sich sagen, daß sich *am Beginn und am Ende der Stimulation ein transientes Potential identifizieren läßt* und für die Zeitdauer der Stimulation eine fronto-zentral lokalisierte, evozierte negative Potentialverschiebung beobachten läßt, welche – trotz ähnlicher Verteilung wie die CNV – sich von dieser dadurch eindeutig unterscheidet, als die auditive Gleichspannungsverschiebung an das Vorhandensein des Reizes gebunden ist (Picton et al., 1978a) und nicht wie Jährvilehto und Fruhstorfer (1973) vermuteten, eine Art CNV darstellt.

Das auditive Gleichspannungspotential läßt sich auch bei Stimulation ohne jede *Aufmerksamkeit* sowie im *Schlaf* ableiten, obwohl Aufmerksamkeitsprozesse die Gleichspannungsamplitude erhöhen (Picton et al., 1978a). Aber neben den endogenen Einflüssen, welche möglicherweise durch die Addition verschiedener Potentialquellen zum Tragen kommen, konnten Picton et al., 1978b auch einen klaren Zusammenhang mit der *Stimulationsrate,* aber vor allem mit der *Stimulusintensität,* offenlegen.

Inwieweit auditive Gleichspannungspotentiale ein reines Korrelat des primären auditiven Kortex (Gumnit, 1960) oder auch ein Korrelat unspezifischer Aktivierung sind (z.B. Arduini, Mancia & Mechelse, 1957), wird bereits bei Gumnit und Grossman (1961) diskutiert. Daß auditive Gleichspannungspotentiale neben den physikalischen Reizgegebenheiten auch höhere geistige Aktivitäten reflektieren könnten, wurde von Haider, Groll-Knapp, Koller und Trimmel (1982) vermutet. Ausgehend von der Dissertation Haslberger (1982), in der das auditive Gleichspannungspotential bei einer langdauernden (26 sec) biologisch bedeutsamen Stimulation untersucht wurde, konnte gezeigt werden, *daß nicht die physikalischen Reizparameter, sondern der Bedeutungsgehalt der Stimulation für das auditive Gleichspannungspotential entscheidend war* (vgl. Abbildung 37).

So zeigte sich im Rattenversuch (mit epiduralen Ableitungen gegen das Nasenbein) bei einer 26 sec langen Stimulation mit dem Kampfschrei eines Artgenossen eine gleich lange, etwa 70 μV große Negativierung, während in der Kontrollbedingung, der Stimulation mit einem gleichlauten Sinuston in vergleichbarer Grundfrequenz, aber ohne zusätzlichen Informationsgehalt, nur ein ON-Potential zu finden war.

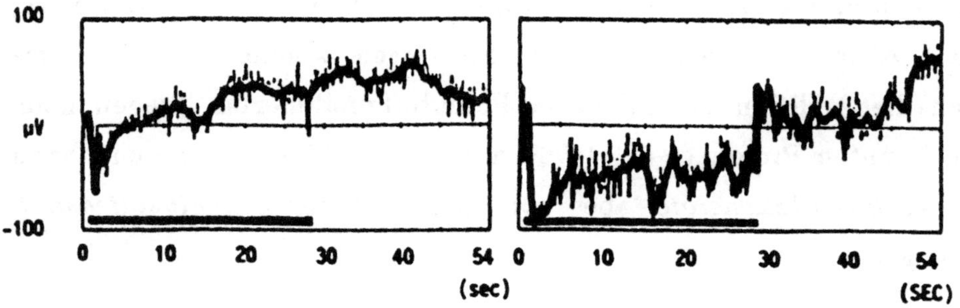

Abb. 37. Gleichspannungsänderung am Rattenkortex bei einer 26 sec dauernden Stimulation (durch den horizontalen Balken markiert) mit einem Kampfschrei eines Artgenossen (rechte Abbildung) und bei Stimulation mit einem Sinuston vergleichbarer Frequenz und Intensität (90 dBA) in der linken Abbildung. (Negativ nach unten in dieser Abbildung; aus Trimmel, Groll-Knapp & Haider, 1983.)

VIII.2 Gleichspannungsänderungen durch regelmäßige repetitive Reize

Regelmäßige Reiz- oder Aufgabenvorgaben (zumindest in einem annähernd gleichen Intervall) führen bei einer ausreichend langen Vorgabe zu *einer sinusförmigen Gleichspannungsoszillation im Aufgabenrhythmus* (z.B. Amanshauser, 1979; Guttmann & Bauer, 1982). Ein ähnlicher Befund liegt von Radilova, Pocock, Cooper und Radil (1986) vor, die bei regelmäßiger Darbietung (alle 5 sec) des Nekermann-Würfels mit anschließender Reaktion eine negative Potentialänderung von etwa 11 μV fanden, welche etwa bereits 2,5 sec vor der Reaktion begann.

VIII.3 Gleichspannungsänderungen und Aktivierung

Daß kortikale Gleichspannungsänderungen auch ohne unmittelbare Stimulation bis zu einem gewissen Grad den kortikalen Aktivierungsgrad widerspiegeln, läßt sich aus jenen Arbeiten ableiten, bei denen die Formatio Reticularis stimuliert wurde, was mit einer oberflächennegativen Gleichspannungsänderung einherging (z.B. Arduini et al., 1957) und aus Untersuchungen über die Schlaf-Wach-Periode (z.B. Caspers, 1961; Caspers & Schultze, 1959), wo für den Übergang vom Wachen zum Schlafen eine positive Gleichspannungsänderung beobachtet wurde, Schlafspindel waren von kleineren negativen Potentialen begleitet, und das Aufwachen von einer negativen Gleichspannungsänderung (siehe auch Bechtereva, 1974).

Bülow, Elbert, Rockstroh, Lutzenberger, Canavan und Birbaumer (1988) untersuchten die Auswirkungen von Hyperventilation auf kortikale Potentiale und fanden u.a. markante negative Gleichspannungsänderungen. In der Dissertation Novak wurde der Einfluß einer atemgeleiteten Enspannung bei Yoga-trainierten Versuchspersonen auf kortikale Gleichspannungsänderungen untersucht (siehe Trimmel, 1985a). Im Einzelfall konnten innerhalb einer Minute positive Potentialänderungen von annähernd 1 mV registriert werden. Aufgrund der vorliegenden Daten *erscheint die Atmung als ein brauchbares Vehikel zur unmittelbaren und willentlichen Beeinflussung der kortikalen Gleichspannung* und damit zur Aktivierungssteuerung zu sein (siehe Abbildung 38).

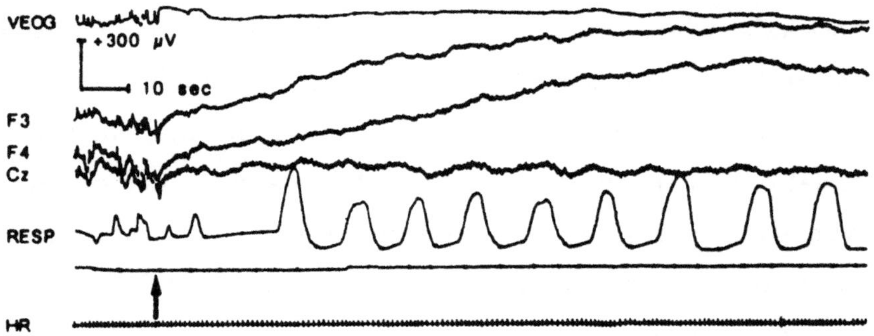

Abb. 38. Kortikale Gleichspannungsänderungen von F3 und F4 (DC) und von Cz (Zeitkonstante: 30 sec), vertikales EOG (VEOG; DC), Atemaktivität (RESP) und Herzrate beim Übergang zur atemgeleiteten Entspannung (Pfeil) einer Yoga-trainierten Versuchspersonen (aus Trimmel, 1985a, S. 323).

VIII.4 Gleichspannungspotentiale und Konditionierung

Rowland hat in einer Reihe von Experimenten (z.B. Rowland, 1978) gezeigt, daß sich kortikale Gleichspannungsänderungen auch im Verlauf der klassischen Konditionierung ausbilden können. Im Unterschied zum CNV Paradigma, welches ebenfalls als Konditionierung interpretiert wurde (z.B. Walter et al., 1964), wurden bei den Experimenten zur klassischen Konditionierung mit Futterbelohnung wesentlich längere Zeiträume analysiert und *bis zu 2 Minuten dauernde antizipatorische Gleichspannungsänderungen beobachtet.* Sie wurden im Gegensatz zu Gleichspannungsänderungen, als Reaktion auf Umweltreize als endogene Potentialänderungen betrachtet. Diesen langsamen, rampenartigen Gleichspannungsänderungen waren kürzere, z.B. bewegungskorrelierte Potentiale, überlagert. Es konnte auch gezeigt werden (Rowland, 1978), daß langsame Gleichspannungsänderungen ohne gleichzeitiger Veränderung der Aktionspotentialrate auftreten können.

Wie in den Experimenten von Rowland (z.B. 1978), wo die konditionierten Gleichspannungsänderungen erst nach genügenden Aquisitionsdurchgängen gefunden wurden, konnten auch Guttmann und Bauer (1982) mit der Dissertation Amanshauser (1979) zeigen, daß bei längerdauernder, regelmäßiger Präsentation von mentalen Aufgaben (Überprüfung von einfachen Rechenoperationen) die kortikale Gleichspannung in eine rhythmische, sinusförmige Potentialschwankung mit einer Spitze-Spitze-Amplitude von etwa 25 μV (mit einem Maximum von 40 μV) übergeht. Dabei synchronisierte sich das Gleichspannungspotential derart, daß die Aufgabenpräsentation an den Beginn einer nach oberflächen-negativ verlaufenden Potentialänderung fiel und etwa zum Zeitpunkt der Reaktion die maximal negative Auslenkung erreicht wurde. Diese Synchronisation wurde in allen verwendeten Ableitungen (F3, F4, O1 und Cz gegen verbundenes Mastoid) gefunden. Obwohl in diesem Humanexperiment eine mögliche Kontamination mit Hautpotentialen – für welche allerdings bereits in den ersten Aquisitionsdurchgängen reizsynchrone Potentialänderungen erwartet werden könnten – nicht ganz auszuschließen ist, erscheinen die Ergebnisse auch aufgrund vergleichbarer Resultate epiduraler Ableitungen an der Ratte (Angerer, 1979) als überzeugend.

Während bei den bisher beschriebenen Konditionierungsvorgängen die konditionierten Gleichspannungsänderungen sich aufgrund von rhythmischen Leistungsanforderungen bzw. von Belohnungen in rhythmischen Intervallen ausbildeten, konnte Trimmel zeigen, daß auch die Gleichspannungsänderung bei anhaltender auditiver Stimulation klassisch konditioniert werden kann (Trimmel, 1982, 1983; Trimmel, Groll-Knapp, Ganglberger et al., 1983). An drei Versuchstieren konnte demonstriert werden, *daß die unkonditionierte Gleichspannungsänderung als Folge einer 26 sec langen Stimulation mit einem biologisch sinnhaften Signal bereits nach 10 Aquisitionsdurchgängen mit einem Klick als konditionaler Stimulus konditioniert werden konnte.* Im Mittelwert von 10 Extinktionsdurchgängen fand sich eine etwa 12 sec andauerde Negativierung von ca. 70 μV als konditionierte Gleichspannungsänderung auf den Klick (siehe Abbildung 39).

Aufgrund dieser im Tierversuch gewonnenen Erkenntnisse, welche wegen der epiduralen Ableittechnik eine Kontamination mit Hautpotentialen ausschließt, lassen sich eine Reihe von praktischen Implikationen konditionierter kortikaler Gleichspannungsänderungen vermuten. Trimmel, Groll-Knapp und Haider (1984) zeigten die Möglichkeit des Einflusses konditionierter Gleichspannungsänderungen im Bereich der *Sportpsychologie* auf – so könnten diverse konditionale Stimuli zu verschiedenen Gleichspannungsänderungen führen, welche sich auf das Leistungsverhalten auswirken und damit als eine mögliche Ursache für die sogenannten "Trainingsweltmeister" angesehen werden können – und in Trimmel, Groll-Knapp und Haider (1983) wird auf mögliche Zusammenhänge von diversen konditionierten Gleichspannungsänderungen und dem *Unfallgeschehen* verwiesen. Über die potentielle Bedeutung konditionierter Gleichspannungsänderungen lassen sich anhand der beschriebenen Zusammenhänge von Gleichspannungsänderungen und Leistungsverhalten und des Einflusses von Gleichspannungsänderungen auf Prozesse der Informationsverarbeitung derzeit nur Vermutungen anstellen, welche aber von hoher praktischer Relevanz sein dürften und auch in ganz anderen Bereichen der Psychologie, wie z.B. in der Psychosomatik, zur Erklärung verschiedener Phänomene beitragen könnten.

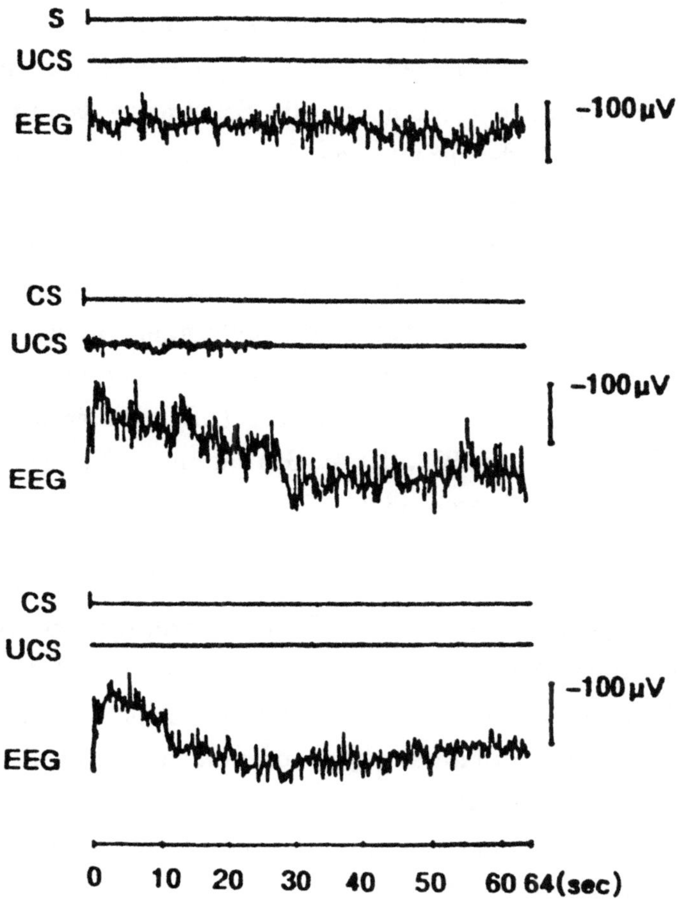

Abb. 39. Epidural abgeleitet Gleichspannungsänderung vor (oberer Teil der Abbildung), bzw. während der Konditionierung (mittlerer Teil der Abbildung) und in den Extinktionsdurchgängen (unterer Teil der Abbildung). Jeweils über 10 Einzeldurchgänge und drei Versuchtiere gemittelt. (Aus Trimmel, Groll-Knapp, Ganglberger et al., 1983, S. 125.)

VIII.5 Gleichspannungsänderungen und Leistung

Ausgehend von "delayed response" Untersuchungen an Affen (Rosen & Stamm, 1969; Stamm & Rosen, 1972), wo sich verschiedene negative Potentialverschiebungen zeigten und die Ergebnisse darauf hinwiesen, daß die Leistung mit der Amplitude des negativen Potentials im Zusammenhang steht (Sandrew, Stamm & Rosen, 1977), als auch von Untersuchungen über den Zusammenhang von Bereitschaftspotential und CNV in Signal- und Mustererkennungsaufgaben (Cohen, 1973; McAdam & Rubin, 1971), folgten Untersuchungen, in denen der Einfluß von Gleichspannungsänderungen auf das kognitive und motorische Leistungsverhalten erforscht wurde (z.B. Bauer & Nirnberger, 1980, 1981; Born et al., 1982, 1984; Guttmann & Bauer, 1982, 1984; Rockstroh et al., 1982; Stamm et al., 1978).

Ein effektives experimentelles Design zur Prüfung der Auswirkung negativer bzw. positiver spontaner Gleichspannungsänderungen stellt das "Brain-Trigger-Design" (Guttmann & Bauer, 1984) bzw. das "Potential-Related-Events" Paradigma dar, welches dem Brain-Trigger Design gleich ist, aber unabhängig davon von Stamm et al. (1978) bzw. Born et al. (1984) vorgestellt wurde (siehe im Abschnitt Braintriggerung bei den experimentellen Grundlagen interaktiver Methoden in der Neuropsychophysiologie).

Die Ergebnisse sind weitgehend konsistent und besagen, daß nach negativen Gleichspannungsänderungen (1) Konzepte (Bauer & Nirnberger, 1981) sowie (2) Wortpaare schneller gelernt werden (Bauer & Nirnberger, 1980) und (3) die mittlere Reaktionszeit kürzer ist (Born et al., 1982; Rockstroh et al., 1982) als nach positiven Gleichspannungsänderungen. *Diese Befunde liegen auf einer Linie mit der gängigen Auffassung, daß oberflächennegative kortikale Potentiale Ausdruck einer erhöhten neuronalen Aktivität sind und damit einen positiven Einfluß auf das Leistungsverhalten haben.* Vor allem für kognitive Leistungen erscheint dieser Befund gesichert, wenn man bedenkt, daß die Lernersparnis bei Aufgabendarbietung nach negativen Gleichspannungsänderungen gegenüber positiven Gleichspannungsänderungen etwa 25% beträgt (Guttmann, 1984b). Als Einschränkung könnte der Befund von Korunka (1986) gewertet werden, welcher nur im ersten Teil eines Experiments zur Untersuchung des Einflusses der kortikalen Gleichspannungsänderung auf das Paarlernen einen signifikanten Einfluß auf die Leistung fand, und nicht mehr im zweiten Teil des Experiments.

Auch eine generell größere Behaltensleistung des Lernmaterials, welches nach dem "Levels of Processing (LOP)" Modell (Craik & Lockhart, 1972; Craik & Tulving, 1975) strukturiert war (physikalische, phonemische und semantische Ebene), konnte bei Reizpräsentation nach negativen Gleichspannungsänderungen auf F3 im Vergleich zu positiven – für phonemisches und sematisches Material – gefunden werden (Weber & Bauer, 1986). Allerdings wurde auf F4 eine signifikant bessere Leistung für positive Gleichspannungsänderungen gefunden, und auf Cz zeigten Gleichspannungsänderungen keine Einflüsse auf die Behaltensleistung in der oben zitierten Arbeit. *Diese Befunde sprechen eher für eine lokale und differenzierte Bedeutung kortikaler Gleichspannungsänderungen.*

Ein Versuch zur Prüfung des Einflusses komplexerer Muster von Gleichspannungsänderungen auf die Intelligenzleistung wurde von Rutkowski (1983) unternommen. Bei dieser ebenfalls im BTD-Design durchgeführten Arbeit mußten mehrere "shift-Bedingungen" erfüllt sein, damit es zu einer Item-Darbietung kam. Die diesbezüglichen Ergebnisse waren nicht eindeutig, allerdings konnte damit auch gezeigt werden, daß der Zusammenhang (Synchronizität) von spontanen Gleichspannungsänderungen in den beiden Hemisphären nicht signifikant war.

Zu den Auswirkungen von Gleichspannungsänderungen auf die Reaktionszeit (Born et al., 1982) ist anzumerken, daß der Vergleich von negativen mit positiven Gleichspannungsänderungen im PRE-Design zwar eindeutig zugunsten der negativen ausfällt, in der Kontrollbedingung aber die Reaktionszeiten für positive Gleichspannungsänderungen etwas schneller waren, was die Schwierigkeiten der Verallgemeinerung dieser Ergebnisse andeutet.

Für generelle Überlegungen zur Bedeutung der kortikalen Gleichspannungsänderungen muß die Spezifität bzw. Generalität der kortikalen Gleichspannungsänderungen beachtet werden. Hier erscheinen die Daten uneinheitlich, während bei Bauer und Nirnberger (1981) für die Gleichspannungsänderungen in der Ableitung C3-M2 signifikante Unterschiede zu C4-M1 gefunden wurden, werden auch hohe Interkorrelationen spontaner Gleichspannungsänderungen an verschiedenen kortikalen Lokalisationen erwähnt (Bauer, 1986). Die zeitlichen, topographischen sowie situations- und persönlichkeitsbedingten Einflußgrößen (vgl. Etlinger, 1984; Etlinger, Guttmann & Bauer, 1986; Trimmel & Guttmann, 1988) "spontaner" kortikaler Gleichspannungsänderungen erscheinen trotz erster Untersuchungen und tiefgreifender theoretischer Implikation weitgehend ungeklärt.

Neben den zeitlichen, topographischen sowie situations- und persönlichkeitsbedingten Einflußgrößen auf das Auftreten spontaner kortikaler Gleichspannungsänderungen erscheint auch eine "adaptive-dynamische" Komponente, d.h. lernbedingte Veränderungen in der Steuerung und damit im Auftreten von kortikalen Gleichspannungsänderungen bedeutsam (vgl. Trimmel, Groll-Knapp, Sammer et al., 1985a). Der Einfluß einer gelernten Gleichspannungsänderung im Hinblick auf eine antizipierte kognitive Aufgabe und die Qualität der Informationsverarbeitung läßt sich auch anhand der Daten von Amanshauser (vgl. Guttmann & Bauer, 1982). ermessen. Selektives Mitteln von Einzeldurchgängen für richtig und falsch beantwortete Urteile über Rechenaufgaben zeigte, daß für richtige Antworten das Gleichspannungspotential bei der Reizpräsentation am Beginn einer großen negativen Potentialverschiebung war, während das Gleichspannungspotential bei den falschen Antworten keine situationsgebundene Veränderung zeigte.

In nahezu allen experimentellen Untersuchungen zum Leistungsverhalten in Abhängigkeit von langsamen kortikalen Potentialen fällt auf, daß die relevanten Zusammenhänge zumeist mit *Potentialänderungen* zu finden sind. Inwieweit dies darauf zurückzuführen ist, daß die Potentialänderungen eher als das Niveau des Gleichspannungspotentials Ausdruck für die dem Leistungsverhalten zugrundeliegenden relevanten kortikalen Prozesse sind, bleibt zu untersuchen.

VIII.6 Infraslow Potential Oscillations

Aladjalova (1964) beschreibt eine Reihe von langsamen, mehr oder weniger rhythmischen Potentialoszillationen (infraslow potential oscillations, ISPOs) mit einer Frequenz von 0,5 bis 8 Schwingungen pro Minute. Aladjalova berichtet, daß ISPOs im zerebralen Kortex und im Hypothalamus auftreten, aber nicht in der Formatio Reticularis und im Thalamus, und auch, daß mit den rhythmischen Potentialschwankungen Variationen im Spontan-EEG einhergehen. Aladjalova meint, daß ISPOs hauptsächlich von humoralen Faktoren abhängen und in keinem unmittelbaren Zusammenhang zur exitatorischen nervösen Aktivität stehen, obwohl sie diese aber bis zu einem gewissen Grad widerspiegeln.

Tatsächlich sind die Bedingungen, unter denen ISPOs auftreten, relativ unklar. Girton et al. (1973) berichteten, daß bei 11 von 15 Personen – manchmal allerdings erst nach 30-45 min nach Ableitbeginn – ISPOs beobachtet wurden. Während die Frequenz der ISPOs innerhalb einer Person als sehr stabil beschrieben wurde, konnten keine Bedingungen, die für das Auftreten von ISPOs im Zusammenhang standen, gefunden werden. Im Durchschnitt konnten für 15% der Zeit ISPOs registriert werden, aber kein Zusammenhang mit der Stimulation oder der mentalen Aktivität gefunden werden. Dieses Ergebnis deckt sich mit einer neueren Untersuchung von Trimmel, Groll-Knapp, Wölbinger und Haider (in Druck), wonach die experimentelle Bedingung (akustische Aufmerksamkeit versus Ruhe) keinen Einfluß auf die Häufigkeit des Auftretens von ISPOs zeigt (vgl. Abbildung 40). Allerdings konnte ein Zusammenhang von der Variabilität des Auftretens von ISPOs mit der Konzentrationsfähigkeit aufgezeigt werden. Personen mit niederer Konzentrationsfähigkeit zeigten in nur einer experimentellen Bedingung ISPOs, während Personen mit hoher Konzentrationsleistung entweder überhaupt keine aufwiesen oder in beiden Bedingungen ISPOs zeigten ("stabiles Muster" im Gegensatz zum "labilen Muster").

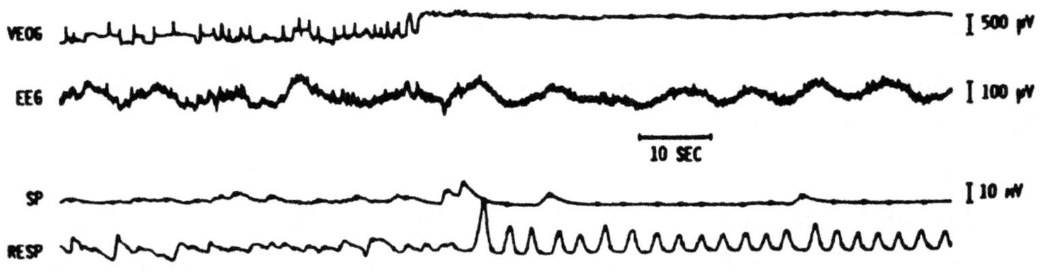

Abb. 40. Vertikales EOG (VEOG), infraslow, potential oszillations (EEG; von Cz gegen verbundenes Mastoid), Hautpotential (SP) und Atmungsaktivität (RESP) während des Gesprächs (im linken Teil der Abbildung) und während der Ruhe (im rechten Teil der Abbildung) als Beispiel stabiler ISPOs. (Aus Trimmel, Mikowitsch et al., in Druck.)

VIII.7 Situationsbedingte Gleichspannungsänderungen

Wie im technischen Abschnitt über Gleichspannungsableitungen bereits ausgeführt wurde, stößt man bei der Ableitung von Gleichspannungsänderungen, im besonderen unter experimentellen Streß-

Bedingungen, wobei auch andere endogene Potentiale beeinflußt werden, auf erhebliche methodische Schwierigkeiten. Das mag auch die Ursache dafür sein, daß experimentelle Befunde, in denen intensive Belastungssituationen mit kortikalen Gleichspannungsableitungen untersucht wurden, äußerst spärlich sind.

Trimmel, Groll-Knapp, Enichlmayer und Haider (1987) registrierten kortikale Gleichspannungspotentiale unter verschiedenen experimentellen Bedingungen wie Ruhe, Reaktionszeitaufgaben, Kopfrechnen und Streßinterview. Dabei zeigte sich neben einer im Durchschnitt leicht negativen Potentialverschiebung – welche auch in Abbildung 2, 3, 4 und 5 bei McCallum, Cooper und Pocock (1988) in einer vergleichbaren Arbeit zu erkennen ist – eine relativ große interindividuelle Variation mit einem *signifikanten Einfluß der Instruktionsphasen auf das Gleichspannungspotential.* Weiters konnten gruppenspezifische Unterschiede (Type A/B Verhaltenstypologie) in der Reaktivität und der Lateralisation des kortikalen Gleichspannungspotentials aufgezeigt werden (siehe Abbildung 43 und auch im Abschnitt Persönlichkeit).

In der Arbeit von McCallum et al. (1988) wurden kortikale Gleichspannungspotentiale während einer visuell dargebotenen Geschicklichkeitsaufgabe (tracking) verschiedener Schwierigkeit abgeleitet. Dabei zeigten sich ebenfalls *während der Instruktion und der Aufgabendarbietung negative Gleichspannungsverschiebungen, welche mit zunehmender Schwierigkeit größer waren.* Die Erhöhung der kortikalen Negativität mit zunehmender Aufgabenschwierigkeit ist in Übereinstimmung mit Untersuchungen zum Bereitschaftspotential bei verschieden schwierigen "Tracking"-Aufgaben (Lang, Lang, Kornhuber, Deecke & Kornhuber, 1983; Lang, et al., 1984; Deecke, Kornhuber, Lang, Lang & Schreiber, 1985).

IX MODELLVORSTELLUNGEN ZUR BEDEUTUNG EREIGNISKORRELIERTER HIRNPOTENTIALE

Seit Beginn der Erfassung ereigniskorrelierter Potentiale werden diverse Kennwerte mit psychologischen Variablen in Zusammenhang gebracht. Bereits 1969 zählte Sutton eine Menge psychologischer Termini auf, für welche Korrelationen mit ereigniskorrelierten Potentialen berichtet wurden: Angst, Arousal, Aktivierung, Interesse, Konation, Konditionierung, Lernen, Kontingenz, Richtigkeit versus Unrichtigkeit bei Erkennungsaufgaben, Schwierigkeit der Diskrimination, Ablenkung, endogene Reize, Aufregung, Erwartung, Set, Bereitschaft, Habituation, Intention zum Reagieren, Bedeutungsgehalt, Motivation, Neuartigkeit, Orientierung, positive und negative Effekte, selektive Aufmerksamkeit, Bedeutung, Suggestion, Hypnose, symbolischer Bedeutungsgehalt, Aufgabenrelevanz, Unsicherheit, Vorhersagbarkeit, Information, visuelles Wiedererkennen, Müdigkeit und Vigilanz.

Im folgenden sollen einige markante Standpunkte und theoretische Überlegungen über die Wertigkeit, Bedeutung und Mechanismen ereigniskorrelierter Potentiale der ersten 500 msec nach einem Ereignis (im folgenden transiente Potentiale) als auch langsamer kortikaler Potentiale (DC-Potentiale) aufgezeigt werden, wobei Modellvorstellungen und Hypothesen zur Bedeutung, Wirkung und Interpretation langsamer kortikaler Potentiale vor allem im Rahmen der CNV Forschung formuliert wurden (siehe auch Einflußgrößen der CNV).

Viele Überlegungen und Konzeptionen im folgenden Abschnitt erklären sich vor dem Hintergrund des "Aktivierungskonzeptes", welches trotz zahlreicher kritischer Ergebnisse in der Psychologie breiten Raum einnahm. Der interessierte Leser sei z.B. an Guttmann (1982b) und Thompson (1967) oder an spezielle Arbeiten, wie z.B. Routtenberg (1968) verwiesen.

IX.1 Transiente Potentiale

IX.1.1 Informationsverarbeitung

Ergebnisse aus Maskierungs-, Reaktionszeit- und "cued recall" Experimenten weisen darauf hin, daß die meisten – und unter bestimmten Bedingungen alle – den sensorischen Ereignissen folgenden kortikalen Prozesse, wie Dekodierung der sensorischen Information, Bewertung, möglicherweise die Einspeicherung in das Kurzzeitgedächtnis und möglicherweise eine Reaktionsauswahl, in den ersten 500 msec abgelaufen sind (Donald, 1979). *Daraus läßt sich ableiten, daß die "kognitive Reaktion" oder auch Informationsverarbeitung genannt, simultan mit dem ereigniskorrelierten Potential abläuft, worin sich auch die Relevanz ereigniskorrelierter Potentiale begründet.*

Entsprechend kognitionspsychologischer Arbeiten (Kahneman, 1968; Norman, 1968) beschreibt Donald (1979) die erste Phase der Informationsverarbeitung als die *sensorische Analyse* (oder "sensory information storage, SIS"), welche in den ersten 100 bis 200 msec je nach Reizmodalität abläuft. Diese wird von einer *Bedeutungsanalyse* gefolgt, bei der bestimmte Eigenschaften des Stimulus extrahiert werden. Danach folgt die *Verarbeitung im Kurzzeit- oder Arbeitsgedächtnis,* wo

Identifikation, Wiedererkennen, Wiederholungen des Kurzzeitgedächtnisinhaltes und komplexere Operationen ablaufen. Weiters steht das Kurzzeitgedächtnis im Informationsaustausch mit dem Langzeitgedächtnis und kann "Verhaltensprogramme" abrufen (vgl. auch Anderson, 1988; Neisser, 1974).

Ein anderes sequentielles Modell der Informationsverarbeitung im Zusammenhang mit motorischen Prozessen wurde von Frowein, Gaillard und Varey (1981) formuliert:

1) Vorverarbeitung,

2) Dekodierung,

3) Identifikation,

4) Reaktionsauswahl,

5) Programmierung der motorischen Reaktion,

6) Initiation der motorischen Reaktion,

7) Adjustierung der motorischen Aktion und

8) Reaktionsdurchführung.

Es besteht in der Abfolge von letztlich acht seriell ablaufenden Prozessen, wobei deren jeweilige Dauer von der Dauer der anderen unabhängig sei.

Klimesch, Pfurtscheller und Schimke (1987) gehen bei der Analyse von Entscheidungszeiten semantischen Materials von einem additiven Modell mit 4 Komponenten aus, zu denen sie eine empirisch ermittelte Zeitspanne angeben:

1) wahrnehmungsmäßiges Erfassen (encoding) 52 msec,

2) semantisches Erfassen 381 msec,

3) Vergleich von zwei Elementen 150 msec und

4) Reaktionauswahl und Reaktion 368 msec.

Obwohl der sequentiellen Abfolge dieser funktionalen "black boxes" keine äquivalente Abfolge in den ereigniskorrelierten Potentialen zuzuordnen ist (Renault, Fiori & Giami, 1988, finden bei der Latenzanalyse ereigniskorrelierter Potentiale eher den Standpunkt "kontingenter paralleler Verarbeitung" bestätigt), gibt es doch ein gemeinsames Prinzip verschiedener Stufen der Informationsverarbeitung und Komponenten ereigniskorrelierter Potentiale. Als eine direkte Funktion der Latenz gehen beide Prozesse von einer exogenen Determination zu einer endogenen über (Donald, 1979). In einer groben Analogie ließen sich die *exogenen Komponenten* des ereigniskorrelierten Potentials etwa in den ersten 70 msec (welche nahezu völlig von exogenen Faktoren bestimmt sind) der *sensorischen Analyse* zuordnen; ereigniskorrelierte Potentiale von 70 - 200 msec den *mesogenen Komponenten* der *Eigenschaftsanalyse;* und die späten Potentiale von 200 - 500 msec *(endogenen Komponenten)*, welche zu einem sehr großen Teil von endogenen Prozessen bestimmt sind, ließen sich den *kognitiven Prozessen des Kurzzeitgedächtnisses* zuordnen.

Als Gegenargumente der Analogie ereigniskorrelierter Potentiale und Informationsverarbeitung führt Donald (1979) an, daß

1) ereigniskorrelierte Potentiale nur Teile der relevanten neuronalen Aktivität widerspiegeln,

2) ereigniskorrelierte Potentiale in keinem korrelativen Verhältnis mit einem bekannten psychologischen Prozeß stehen, und

3) kognitive Prozesse und ereigniskorrelierte Potentiale jeweils für sich auftreten können, ohne einander zu bedingen.

Inwieweit neuere und zugleich grundlegende Parameter der Informationsverarbeitung, wie z.B. (1) Informationsfluß in das Kurzzeitgedächtnis, (2) die Verbleibensdauer im Kurzeitgedächtnis und (3) die grundlegende Lerngeschwindigkeit (Lehrl & Fischer, 1988), in einen engeren Zusammenhang mit ereigniskorrelierten Potentialen gebracht werden können, bleibt zu prüfen.

Von Bedeutung erscheint die *zustandsabhängige Informationsverarbeitung* (state dependent information processing; wie z.B. "state/acquired cognitive strategies", Norman, 1976) etwa in der Formulierung von Koukkou und Lehmann (1987), wobei sie unterschiedlichen funktionalen Zuständen verschiedene EEG Charakteristika zuordnen. Die Analyse einzelner Kennwerte des ereigniskorrelierten Potentials mit Hilfe von Funktionskennlinien (operation characteristics, OCs; Trimmel, 1988b) dürfte diesem Ansatz sehr nahe kommen (siehe auch Funktionskennlinien).

IX.1.2 Aufmerksamkeit

Der Begriff der Aufmerksamkeit hat in der Psychologie nicht nur zahlreiche Definitionen und Klassifikationen, sondern auch eine lange Tradition. So unterteilt James (1892) Aufmerksamkeit auf drei Dimensionen in je zwei Kategorien:

1) *sensorische* und *intellektuelle* Aufmerksamkeit;

2) *unmittelbare* (aufgrund der Interessantheit des Reizes oder der Sache) und *mittelbare* (eine zu gewinnende Aufmerksamkeit) und

3) *passiv, anstrengungslos, unwillkürlich und anstrengungslos* versus *aktiv und willentlich.*

Als typisches Beispiel willkürlicher Aufmerksamkeit wird oft das "Cocktail-Party Phänomen" herangezogen, was besagt, daß man selektiv verschiedenen Menschen zuhören kann, auch wenn andere gleich laut oder sogar lauter sprechen. Andererseits ziehen bestimmte Reizgegebenheiten, wie unerwartete Gegebenheiten oder intensive Reize, die Aufmerksamkeit an sich, sodaß man von unwillkürlicher Aufmerksamkeit sprechen kann, welche auch eng mit der Orientierungsreaktion (z.B. Sokolov, 1963a; siehe auch im Abschnitt Orientierungspotentiale) verknüpft ist.

Sowohl der willentlichen (voluntary; sehr oft auch als selektive Aufmerksamkeit bezeichnet) als auch der unwillkürlichen (involuntary) Aufmerksamkeit konnten Näätänen, Gaillard und Mäntysalo (1980) eine neuropsychophysiologische Entsprechung zuordnen.

Ein zwar schwaches, aber den anderen Komponenten im ereigniskorrelierten Potential von etwa 150 bis 500 msec (bei auditiven Reizen) systematisch überlagertes negatives Potential (Processing Negativity nach Näätänen, 1982; Näätänen & Michie, 1979a, 1979b; bzw. *"negative difference wave, Nd"* nach Hansen & Hillyard, 1980) wird der *willkürlichen Aufmerksamkeit* zugeordnet, während als Ausdruck der unwillkürlichen Aufmerksamkeit die *Mismatch Negativity* angesehen wird. In diesem Zusammenhang sei darauf hingewiesen, daß Haider bereits 1967 vergrößerte ereigniskorrelierte Potentiale in diesem Zeitbereich für die selektive Aufmerksamkeitsbedingung gezeigt hat. Das überlagerte negative Potential könnte Ausdruck einer intensiven Verarbeitung des in einer allerersten Analyse als relevant erkannten Reizes sein. Näätänen (1988) diskutiert auch, daß die Processing Negativity einen Zugang zur Stimulus-Selektion bei Aufmerksamkeitsprozessen darstellt, welche mit nicht-physiologischen Methoden nicht beschrieben werden könnte.

In einer Untersuchung zur selektiven Aufmerksamkeit mit Hintergrundmusik (Dalbokova, Kolev & Kristeva, 1988) wurde eine reduzierte Verarbeitungsnegativität bei gleichzeitig nicht signifikant veränderten Leistungswerten gefunden. Das deutet auf einen Maskierungseffekt –

der auditiven Perzeption durch die Musik bei gleichzeitigen positiven Emotionen, wobei zwar die Aufmerksamkeit gehalten werden konnte, aber die Kategorisierung in dem der Aufmerksamkeit zugewandten "Kanal" gestört war.

Inwieweit Aufmerksamkeitsprozesse bereits sehr frühe Komponenten der ereigniskorrelierten elektrischen Aktivität beeinflussen – was für die "frühe Selektion" (Broadbent, 1970) spräche, und welche oft als Gegensatz zu einer "späten Selektion" (Deutsch & Deutsch, 1963) verstanden wird – ist derzeit nicht geklärt (vgl. auch Brix, 1984; Lukas, 1980; Woldorf et al., 1987; siehe auch exogene ereigniskorrelierte Potentiale).

Als neuropsychophysiologisches Korrelat *unwillkürlicher Aufmerksamkeitsprozesse* sehen Näätänen et al. (1980) die *Mismatch Negativity* (siehe dort), ein neuronaler Prozeß der spezifischen sensorischen Areale (vgl. Sokolov & Vinogradova, 1975). Dieses negative Potential dürfte unabhängig von der Richtung der Aufmerksamkeit (Näätänen, 1988) grundlegende sensorische Analysen reflektieren, welche auch im Zusammenhang mit der Orientierungsreaktion stehen und von der Person nicht zu kontrollieren sind.

Als Ausdruck der kortikalen Orientierungsreaktion wird auch die Alpha-Blockade im EEG verstanden (vgl. Birbaumer, 1975), welche in Dauer und Ausmaß die Intensität der Orientierungsreaktion widerspiegelt. Damit es überhaupt zu einer *Orientierungsreaktion* kommt, führt Lynn (1966) 4 Kriterien an:

1) absolute oder relative Neuheit des Reizes;

2) Intensitäts-, Form- oder Zeitveränderungen des Reizes;

3) Reizintensität und

4) Bedeutung des Reizes für das Lebewesen.

Aber auch zunehmende Komplexität, Unsicherheit und Konfliktträchtigkeit der Reizsituation führt zu einer zunehmenden EEG-Desynchronisation (vgl. Berlyne, 1974).

Die Ergebnisse früherer Arbeiten zur Steuerung der Aufmerksamkeit durch *Hypnose* und *Suggestion* und die Auswirkungen auf ereigniskorrelierte Potentiale werden von Tecce (1970) dermaßen beurteilt, daß immer dann, wenn mehr als zwei Personen untersucht wurden, keine systematischen Änderungen im ereigniskorrelierten Potential gefunden wurden.

Pharmakologische Einflüsse können zu paradoxen Zusammenhängen (d.h. größere Potentiale bei geringerer Aufmerksamkeit) führen. (Zahlreiche psychopharmakologische Einflüsse auf ereigniskorrelierte Potentiale werden z.B. bei Saletu, 1977 beschrieben; vgl. auch Beker, Bösel, Ott, Henning & Fichte, 1987; Frowein et al., 1981; Rösler & Sojka, 1987; Saletu, Grünberger, Linzmayer, Schwartz, Haegele & Schechter, 1986; Schwarz-Ottersbach & Goldberg, 1986; Semlitsch, Anderer, Saletu & Resch, 1988).

Obwohl der Bereich der Hypnose nicht direkt in den Bereich der Aufmerksamkeitsprozesse zu zählen ist, soll an dieser Stelle ein Verweis auf relevante neuropsychophysiologische Arbeiten gegeben werden: DePascalis, Marucci und Penna (1989) fanden u.a. Zusammenhänge von der 40 Hz EEG Aktivität und der *Hypnotisierbarkeit* sowie einige Hemisphärenunterschiede in der 40 Hz Aktivität unter verschiedenen Bedingungen in leicht und schwer hypnotisierbaren Personen (vgl. Gruzelier, Brown, Perry, Rhonder & Thomas, 1984). Die Unterschiede in der 40 Hz Aktivität scheinen in diesem Zusammenhang deshalb als interessant, weil Sheer (1984) die 40 Hz Aktivität als Ausdruck von Aufmerksamkeitsprozessen, insbesondere mit "fokussierter" Aufmerksamkeit sieht.

Guttmann und Mitarbeiter (Barolin, Gestring & Guttmann, 1968) untersuchten eine hypnotische Intensitätssuggestion auf das ereigniskorrelierte Potential und fanden im paradoxen Ergebnis, daß für die Suggestion "laut" ein kleineres Potential (Vertexpotential) als für "leise" abgeleitet wurde, was als ein Effekt der beeinflußten Hintergrundaktivität interpretiert wurde.

Eine weitere wichtige Einflußgröße, welche die Aufmerksamkeitsprozesse beeinflußt, ist der *Hormonhaushalt.* Daß dadurch auch einzelne Potentialkomponenten aufgabenspezifisch beeinflußt werden (Processing Negativity, Mismatch Negativity, N2, P300), konnten Born, Bothor, Pietrowsky, Fehm-Wolfsdorf, Pauschinger und Fehm (1987) zeigen. Sie fanden aufmerksamkeitsbezogene und dosisabhängige Wirkungen von *Vasopressin* auf Komponenten des ereigniskorrelierten Potentials, wobei die Frage, ob es sich dabei um spezifische, auf "mismatch Prozesse" bezogene Effekte oder eher um unspezifische Effekte handelt, noch nicht endgültig geklärt ist. Doch dürfte Vasopressin eher Aufmerksamkeits- als Gedächtnisprozesse beeinflussen (Pietrowsky, Born, Fehm-Wolfsdorf & Fehm, 1987).

Ein anderes Arbeitsfeld befaßt sich mit der Untersuchung von Schwankungen der Aufmerksamkeit, was Haider (1962) als *Daueraufmerksamkeit* bezeichnet (sustained Attention) und auch, vor allem in Verbindung mit Leistungsparametern und/oder elektrophysiologischer Kennwerte, *Vigilanz* genannt wird (vgl. Parasuraman, 1984). Der Zusammenhang von Aufmerksamkeitsschwankungen und neuropsychophysiologischen Vorgängen wurde bereits von Rohracher (z.B. 1937) untersucht und Groll (1963, 1966) konnte die Leistung im Vigilanztest verschiedenen EEG-Kriterien zuordnen. Dabei war die Vigilanzleistung während des desynchronisierten EEGs besser und die Wiedergabe von Gedächtnismaterial bei kleiner EEG-Amplitude genauer.

Obwohl neben den neuropsychophysiologischen Methoden auch andere psychophysiologische und psychologische Parameter die Brauchbarkeit bei der Objektivierung der Daueraufmerksamkeit (z.B. Bartenwerfer, 1960) zeigten, bietet die neuropsychophysiologische Methode bei der Erforschung der zugrundeliegenden Mechanismen einen größeren Informationsgewinn.

Erste Ergebnisse ereigniskorrelierter Potentiale im Zusammenhang mit Daueraufmerksamkeit bzw. Vigilanz wurden von Haider (Haider, 1965, 1967, 1970; Haider et al., 1964; Spong et al., 1965) veröffentlicht. Dabei konnte gezeigt werden, *daß Amplituden und Latenzen der Komponenten im visuell evozierten Potential von den Aufmerksamkeitsfluktuationen beeinflußt wurden, wobei kleinere Amplituden und längere Latenzen für Phasen geringerer Aufmerksamkeit gefunden wurden.* Kugler (1984) unterschied zwischen verschiedenen Vigilanzniveaus und untersuchte die räumliche und zeitliche Organisation der EEG-Tätigkeit. Dabei fand er bestimmte Frequenzgemische für bestimmte Vigilanzniveaus und charakteristische Ausbreitungen einzelner regionaler Aktivitäten im Wechsel mit anderen Aktivitäten und formulierte ein sogenanntes "Vigilanzprofil".

Eine Möglichkeit der Objektivierung von Aufmerksamkeitsprozessen und ein elegantes Beispiel für die Anwendung ereigniskorrelierter Potentiale bei Vigilanzuntersuchungen stellt die Arbeit von Cooper et al. (1977) dar. Dabei hatten die Versuchspersonen die Aufgabe, eine über ein Fernsehbild dargebotene Landschaft zu beobachten und bei Erscheinen eines Fahrzeuges in der Landschaft eine Reaktionstaste zu drücken. Das Erkennen relevanter Ereignisse war von einem positiven Potential mit maximaler Amplitude über dem zentro-parietalen Kortex begleitet und auch im Roh-EEG erkennbar. Diesem der P300 ähnlichen Potential (man könnte es "Erkennungspotential" nennen) ging eine negative Potentialverschiebung bis zu 1 Sekunde voraus, welche als Vorbereitungspotential interpretiert wurde.

Einen markanten Unterschied im ereigniskorrelierten Potential zwischen jungen (21 Jahre alten) und älteren (70 Jahre alten) Versuchspersonen fanden Looren de Jong, Kok, Woestenburg, Logman und van Rooy (1988) in einem Experiment mit visuellen Suchaufgaben. Die Resultate wurden dahingehend interpretiert, daß *die ereigniskorrelierten Potentiale bei jungen Versuchspersonen (P3-Effekte) eher die Gedächtnisaktualisierung (memory updating) reflektieren und bei den älteren Versuchspersonen – wo die ereigniskorrelierten Potentiale von der Verhaltensleistung eher unabhängig waren – (P3- und Slow Wave Effekte) eher das verstärkte Bemühen, die Aufmerksamkeit zu behalten, reflektieren.*

Grundlegende Überlegungen zu neuropsychophysiologischen Experimenten, im besonderen in Verbindung mit Untersuchungen zu Aufmerksamkeitsprozessen, sowie zu verschiedenen Bedingungen und Aufgabenvariablen finden sich bei Gaillard (1988).

IX.2 DC-Potentiale

Im folgenden werden unter DC-Potentialen sowohl langsame Potentiale im Sekundenbereich, wie z.B. die CNV, als auch längerdauernde Gleichspannungsänderungen verstanden.

IX.2.1 Priming

Die ersten Arbeiten zur CNV (Walter, 1967; Walter et al., 1964) waren von der Auffassung getragen, daß die langsamen Potentialänderungen Ausdruck konditionierter Reaktionen sind. Dementsprechend wurde der enge Zusammenhang zwischen Aufmerksamkeit, Erwartung, Bedeutung der Kontingenz, operantes Verhalten und der Amplitude der CNV derart aufgefaßt, daß die CNV Amplitude das elektrische Korrelat *kortikaler Vorbereitung* (priming) sei, wobei die Erregungen zu assoziierten Reizen beschleunigt und synchronisiert werden (Walter et al., 1964). Als Arbeitshypothese schlug Walter (1967) vor, daß die langsamen Potentiale im Zusammenhang mit dem CNV Paradigma

Ausdruck der elektrochemischen Prozesse des unspezifischen frontalen Kortex beim Vergleich sensorischer Inhalte mit abgespeichertem Material bzw. dessen Integration und Übersetzung in relevante Entscheidungen oder Aktionen sei.

IX.2.2 Motivation

Irwin, Knott, McAdam und Rebert (1966) berichteten eine größere CNV Amplitude für die Bedingung mit einem schmerzhaften Reiz zu S2 im Vergleich zu einer Bedingung ohne schmerzhaften Reiz und interpretierten, daß zwischen der CNV Amplitude und der auf S1 konditionierten Motivation ein Zusammenhang bestehe. In der Arbeit von McAdam, Irwin, Rebert und Knott (1966) wurde gezeigt, daß Versuchspersonen die CNV Amplitude durch verschiedene "motivationale sets" willentlich kontrollieren konnten. Rebert, McAdam, Knott und Irwin (1967) zeigten, daß die CNV Amplitude größer war, wenn S1 anzeigte, daß ein schwierig zu erkennender Stimulus (S2) folgte im Vergleich zu einem leicht zu erkennenden Stimulus. Rowland (1968) konnte experimentell zeigen, daß die Höhe der kortikalen Gleichspannung mit dem *Reaktionspotential* des Versuchstieres einhergeht, also die Intensität von Annäherungs- und Vermeidungstendenzen sich in der Amplitude widerspiegelt. Entsprechend der Hull'schen Gleichung (Hull, 1943), wonach D x H = E, d.h.:

Trieb (D) x Habitstärke (H) = Reaktionspotential (E)

ist, scheint die Gleichspannungsamplitude besser als andere physiologische Größen dem Reaktionspotential zu entsprechen. Auch dieses Ergebnis fügte sich in die Sichtweise der "Iowa-Gruppe" (allerdings in den späten 60er Jahren), wonach die CNV zerebrale Mechanismen widerspiegelt, welche mit Motivation im Zusammenhang stehen.

IX.2.3 Skopeutische versus kategorische Verarbeitung

Bei der Zuordnung langsamer kortikaler Potentiale, wie CNV und Bereitschaftspotential zu psychologischen Konzepten, gehen die Autoren (Cooper, McCallum & Papakostopoulos, 1978, 1979) von der Auffassung aus, daß Aufmerksamkeit, Motivation, Erwartung, subjektive Wahrscheinlichkeit, Konation usw. zwar verständliche Konzepte sind, aber schlecht definierte Bereiche menschlicher kognitiver Funktionen darstellen. Sie verweisen auf den Umstand, daß die *Bewußtheit* (awareness), mit der die Versuchspersonen in den Experimenten zur Erhebung langsamer kortikaler Potentiale teilnehmen, mitüberlegt werden sollte, obwohl es offensichtlich unmöglich ist, die Bewußtheit auf einem wissenschaftlichen Niveau zu erfassen. Folglich schlugen die Autoren zwei verschiedene Zustände bzw. Modi – um den dynamischen Charakter hervorzuheben – vor, einen, wo die Personen involviert sind und in einer ständigen Interaktion mit der Umwelt stehen, nennen sie *skopeutisch* (vom griechischen "scopos") und den Modus, der nach wiederholter Übung bzw. beim Überlernen einfacher Tätigkeiten auftritt und halbautomatisch abläuft, wurde *kategorischer* (categoric) Modus genannt. Als Beispiel wurde der Verlauf der CNV Amplitude in einem längeren Experiment angeführt, wo sich am Beginn eine große Amplitude ausbildete, welche sich im Verlauf der zahlreichen Wiederholungen verkleinerte, aber bei einer Änderung der Gegebenheiten, wie z.B. bei der Änderung des Interstimulusintervalls, wieder größer wurde.

IX.2.4 Hierarchisches Aktivierungsmodell

Aufbauend auf den von Lindsley (1961) beschriebenen allgemeinen und spezifischen Arousalmechanismen formulierte Haider (1969, 1970) ein *hierarchisches Aktivierungssystem*, welches in der Folge weiter ausgearbeitet wurde (Haider et al., 1981). Ausgegangen wurde davon, daß die mesenzephale Retikulärformation zusammen mit den thalamischen Projektionssystemen, dem limbischen System und dem Kortex ein hierarchisches System von Mechanismen ausbildet, dem eine Hierarchie von Aktivierungsvorgängen zugeordnet wird.

In dem Modell werden 4 Abstufungen der Aktivierung bzw. des Aktivierungssystems vorgenommen:

1) *Allgemeine Aktivierung* (Wachen oder Schlafen) durch das retikuläre Aktivierungssystem gesteuert, mit dem Korrelat von Langzeit-Gleichspannungsänderungen;

2) *tonische Aktivierung* (mit dem Bereich von hoher Aktivierung bis aktivierter Schlaf) durch das reticuläre und limbische Aktivierungssystem gesteuert und dem Korrelat mittelfristiger (tonischer) Gleichspannungsänderungen;

3) *phasische Aktivierung* (wie bei Ablenkung, Orientierung, Erwartung, Aufmerksamkeit, "Drifting", Schlafen und Träumen) durch das truncothalamische und mediothalamisch-fronto-kortikale System gesteuert mit dem Korrelat der ereigniskorrelierten (phasischen) langsamen Potentiale wie CNV und Bereitschaftspotential;

4) *differenzierte "selektive" Aktivierung* (wie bei selektiven Wahrnehmungs-, Kognitions- und Handlungs-Aktionen) durch spezifische thalamo-kortikale und striato-kortikale Mechanismen (vgl. Hassler, 1980) mit dem Korrelat von informations- und bewegungskorrelierten Potentialen.

In dem hierarchischen Aktivierungsmodell wird weiter angenommen, daß jede Stufe der Aktivierungshierarchie die nächste Stufe mitbeeinflußt und umgekehrt auch von dieser beeinflußt wird. Neuere experimentelle Ergebnisse (Trimmel, Groll-Knapp, Haider et al., 1987) belegen die angenommene Interaktion verschiedener Stufen der Aktivierungshierarchie. So konnte Trimmel (1987a) zeigen, daß tonische Gleichspannungsänderungen die phasischen Gleichspannungsänderungen beeinflussen und auch, daß tonische Aktivierungsvorgänge die differenzierte "selektive" Aktivierung verhaltensrelevanter Potentiale beeinflussen (Trimmel, 1987b, 1987c). Ferner konnte gezeigt werden, daß der Einfluß von tonischen Gleichspannungsänderungen auf die CNV zum Teil bedeutenden interindividuellen Schwankungen unterliegt, sodaß vermutet werden kann, daß die Art und Weise der Interaktion verschiedener Aktivierungsstufen ein *Charakteristikum kortikaler Regelvorgänge* widerspiegelt und möglicherweise mit psychologischen Grunddimensionen korreliert ist (Trimmel, 1988b).

IX.2.5 Schwellwertregulation

Ausgehend von Hebbs (1949) Idee und den Überlegungen Braitenbergs (z.B. Braitenberg, 1977, 1984) formuliert Elbert (1985) das Modell "Netzwerkinitialisierung durch lenkbare Schwellen" bzw. Elbert und Rockstroh (1987) das Prinzip der *"treshold regulation"* (Schwellwertregulation). Dabei bilden neuronale Ansammlungen, sogenannte "Neuronenknoten" mit wechselseitig verstärkter Verknüpfung, und "Netzwerke", welche auch als elementare Einheiten für das Verhalten angesehen werden, eine Grundannahme des Modells. Nach Palm (1982) ist ein Ereignis bzw. ein Konzept in einem solchen Neuronenknoten gespeichert. In Erweiterung des Konzepts von Braitenberg postuliert Elbert (1985), daß man einen Zellverband als Neuronenknoten ansehen kann, wenn bei Erregung der einen Hälfte die andere gleichzeitig ("reverberatorisch") miterregt wird und ein solcher Neuronenknoten in der Folge die Aktivation weiterer Knoten – mit unterschiedlicher Stärke, je nach Stärke oder Mächtigkeit der Verbindung – begünstigen kann. Eine derart verbundene Anzahl von Neuronenknoten bezeichnet Elbert als Netzwerk.

Weitere wichtige Punkte in der Auffassung Braitenbergs sind, daß 75% der kortikalen Neuronen Pyramidenzellen sind, welche sich nach zwei Umschaltungen (Synapsen) wieder mit sich selber verschalten. Pyramidenzellen teilt er in das A-System ("Apicalsystem"), welches entfernte Zellsysteme verbindet (in dem ein EPSP eine Oberflächennegativität hervorruft), und das B-System ("Basalsystem") kortikaler Verbindungen in der Reichweite von etwa 1 mm (in dem EPSP überwiegend positive Potentialverschiebungen an der Oberfläche auslösen).

Wird ein Neuronenknoten durch erregende Eingänge aktiviert, bauen sich durch den erregenden Eingang, die Kettenreaktion und der Rückkopplung zunehmend EPSPs auf, welche für die Dauer der Aktivation von einer eher positiven Potentialverschiebung – "Verarbeitungspositivität" zum Unterschied von positiven Potentialen anderer Natur – begleitet werden. Als eigentliche Schwellenkontrolle (welche aufgrund theoretischer Überlegungen gefordert wird; vgl. Elbert, 1985) werden thalamokortikale Afferenzen postuliert, welche die kortikale Erregbarkeit modulieren. Dabei wird aus allen kortikalen Arealen über die paleostriatale Schleife die aktuelle Erregung ermittelt und die Information in das mediothalamisch frontokortikale System eingespeist, von dem aus eine erneute Bestimmung günstiger Schwellen erfolgt und die unspezifische thalamokortikale Afferenz neu eingestellt wird. So schlägt sich eine Erniedrigung der Schwellen (erhöhte apicale Depolarisation) in Oberflächennegativität nieder und eine Reduktion der Erregbarkeit (Schwellenerhöhung) führt zu einem Rückgang von Oberflächennegativität, also zu einer positiven Verschiebung (Elbert, 1985).

Vor allem die Beteiligung des mediothalamischen frontokortikalen Systems (MTFCS) und der mesenzephalen Retikulärformation (MRF) bei der Regulation kortikaler afferenter Erregung gilt seit den Arbeiten von Skinner und Yingling (1976, 1977) und Yingling und Skinner (1975, 1976, 1977) als gut belegt. Die Autoren konnten zeigen, daß mit einer Stimulation des nucleus reticularis thalami (R) die Amplitude evozierter Potentiale selektiv beeinflußt werden kann. Deshalb wurde das *MTFCS-MRF-R System* – über die Regulation der Informationsverarbeitung – als ein dem Phänomen der *Aufmerksamkeit* zugrundeliegendes System interpretiert.

Die neuroanatomischen Verbindungen kortikaler Netzwerke zum Thalamus über das Striatum (nucleus caudate und Putamen) sind bekannt (vgl. Canavan, 1986), ebenso wurde die Beteiligung von Pallidum und Striatum bei Aufmerksamkeitsprozessen beschrieben (Hassler, 1980). Nach Elbert und Rockstroh (1987) führt eine Erhöhung des Schwellwerts über diese Verbindungen zu einer Restriktion der Aktivität auf Netzwerke, welche sich mit einem einzigen Ereignis beschäftigen und schwächt alle anderen Aktivitäten. Dabei berufen sich die Autoren auch auf Denny-Brown und Yanagisawa (1976), welche den Basalganglien eine "clearing house"-Funktion (Aufräumfunktion) zuschreiben, indem neue kortikale Aktivitäten erfaßt und verglichen werden. Nach einem Auswahlverfahren kann dann eine Aktivität unterstützt und die anderen Aktivitäten unterdrückt werden. Die Verbindung vom Pallidum zum Thalamus und zur Reticularformation erfolgt über das adaptive MTFCS, was den Vorteil hat, daß bestimmte Eigenschaften der Schwellwertregulation im voraus gesetzt werden können.

Deecke und Lang (1987) verweisen darauf, daß noch kein direkter Beleg dafür erbracht wurde, daß die thalamokortikale Interaktion durch "Schwellwertregulation" beeinflußt wird. Weiters glauben die Autoren, daß die Informationsauswahl ankommender Signale durch interne Zustände und die Motivation, also durch Hypothalamus und limbisches System, organisiert werden (Deecke, Kornhuber, et al. 1985) und sehen die Aussage über das grundlegende Prinzip der Aufmerksamkeitsregulation 'input from the pallidum to the thalamus which is under the control of the mediothalamic fronto-cortical system' als eine zu grobe Vereinfachung (Deecke & Lang, 1987, S. 340). Deecke und

Lang (1987) stimmen aber mit der Auffassung überein, daß subkortikale Mechanismen in der Regulation kortikaler Erregbarkeit, welche motorische und kognitive Prozesse erleichtert, mitbeteiligt sind. Nachdem die Erregbarkeit aber auch im vorhinein bereits eingestellt werden kann, verwundert es auch nicht, daß ereigniskorrelierte Potentiale durch verschiedene prästimulus-EEG-Zustände determiniert sind (Basar & Stampfer, 1985; vgl. auch Trimmel, 1987a, 1988a), wofür Deecke und Lang (1987) das "Schwellwertregulationsmodell" als brauchbar qualifizieren, obwohl ihnen das Prinzip der "Neuromodulation" zur Abstimmung kortikaler Aktivität als geeigneter erscheint.

Verleger (1988b) diskutiert, daß zwar die Grundannahme des Modells – die elektrischen Hirnpotentiale werden durch Schwellwertregulationen verursacht – richtig sei, daß die Potentiale aber nicht den eigentlichen Akt der Regulation reflektieren, sondern dessen Konsequenz oder Korrelat. In weiteren, zum Teil auch kritischen Kommentaren verweist Canavan (1987) u.a. darauf, daß in dem Modell "das zu Regulierende" nicht präzis definiert ist, und Palm (1987) findet die von Elbert und Rockstroh (1987) vorgestellte EEG-Analyse im Sinne der "Chaostheorien" (z.B. Mayer-Kress, 1986) schwer zu interpretieren.

IX.3 Abschließende Bemerkungen

Abschließend soll auch darauf verwiesen werden, daß diverse Modellvorstellungen sich einander nicht unbedingt ausschließen, sondern jeweils verschiedene Aspekte in den Vordergrund der Betrachtungen stellen und damit das neuropsychophysiologische Geschehen aus z.T. verschiedenen Standpunkten betrachten. Auch erheben die vorgestellten Auffassungen keinen Anspruch auf Repräsentanz oder gar Vollständigkeit.

Aus der Sicht des Autors ließe sich noch anmerken, daß dem Zeitraum, in dem sich Potentiale ändern, bzw. der Steilheit, mit der die Potentialänderungen ablaufen, möglicherweise eine qualitative Bedeutung zukommen könnte. Diese Annahme beruht

1) auf Ergebnissen zur "Bewußtseinsspanne" aus der kognitiven Psychologie;

2) auf der Tatsache, daß "spontane" Gleichspannungsänderungen auf Ereignisse unmittelbar nach der Potentialänderung größere Relevanz besitzen als auf zeitlich abgerückte Ereignisse (z.B. bei einem ISI von 2,4 sec einen größeren Einfluß auf die CNV als bei 4 sec; Bauer, 1984a). Ein weiteres Indiz zu dieser Hypothese könnte die Tatsache sein, daß pSPSs zwar die Komponenten des ereigniskorrelierten Potentials von S1 beeinflussen (Trimmel, 1988a), aber keinen Einfluß auf die Komponenten von S2 zeigen (Trimmel, unpubliziert) und auch kein Einfluß auf die Reaktionszeit zu S2 gefunden wurde (Trimmel, 1987a).

3) Auch längerdauernde Gleichspannungsableitungen (z.B. Trimmel et al., 1983; Trimmel, Groll-Knapp, Enichlmayer & Haider 1987; Trimmel, Streicher et al., in Druck) zeigen keine streng aufgabensynchronen und anhaltenden Gleichspannungsänderungen – mit Ausnahme langdauernder biologisch sinnvoller Stimulation (z.B. Trimmel, Groll-Knapp & Haider, 1983) – sondern eine Abfolge von verschieden ausgeprägten Potentialänderungen. Neben den ereigniskorrelierten Potentialänderungen lassen sich auch spontane Oszillationen im Zeitbereich von 6 bis 10 sec beobachten (z.B. Trimmel, Groll-Knapp, Wölbinger & Haider, in Druck), und weiters zeigt die Analyse ereigniskorrelierter Potentiale einer 20 sec dauernden Muskelkontraktion zwei je 10 sec dauernde unterscheidbare Teilabschnitte, gefolgt von einem abermals etwa 10 sec dauernden Potential nach der eigentlichen Tätigkeit (Trimmel, Streicher et al., in Druck). Daß dem Zeitraum von etwa 10 sec (oft als Dauer der Aufmerksamkeitsspanne beschrieben; Rohracher, 1971) nicht nur bei der EEG Spontanakti-

vität, sondern auch bei Gleichspannungspotentialen eine besondere Bedeutung zukommen könnte, zeigt auch die Tatsache, daß sich auch die klassisch konditionierten Gleichspannungsänderungen akustischer Stimulation nach etwa 10 sec auflösten.

4) Um sich einer absichtlichen, willentlichen Handlung voll bewußt zu sein, ist nach Libet (1985) und Libet, Wright und Gleason (1982) eine bestimmte Amplitude im Bereitschaftspotential eine notwendige Voraussetzung.

Aus den vier angeführten Punkten ließe sich ableiten, ohne daß dafür ein unmittelbarer zweifelsfreier empirischer Beleg erbracht werden kann,

1) daß eher einer ereigniskorrelierten Gleichspannungs *änderung* als einem bestimmten Gleichspannungspotential eine psychologische Bedeutung zukommt und

2) *der Gradient von Potentialänderungen* (welcher zumindest im ab- fallenden Teil auch Ausdruck einer physiologischen Zeitkonstante sein könnte ?) – naturgemäß unter Bedachtnahme auf anatomisch-strukturelle Gegebenheiten – mit Bewußtseinsprozessen in Zusammenhang gebracht werden könnte, und zwar in dem Sinn, daß nur Potentialänderungen ab einer bestimmten Steilheit (Intensität) Ausdruck von Bewußtseinsprozessen sind.

TEIL C: ANGEWANDTER TEIL

X BEISPIELE

Im folgenden Abschnitt sollen einige markante Beispiele der angewandten Neuropsychophysiologie dargestellt werden. Es handelt sich dabei um keine systematische oder repräsentative Auswahl, sondern um eine Vorstellung von Bereichen, in welchen neuropsychophysiologische Methoden mit Erfolg angewendet wurden oder werden.

Die Verwendung ereigniskorrelierter Potentiale in der Diagnostik hat eine lange Tradition (vgl. Callaway, 1969), besonders bei der Testung sensorischer Eigenschaften sowie neurologischer und psychiatrischer Störungen.

In diesem Zusammenhang nimmt das Konzept, nach welchem neuropsychophysiologische Parameter eine abhängige Variable zur quantitativen Erfassung diverser Hirnfunktionenen darstellen, eine zentrale Rolle ein. John et al. (1978) nannten das Ziel der Datensammlung über Hirnfunktionen mit Rücksicht auf anatomische Gegebenheiten, der individuellen Entwicklungsstufe, der sensorischen, perzeptiven und kognitiven Prozesse und die Eingliederung der relevanten Daten in bezug auf entsprechende Normwerte "neurometrisch". Dabei nannte er folgende Schritte zur konkreten Verwirklichung der *Neurometrie:*

1) Die Auswahl angemessener Tests entsprechend dem interessierenden funktionalen Spektrum,

2) Erhebung von Normwerten für die "Neurometrische Testbatterie",

3) die Berechnung quantitativer Eigenschaften aus dem EEG oder den ereigniskorrelierten Potentialen (z.B. Frequenzspektrum, Amplituden und Latenzen von Potentialspitzen, Asymmetrien usw.),

4) Normalisierung durch z-Transformation,

5) Berechnung von z-Werten für jede Person und

6) die Einstufung individueller Eigenschaften aufgrund multivariater Analysen.

Diesem Ansatz entspricht weitgehend die Pilotstudie von Trimmel (1988b), wo vor allem bei der Beschreibung der quantitativen neuropsychophysiologischen Eigenschaften völlig neuartige Wege beschritten wurden.

Neben den neueren Entwicklungen der Neurometrie finden sich aber auch erfolgreiche Anwendungen einfacher neuropsychophysiologischer Methoden in angewandten oder anwendungsnahen Gebieten der Psychologie. Oft erscheinen auch Methoden und Verfahren der experimentellen Psychologie ohne große Modifikationen für praktische Anwendungen direkt umsetzbar.

X.1 Neurologische Störungen

Neben der Bedeutung ereigniskorrelierter Potentiale bei der Diagnose neurologischer Störungen können sie auch wesentlich zum besseren wissenschaftlichen Verständnis neurologischer Störungen beitragen. Konkrete Anwendungsbeispiele der Verwendung ereigniskorrelierter auditiver, somatosensorischer und visueller Potentiale, unter anderem im Zusammenhang mit Hörtüchtigkeit, Multipler Sklerose, räumliche Wahrnehmung, Kontrastsensibilität, Migräne u.a., finden sich z.B. bei

Regan (1989) und Stöhr et al. (1982), auf die der interessierte Leser verwiesen wird.

X.2 Psychopathologie

Eine Fülle von ereigniskorrelierten Potential-Daten im Zusammenhang mit Schizophrenie, affektiver Psychose, Neurose, Drogenwirkungen und Persönlichkeitsstörungen findet sich u.a. in einer Übersichtsarbeit von Shagass, Ornitz und Sutton, 1978 (siehe auch Maurer & Dierks, 1988). Regan (1989) stellt neuere Ergebnisse ereigniskorrelierter Potentiale im Zusammenhang mit Legasthenie (siehe dort), Aufmerksamkeitsstörungen, Autismus, Schizophrenie (siehe auch z.B. Gruzelier, 1984; vgl. Hornykiewicz, 1986), Depression (siehe auch Elton, 1984), Alkoholismus (siehe Grünberger, Linzmayer & Saletu, 1987; Kryspin-Exner, 1987; Wittchen, 1975), Demenz, Hysterie und Phantomschmerz vor.

Neue Ansätze der Neuropsychophysiologie im Zusammenhang mit der Postulation einer "stimulation-seeking" Theorie und der *Kriminalität* werden von Raine und Venables (1989) vorgestellt.

Nach Lutzenberger, Elbert, Rockstroh und Birbaumer (1981b) finden sich auch schon bei schizoiden Tendenzen in Subskalen zur Erfassung der *Schizophrenie* (z.B. der physikalischen Anhedonia) Unterschiede in der Post-Imperativen Negativen Variation (PINV). Simons und Russo (1987) verglichen die P300 bei Personen mit Wahrnehmungsanormalitäten, Personen mit erhöhten Anhedonia-Werten und einer Kontrollgruppe. Sie fanden bei Personen mit physikalischer Anhedonia eine verkleinerte P300, welche als Ausdruck einer kognitiven Dysfunktion, welche mit reduzierten Wahrnehmungskapazitäten verbunden sein könnte, aber auch als Ausdruck einer verminderten Motivation oder vergrößerten *Anstrengungsvermeidung* (vgl. Rollett, 1983) interpretiert werden könnte.

Raine und Venables (1987) untersuchten neuropsychophysiologische Kennwerte (CNV, N100 und P300) bei Psychopathen. Die Ergebnisse zeigten, daß *Psychopathen* auf Signalreize eine höhere P300 ausbilden, was als Indiz dafür gewertet wurde, daß Psychopathen mit erhöhter Aufmerksamkeit sich Ereignissen von unmittelbarem Interesse zuwenden.

Neben der Analyse von neuropsychophysiologischen Einzelkennwerten erscheint manchmal auch ein breit angelegtes Testsystem – welches neben neuropsychophysiologischen Kennwerten auch Kennwerte des autonomen Nervensystems und die Erfassung der individuellen Reaktionscharakteristik unter verschiedenen definierten Bedingungen der Ruhe, Orientierung, Habituation, psychomotorischem Leistungsverhalten, Vigilanz und Reaktionszeitmessung – wie es von Semlitsch, Anderer, Resch und Presslich (1987) für die Anwendung in der *Psychiatrie* vorgeschlagen wurde, als interessant und erfolgversprechend, vor allem, wenn auch der Anfall der (vielen) Daten sinnvoll bewältigt werden kann. Auch Fahrenberg (z.B. 1987) vertritt grundsätzlich die Auffassung, daß die Erhebung einer Vielzahl von Parametern, welche naturgemäß voneinander nicht unabhängig sind, zu einer besseren Einordnung von Patienten dient. Verblüffend erscheinen in diesem Zusammenhang die Ergebnisse von Sandman, Gerner, O'Halloran und Isenhart (1987), welche aufgrund auditiver ereigniskorrelierter Potentiale (P1, N1, P2, N2) auf einfache Töne und der Erinnerungsleistung *Alkoholiker, depressive* und *schizophrene Patienten* und eine Kontrollgruppe voneinander differenzieren konnten.

Im folgenden sollen zwei Einzelstörungen aus neuropsychophysiologischer Sicht etwas näher beleuchtet werden.

X.2.1 Autismus

Nachdem viele Autisten offenbar nicht zwischen wichtigen und unwichtigen Reizen unterscheiden können, besteht die Auffassung, daß

Autismus mit Anormalitäten sowohl der Bewertung sensorischer Informationen als auch der Aufmerksamkeitszuwendung korreliert ist.

Untersuchungen der auditiven *Hirnstammpotentiale* zeigten zwar bei 20-40% der Autisten Anormalitäten, können aber nicht die alleinige Ursache sein, da sie eben nicht immer gefunden wurden (Rumsey, Grimes, Pikus, Duara & Ismond, 1984; vgl. auch Starr et al., 1978). Für die *P300* auf neuartige akustische Reize wurden zwar kleinere, aber noch "normale" Amplituden gefunden (Courchesne, 1987), allerdings habituierten sie wesentlich schneller (Courchesne, 1983). *Die klassische P3b (welche mit Unsicherheitsreduktion und Kontext-Updating in Zusammenhang gebracht wird) ist bei Autisten abnormal klein und wurde als ein kognitives Defizit, welches unabhängig von sensorischen Prozessen sei, interpretiert* (Courchesne, 1987). Weiters wurde vom selben Autor bei Autisten eine konsistent niedrigere *Verarbeitungsnegativität* (Processing Negativity) gefunden. Oades, Walker, Geffen und Stern (1988) finden bei der Analyse ereigniskorrelierter Potentiale in einem auditiven Wahl-Reaktionsexperiment Gruppenunterschiede in der *N100* und der *P300*. *Demnach zeigen die ereigniskorrelierten Potentiale autistischer Kinder eine größere Responsivität auf objektive Reizeigenschaften und weniger Einfluß auf die Bedeutung der Reize.*

X.2.2 Legasthenie

Spezifische Leistungsschwächen, welche nicht intellektuellen Defiziten bzw. sensorischen, motorischen oder emotionalen Überforderungen zugeordnet werden, wie z.B. Lese- oder Schreibschwächen bei Kindern, bezogen auf ihre Altersgruppe, werden der Legasthenie (bzw. Lese-Rechtschreibschwäche, z.B. Deegener, 1978) zugeordnet (z.B. Vellutino, 1987). Groll-Knapp, Wurst, Aumüller und Trimmel (1984) verwiesen auf die ungelöste äthiologische und differentialdiagnostische Problematik der Legasthenie. Sie vermuteten, daß mit neuropsychophysiologischen Indikatoren die Frage, ob hauptsächlich eine Perzeptionsschwäche oder aber eine Konzentrations- und selektive Aufmerksamkeitsschwäche – oder beides – die zugrundeliegenden Mechanismen sind, beantwortet werden könnte. In der Folge wurde in umfangreicheren experimentellen Untersuchungen (zum Teil im Rahmen der Dissertation von Aumüller und der Diplomarbeit von Wess) versucht, verschiedene Teilbereiche zu beleuchten: (1) Die perzeptive Verarbeitung durch die Analyse ereigniskorrelierter Potentiale nach einfachen und komplexen visuellen Signalen; (2) komplexe situations- und signalabhängige EEG Muster während der Bearbeitung von legasthenierelevanten Diskriminationsaufgaben; (3) der Einfluß von kortikalen Gleichspannungsänderungen auf die Diskriminationsleistung und (4) die Bedachtnahme auf die Hemisphärendominanz.

Ein überraschendes Ergebnis der Untersuchung (Groll-Knapp, Wurst, Aumüller, Tatzer & Trimmel, 1984) war, daß die ereigniskorrelierten Potentiale der schweren Legastheniker (SL) in mancher Hinsicht der Kontrollgruppe (KG) ähnlicher waren als der Gruppe der leichten Legastheniker (LL), was auch aus Abbildung 41 zu entnehmen ist – die Unterteilung erfolgte mit Hilfe eines Rechtschreibtests bei auspartialisierter Intelligenzleistung. LL zeigten eine längere *Latenz der P200* des ereigniskorrelierten Potentials nach akustischer Stimulation und eine geringere Negativierung zum Zeitpunkt des Erscheinens der optischen Aufgabe, was eine geringere oder verzögerte Aufmerksamkeitszuwendung der LL nahelegt. Unter Berücksichtigung der klinischen EEG Analysen dieser Gruppe, welche einen stabileren, hochfrequenteren und wesentlich niedrig-amplitudigeren Grundrhythmus zeigen, scheint es wahrscheinlich, *daß eine habituelle Übererregtheit und eine zu geringe spezifische Aufmerksamkeitszuwendung in Aufgabensituationen eine neuropsychophysiologische Ursache der Leistungsschwäche ist.*

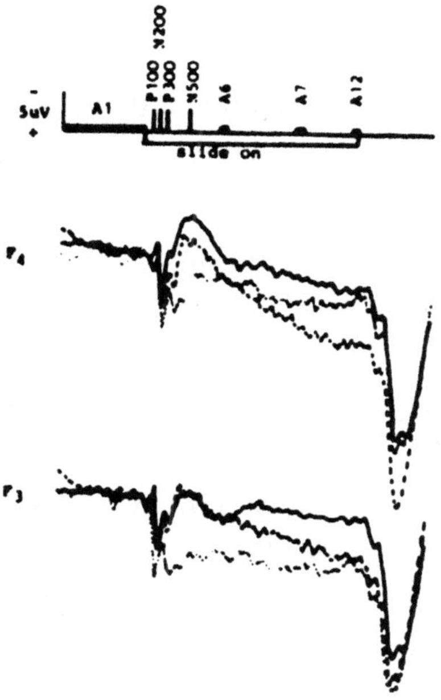

Abb. 41. Erreigniskorrelierte Potentiale von schwer (punktierte Kurve) und leicht legasthenischen Kindern (gestrichelte Linie) sowie von Kontrollkindern (ausgezogene Linie) von F3 und F4 gegen verbundenes Mastoid (aus Groll-Knapp et al., 1989, S. 101).

Der Gruppe der SL dürfte es – zumindest in der Testsituation – gelungen sein, durch einen erhöhten Aufmerksamkeitseinsatz (kürzere *P200* als bei der KG, größere *O-Wave)* trotz ihrer primär stärkeren Teilleistungsschwäche relativ bessere Ergebnisse zu erreichen. Diese Ergebnisse demonstrieren auch, daß durch neuropsychophysiologische Kennwerte das Erscheinungsbild der Legasthenie in einem wesentlich differenzierten Maße betrachtet werden kann. Duffy (1986) interpretiert einen ähnlichen Befund, nämlich z.T. sehr verschiedene Potentiale innerhalb einer legasthenischen Subgruppe als Ausdruck der Mächtigkeit ereigniskorrelierter Potentiale in der Diagnose. Die Ergebnisse lassen auf verschiedene Störungen schließen, welche alle unter Legasthenie subsummiert wurden (vgl. auch Deegener, 1978).

Gruppenunterschiede in der N500 deuten auf weitere Unterschiede in den kortikalen Prozessen der Reizverarbeitung zwischen Legasthenikern und Nicht-Legasthenikern (Groll-Knapp, Aumüller, Wurst, Tatzer & Trimmel, 1986). Weiters zeigten sich Unterschiede zwischen den legasthenischen Gruppen und der KG in der Potentialänderung der *Pre-Signal Basislinie* (einem Vorbereitungspotential) für falsch diskriminierte Reize im Gegensatz zu richtig diskriminierten Reizen (Groll-Knapp, Aumüller, Wurst & Trimmel, 1987). In einer Folgeuntersuchung (Groll-Knapp, Wurst, Wess & Trimmel, 1988) *zeigte sich einerseits ein erheblicher Einfluß des Reizmaterials (es wurden sowohl graphische Symbole als auch Buchstaben zur Diskrimination vorgegeben), wobei die Gruppenunterschiede für die Buchstabenserie ausgeprägter waren und andererseits Gruppenunterschiede in dem die Diskrimination begleitenden positiven Potential (gößeres positives Potential in den Legasthenie-Gruppen) gefunden wurden.*

Umfassende neuropsychologische Überlegungen zur Legasthenie – auch unter Miteinbeziehung von Überlegungen zur Schriftsprache und Lautsprache sowie der Bedeutung temporaler und parietaler Gebiete für die akustische und kinästhetische Verarbeitung auditiv perzeptierter Signale, parieto-okzipitaler Zonen für die Umkodierung in optisch räumliche graphische Symbole und des prämotorischen Bereichs für die Steuerung der Schreibbewegung – finden sich bei Deegener (1978).

Ereigniskorrelierte Potentiale einfacher Stimuli zeigen zwar oft anormale Asymmetrien (z.B. Ollo & Squires, 1986), doch verweisen die Autoren darauf, daß ereigniskorrelierte Potentiale während der kognitiven Sprachverarbeitung zu aussagekräftigeren Ergebnissen führen müßten. In einem entsprechenden Experiment fanden sie allerdings überraschend anormale Potentiale mit Gruppenunterschieden hauptsächlich in der *parietalen Slow Wave* und interpretierten die Ergebnisse im Hinblick auf die weitere Verarbeitung der Reize und auf Gedächtnisprozesse.

Duffy (1986) beschrieb neben signifikanten Unterschieden ereigniskorrelierter Potentiale in der linken Hemisphäre zwischen Legasthenikern und einer Kontrollgruppe, daß Legastheniker auch zahlreiche Anormalitäten über verschiedenen kortikalen Gebieten, unter anderem auch bilaterale und frontale Anormalitäten, aufwiesen.

(Die Wirkung von Piracetam – ein Pharmazeutikum, welchem eine Steigerung der Effizienz und der integrativen Aktivität kortikaler Prozesse zugeschrieben wird – im Zusammenhang mit Legasthenie wird im *International Journal of Psychophysiology, 4*, 19-61, in vier Beiträgen näher beleuchtet.)

X.3 Sensorische Eigenschaften

Hillyard et al. (1978) zählen als besondere Umstände, unter denen die Analyse ereigniskorrelierter Potentiale von besonderem Wert sein können:

1) Testung der sensorischen Funktion bei nicht-kooperativen Personen (z.B. psychiatrischen Patienten, Kindern),

2) Überwachung der Entwicklung bei Babies,

3) Unterscheidung des Ankommens der sensorischen Information im Kortex von der Weiterverarbeitung,

4) Ableitung von Aktivitäten sensorischer Systeme, welche der bewußten Wahrnehmung nicht zugänglich sind,

5) Messung spezieller sensorischer Aktivitäten (z.B. Spektralsensitivität),

6) Erfassung organischer Pathologien in Patienten, welchen eine funktionale Störung zugeschrieben wurde.

X.3.1 Objektive Sinnestüchtigkeitsprüfung

Sensorische Eigenschaften lassen sich im akustischen, visuellen und somatosensorischen Sinnessystem mit der Technik ereigniskorrelierter Potentiale relativ leicht erfassen, aber auch im olfaktorischen und gustotatorischen Sinnessystem lassen sich gewisse Eigenschaften objektivieren.

In den einzelnen Sinnessystemen lassen sich durch geeignete Ableitungen die Funktionsweisen der gesamten Reizleitung objektivieren und bis zu einem gewissen Ausmaß auch die höheren Funktionen der Reizverarbeitung. Typische Anwendungen sind die objektive *Feststellung von Schwellwerten* (z.B. objektive Hörprüfung, vgl. Keidel, 1976), Einfluß von Tagesschwankungen (zirkadiane Rhythmik) auf Schwellwerte bzw. kognitive Funktionen (Kerkhof, 1980), Diskriminationsfähigkeit, Habituation, Schmerzwahrnehmung usw. (zahlreiche Anwendungen werden z.B. bei Gerull et al., 1975; Hillyard et al., 1978; Regan, 1989; und Stöhr et al., 1982 vorgestellt).

Als ein besonderes Beispiel soll eine Möglichkeit der *objektiven Gustometrie* vorgestellt werden. Neben der Registrierung der evozierten Geschmackspotentiale ist die Objektivierung der Geschmacksempfindung auch durch die Verwendung des CNV Paradigmas möglich. In diesem Falle besteht der Warnreiz (S1) aus einer adäquaten Geschmacksstimulation und S2 aus einem leicht wahrnehmbaren akustischen Reiz, sodaß es im Falle der Geschmackswahrnehmung zur Ausbildung einer CNV kommt (z.B. Gerull, Mrowinski & Schilling, 1984).

Dieses Beispiel der objektiven Gustometrie stellt eine experimentelle Vorgangsweise dar, welche im Prinzip für die Objektivierung aller

Sinnessysteme im Sinne einer *objektiven Sinnestüchtigkeitsprüfung* (vor allem im Rahmen von Begutachtungen) anwendbar ist.

X.3.2 Bedeutungsgehalt

John berichtete 1976, daß unterschiedlich große Buchstaben zu unterschiedlichen ereigniskorrelierten Potentialen über dem okzipitalen Kortex führen, während ein unterschiedlicher Bedeutungsgehalt von Buchstaben mit unterschiedlichen Potentialen über parietalen und temporalen Regionen einherging. Dieses Ergebnis ist in guter Übereinstimmung mit der Auffassung einer konstanten sensorischen Reaktion im primären Kortex und einer variablen Perzeption der sensorischen Information im Assoziationskortex (Hillyard et al., 1978). (Zusammenhänge zwischen Bedeutung und ereigniskorrelierter Potentiale werden auch bei Sutton, 1979 diskutiert.)

X.3.3 Subjektivität der Wahrnehmung

In einem Experiment zur Zeitwahrnehmung (zum Thema Persönlichkeitseigenschaften und Zeitschätzung siehe z.B. Huber, Roth & Gramer, 1987) kommt Tueting (1978) zu der Auffassung, daß ereigniskorrelierte Potentiale die Subjektivität der Zeitschätzung reflektieren können.

Guttmann (1968b) konnte in einem besonders eleganten Experiment die Abhängigkeit des ereigniskorrelierten Potentials vom subjektiven Erleben nachweisen. Bietet man längere Zeit hindurch objektiv gleich laute Töne, so werden diese manchmal leiser und manchmal lauter erlebt. In Abhängigkeit der Einschätzung gleich lauter Töne wurden ereigniskorrelierte Potentiale für "lauter" und "leiser" erlebte Töne berechnet. Die Potentiale zeigten für "lauter" empfundene Töne signifikant größere Spitze-Spitze-Werte im Vertexpotential als für "leiser" empfundene Töne (siehe auch Guttmann, 1982b). Ein vergleichbares Ergebnis wurde von Schandry und Weitkunst (1987) für den Zusammenhang von der Wahrnehmung des Herzschlages und des durch den Herzschlag ausgelösten ereigniskorrelierten Potentials, welches nach Schandry und Weitkunst die Verarbeitung afferenter viszeraler Informationsverarbeitung reflektiert, beschrieben.

In einem neueren Experiment der Musikpsychologie wird die Wahrnehmung der akustischen Gestalt beleuchtet, indem Aspekte der Rhythmuswahrnehmung mit ereigniskorrelierten Potentialen untersucht wurden. Fraisse und Lavit (1986) zeigten, daß der Beginn jeden Taktes von einer vergrößerten N1-P2 Amplitude begleitet war, unabhängig von der Art des untersuchten Rhythmus.

Beim Vergleich der Kohärenz und des Leistungsspektrums des EEGs von musikalisch vorgebildeten mit musikalisch nicht vorgebildeten Versuchspersonen fanden Petsche, Pockberger und Rappelsberger (1985) signifikante Unterschiede. Die Vorgebildeten zeigten beim Musikhören eine vor allem rechtsseitige Abnahme der Kohärenz und des Leistungsspektrums, während nicht Vorgebildete eine linksseitige Abnahme in beiden Parametern zeigten. Weiters war bei den Vorgebildeten die Änderung über eine größere Region erstreckt als bei den nicht Vorgebildeten.

Daß auch Gleichspannungsänderungen dem Musikerleben zuzuordnen sind, wurde von Guttmann, Bauer und Deutsch, 1984 berichtet und steht im Einklang mit Überlegungen, wonach kortikale Gleichspannungsänderungen auch Bewußtseinsprozesse widerspiegeln (siehe auch Modellvorstellungen zur Bedeutung ereigniskorrelierter Hirnpotentiale) und neueren Ergebnissen zur Hemisphärendominanz beim Musikerleben (vgl. Altenmüller, 1989).

X.3.4 Aufmerksamkeit

Seit den Arbeiten von Haider (z.B. 1965, 1967, 1970) wird die Amplitude der *N100* als ein Indikator der Aufmerksamkeit angesehen, wobei die N100 als ein Zeichen der frühen Verarbeitung angesehen werden kann, welche unabhängig von der Stimulusbedeutung ist (Hillyard et al., 1978). Ein weiteres aufmerksamkeitssensibles Maß ereigniskorrelierter Potentiale, besonders in Verbindung mit Stimulusbedeutung und -wahrscheinlichkeit sowie einer weitgehenden Modalitätsunabhängigkeit, ist die *P300*. Hillyard und Picton (1979) kommen zu der Auffassung, daß die P300 nur dann ausgebildet werden kann, wenn ein Mindestmaß an Aufmerksamkeitsreserve für die zielgerichtet kognitive Verarbeitung vorhanden ist. Dementsprechend repräsentieren Aufmerksamkeitseffekte auf die N100 und P300 zwei unterschiedliche Verarbeitungsstufen, was aufgrund von Verhaltensdaten bereits von Broadbent (z.B. 1970) und Treisman (1969) vorgeschlagen wurde. Danach bezeichnet Aufmerksamkeit jene Funktionen, die es erlauben, Wahrnehmungs- und motorische Prozesse selektiv von einer Reizkategorie abhängig zu machen (im Gegensatz zu nichtselektiven Vorgängen wie Aktivierung oder Arousal). Nach den Theorien von Broadbent und Treisman tritt bei der Informationsverarbeitung die Selektion an "einem Punkt" ein (Flaschenhalstheorie). *Bei gleichzeitigem Eintreffen mehrerer Reize kann nur einer – und zwar auf der Grundlage der physikalischen Reizeigenschaften (stimulus set) – weitergeleitet werden, wobei nach Auffassung von Hillyard und Picton (1979) die N100 ein Korrelat dieses Prozesses sei. Die P300 repräsentierte dann Aufmerksamkeitsprozesse in Verbindung mit der Reaktionsauswahl.*

Aufgrund der derzeitigen Auffassung, wonach sich die Potentialspitzen aus mehreren Komponenten zusammensetzen (z.B. Näätänen und Picton, 1987), erscheint auch eine differenziertere Betrachtung von Aufmerksamkeitsprozessen auf ereigniskorrelierte Potentiale angemessen, andererseits wird dadurch auch die Umsetzung in die praktische Anwendung erschwert (siehe auch im Abschnitt Aufmerksamkeit im Zusammenhang mit Modellvorstellungen zu ereigniskorrelierten Potentialen und siehe auch den Abschnitt über unterschwellige Wahrnehmung im Kapitel über Werbung).

X.4 Konzentration

In eigenen Experimenten wurde den Fragen nachgegangen, inwieweit kortikale Gleichspannungspotentiale und vor allem deren willentliche Kontrolle sowie die Auswirkungen von Gleichspannungsverschiebungen auf andere ereigniskorrelierte Potentiale mit der Konzentrationsfähigkeit korreliert sind (Sammer et al., 1986; Trimmel, Groll-Knapp, Sammer et al., 1985a, 1985b; Trimmel, Sammer et al., 1984; Trimmel, 1986b, 1987d, 1988b; Trimmel, Wölbinger et al., 1986; Trimmel, Groll-Knapp, Wölbinger et al., in Druck).

Die Ergebnisse aus einem Biofeedbackexperiment (Sammer et al., 1986) lassen sich derart zusammenfassen, daß *Versuchspersonen mit hoher im Gegensatz zu Versuchspersonen mit niedriger Konzentrationsfähigkeit im EEG-Gleichspannungs-Biofeedbackexperiment die transzephale Gleichspannung (vgl. Cowen, 1974) willentlich kontrollieren konnten* und auch fähig waren, die *"spontanen" Infraslow Potential Oscillations im Sinne der geforderten Potentialveränderung zu beeinflussen* (z.B. Trimmel, Groll-Knapp, Sammer et al., 1985a).

Eine weitere Untersuchung über den Zusammenhang des Auftretens von Infraslow Potential Oscillations (ISPOs) und der Konzentrationsleistung (Trimmel, Wölbinger et al., 1980; Trimmel, Groll-Knapp et al., 1989) zeigte abermals signifikante Zusammenhänge. So fand sich bei Versuchspersonen mit hoher Konzentrationsfähigkeit kein Situationseffekt (Ruhe versus Zuhören) im Auftreten von ISPOs im Gegensatz zu Versuchspersonen mit niedriger Konzentrationsfähigkeit, die während der Zuhör-Bedingung vermehrte ISPOs zeigten. Für jene Versuchspersonen, welche in der Zuhör-Bedingung ISPOs aufwiesen, fand sich zudem ein geringerer Konzentrationsleistungswert (Düker & Lienert, 1959) als bei Versuchspersonen gänzlich ohne ISPOs oder Versuchspersonen mit ISPOs in beiden Versuchsbedingungen. Neben der Implikation langsamer kortikaler Potentiale für die Konzentrationsleistung läßt sich aus diesem Ergebnis auch die Möglichkeit der unfreiwilligen Versuchspersonen-Auswahl bei potential-kontingenten experimentellen Designs (siehe im Abschnitt Biotriggerung) ableiten.

Daß das Auftreten langsamer kortikaler Potentiale mit der Variabilität der Konzentrationsfähigkeit verbunden ist, wurde von Trimmel (1988b) gefunden. Dabei zeigte sich, daß auch *das Ausmaß (die Amplituden) der aufgabenvorausgehenden frontalen Gleichspannungsänderungen* (preceding slow potential shifts; pSPSs) *mit der Variabilität der Konzentrationsleistung korreliert ist.*

Neben den Korrelationen der deskriptiven Charakteristika der pSPSs mit Konzentrationsleistungsmerkmalen zeigte sich aber auch ein Zusammenhang von der Art und Weise wie pSPSs die CNV beeinflussen mit der Konzentrationsleistung. Eine hochsignifikante (negative) Korrelation wurde für den Zusammenhang der Stärke des pSPSs-Effekts mit der Konzentrationsfähigkeit gefunden: *Je größer der Einfluß von vorausgehenden langsamen Potentialänderungen auf die Amplitude der CNV, umso geringer war die Konzentrationsfähigkeit.*

Für diagnostische Zwecke zur Bestimmung der Konzentrationsleistung aus Kennwerten des ereigniskorrelierten Potentials dürften sich die *N100* und *P70* des akustisch evozierten Potentials eignen. Trimmel (unpubliziert) konnte in einer multiplen Regression mit den Latenzen der N100 nach S1 und nach S2 sowie der Amplitude der P70 nach S1 (auf Cz in einem CNV Experiment; Trimmel, 1987a) auf einen über neun Monate (!) erhobenen Konzentrationsleistungswert eine hochsignifikante multiple Regression (mr= 0,88) aufstellen. Dabei korrelierten die Latenzwerte mit dem Kozentrationsleistungswert negativ und die Amplitude positiv.

X.5 Emotion

Die Objektivierung des emotionalen Gehaltes eines Reizmaterials auf neuropsychophysiologischem Niveau erscheint aus verschiedenen Standpunkten (z.B. medienpsychologischen Gesichtspunkten, vgl. dazu Vitouch, 1986; oder bei der Werbematerialtestung) interessant, stößt aber derzeit noch auf methodische Schwierigkeiten, obwohl vereinzelte Annäherungen erfolgversprechend wirken. Da der Begriff der Emotion auch intensive Ausprägungen wie z.B. Angst usw. miteinschließt, worauf aber im folgenden nicht näher eingegangen wird, sei der interessierte Leser z.B. an Brown, Fenwick und Howard, 1989; Wagner, 1988; Wagner und Manstead, 1989, verwiesen.

Simons (in Rohrbaugh et al., 1986) sieht in der späten, nicht motorischen *CNV* bei gleichzeitiger Aktivität im autonomen Nervensystem einen Zusammenhang mit dem Grad der Affektivität der Antizipation (siehe auch "affektive Antizipation"). Brunia (1988) hält dem entgegen, daß Glanzmann und Fröhlich (1984) in einer GO/NO GO Aufgabe mit experimentell variiertem affektiven Gehalt nur bei Versuchspersonen mit hohem Angstniveau unter der Angstbedingung eine reduzierte CNV und keinen Effekt in der Gruppe mit geringem Angstniveau fanden. Dem ließe sich allerdings wieder entgegenhalten, daß Experimente mit besonders emotionalen Stimulusbedingungen (Klorman & Ryan, 1980) die Interpretation von Simons stützen.

Bei der Untersuchung des *emotionalen Gehaltes von Videospielen* fanden Ivanitsky, Kurnitskaya und Sobotka (1986) *beim Gewinn eine vergrößerte N600 über dem linken posterioren Assoziationskortex und beim Verlieren eine verkleinerte P800 über dem rechten Frontallappen.* Damit konnte eine räumlich-zeitliche Aktivitätscharakteristik positiven und negativen emotionalen Zuständen beim Videospiel zugeordnet werden.

Vanderploeg, Brown und Marsh (1987) untersuchten den Einfluß emotional positiver, neutraler und negativer visueller Stimuli (Wörter und Gesichter) auf die Komponenten des ereigniskorrelierten Potentials. Die Ergebnisse zeigten, daß das Reizmaterial (Gesichter) eine vergrößerte P300 für neutrale Stimuli gegenüber den emotional nicht neutralen (in der linken Hemisphäre) und eine größere *Slow Wave* (448 - 616 msec) für emotionale Stimuli in der rechten Hemisphäre auslösten, während die verbalen Stimuli zu keinen mit der Emotion in Zusammenhang stehenden Effekten führten, was eine verschiedene Verarbeitung des verwendeten Reizmaterials nahelegt. Marton (1989) berichtet von einem größeren positiven Potential von 400 - 600 msec nach der Sakkade im augenbewegungsgetriggerten Potential bei verbalen Reizen mit deutlich positivem (amüsantem) Gehalt.

Kostandov und Arzumanov (1986) verwendeten ebenfalls die visuelle Darbietung von neutralen (Feld, Reis usw.) und emotionsgeladenen Wörtern (Frau, Messer usw.) bei einer subliminalen "Halbfeldstimulation" (nur das rechte oder linke visuelle Feld) und der Analyse der *P300*. Dabei zeigte die ***subliminale Stimulation mit emotionsgeladenen Wörtern in beiden Hemisphären eine größere Amplitude als bei neutralen***. Während subliminal dargebotene emotionale Wörter keine Lateralisation zeigten, wurden für erkannte emotionale Wörter in der linken Okzipitalregion größere Amplituden gefunden und für neutrale in der rechten. Die Autoren interpretieren die größere Amplitude in der linken Hemisphäre als Ausdruck eines "Emotions-Integrations-Mechanismus" des limbischen Systems und die größere Amplitude über der rechten Hemisphäre nach nicht erkannten emotionalen Reizen als Ausdruck der dominanten Rolle der rechten Hemisphäre bei unbewußten mentalen Prozessen für nicht-zuordbare Emotionen. (Siehe auch die Abschnitte augenbewegungsgetriggerte Potentiale sowie

Werbung; weiters z.B. Packard, 1978 und Brand, 1978 zur unterschwelligen Wahrnehmung und Beeinflussung.)

X.6 Werbung

In der Werbewirtschaft ist neben der Gefühlssphäre und dem Image eines Produktes auch dessen Bekanntheit und Vertrautheit von Bedeutung. Obwohl zahlreiche Anwendungen neuropsychophysiologischer Methoden denkbar sind und z.T. praktiziert werden, soll im folgenden über die Möglichkeit spekuliert werden, ob die *N400* als ein Indikator der Vertrautheit betrachtet werden kann.

Daß die N400 die Kongruenz eines aktivierten Gedächtnisinhaltes mit dem unmittelbaren Reiz repräsentiert, wurde auch anhand eines Experimentes belegt, in welchem ereigniskorrelierte Potentiale auf bekannte und unbekannte Gesichter verglichen wurden. *Dabei zeigte sich beim Vergleich sowohl bekannter als auch unbekannter Gesichter eine größere N400, wenn zwei ungleiche Reize geboten wurden. Dieser Effekt war aber für bekannte Bilder größer als für unbekannte* (Barrett, Rugg & Perrett, 1987). Ob dieser Effekt zur Objektivierung der Vertrautheit – nicht nur der den Personen bewußten Bekanntheit – in ausreichendem Maße beiträgt, bedarf der empirischen Überprüfung.

Besonders im Zusammenhang mit der Werbung werden immer wieder die subliminale Stimulation und ihre Wirkung diskutiert. Roth und Boddy (1989) untersuchten, ob die Wahrnehmung wiederholt subliminal dargebotener Stimuli (Wörter) im erreigniskorrelierten Potential abgebildet werden. Sie fanden im Verlauf der Stimulation Latenzverschiebungen in den prominenten Komponenten, vor allem unmittelbar vor dem Durchgang, wo die Reize erkannt wurden. Ihre Daten belegen die Auffassung, daß ereigniskorrelierte kortikale Potentiale sowohl die Wahrnehmung als auch die Verarbeitung von Information reflektieren, auch wenn sie unterschwellig dargeboten (unterschwellige Wahrnehmung) wird.

X.7 Gedächtnis

In den Arbeiten von Paller (z.B. Paller, Kutas & Mayes, 1987; Paller, McCarthy & Wood, 1988) konnte in einem Experiment zum inzidentellen Lernen gezeigt werden, daß sich die ereigniskorrelierten Potentiale von Wörtern, an denen sich die Versuchspersonen erinnerten, von denen unterschieden, an die sich die Versuchspersonen nicht erinnerten (vor allem entlang der Zentrallinie). *Für die Wörter, an die sich die Versuchspersonen erinnerten, wurde im ereigniskorrelierten Potential im Zeitbereich von 400-800 msec nach der Wortpräsentation eine größere Positivität gefunden.* Paller et al. (1987) schlugen für die Potentialdifferenz, welcher eine Wirkung auf die nachfolgende Gedächtnisleistung zugeschrieben wurde, den Terminus "Differences based on subsequent memory performance (Dm)" vor. Der praktische Wert der *Dm* könnte bei experimentellen Arbeiten zum Gedächtnis darin liegen, daß während der Lernphase ein Korrelat der Dekodierung bzw. von Prozessen, von denen die Gedächtnisleistung mitbeeinflußt wird, erhoben werden kann. Paller et al. (1988) zeigten auch, daß die Dm für Prozesse, bei denen Inhalte in das Gedächtnis zurückgerufen wurden (recall), größer war als für Wiedererkennungsprozesse. *Eine mögliche Interpretation dieses Befundes ist die Möglichkeit, daß die Dm einen Dekodierungsprozeß abbildet, welchen* Mandler (1980) *"Elaboration" nannte.* Vielschichtiger, diffiziler und weniger eindeutig sind die Ergebnisse von Rugg und Nagy (1989) bzw. Pratt, Michalewski, Barrett und Starr (1989).

X.8 Streß und Belastung

Die Objektivierung und Quantifizierung von Streß- bzw. Belastungsfaktoren nimmt in den letzten Dekaden sowohl in der Forschung (z.B. bei der Objektivierung von Mehrfachbelastungen; z.B. Haider, Groll-Knapp & Trimmel, 1984) als auch in der Praxis, wie z.B. bei Umweltverträglichkeitsprüfungen (z.B. Cervinka, 1988), und der gutachterlichen Tätigkeiten einen immer wichtigeren Stellenwert ein. Neben den steigenden Ansprüchen an eine zweifelsfreie und nachvollziehbare Objektivierung von Belastungsfaktoren weiten sich die Anwendungsgebiete aus und neue kommen hinzu (wie z.B. die Computerpsychologie, Trimmel, 1989), in denen die Belastung bzw. der Streß zu relevanten Faktoren werden.

Einen seit langem bekannten Streßfaktor stellt der Lärm dar, welcher in der Regel (mit Ausnahme extremer Lautheit) nicht allein aufgrund physikalischer Eigenschaften von vornherein auf seine subjektive Wirkung hin beurteilt werden kann.

In einem erfolgreichen Versuch von Paty, Claverie, Deliac und Berthomieu (1986) konnten zahlreiche psychophysikalische Zusammenhänge von Kennwerten ereigniskorrelierter Potentiale und diverser physikalischer Lärmcharakteristika aufgezeigt werden. Durch die Analyse der *N100, P300* und *CNV* auf F3, F4, Cz, P3, P4 in einer CNV Situation mit verschiedenen Lärmreizen als Stimuli konnten sowohl mit den physikalischen Reizgegebenheiten als auch mit den subjektiven Einschätzungen der Lärmreize Zusammenhänge gefunden werden. *Dabei zeigte sich, daß die subjektiven Störungen des Wohlbefindens vor allem mit Potentialänderungen in den frontalen Ableitungen einhergingen.*

Ein Zusammenhang zwischen subjektivem Streß und einem neuropsychophysiologischen Indikator (der *GO-CNV)* wurde von Brown, Fenwick und Howard (1989) berichtet (siehe auch im folgenden Abschnitt Persönlichkeit). Neben der Möglichkeit, daß die neuropsychophysiologische Aktivität ein von der "körperlichen Belastung" unabhängiges Maß der mentalen Belastung (mentaler Streß) abbilden könnte, muß auch darauf Bedacht genommen werden, daß die kortikale Aktivität auch durch Herzrate und Blutdruck beeinflußt wird (z.B. Koriath et al., 1987; siehe auch im Abschnitt kardiovaskuläre Triggerung).

X.9 Persönlichkeit

Ohne auf die Vielzahl der Persönlichkeitstheorien näher einzugehen, sollen im folgenden einige Beiträge neuropsychophysiologischer Ergebnisse im Licht der Persönlichkeitsforschung aufgezeigt werden.

Eines der populärsten Persönlichkeitskonzepte (Extraversion und Neurotizismus) wurde von Eysenck (1967) aufgrund postulierter Hirnmechanismen vorgestellt. Danach würden Unterschiede in der Neurotizismus-Stabilität Dimension auf individuelle Unterschiede in der Neurophysiologie des limbischen Systems und Unterschiede auf der Extraversion-Introversion-Dimension durch die Formatio Reticularis-Kortex Arousal Verbindung zurückzuführen sein, wobei Extrovertierte ein niedrigeres Arousal als Introvertierte hätten (vgl. Eysenck, 1983). Als einen Beleg für die letztgenannte Annahme führt Eysenck (1983) die Ergebnisse von O'Connor (1980) an, welcher die CNV als Maß des Arousals – unter verschiedenen Aktivierungsbedingungen, wie z.B. Nikotin – in Abhängigkeit von Persönlichkeitseigenschaften untersuchte und für die generell niedrigere Arousalbedingung ein größeres Arousal bei Introvertierten als bei Extrovertierten fand, nach dem Zigarettenrauchen aber bei den Extrovertierten ein höheres Arousal fand.

Weiterführende Theorien der Extraversion, wie z.B. Grays Theorie (vgl. Gray, 1983), wonach Extrovertierte für Belohnung empfänglicher seien als für Bestrafung im Gegensatz zu Introvertierten, konnten von Bartussek, Naumann und Möller (1987) mit neuropsychophysiologischen Kennwerten nicht ganz bestätigt werden.

Als ein relativ gut brauchbares Paradigma zur Untersuchung von neuropsychophysiologischen Kennwerten und Persönlichkeitsvariablen zeigte sich das *GO/NO-GO-Paradigma.* So konnten Howard und Mitarbeiter (Howard, Fenton & Fenwick, 1982) einen inversen Zusammenhang zwischen der CNV-Differenz in der GO und NO-GO Bedingung mit Impulsivität (z.B. Eysenck & Eysenck, 1977) beobachten. In einer neueren Arbeit (Brown et al., 1989) konnten diese Ergebnisse bestätigt werden und weitere interessante Zusammenhänge aufgezeigt werden:

1) Zwischen der GO-CNV am Vertex und Impulsivität, Abenteuerlust (venturesomeness) und Psychotizismus;

2) zwischen der GO/NO-GO-CNV über den Temporalregionen und Emotionalitätsmaßen;

3) weiters schien die GO-CNV ein elektrokortikaler Index für einen Prozeß zu sein, welcher durch das subjektive Streßempfinden beeinflußt wird, während die NO-GO-CNV das subjektive Arousal widerspiegeln dürfte. Dabei beziehen sich die Autoren auf das Aktivierungs-Arousal ("activation" and "arousal") Modell von Tucker and Williamson (1984), wonach diese Prozesse im Gehirn asymmetrisch repräsentiert seien und Aktivierung einer dopaminergischen Mobilisation der linken Hemisphäre und Arousal einer noradrenergischen Mobilisation der rechten Hemisphäre entspräche. Dem Aktivierungs-Prozeß wird ein fördernder Einfluß auf motorische Bereitschaftsprozesse und Informationsreduktion zugeschrieben, während Arousal-Prozesse die Orientierungsprozesse auf Neuartigkeiten fördere.

Zusammenhänge zwischen dem Einfluß von ereignisvorausgehenden Potentialen (pSPSs) auf die CNV und dem Persönlichkeitskonzept von Eysenck (1967) wurden von Trimmel (1988b) bei der Analyse *sogenannter CNV-Funktionskennlinien* (CNV-FK) berichtet. *Für Extraversion wurde eine Korrelation mit der Mächtigkeit des Einflusses negativer pSPSs auf die CNV (auf P3) gefunden, und für Neurotizismus wurde eine negative Korrelation mit dem Einfluß positiver pSPSs auf die CNV (auf P3) gefunden – was bedeutet, daß der Neurotizismuswert umso geringer war, je weniger die CNV von positiven vorausgehenden Gleichspannungsänderungen beeinflußt wurde.*

Neben der Interpretation, daß der größere Einfluß negativer pSPSs auf die CNV bei Introvertierten ein Indiz eines generell niedrigeren Arousals bei Introvertierten sei, könnten diese Ergebnisse auch ein Indiz dafür sein, daß die Korrelation der Mächtigkeit negativer pSPSs auf die CNV mit Extraversion und die negative Korrelation der Mächtigkeit positiver pSPSs mit Neurotizismus (ein Zusammenhang, der für alle Ableitungen gefunden wurde, obwohl nur auf P3 das Signifikanzniveau erreicht wurde) *einen "gleichartigen, aber unterschiedlichen psychophysiologischen Mechanismus" widerspiegelt, welcher nach Eysencks Postulat (1967) die biologische Grundlage von Extraversion und Neurotizismus bildet.*

Neuropsychophysiologische Ergebnisse zum Konzept "Augmenter-Reducer" zeigen persönlichkeitsspezifische Effekte in der *P2-Latenz* des visuellen ereigniskorrelierten Potentials bei gleichzeitiger akustischer Stimulation. Die Ergebnisse zeigen aber auch, daß bei der Untersuchung von Persönlichkeitskonzepten situative Gegebenheiten mitzubeachten sind (Kreuzthaler & Schulter, 1987).

Um keine Persönlichkeitstheorie im eigentlichen Sinne, sondern um eine Verhaltenstypologie handelt es sich im Falle der A/B Verhaltenstypologie (z.B. Friedman & Rosenman, 1959). In zahlreichen Arbeiten (vgl. Dembroski et al., 1978) konnte ein Zusammenhang vom

Typ-A-Verhalten und einem erhöhten Risiko koronarer Herzerkrankungen aufgezeigt werden. Ganz allgemein ist das Typ-A-Verhalten durch diverse Verhaltensmerkmale, wie schnelles Sprechen, muskuläre Anspannung während der Konversation, Zeitnot, hohe Leistungsmotivation, ständiges Wettkampfverhalten usw. gekennzeichnet während der B-Typ durch das Fehlen dieser Eigenschaften gekennzeichnet ist. Trimmel, Groll-Knapp et al., (1986) und Trimmel, Groll-Knapp, Enichlmayer und Haider (1987) konnten erstmals zeigen, daß sich extreme Typ-A/B Personen auch in offenbar grundlegenden Hirnmechanismen unterscheiden (siehe Abbildung 42).

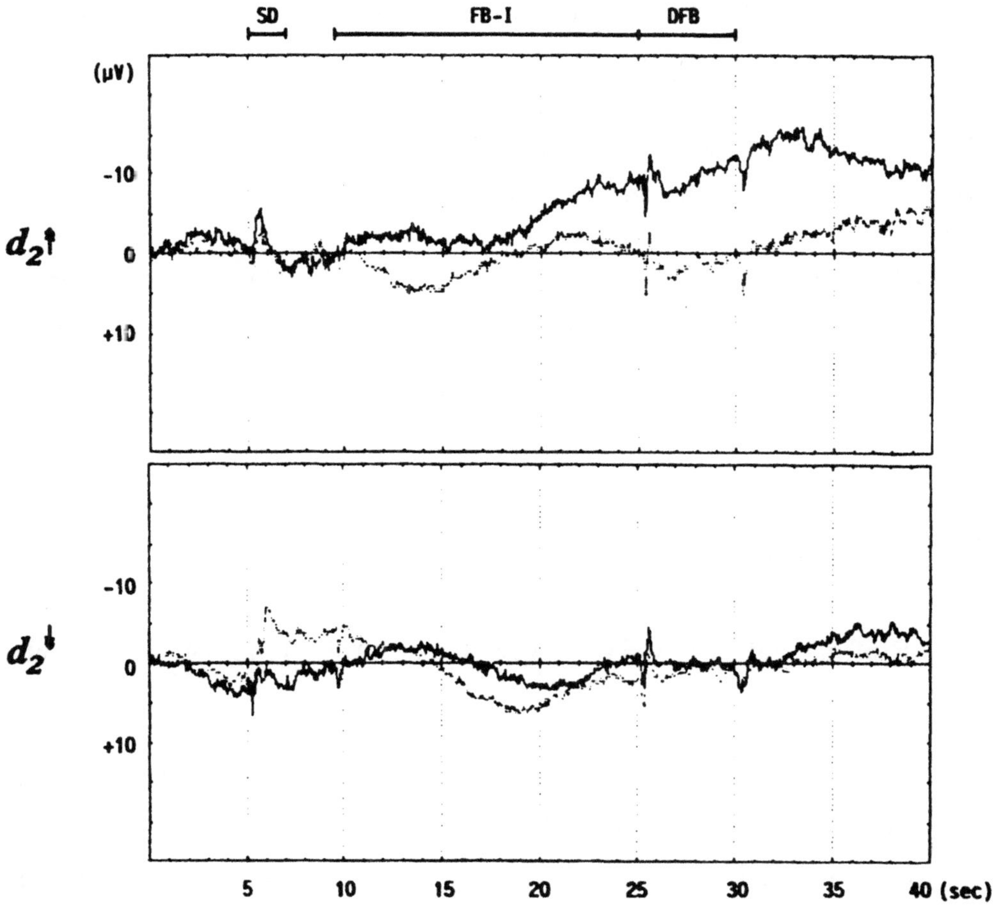

Abb. 42. Transzephale DC-Potentiale ohne unmittelbarem Feedback im Feedback-Training Intervall (FB-I) für geforderte Negativierung (ausgezogene Linie) und Positivierung (punktierte Linie), was mit dem diskriminativen Stimulus (SD) angezeigt und mit dem digitalen Feedback zurückgemeldet wurde, in der Gruppe mit hohen (oberer Teil der Abbildung; N = 7, n = 30) und niederen (unterer Teil; N = 8, n = 30) Werten im d2-Konzentrationsleistungstest. (Nach Trimmel, Groll-Knapp, Sammer et al., 1984.)

In diesem Zusammenhang sei auf den historischen Überblick von Herzerkrankungen und psychischen Veränderungen in der Arbeit von Zeitlhofer (1989) verwiesen.

Drei grundlegende Unterschiede wurden in neuropsychophysiologischen Parametern gefunden:

1) Während der Typ-A in einfachen Reaktionszeitexperimenten eine größere CNV in der linken Hemisphäre aufweist, findet sich beim B-Typ ein tendenziell umgekehrter Effekt, welcher in der terminal CNV das Signifikanzniveau erreicht (siehe Abbildung 43);

2) beim A-Typ führen positive pSPSs zu einer größeren CNV und negative pSPSs zu einer kleineren CNV (sowohl der frühen als auch der späten CNV), während beim B-Typ die pSPSSs keinen Einfluß auf die CNV zeigen (siehe Abbildung 44; vgl. auch Trimmel, 1984b);

3) zeigt die Analyse der Gleichspannungsänderungen über eineinhalb Stunden während diverser experimenteller Bedingungen beim B-Typ in der rechten Hemisphäre eine durchgehend größere negative Potentialänderung als in der linken. Beim A-Typ fand sich im Gegensatz zum B-Typ eine aufgabenabhängige Änderung der kortikalen Gleichspannung, allerdings nur am Beginn des Experiments und nur in der linken Hemisphäre.

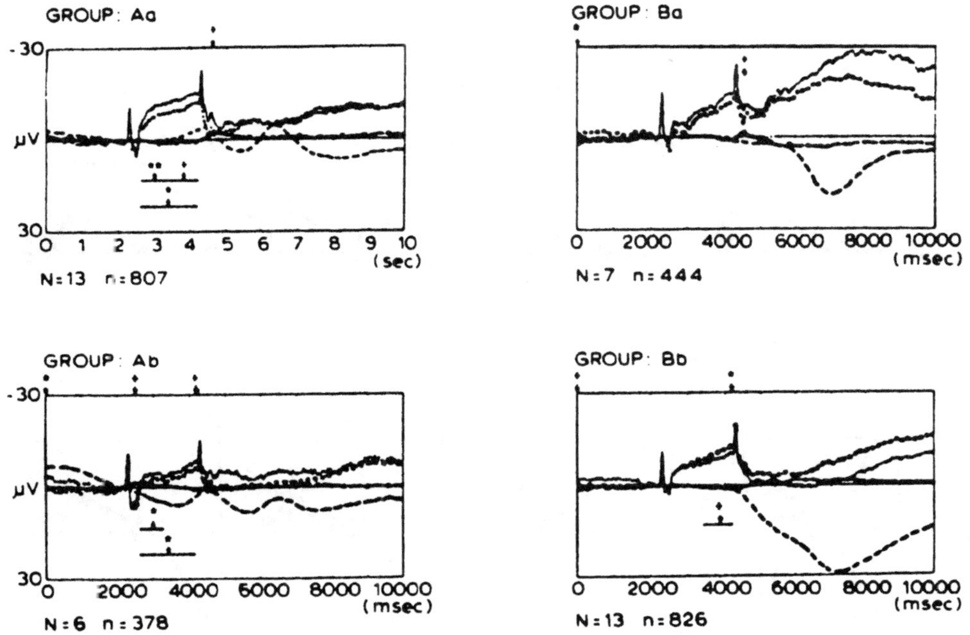

Abb. 43. CNV und nachfolgende Gleichspannungsänderungen bei Personen mit ausgeprägtem Typ-A (Aa) und Typ-B Verhaltensmuster Bb (sowie den Mischgruppen Ab und Ba). Ausgezogene Linie Ableitung von F3 und punktierte Linie Ableitung von F4 gegen die gemeinsame Referenz verbundenes Mastoid. Die strichlierten Linien zeigen die Kontrollableitungen vertikales EOG (lange Striche) und Hautpotential. Man beachte die unterschiedliche Lateralisation im CNV-Intervall (kontinuierliche linksseitige Dominanz in der Gruppe Aa, rechtsseitige Dominanz vor der Reaktion in der Gruppe Bb; +...p<0,1, *...p<0,05, **...p<0,01, aus Trimmel, Groll-Knapp, et al., 1986, S. 338).

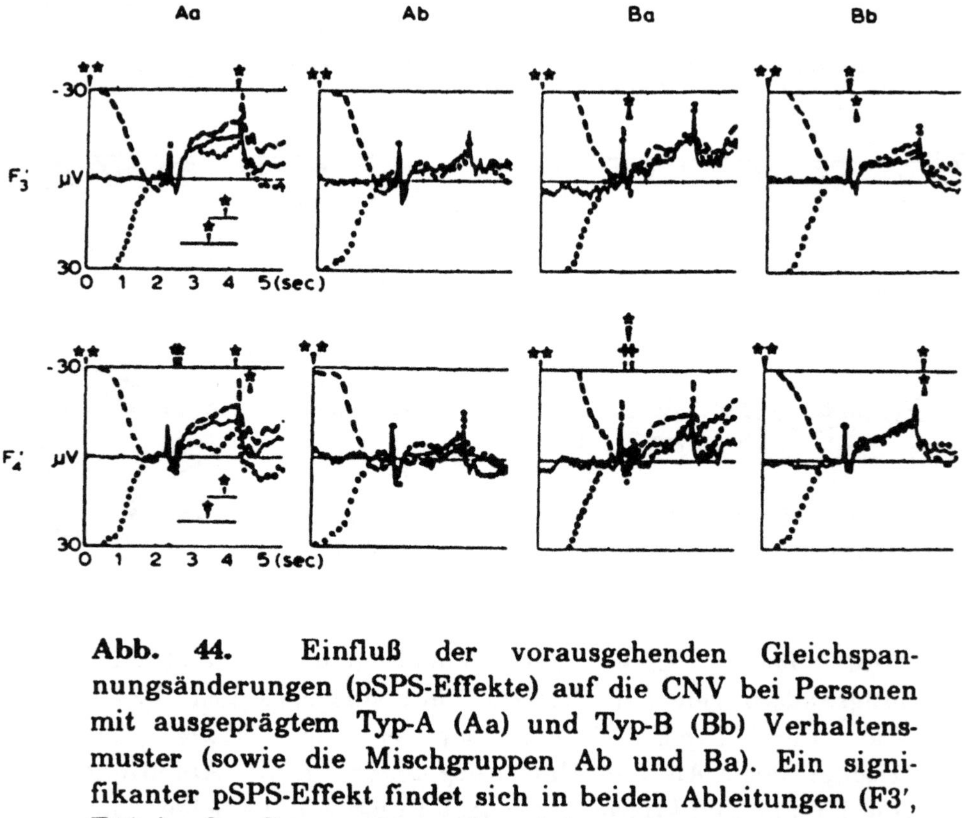

Abb. 44. Einfluß der vorausgehenden Gleichspannungsänderungen (pSPS-Effekte) auf die CNV bei Personen mit ausgeprägtem Typ-A (Aa) und Typ-B (Bb) Verhaltensmuster (sowie die Mischgruppen Ab und Ba). Ein signifikanter pSPS-Effekt findet sich in beiden Ableitungen (F3', F4') in der Gruppe Aa, während in anderen Gruppen kein Einfluß der vorausgehenden Gleichspannungsänderungen auf die CNV beobachtet wurden. In der Abbildung sind auch zahlreiche pSPS-Effekte auf die Gipfel der ereigniskorrelierten Potentiale ersichtlich (Pfeil nach oben: signifikanter Einfluß auf die Latenz; Pfeil nach unten: signifikanter Einfluß auf die Amplitude; +...$p < 0{,}1$, *...$p < 0{,}05$, **...$p < 0{,}01$; aus Trimmel, Groll-Knapp, et al., 1986, S. 338).

Obwohl in diesem Experiment die Möglichkeit der Kontamination mit nicht-kortikalen Potentialen nicht ganz auszuschließen ist (vgl. die

Diskussion bei Trimmel, Groll-Knapp, Enichlmayer & Haider, 1987), zeigen die Ergebnisse, *daß sich extreme A/B-Typen außer in hemisphärenspezifischen Eigenschaften auch in den grundlegenden Steuerungen der langsamen kortikalen Potentiale unterscheiden* (größere negative Potentiale in kurzen Zeiträumen beim A-Typ – größere negative Potentiale über lange Zeiträume beim B-Typ).

Ein weiteres Ergebnis dieser Untersuchung stellt die Tatsache dar, daß *die größten Gleichspannungsänderungen in Phasen der Instruktion einer Aufgabe bzw. in Phasen der Skalierung des subjektiven Empfindens* (diese Bedingungen waren im gegenständlichen Experiment nicht getrennt) *auftraten*. Solche Abschnitte werden in der Regel bei sogenannten Streßexperimenten nicht untersucht, derartige Abschnitte dürften aber von hoher Relevanz bei der Untersuchung von Belastungsbedingungen sein und auch relevante persönlichkeitsbezogene Informationen liefern.

X.10 Intelligenz

Auch die Untersuchungen des Zusammenhanges von neuropsychophysiologischen Kennwerten und der Intelligenz haben bereits eine lange Tradition. Frühe Versuche, Zusammenhänge zwischen der EEG-Wellencharakteristik und der Intelligenz zu finden, wurden von Ellingson (1956) als negativ beurteilt, wonach kein Zusammenhang von Alpha-Aktivität und der Test-Intelligenz aufgezeigt werden kann. Allerdings wurden in späteren Arbeiten, wie bei Giannitrapani (1969), vereinzelte Korrelationen gefunden. Giannitrapani fand eine höhere Frequenz über der linken Parietalregion und eine höhere Frequenz über der rechten Okzipitalregion für hohe Intelligenzwerte und das umgekehrte Muster für mittlere Intelligenzwerte. Weiters wurden Zusammenhänge von der Stabilität der Frequenz in verschiedenen Bedingungen und Zusammenhänge von Frequenzunterschieden zwischen den Hemisphären in bestimmten experimentellen Bedingungen und der Intelligenz gefunden.

Als erste Arbeit, in der ereigniskorrelierte Potentiale mit Intelligenz in Zusammenhang gebracht wurden, wird die Untersuchung von Chalke und Ertl (1965; zitiert nach Callaway, 1969) angesehen, welche einen Zusammenhang von Intelligenz mit *kürzeren Latenzen im evozierten Potential* zeigte (siehe auch Ertl & Schafer, 1969). Die Ergebnisse wurden im Sinne der Ertelschen *neuronalen Effektivitäts-Hypothese* interpretiert: "Ein schnellerer Verstand hat einen höheren IQ".

Der Auffassung von Gale und Edwards (1983), wonach intelligentere Kinder einen höheren IQ als ältere Kinder hätten, steht der Befund von Callaway (1975) gegenüber, welcher für auditive ereigniskorrelierte Potentiale eine negative Korrelation mit dem Lebensalter, aber eine positive Korrelation mit dem IQ fand.

Ein der neuronalen Effektivitäts-Hypothese entsprechendes Ergebnis wurde für den Zusammenhang des *späten positiven Komplexes* des ereigniskorrelierten Potentials mit dem IQ-Wert des Stanford-Binet Tests (Baumann, Otto, Robinson, Schroeder & Barton, 1987) berichtet.

Eine andere einfache Theorie wurde von Hendrickson (Hendrickson & Hendrickson, 1980; Blinkhorn & Hendrickson, 1982) formuliert. Hendrickson vermutet, daß höhere Intelligenz mit "weniger Fehler" in der kortikalen Verarbeitung einhergeht. Daraus wird gefolgert, daß die Informationskodierung und -weiterleitung mit einfacheren Formen des ereigniskorrelierten Potentials einhergeht. Deshalb müßte die Länge des Linienzuges des Potentials, der "Umfang", mit der Intelligenz korrelieren, d.h. je kürzer der *Potentialumfang,* desto höher die Intelligenz. Die Autoren berichten von einer Korrelation von $r = 0{,}77$ zwischen dem Potentialumfang und der Intelligenz (WAIS-Test) bei 254 Kindern im Alter von 14 bis 16 Jahren.

In neueren Arbeiten konnten auch Zusammenhänge von langsamen kortikalen Potentialen und Intelligenz aufgezeigt werden. Trimmel (1988b) fand, daß die "Schwankungsbreite" der aufgabenvorausgehenden Gleichspannungsänderungen (Dx auf F3 und P3 in der Terminologie der "Funktionskennlinien", Trimmel, 1988b) mit Intelligenz negativ korreliert war. Dieses Ergebnis unterstützt die Hendricksonsche Hypothese insofern, daß aufgabenvorausgehende Gleichspannungsänderungen (pSPSs) die ereigniskorrelierten Potentiale beeinflussen (vgl. Trimmel, Groll-Knapp & Haider, 1988a), sodaß mit zunehmender Dynamik der pSPSs die Komplexität des ereigniskorrelierten Potentials zunimmt. Daraus ließe sich auch ableiten, *daß die Steuerung der aufgabenvorausgehenden Gleichspannungsänderungen (pSPSs) ein neurobilogischer Faktor intelligenter Aufgabenbewältigung sein könnte.*

Daß die Steuerung der kortikalen Gleichspannungsänderungen auch für das Intelligenzniveau ein grundlegender Faktor sein könnte, läßt sich auch aus Untersuchungen über *Infraslow Potential Oscillations* (ISPOs) ableiten. Trimmel, Groll-Knapp, Wölbinger und Haider (in Druck) fanden höhere Test-Intelligenzwerte (Formann, 1979) für Versuchspersonen mit ISPOs sowohl in der Ruhe- als auch Zuhörbedingung verglichen mit Versuchspersonen ohne ISPOs – es sei angemerkt, daß beide Gruppen praktisch gleiche Konzentrationsleistungswerte aufwiesen.

Derartige Ergebnisse stützen in frappanter Weise die von Guttmann, 1972, vorhergesagte "objektive Psychodiagnostik" mit neuropsychophysiologischen Methoden.

Zahlreiche Hinweise, was bei zukünftigen Untersuchungen über den Zusammenhang von EEG bzw. ereigniskorrelierten Potentialen und Intelligenz zu beachten wäre (z.B., daß die Feststellung des IQ mit einem Instrument nicht ausreichend sei, die Verwendung mehrerer EEG-Ableitungen, die Verwendung von heterogenen Untersuchungsgruppen, Beachtung von Alter und Geschlecht besonders bei jugendlichen Versuchspersonen, Feststellung der Reliabilität usw.), geben Gale und Edwards (1983) an.

X.11 Lernforschung

Ausgehend von der ursprünglichen Interpretation der CNV als

> "electric sign of cortical 'priming' whereby responses to associated stimuli are economically accelerated and synchronized" (Walter et al., 1964, S. 383),

untersuchten Proulx und Picton (1980) die CNV während eines kognitiven Lernvorganges und der Extinktion.

In einem CNV Experiment mit mehreren Abschnitten, wo eine Vorhersage des S2 nur im mittleren Abschnitt möglich war, bildete sich in diesem Abschnitt nur bei jenen Versuchspersonen eine CNV aus, welche das zugrundeliegende "Konzept" erkannten (Lerner). In einer komplexeren Aufgabensituation, wo Versuchspersonen jeweils 4 geometrische Figuren entsprechend zweier Charakteristika auf einem Kontinuum (Kontur, Form und Farbe) zu klassifizieren hatten (Perrault & Picton, 1980), zeigte eine Hauptkomponentenanalyse (PCA) drei maßgebende Faktoren im ereigniskorrelierten Potential:

1) Eine frühe positive Komponente mit einer Latenz von etwa 250 msec, welche möglicherweise ein Korrelat der Einspeicherung relevanter Information in das Kurzzeitgedächtnis ist;

2) eine P300, welche bei Reizen mit relevanter Information größer ist (siehe auch P300);

3) eine negative Gleichspannungsänderung während der Aufgabe, welche ihrem Charakter nach möglicherweise dem "skopeutischen" Modus (Cooper et al., 1978) entspricht.

Die Auswirkung negativer Gleichspannungsänderungen wurde in direkter Weise mit dem Brain-Trigger-Design (Guttmann & Bauer, 1982, 1984) untersucht, wobei sich bei Darbietung von Lerninhalten nach negativen Gleichspannungsänderungen gegenüber der Darbietung nach positiven Gleichspannungsänderungen eine *Lernersparnis* zeigte (Bauer & Nirnberger, 1980, 1981, Guttmann, 1982b, 1984a, 1984b).

X.12 Beispiel einer Psychotherapie begleitenden Untersuchung

Birbaumer und Tunner (1971) untersuchten die CNV und die nachfolgenden Gleichspannungsänderungen während einer Desensibilisierung. Dabei fanden sie eine starke *Reduzierung der CNV* in Antizipation auf die Darbietung eines aversiven Dias im Verlauf der Desensibilisierung. Die Autoren interpretierten diesen Befund, der vereinfachend als Habituation bezeichnet wurde, im Sinne einer Erwartungsreduktion. Demnach löst jeder Warnreiz bei einer Versuchsperson Überlegungen aus, wie sie den nachfolgenden Stimulus am besten beantworten kann. Erst wenn die Versuchsperson den unangenehmen Stimulus wiederholt als folgenlos erlebt, braucht keine Energie zu seiner Vermeidung oder Annäherung mobilisiert werden (Birbaumer, 1975). Birbaumer vermutet, daß die kortikale Gleichspannungsänderung möglicherweise eine elektrophysiologische Basis der kognitiven Veränderungen im Laufe des Angstreduktionsprozesses (vgl. auch Birbaumer, 1973) sein könnte.

Im Zusammenhang mit neuropsychophysiologischen Aspekten der Angst diskutiert Birbaumer (1975) den Zusammenhang von Belohnungswert und Arousal-Reduktion entsprechend der *Wundt-Berlyneschen Kurve* (Berlyne, 1974). Danach besteht das Ziel einer

Desensibilisierung darin, das Aktivierungsausmaß eines Angstreizes so zu verändern, daß seine auslösende Aktivierungsänderung nicht mehr bis in den aversiven Bereich reicht.

X.13 Umweltneuropsychophysiologie

Das steigende Interesse bzw. die steigende Notwendigkeit an der Umweltproblematik erfordert ein Methodeninventar, welches nicht nur die verschiedenen physikalischen und chemischen Parameter meßtechnisch erfaßt, sondern auch die Wirkung(en) diverser Umwelteinflüsse auf den Menschen zu quantifizieren in der Lage ist. Neben den Erhebungsmethoden auf der subjektiven (verbalen) Ebene und der Verhaltensebene, einschließlich der Erhebung der Lernleistung, und periphere physiologische Maße, wie Pupillenreaktion und Durchblutung, (vgl. Winneke & Berresheim, 1988) erscheinen vor allem die neuropsychophysiologischen Untersuchungsansätze als besonders zielführend.

Dabei lassen sich prinzipiell drei Zielrichtungen unterscheiden:

1) die Erforschung von Wirkungsmechanismen verschiedener Noxen;

2) die Evaluation von Kombinationswirkungen (additiv, überadditiv usw.; zu Kombinationswirkungen physikalischer Belastung und Lärm, siehe z.B. Koller, Haider, Kundi, Korenjak, Hautmann, Groll-Knapp & Trimmel, 1987);

3) die Abklärung von Grenzwerten.

X.13.1 Auswirkungen von Schadstoffen

Einen wichtigen Bereich in der Umwelthygiene stellen die Wirkungen und Kombinationswirkungen verschiedener toxischer Gase dar. Als Beispiel zur Untersuchung der Wirkung schwachkonzentrierten Kolenmonoxids auf jüngere und ältere Menschen beim Schlafen soll die Arbeit von Groll-Knapp, Haider, Jenkner, Liebich, Neuberger und Trimmel (1982) erwähnt werden. In dieser Arbeit wurden die Versuchspersonen schlafend exponiert, da es sich zeigte, daß *CO-Effekte auf die CNV,* welche in einem früheren Experiment gefunden wurden (Groll-Knapp, Wagner, Hauck & Haider, 1972), nicht repliziert werden konnten (Groll-Knapp, Haider, Höller, Jenkner & Stidl, 1978), *was auf aktive und bewußt eingesetzte Kompensationsmechanismen zurückgeführt wurde* und für welche angenommen wurde, daß sie im Schlafzustand nicht aktiv seien. Die Ergebnisse zeigten *vielfältige bedingungs-, alters- und schlafphasenabhängige Wirkungen auf diverse Komponenten* des ereigniskorrelierten Potentials wie z.B. kürzere Latenzen bei den älteren Versuchspersonen und größere Amplituden bei den jüngeren Versuchspersonen. Weiters wurde bei einigen Vpn unter Expositionsbedingungen eine etwa drei bis vier Sekunden dauernde negative Potentialverschiebung gefunden.

In einer tierexperimentellen Arbeit mit kortikaler Gleichspannungsregistrierung (Trimmel, unpubliziert) konnte an drei Tieren demonstriert werden, daß *konditionierte Gleichspannungsänderungen* (welche ohne Exposition etwa 10 Sekunden anhielten – vgl. Trimmel, 1983, 1985a) unter CO-Exposition nur etwa 3 Sekunden anhielten. Aber auch die *unkonditionierte Reaktion* (eine negative Potentialverschiebung auf die Stimulation mit einem Kampfschrei) war unter der Expositionsbedingung, besonders unter der kombinierten Belastung von CO und NO, bereits abgeschwächt (Haider, Groll-Knapp & Trimmel, 1984).

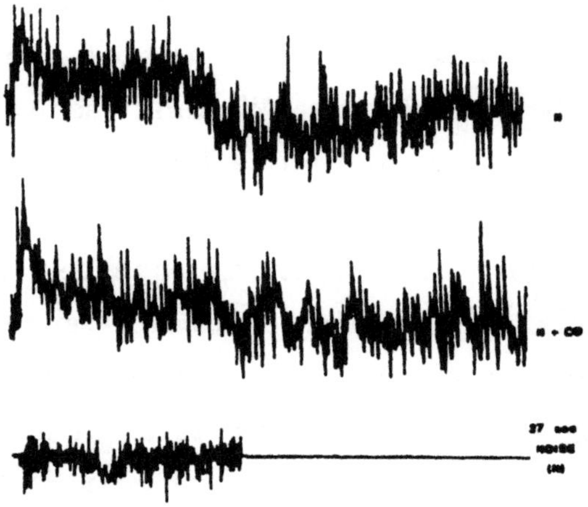

Abb. 45. Kortikale Gleichspannungsänderungen bei Kampfschreiexposition (unterste Kurve) an der Ratte ohne (erste Kurve) und während (zweite Kurve) einer CO Exposition.

In einer tierexperimentellen Arbeit zur Prüfung der Kombinationseffekte von NO und CO auf das Verhalten und auf neuropsychophysiologische Kennwerte (Groll-Knapp, Haider, Kienzl, Stidl, Trimmel & Zimmermann-Urbanke, 1987; Groll-Knapp, Haider, Kienzl, Handler & Trimmel, 1988) zeigte sich, daß beide Gase auf die frühen Komponenten des ereigniskorrelierten Potentials *(P10, N30)* gleich wirkten und zwar so, daß die Latenzen verlängert und die Amplituden vergrößert waren. Die späteren Komponenten *(P70, N150)* wurden unterschiedlich beeinflußt und die *N150* zeigte sich besonders sensitiv für die kombinierten höheren Konzentrationen, indem überadditive Effekte gefunden wurden.

Außer den toxischen Effekten von chemischen Stoffen können auch Geruchsbildungen zu erheblichen Belästigungen führen. In diesem Zusammenhang könnte die *objektive Olfaktometrie* (Kobal & Plattig, 1978) zur Objektivierung von Gerüchen einen beachtlichen Beitrag leisten.

X.13.1.1 Rauchen

Eine Besonderheit chemischer Umweltschädigung stellt das Rauchverhalten dar. Dementsprechend hat die neuropsychophysiologische Erforschung der Wirkung des Rauchens eine lange Tradition. Eine neuere Untersuchung (Norton & Howard, 1987) mit einer *GO/NO-GO Vermeidungsaufgabe* zeigte, daß Rauchen auf die CNV in der NO-GO Bedingung keinen Effekt hatte. In der GO Bedingung zeigte sich bei niedrig empfundenem Streß eine erhöhte CNV und unter hohen Streßbedingungen eine erniedrigte CNV.

Der Effekt des Rauchens auf die *P300* zeigte eine Abhängigkeit vom Arousalniveau und führte demnach zu einer vergrößerten P300 Amplitude bei niederem Arousal, während bei hohem Arousal die P300 Amplitude kleiner wurde. Die Autoren kommen zu dem Schluß, daß Rauchen zwei voneinander unabhängige funktionale Systeme des Gehirns beeinflußt und ferner (Norton & Howard, 1988), daß Raucher durch Rauchen das Streßsystem entsprechend ihrer Stimmung aktivieren können. Hasenfratz, Michel, Nil und Bättig (1988) untersuchten den Effekt des Rauchens auf die "schnelle visuelle Informationsverarbeitung". Sie fanden eine durch Rauchen reduzierte *CNV*, eine etwas vergrößerte *P300* und eine beschleunigte visuelle "schnelle Informationsverarbeitung". (Zum Rauchverhalten und dessen psychobiologischen Grundlagen siehe Ney, 1989.)

X.13.2 Lärmwirkungen

Neben der chemischen Umweltbelastung gehört die Lärmbelästigung zu den weitverbreitesten Belästigungen. Aber gerade im Lärmbereich ist die Festlegung von Grenzwerten und Richtwerten der Zumutbarkeit so schwierig, weil die Bewertung des jeweiligen akustischen Geschehens von der individuellen Lerngeschichte abhängig ist und verschiedene akustische Ereignisse gleicher Lautstärke noch lange nicht gleich lästig eingestuft werden.

In einem Tierexperiment wurden *Gleichspannungsänderungen* auf biologisch bedeutsame (Kampfschrei eines Artgenossen) und gleich laute, aber verfälschte akustische Reize abgeleitet (vgl. Haider, Haslberger, Groll-Knapp & Trimmel, 1982; Haider, Groll-Knapp, Koller & Trimmel, 1982; Trimmel, Groll-Knapp & Haider, 1983). Dabei zeigte sich für den natürlichen Kampfschrei eine etwa -70 μV große gleich lang wie die Stimulation (26 sec) dauernde Negativierung, siehe Abbildung 37. Für ein energieäquivalentes, aber verfälschtes Signal (Transformierung der Kampfschreieserie in den Frequenzbereich des Todesschreies), ging die anfängliche Negativierung in eine Positivierung über, was Haider, Groll-Knapp, Koller und Trimmel, 1982 als eine aktive Abwehrleistung des Gehirns im Sinne einer *"Schutzhemmung"* interpretiert haben. Ein energieäquivalenter Sinuston mit einer dem Kampfschrei ähnlichen Frequenz, aber ohne dem spezifischen Informationsgehalt (linker Teil der Abbildung 37), zeigte eine nur geringe initiale Negativierung und auch nur eine geringe überschießende Positivierung.

Diese Daten demonstrieren deutlich, daß die ereigniskorrelierte kortikale Gleichspannung nicht nur von der Lautstärke der akustischen Stimulation abhängt, sondern auch vom Bedeutungsgehalt des akustischen Geschehens (vgl. auch Haider, Groll-Knapp & Trimmel, in Druck).

X.13.3 Elektrische Gleichfelder

Trimmel, Keck, Bauer und Guttmann (unpubliziert) untersuchten den Einfluß eines elektrostatischen Gleichfeldes (in Polarität und Intensität dem elektrischen Feld bei Schönwetter entsprechend) auf psychologischer und neuropsychophysiologischer Ebene. In keinem der untersuchten Parameter konnte aufgrund der relativ großen interindividuellen Variation ein relevanter statistisch gesicherter Effekt gefunden werden. Die z.T. erheblichen Unterschiede bei einzelnen Personen sprechen für einen eher differenzierten Einfluß elektrostatischer Gleichfelder als für eine generelle Wirkung.

Im Gegensatz zu elektrostatischen Gleichfeldern scheinen direkt applizierte Gleichströme die Hirnfunktion systematisch beeinflussen zu können. Jaeger, Elbert, Lutzenberger und Birbaumer (1987) fanden verkürzte Reaktionszeiten mit elektrischen Gleichströmen von 0,3 mA, welche über Skalpelektroden geeignet aufgebracht wurden. Zur Ausbreitung von Elektrizität im Gehirn und an der Schädeloberfläche siehe Elbert, 1985; Lutzenberger, Elbert und Rockstroh, 1987.

X.14 Computerpsychologie

Das Gebiet der Computerpsychologie (Trimmel, 1989) stellt einen neuen Teilbereich in der Psychologie dar, der hard- und softwareergonomische Aspekte, organisatorische, kurz-, mittel- und langfristige Auswirkungen der Computertätigkeit auf den Menschen, Anwendungen als Lehrinstrument, Simulation sowie die Beleuchtung motivationaler Gesichtspunkte beinhaltet, aber auch die Untersuchung computergestützter psychodiagnostischer Verfahren (vgl. Pawlik, 1987) einschließt. Besonders für die Objektivierung hard- und softwareergonomischer Faktoren (bzw. allgemeiner Einflußgrößen der Ergonomie auf neuropsychophysiologische Faktoren, vgl. Grandjean, 1979) und der Erfassung der unmittelbaren Auswirkungen der Computertätigkeit (Streß, Computerstreß, Bewußtseinsveränderungen, Hemisphärendominanz usw.) scheinen sich neuropsychophysiologische Methoden besonders gut zu eignen, obwohl das derzeit zur Verfügung stehende Datenmaterial nur äußerst spärlich von neuropsychophysiologisch gewonnenen Daten durchsetzt ist.

Einen relevanten Hinweis auf Belastungssituationen der Computertätigkeit könnte man aus der Untersuchung von Trimmel, Groll-Knapp, Enichlmayer und Haider (1987) ableiten, in der sich zeigte, daß vor allem die Phasen der Instruktion (bzw. der Skalierung des Befindens), also des Informationsaustausches im Hinblick auf vergangene und nachfolgende Tätigkeiten, von den größten Gleichspannungsänderungen begleitet waren.

Als Beispiel zur Untersuchung der Emotionsdynamik im Zusammenhang mit der Computertätigkeit kann auf die Arbeit von Ivanitsky et al. (1986) verwiesen werden, welche ereigniskorrelierte Potentiale beim Gewinnen und Verlieren beim Videospiel untersuchten und dem emotionalen Gehalt zeitlich-räumliche Aktivitätsunterschiede zuordnen konnten.

Auch das Paradigma von Cooper et al. (1977) ließe sich zur Objektivierung der Vigilanzleistung (zusätzlich zu Verhaltensdaten) bei der Computertätigkeit einsetzen.

Schlußwort

Die Neuropsychophysiologie ist eine junge Wissenschaft. Die Erwartungen, die in die Neuropsychophysiologie gesetzt werden, sind meistens sehr hoch, glaubt man doch mit den neuropsychophysiologischen Methoden den biologischen Grundlagen des Psychischen ganz nahe zu sein bzw. dem Bewußtsein auf der Spur zu sein. Dabei übersieht man aber sehr leicht die Komplexität sowohl des psychischen als auch des physiologischen Geschehens. Um dennoch Zusammenhänge untersuchen zu können, werden im allgemeinen nur sehr schmale Segmente aus dem Gesamtgeschehen betrachtet, welche naturgemäß wieder nur sehr eingeschränkte Aussagen zulassen.

Andererseits zeigen Untersuchungen mit komplexeren Versuchsplänen und der Analyse einer Vielzahl von Ableitungen und Komponenten, daß die Ergebnisse oft nur mehr schwer zu interpretieren sind, bzw. die oft große Variabilität der Kennwerte.

Eine zufriedenstellende Lösung dieser Problematik wäre nach der Sicht des Verfassers durch die Erhebung einer überschaubaren Anzahl wirklich relevanter neuropsychophysiologischer Kennwerte gegeben, welche grundlegende psychologische bzw. neurophysiologische Mechanismen, wie z.B. *Charakteristika des Regulationsverhaltens und der Informationsverarbeitung,* adäquat beschreiben.

Wenn die vorliegende Monographie zum Nachdenken in diese Richtung angeregt hat, so ist damit zumindest ein Anliegen des Autors erfüllt.

Abb. 46. Eine nicht ganz ernstzunehmende Betrachtung der Neuropsychophysiologie. (Aus Picton & Stuss, 1980, S. 40.)

LITERATURVERZEICHNIS

Adler, M. (1979). *Physiologische Psychologie.* Stuttgart: Enke.

Aladjalova, N.A. (1964). Slow electrical processes in the brain. *Progress in Brain Research* (Vol. 7, pp. 1-243). Amsterdam: Elsevier.

Alho, K., Töttölä, K., Reinikainen, K., Sams, M. & Näätänen, R. (1987). Brain mechanism of selective listening reflected by event-related potentials. *Electroencephalography and Clinical Neurophysiology, 68,* 458-470.

Allison, T. & Goff, W.R. (1967). Human cerebral evoked responses to odorous stimuli. *Electroencephalography and Clinical Neurophysiology, 23,* 558-560.

Allison, T., Matsumiya, Y., Goff, G.D. & Goff, W.R. (1977). The scalp topography of human visual evoked potentials. *Electroencephalography and Clinical Neurophysiology, 42,* 185-197.

Altenmüller, E. (1989). Cortical DC-potentials as electrophysiological correlates of hemispheric dominance of higher cognitive functions. *International Journal of Neuroscience, 47,* 1-15.

Amanshauser, R. (1979). *Langsame Hirnpotentiale als Indikator der Aktivierung.* Dissertation, Universität Wien.

Anderer, P., Saletu, B., Hatzinger, R. & Dittrich, R. (1988). The effect of different reference conventions on EEG brain mapping in dementia. *Journal of Psychophysiology, 2,* 129.

Anderer, P., Saletu, B., Semlitsch, H.V. & Kinsperger, K. (1987). EEG-mapping: Methodological aspects. *Journal of Psychophysiology, 1,* 279.

Andersen, P. & Andersson, S.A. (1968). *Physiological Basis of the Alpha Rhythm.* New York: Appleton-Century-Crofts.

Anderson, J.R. (1988). *Kognitive Psychologie. Eine Einführung.* Heidelberg: Spektrum-der-Wissenschaft-Verlagsgesellschaft.

Andreassi, J. (1988). Psychophysiological research: A contemporary perspective. *International Journal of Psychophysiology, 6,* iii-vi.

Andreassi, J. (1989). *Psychophysiology. Human Behavior & Physiological Response.* Hillsdale: Lawrence Erlbaum.

Andresen, B. & Thom, E. (1987). Generalizability of EEG asymmetries for various experimental conditions. *Journal of Psychophysiology, 1,* 300-301.

Angerer, G. (1979). *Operante Kontrolle längerdauernder corticaler Gleichspannungsänderungen an frei beweglichen Ratten.* Dissertation, Universität Wien.

Arden, G.B. & Kelsey, J.H. (1962). Changes produced by light in the standing potential of the human eye. *Journal of Physiology, 161,* 189-204.

Arduini, A., Mancia, M. & Mechelse, K. (1957). Slow potential changes elicited in the cerebral cortex by sensory and reticular stimulations. *Archives Italian Biology, 95,* 127-138.

Armington, J.C. (1974). *The Electroretinogram.* New York: Academic Press.

Ax, A. (1964). Goals and methods of psychophysiology. *Psychophysiology, 1,* 18-25.

Ax, A. (1983a). Are there universal concepts of psychophysiology? *International Journal of Psychophysiology, 1,* 99.

Ax, A. (1983b). Basic concepts of psychophysiology. *International Journal of Psychophysiology, 1,* 3-6.

Bancaud, J., Bloch, V. & Paillard, J. (1953). Contribution EEG à l'etude des potentiels evoques chez l'homme au niveau du vertex. *Reviews in Neurology, 89,* 399-418.

Barlow, J.S. & Ciganek, L. (1969). Lambda response in relation to visual evoked responses in man. *Electroencephalography and Clinical Neurophysiology, 26,* 183-192.

Barolin, G.S., Gestring, G.F. & Guttmann, G. (1968). The effects of hypnotic suggestion on the acoustic evoked potential. *Electroencephalography and Clinical Neurophysiology, 24,* 93.

Barrett, S.E., Rugg, M.D. & Perrett, D.I. (1987). Event-related potentials and the matching of familiar and unfamiliar faces. *Journal of Psychophysiology, 1,* 182.

Barry, R.J. (1988). Synthesising autonomic and event-related potential data in relation to the orienting response: Comment on Simons et al. (1987). *Journal of Psychophysiology, 2,* 293-298.

Barry, W. & Jones, G.M. (1965). Influence of eyelid movement upon electrooculographic recording of vertical eye movements. *Aerspace Medicine, 36,* 855-858.

Bartenwerfer, H. (1960). Über eine Methode zur Erfassung der psychischen Beanspruchung. *Psychologie und Praxis, 4,* 125-135.

Bartussek, D., Naumann, E. & Möller, H. (1987). Event related potentials (ERP), stimulus meaning, and personality: A test of Gray's theory of extraversion. *Journal of Psychophysiology, 1,* 281.

Basar, E. & Stampfer, H.G. (1985). Important associations among EEG-dynamics, event-related potentials, short-term memory and learning. *International Journal of Neuroscience, 26,* 161-180.

Basar, E., Basar-Eroglu, C., Rosen, B. & Schütt, A. (1984). A new approach to endogenous event-related potentials in man: Relation between EEG and P300-wave. *International Journal of Neuroscience, 24,* 1-21.

Basmajian, J.V. (Ed.). (1979). *Biofeedback – Pinciples and Practice for Clinicians.* Baltimore: Williams & Wilkins Company.

Bauer, H. (1975). *Lernen unter Berücksichtigung hirnphysiologischer Zustände.* Vortrag bei der Jahrestagung der österreichischen EEG Gesellschaft, Salzburg.

Bauer, H. (1984a). *Experimentelle Elektroenzephalographie.* Bern: Huber.

Bauer, H. (1984b). Some recent developments in registration techniques of the DC-component of the human EEG. *International Journal of Psychophysiology, 2,* 232.

Bauer, H. (1986). The DC - component of the EEG and memory. In K. Klix & H. Hagendorf (Eds.), *Human Memory and Cognitive Capabilities. Mechanims and Performances* (pp. 649-657). Amsterdam: Elsevier.

Bauer, H. & Lauber, W. (1979). Operant conditioning of brain steady potential shifts in man. *Biofeedback and Self Regulation, 4,* 145-154.

Bauer, H. & Nirnberger, G. (1980). Paired associate learning with feedback of DC potential shifts of the cerebral cortex. *Archiv für Psychologie, 132,* 237-238.

Bauer, H. & Nirnberger, G. (1981). Concept identification as a function of preceding negative or positive spontaneous shifts in slow brain potentials. *Psychophysiology, 18,* 466-469.

Bauer, H., Guttmann, G. & Trimmel, M. (1983). The brain-triggered CNV. In F. Denoth (Ed.), *Preliminary Poster Reports of the Seventh International Conference on Event Related Potentials of the Brain (EPIC VII)* (pp. 74-75). Firenze: University of Firenze.

Bauer, H., Guttmann, G., Weber, G. & Trimmel, M. (1986). The brain-triggered CNV: Baseline effects on CNV and P300. In W.C. McCallum, R. Zappoli & F. Denoth (Eds.), *Cerebral Psychophysiology: Studies in Event-Related Potentials. Electroencephalography and Clinical Neurophysiology, Suppl. 38.* (pp. 232-243). Amsterdam: Elsevier.

Bauer, H., Radil, T. & Rebert, C. (1988). The 'oddbal - CNV'. In T. Radil & Z. Bohdanecky (Eds.), *Psychophysiology 88. Proceedings of the Fourth Conference of the International Organization of Psychophysiology* (p. 25). Prag: Czechoslovak Academy of Sciences.

Bauer, H., Steinringer, H. & Schock, P. (1980). A new highly sensitive DC-amplifier for steady biopotential recording. *Archiv für Psychologie, 133,* 333-337.

Baumann, S., Otto, D., Robinson, G., Schroeder, S. & Barton, C. (1987). The relationship of late positive ERPs, age, intelligence and lead absorption in socioeconomically disadvantaged children. In R. Johnson, J.W. Rohrbaugh & R. Parasuraman (Eds.), *Current Trends in Event-Related Potential Research. Electroencephalography and Clinical Neurophysiology, Suppl. 40* (pp. 617-623). Amsterdam: Elsevier.

Beaubaton, D. & Pailhous, N. (1987). Is the motor program in the body or in the mind? A cruel dilemma! *Cahiers de Psychologie Cognitive, 7,* 130-134.

Bechtereva, N.P. (1974). DC changes associated with the sleep-wakefulness cycle. In A. Rémond (Ed.), *Handbook of Electroencephalography and Clinical Neurophysiology.* In C.A. Marsan (Ed.), *Volume 10, Direct Cortical Depth Evaluation of the Brain. In H. Caspers (Ed.), Part A, DC Potentials Recorded Directly from the Cortex* (pp. 10A-25-10A-32). Amsterdam: Elsevier.

Bechtereva, N.P. (1987). Some general physiological principles of the human brain functioning. *International Journal of Psychophysiology, 5,* 235-251.

Becker-Carus, C. (1976). Physiologische Psychologie. In F. Dorsch (Hrsg.), *Psychologisches Wörterbuch* (S. 438-439). Bern: Huber

Becker-Carus, C. (1979). Einführung in den Problembereich. In C. Becker-Carus, T. Heyden & G. Ziegler (Hrsg.), *Psychophysiologische Methoden* (S. 1-14). Stuttgart: Enke.

Becker-Carus, C. (1981). *Grundriß der Physiologischen Psychologie.* Heidelberg: Quelle & Meyer.

Becker-Carus, C., Heyden, T. & Ziegler, G. (Hrsg.). (1979). *Psychophysiologische Methoden.* Stuttgart: Enke.

Becker, E., Bösel, R., Ott, H., Henning, O. & Fichte, K. (1987). Benzodiazepine-manipulated vigilance regulation in psychomotor activation and resting phases under consideration of learning dependency. *Journal of Psychophysiology, 1,* 182.

Becker, W. & Kristeva, R. (1980). Cerebral potentials prior to various force deployments. In H.H. Kornhuber & L. Deecke (Eds.), *Motivation, Motor and Sensory Processes of the Brain: Electrical Potentials, Behaviour and Clinical Use. Progress in Brain Research* (Vol. 54, pp. 189-194). Elsevier: Amsterdam.

Becker, W., Hoehne, O., Iwase, K. & Kornhuber, H.H. (1972). Bereitschaftspotential, prämotorische Positivierung und andere Hirnpotentiale bei sakkadischen Augenbewegungen. *Vision Research, 12,* 421-436.

Berger, H. (1929). Über das Elektrenkephalogramm des Menschen. 1. Mitteilung. *Archiv für Psychiatrie, 87,* 527-570.

Berka, C. & Sandman, C.A. (1981). Human auditory evoked responses vary as a function of cardiovascular events. *Psychophysiology, 18,* 174.

Berlyne, D.E. (1970). Attention as a problem of behavior theory. In: D.I. Mostofsky (Ed.), *Attention: Contemporary Theory and Analysis* (pp. 25-49). New York: Apleton Century Crofts.

Berlyne, D.E. (1974). *Konflikt, Erregung, Neugier. Zur Psychologie der kognitiven Motivation.* Stuttgart: Klett.

Bethune, de A.J. (1964). In C.A. Hampel (Ed.), *Handbook of Electrochemistry.* New York: Reinhold. [Zitiert nach Geddes, 1972.]

Birbaumer, N. (1975). *Physiologische Psychologie.* Berlin: Springer-Verlag.

Birbaumer, N. (Hrsg.). (1973). *Neuropsychologie der Angst. Fortschritte der Klinischen Psychologie* (Band 3). München: Urban & Schwarzenberg.

Birbaumer, N. & Kimmel, H.D. (Eds.). (1979). *Biofeedback and Self-regulation.* Hillsdale: Erlbaum.

Birbaumer, N. & Schmidt, R.F. (1989). *Biologische Psychologie.* Berlin: Springer-Verlag.

Birbaumer, N. & Tunner, W. (1971). EEG, evozierte Potentiale und Desensibilisierung. *Archiv für Psychologie, 123,* 225-234.

Birbaumer, N., Elbert, T., Lutzenberger, W., Rockstroh, B. & Schwarz, J. (1981). EEG and slow cortical potentials in anticipation of mental tasks with different hemispheric involvement. *Biological Psychology, 13,* 251-260.

Birbaumer, N., Elbert, T., Rockstroh, B. & Lutzenberger, W. (1986). On the dynamics of the post-imperative negative variation (PINV). In W.C. McCallum, R. Zappoli & F. Denoth (Eds.), *Cerebral Psychophysiology: Studies in Event-Related Potentials. Electroencephalography and Clinical Neurophysiology, Suppl. 38* (pp. 212-229). Amsterdam: Elsevier.

Birbaumer, N., Elbert, T., Rockstroh, B., Lutzenberger, W., Lang, P. & Cook, E. (1987). Slow brain potentials, immagery, and hemispheric differences. *Psychophysiology, 24,* 579.

Blanchard, E.B. & Epstein, L.H. (1978). *A Biofeedback Primer.* Reading: Addison-Weseley.

Blinkhorn, S.F. & Hendrickson, D.E. (1982). Averaged evoked responses and psychometric intelligence. *Nature, 295,* 596-597.

Bloom, P.A. & Fischler, I. (1980). Completion norms for 329 sentence contexts. *Memory and Cognition, 8,* 631-642.

Blowers, G.H., Ongley, G.C. & Shaw, J.C. (1976). Implications of cross-modality stimulus permutations for the CNV. In W.C. McCallum & J.R. Knott (Eds.), *The Responsive Brain* (pp. 20-25). Bristol: John Wright and Sons.

Born, J., Bothor, R., Pietrowsky, R., Fehm-Wolfsdorf, G., Pauschinger P. & Fehm, H.L. (1987). Influences of vasopressin and oxitocin on human event-related brain potentials in an attention task. *Journal of Psychophysiology, 4,* 351-360.

Born, J., Whipple, S.C. & Stamm, J. (1982). Spontaneous cortical slow-potential shifts and choice reaction time performance. *Electroencephalography and Clinical Neurophysiology, 54,* 668-676.

Born, J., Whipple, S.C. & Stamm, J. (1984). Potential related events: Reaction time tasks contingent upon frontal lobe potential shifts. In R. Karrer, J. Cohen & P. Tueting (Eds.), *Brain and Information: Event-Related Potentials. Annals of the New York Academy of Sciences* (Vol. 425, pp. 667-670). New York: The New York Academy of Sciences.

Boucsein, W. & Hoffmann, G. (1979). A direct comparison of the skin conductance and skin resistance methods. *Psychophysiology, 16,* 66-70.

Boucsein, W. (1988). *Elektrodermale Aktivität. Grundlagen, Methoden und Anwendungen.* Berlin: Springer-Verlag.

Braitenberg, V. (1977). *On the Textures of Brains.* Heidelberg: Springer-Verlag.

Braitenberg, V. (1984). *Vehicles.* Cambridge: MIT Press.

Brand, H.W. (1978). *Die Legende von den geheimen Verführern.* Weinheim: Beltz.

Breton, F., Ritter, W., Simson, R. & Vaughan, H.G. (1988). The N2 component elicited by stimulus matches and multiple targets. *Biological Psychology, 27,* 23-44.

Brigham, E.O. (1982). *FFT. Schnelle Fourier-Transformation.* München: Oldenbourg.

Brix, R. (1984). The influence of attention on the auditory brain stem evoked response. *Acta oto-laryngology, 98,* 89-92.

Broadbent, D.E. (1970). Stimuls set and response set: Two kinds of selective attention. In D.I. Mostofsky (Ed.), *Attention: Contemporary Theory and Analysis* (pp. 51-60). New York: Appleton-Century-Crofts.

Brown, B. (1970). Recognition of aspects of consciousness through association with EEG alpha activity represented by a light. *Psychophysiology, 6,* 442-452.

Brown, D., Fenwick, P. & Howard, R. (1989). The contingent negative variation in a Go/No Go avoidance task: Relationship with personality and subjective state. *International Journal of Psychophysiology, 7,* 35-45.

Brunia, C.H.M. (1988). Movement and stimulus preceding negativity. *Biological Psychology, 26,* 165-178.

Brunia, C.H.M. & Damen, E.J.P. (1988). Distribution of slow potentials related to motor preparation and stimulus anticipation in a time estimation task. *Electroencephalography and Clinical Neurophysiology, 69,* 234-243.

Brunia, C.H.M., Möcks, J., van den Berg-Lenssen, M.M.C., Coelho, M.G.H., Elbert, T., Gasser, T., Gratton, G., Ifeachor, E.C., Jervis, B.W., Lutzenberger, W., Sroka, L., van Blokland-Vogelesang, A.W., van Driel, G., Woestenburg, I.C., Berg, P., McCallum, W.C., Tuan, P.D., Pocock, P.V & Roth, W.T. (1988). Correcting ocular artifacts in the EEG: A comparisom of several methods. *Journal of Psychophysiologiy, 3,* 1-50.

Buchsbaum, M. (1976). Self-regulation of stimulus intensity: Augmenting/reducing and the average evoked response. In G. Schwartz & D. Shapiro (Eds.), *Consciousness and Self-Regulation* (pp. 101-135). New York: Plenum Publishing Corporation.

Buchsbaum, M. & Coppola, R. (1974). Computer use in bioelectric data collection and analysis. In R.F. Thompson & M.M. Patterson (Eds.), *Bioelectric Recording Techniques. Part B. Electroencephalography and Human Brain Potentials* (pp. 209-241). New York: Academic Press.

Bukstein, E.J. (1970). *Questions & Answers about Medical Electronics.* Slough: Foulsham.

Bülow, I. von, Elbert, T., Rockstroh, B., Lutzenberger, W., Canavan, A. & Birbaumer, N. (1988). Effects of hyperventilation of EEG-frequency and slow cortical potentials in relation to an anticonvulsant and epilepsy. *Journal of Psychophysiology, 2,* 131.

Busk, J. & Galbraith, G.C. (1975). EEG correlates of visual motor practice in man. *Electroencephalography and Clinical Neurophysiology, 38,* 415-422.

Callaway, E. (1969). Dignostic use of the average evoked potential. In E. Donchin & D.B. Lindsley (Eds.), *Averaged Evoked Potentials. Methods, Results, and Evaluations* (NASA SP-191) (pp. 299-332). Washington DC: U.S. Government Printing Office.

Callaway, E. (1975). *Brain Electric Potentials and Individual Psychological Differences.* New York: Grune and Stratton.

Canavan, A.G.M. (1986). *Functions of the Basal Ganglia in Man and Monkey.* Dissertation, University of Oxford.

Canavan, A.G.M. (1987). Threshold regulation: A question of specificity. *Journal of Psychophysiology, 4,* 343-344.

Caspers, H. (1961). Relations of steady potential shifts in the cortex to the wakefulness-sleep spectrum. In M.A.B. Brazier (Ed.), *Brain Function. Proceedings of the First Conference on Cortical Excitability and Steady Potentials Relations of Basic Research to Space Biology, 1961.* Berkeley: University of California Press.

Caspers, H. (1974). DC potentials recorded directly from the cortex. Preface. In A. Rémond (Ed.), *Handbook of Electroencephalography and Clinical Neurophysiology.* In C.A. Marsan (Ed.), *Volume 10, Direct Cortical Depth Evaluation of the Brain.* In H. Caspers (Ed.), *Part A, DC Potentials Recorded Directly from the Cortex* (p. 10A-3). Amsterdam: Elsevier.

Caspers, H. & Schultze, H. (1959). Die Veränderungen der corticalen Gleichspannung während der natürlichen Schlaf-Wach-Perioden beim freibeweglichen Tier. *Pflügers Archiv der gesamten Physiologie, 270,* 103-120.

Caspers, H., Speckmann, E.-J. & Lehmenkühler, A. (1984). Electrogenesis of slow potentials of the brain. In T. Elbert, B. Rockstroh, W. Lutzenberger & N. Birbaumer (Eds.), *Self-Regulation of the Brain and Behavior* (pp. 26-41). Berlin: Springer-Verlag.

Caspers, H., Speckmann, E.-J. & Lehmenkühler, A. (1987). DC Potentials of the cerebral cortex. Seizure activity and changes in gas pressures. *Reviews in Physiological and Biochemical Pharmacology, 106,* 127-178.

Caton, R. (1875). The electric currents of the brain. *British Medical Journal, 2,* 278.

Cervinka, R. (1988). Psychologische Aspekte bei Umweltverträglichkeitsprüfungen und ähnlichen Verfahren. *Forum Städte-Hygiene, 39,* 32-33.

Chalke, F.C.R. & Ertl, J. (1965). Evoked potentials and intelligence. *Life Sciences, 4,* 1319-1322.

Chwilla, D.J. & Brunia, C.H.M. (1989). Slow negative potentials in anticipation of sensory input. *Journal of Psychophysologogy, 3,* 200-201.

Ciancia, F. (1987). Psychophysiology: A scientific discipline or a literary genre? *Journal of Psychophysiology, 2,* 243-247.

Clemente, D.C., Sterman, M.B. & Wyrwicka, W. (1964). Post-reinforcement EEG synchronization during alimentary behavior. *Electroencephalography and Clinical Neurophysiology, 16,* 355-365.

Clynes, M. (1969). Dynamics of the vertex evoked potentials: The R-M brain function. In E. Donchin & D.B. Lindsley (Eds.), *Averaged Evoked Potentials. Methods, Results, and Evaluations* (NASA SP-191) (pp. 363-374). Washington DC: U.S. Government Printing Office.

Cohen, J. (1973). The CNV and visual recognition. In W.C. McCallum & J.R. Knott (Eds.), *Event-Related Slow Potentials of the Brain: Their Relations to Behavior. Electroencephalography and Clinical Neurophysiology, Suppl. 33* (pp. 201-204). Amsterdam: Elsevier.

Coles, M.G.H., Gratton, G. & Donchin, E. (1988). Detecting early communication: Using measures of movement-related potentials to illuminate human information processing. *Biological Psychology, 26,* 69-89.

Cooper, R., McCallum, W.C. & Papakostopoulos, D. (1978). Bimodal slow potential theory of cerebral processing. In D. A. Otto (Ed.), *Multidisciplinary Perspectives in Event-Related Brain Potential Research* (EPA-600/9-77-043) (pp. 651-656). Washington, DC: U.S. Environmental Protection Agency.

Cooper, R., McCallum, W.C. & Papakostopoulos, D. (1979). A bimodal slow potential theory of cerebral processing. In J.E. Desmedt (Ed.), *Cognitive Components in Cerebral Event-Related Potentials and Selective Attention. Progress in Clinical Neurophysiology* (Vol. 6, (pp. 183-186). Basel: Karger.

Cooper, R., McCallum, W.C., Newton, P., Papakostopoulos, D., Pocock, P.V. & Warren, W.J. (1977). Cortical potentials associated with the detection of visual events. *Science, 196,* 74-77.

Cooper, R., Osselton, J.W. & Shaw, J.C. (1984). *Elektroenzephalographie.* Stuttgart: Fischer.

Corby, J.C. & Kopell, B.S. (1972). Differential contributions of blinks and vertical eye movements as artifacts in EEG recordings. *Psychophysiology, 9,* 640-644.

Corby, J.C., Roth, W.T. & Kopell, B.S. (1974). Prevalence and methods of control of the cephalic skin potential EEG artifact. *Psychophysiology, 11,* 350-360.

Courchesne, E. (1977). Event-related brain potentials: A comparison between children and adults. *Science, 197,* 589-592.

Courchesne, E. (1978). Neurophysiological correlates of cognitive development: Changes in long-latency event-related potentials from childhood to adulthood. *Electroencephalography and Clinical Neurophysiology, 45,* 468-482.

Courchesne, E. (1983). Cognitive components of the event-related brain potential: Changes associated with development. In A.W.K. Gaillard & W. Ritter (Eds.), *Tutorials in ERP Research: Endogenous Components* (pp. 329-344). Amsterdam: North-Holland.

Courchesne, E. (1987). A neurophysiological view of autism. In E. Schopler & G.B. Mesibov (Eds.), *Neurobiological Issues in Autism.* New York: Plenum.

Courchesne, E., Courchesne, R.Y. & Hillyard, S.A. (1978). The effect of stimulus deviation on P3 waves to easily recognized stimuli. *Neuropsychologia, 16,* 189-199.

Courchesne, E., Hillyard, S.A. & Galambos, R. (1975). Stimulus novelty, task relevance and the visual evoked potential in man. *Electroencephalography and Clinical Neurophysiology, 39,* 131-143.

Courchesne, E., Elmasian, R. & Yeung-Courchesne, R. (1986). Electrophysiological correlates of cognitive processing: P3b and Nc, basic, clinical and developmental research. In A.M. Halliday, S.R. Butler & R. Paul (Eds.), *A Textbook of Clinical Neurophysiology.* New York: Wiley.

Cowen, M.A. (1974). The brain as generator of transcephalically measured direct current potentials. *Psychophysiology, 11,* 321-335.

Cowen, M.A. & McDonald, R.D. (1965). Some behavioral correlates of the transcephalic d.c. potential in cats. *Nature, 207,* 530-532.

Cracco, J.B. & Cracco, R.Q. (1985). Somatosensorisch evozierte Potentiale bei Kindern: Reifung und klinische Aspekte. In J. Schramm (Hrsg.), *Evozierte Potentiale in der Praxis* (S. 133-151). Berlin: Springer-Verlag.

Craik, F. & Lockhart, R.S. (1972). Levels of processing: A frame-work for memory research. *Journal of Verbal Learning and Verbal Behavior, 11,* 671-684.

Craik, F. & Tulving, E. (1975). Depth of processing and the retention of words in episodic memory. *Journal of Experimental Psychology: General, 104,* 268-294.

Creutzfeldt, O.D. (1971). Neurophysiologische Grundlagen des Elektroencephalogramms. In M. Haider (Hrsg.), *Neuropsychologie* (S. 15-39). Bern: Huber.

Creutzfeldt, O.D. (1983). *Cortex Cerebri.* Berlin: Springer-Verlag.

Creutzfeldt, O.D. & Struck, G. (1962). Neurophysiologie und Morphologie der chronisch isolierten Cortexinsel der Katze: Hirnpotentiale und Neuronentätigkeit einer isolierten Nervenzellpopulation ohne afferente Fasern. *Archiv für Psychiatrie und Nervenkrankheiten, 203,* 708-731.

Creutzfeldt, O.D., Fuster, I.M., Lux, H.D. & Nacimiento, A. (1964). Experimenteller Nachweis von Beziehungen zwischen EEG-Wellen und Aktivität corticaler Nervenzellen. *Naturwissenschaften, 51,* 166-167.

Creutzfeldt, O.D., Watanabe, S. & Lux, H.D. (1966a). Relations between EEG phenomena and potentials of single cortical cells. I. Evoked responses after thalamic and epicortical stimulation. *Electroencephalography and Clinical Neurophysiology, 20,* 1-18.

Creutzfeldt, O.D., Watanabe, S. & Lux, H.D. (1966b). Relations between EEG phenomena and potentials of single cortical cells. II. Spontaneous and convulsoid activity. Electroencephalography and *Clinical Neurophysiology, 20,* 19-37.

Cruikshank, R.M. (1937). Human occipital brain potentials as affected by intensity – duration variables of visual stimulation. *Journal of Experimental Psychology, 21,* 624-641.

Curry, S.H., Cooper, R., McCallum, W.C., Pocock, P.V., Papakostopoulos, D., Skidmore, S. & Newton, P. (1983). The principal components of auditory target detection. In A.W.K. Gaillard & W. Ritter (Eds.), *Advances in Psychology. Tutorials in ERP Research: Endogenous Components* (pp. 79-117). Amsterdam: North-Holland.

Czigler, I. & Szenthe, A. (1988). Selection within fixation: Event-related potentials in a visual matching task. *International Journal of Psychophysiology, 6,* 39-49.

Dalbokova, D., Kolev, P. & Kristeva, R. (1988). Selective attention in the presence of music: An event-related potentials (ERPs) study. *Biological Psychology, 26,* 307-319.

Damen, E.J.P. & Brunia, C.H.M. (1987). Changes in heart rate and slow brain potentials related to motor preparation and stimulus anticipation in a time estimation task. *Psychophysiology, 24,* 700-713.

David, E., Finkenzeller, P., Kallert, S. & Keidel, W.D. (1969a). Akustischen Reizen zugeordnete Gleichspannungsänderungen am intakten Schädel des Menschen. *Pflügers Archiv der gesamten Physiologie, 309,* 362-367.

David, E., Finkenzeller, P., Kallert, S. & Keidel, W.D. (1969b). Reizkorrelierte Gleichspannungsänderungen der primären Hörrinde an der wachen Katze. *Pflügers Archiv der gesamten Physiologie, 306,* 281-289.

Dawson, G.D. (1947). Cerebral responses to electrical stimulation of peripheral nerve in man. *Journal of Neurology, Neurosurgery and Psychiatry, 10,* 134-140.

Dawson, G.D. (1954). A summation technique for the detection of small evoked potentials. *Electroencephalography and Clinical Neurophysiology, 6,* 65-84.

Deecke, L. (1984). Introduction. In L. Deecke, T. Bashore, C.H.M. Brunia, E. Grünewald-Zuberbier, G. Grünewald & R. Kristeva. Movement-associated potentials and motor control. Report of the EPIC VI Motor Panel. In R. Karrer, J. Cohen & P. Tueting (Eds.), *Brain and Information: Event-Related Potentials. Annals of the New York Academy of Sciences* (Vol. 425, pp. 398-428). New York: The New York Academy of Sciences.

Deecke, L. & Kornhuber, H.H. (1977). Event-related cerebral potentials and the initiation of voluntary contraction. In J.E. Desmedt (Ed.), *Attention, Voluntary Contraction and Event-Related Cerebral Potentials. Progress in Clinical Neurophysiology* (Vol. 1, pp. 132-150). Basel: Karger.

Deecke, L. & Kornhuber, H.H. (1978). An electrical sign of participation of the medial "supplementary" motor cortex in human voluntary finger movement. *Brain Research, 159,* 473-476.

Deecke, L. & Lang, W. (1987). Regulating mechanisms of cortical excitability are still unknown. *Journal of Psychophysiology, 4,* 339-341.

Deecke, L., Boschert, J., Brickett, P. & Weinberg, H. (1985). Magnetoencephalic evidence for possible supplementary motor area participation in human voluntary movement. In H. Weinberg, G. Stroink & T. Katila (Eds.), *Biomagnetism: Application and Theory* (pp. 369-372). New York: Pergamon.

Deecke, L., Goode, R.C. & Whitehead, G. (1977). Effect of altered respiration on the auditory evoked potential in man. In J.E. Desmedt (Ed.), *Auditory Evoked Potentials in Man. Psychopharmacology Correlates of Evoked Potentials. Progress in Clinical Neurophysiology* (Vol. 2, pp. 119-129). Basel: Karger.

Deecke, L., Grözinger, B. & Kornhuber, H.H. (1976). Voluntary finger movement in man: Cerebral potentials and theory. *Biological Cybernetics, 23,* 99-119.

Deecke, L., Grözinger, R. & Kristeva, R. (1978). Hemispheric differences of cerebral potentials preceding right and left unilateral and bilateral finger movements in right-handed subjects. *Pflügers Archiv der gesamten Physiologie, Suppl. 373,* R74.

Deecke, L., Heise, B., Kornhuber, H.H., Lang, M. & Lang, W. (1984). Brain potentials associated with voluntary manual traking: Bereitschaftspotential, conditioned premotion positivity, directed attention potential, and relaxation potential. In R. Karrer, J. Cohen & P. Tueting (Eds.), *Brain and Information: Event-related Potentials. Annals of the New York Academy of Sciences* (Vol. 425, pp. 450-464). New York: The New York Academy of Sciences.

Deecke, L., Kornhuber, H.H., Lang, W., Lang M. & Schreiber, H. (1985). Timing function of the frontal cortex in sequential motor and learning tasks. *Human Neurobiology, 4,* 143-154.

Deecke, L., Kornhuber, H.H., Schreiber, H., Lang, M., Lang, W., Kornhuber, A., Heise B. & Keidel, M. (1986). Bereitschaftspotential associated with writing and drawing. In W.C. McCallum, R. Zappoli & F. Denoth (Eds.), *Cerebral Psychophysiology: Studies in Event-Related Potentials. Electroencephalography and Clinical Neurophysiology, Suppl. 38* (pp. 245-247). Amsterdam: Elsevier.

Deecke, L., Niesser, A. & Ziller, B. (1980). Modality (visual and tactile) and stimulus predictability influence contingent negative variation and reaction time. In H.H. Kornhuber & L. Deecke (Eds.), *Motivation, Motor and Sensory Processes of the Brain: Electrical Potentials, Behaviour and Clinical Use. Progress in Brain Research* (Vol. 54, pp. 301-308). Amsterdam: Elsevier/North-Holland Biomedical Press.

Deecke, L., Scheid, P. & Kornhuber, H.H. (1969). Distribution of readiness potential, pre-motion positivity, and motor potential of the human cerebral cortex preceding voluntary finger movements. *Experimental Brain Research, 7,* 158-168.

Deecke, L., Uhl, F., Spieth, F., Lang, W. & Lang, M. (1987). Cerebral potentials preceding and accompanying verbal and spatial tasks. In R. Johnson, J.W. Rohrbaugh & R. Parasuraman (Eds.), *Current Trends in Event-Related Potential Research. Electroencephalography and Clinical Neurophysiology, Suppl. 40* (pp. 17-23). Amsterdam: Elsevier.

Deegener, G. (1978). *Neuropsychologie und Hemisphärendominanz.* Stuttgart: Enke.

Delaunoy, J., Gerono, A. & Rousseau, J. (1978). Experimental production of postimperative negative variation in normal subjects. In D.A. Otto (Ed.), *Multidisciplinary Perspectives in Event-Related Brain Potential Research* (EPA-600/9-77-043) (pp. 355-357) Washington, DC: U.S. Environmental Protection Agency.

Dembroski, T.M., Weiss, S.M., Shields, J.L., Haynes, S.G. & Feinleib, M. (Eds.). (1978). *Coronary-Prone Behavior.* New York: Springer-Verlag.

Denny-Brown, D. & Yanagisawa, N. (1976). The role of the basal ganglia in the initiation of movements. In M.D. Yahr (Ed.), *The Basal Ganglia* (pp. 115-148). New York: Raven Press.

Denoth, F., Zappoli, R. & Wenegrat, B. (1986). Current methodological issues in ERP research: Some remarks and proposals. A review. In W.C. McCallum, R. Zappoli & F. Denoth (Eds.), *Cerebral Psychophysiology: Studies in Event-Related Potentials. Electroencephalography and Clinical Neurophysiology, Suppl. 38* (pp. 3-17). Amsterdam: Elsevier.

Desmedt, J.E. & Brunko, E. (1980). Functional organization of farfield and cortical components of somatosensory evoked potentials in normal adults. In J.E. Desmedt (Ed.), *Clinical Uses of Cerebral*

Brainstem and Spinal Somatosensory Evoked Potentials. Progress in Clinical Neurophysiology (Vol. 7, pp. 27-50). Basel: Karger.

DePascalis, V., Marucci, F.S. & Penna, P.M. (1989). 40-Hz EEG asymmetry during recall of emotional events in waking and hypnosis: Differences between low and high hypnotizables. *International Journal of Psychophysiology, 7,* 85-96.

Desmedt, J.E. & Robertson, D. (1977). Differential enhancement of early and late components of the cerebral somatosensory evoked potentials during forced-paced cognitive tasks in man. *Journal of Physiology, 271,* 761-782.

Deutsch, J.A. & Deutsch, D. (1963). Attention: Some theoretical considerations. *Psychological Review, 70,* 80-90.

Dichgans, J. (1982). Vorwort. In M. Stöhr, J. Dichgans, H.C. Diener & U.W. Buettner (Eds.), *Evozierte Potentiale* (S. V-VI). Berlin: Springer-Verlag.

Diekmann, V., Grözinger B., Kornhuber, H.H., Kriebel, J. & Bock, K.H. (1980). Evidence for the cerebral origin of the R-wave in the pig. In H.H. Kornhuber & L. Deecke (Eds.), *Motivation, Motor and Sensory Processes of the Brain: Electrical Potentials, Behaviour and Clinical Use. Progress in Brain Research* (Vol. 54, pp. 103-108). Amsterdam: Elsevier/North-Holland Biomedical Press.

Digital Signal Processing Committee (Ed.). (1979). *Programs for Digital Signal Processing.* New York: IEEE Press.

Dixon, N. (1981). *Preconscious Processing.* New York: Wiley & Sons.

Dolce, G. & Künkel, H. (Eds.). (1975). *CEAN's Computerized EEG Analysis.* Stuttgart: Fischer.

Donald, M.W. (1979). Limits on current theories of transient evoked potentials. In J.E. Desmedt (Ed.), *Cognitive Components in Cerebral Event-Related Potentials and Selective Attention. Progress in Clinical Neurophysiology* (Vol. 6, pp. 187-199). Basel: Karger.

Donchin, E. (1975). Brain electrical correlates of pattern recognition. In G. F. Inbar (Ed.), *Signal Analysis and Pattern Recognition in Biomedical Engineering* (pp. 199-218). New York: Wiley.

Donchin, E. (1979). Event-related brain potentials: A tool in the study of human imformation processing. In H. Begleiter (Ed.), *Evoked Potentials and Behaviour* (pp. 13-75). New York: Plenum Press.

Donchin, E. (1981). Surprise!...Surprise? *Psychophysiology, 18,* 493-513.

Donchin, E. & Heffley, E.F. (1978). Multivariate analysis of event-related potential data: A tutorial review. In D.A. Otto (Ed.), *Multidisciplinary Perspectives in Event-Related Brain Potential Research* (EPA-600/9-77-043) (pp. 555-572). Washington, DC: U.S. Environmental Protection Agency.

Donchin, E., Callaway, E., Cooper, R., Desmedt, J.E., Goff, W.R., Hillyard, S.A. & Sutton, S. (1977). Publication criteria for studies of evoked potentials (EP) in man. In J. Desmedt (Ed.), *Attention, Voluntary Contraction and Event-Related Cerebral Potentials. Progress in Clinical Neurophysiology* (Vol. 1, pp. 1-11). Basel: Karger.

Donchin, E., Ritter, W. & McCallum, W.C. (1978). Cognitive psychophysiology: The endogenous components of the ERP. In E. Callaway, P. Tueting & S.H. Koslow (Eds.), *Event-Related Brain Potentials in Man* (pp. 349-441). New York: Academic Press.

Donchin, E., Tueting, P., Ritter, W., Kutas, M. & Heffley, E.F. (1975). On the independence of the CNV and the P300 components of the human averaged evoked potential. *Electroencephalography and Clinical Neurophysiology, 38,* 449-461.

DuBois-Reymond, E. (1848-1884). *Untersuchungen über thierische Electricität.* Berlin: Raimer. [Zitiert nach Dichgans, 1982.]

Duffy, F.H. (1986). Topographic mapping of evoked potentials in learning-disabled children. In R.Q. Cracco & I. Bodis-Wollner (Eds.), *Evoked Potentials* (pp. 485-496). New York: Liss.

Düker, H. & Lienert, G.A. (1959). *Der Konzentrations-Leistungs-Test.* Göttingen: Hogrefe.

Duncan-Johnson, C.C. & Donchin, E. (1977). On quantifying surprise: The variation of event-related potentials with subjective probability. *Psychophysiology, 14,* 456-467.

Duncan-Johnson, C.C. & Donchin, E. (1979). The time constant in P300 recording. *Psychophysiology, 16,* 53-55.

Duncan-Johnson, C.C. & Donchin, E. (1982). The P300 component of the event-related brain potential as an index of information processing. *Biological Psychology, 14,* 1-52.

Eccles, J.C. (1951). Interpretation of action potentials evoked in the cerebral cortex. *Electroencephalography and Clinical Neurophysiology, 3,* 449-464.

Edelberg, R. (1972). Electrical activity of the skin: Its measurement and uses in psychophysiology. In N.S. Greenfield & R.A. Sternbach (Eds.), *Handbook of Psychophysiology* (pp. 367-418). New York: Holt, Rinehart & Winston.

Edwards, A.L. (1971). *Versuchsplanung in der Psychologischen Forschung*. Weinheim: Beltz.

Elbert, T. (1978). *Biofeedback langsamer kortikaler Potentiale*. München: Minerva.

Elbert, T. (1985). *Langsame Hirnpotentiale und Verhalten*. Habilitationsschrift, Eberhard-Karls-Universität, Tübingen.

Elbert, T. & Rockstroh, B. (1980). Some remarks on the development of a standardized time constant. *Psychophysiology, 17,* 504-505.

Elbert, T. & Rockstroh, B. (1987). Threshold regulation - A key to the understanding of the combined dynamics of EEG and event-related potentials. *Journal of Psychophysiology, 4,* 317-333.

Elbert, T., Rockstroh, B., Lutzenberger, W. & Birbaumer, N. (1982). Slow brain potentials after withdrawal of control. *Archiv für Psychiatrie und Nervenkrankheiten, 232,* 201-214.

Elbert, T., Rockstroh, B., Lutzenberger, W. & Birbaumer, N. (Eds.). (1984). *Self-Regulation of the Brain and Behavior*. Berlin: Springer-Verlag.

Elbert, T., Rockstroh, B., Lutzenberger, W. & Birbaumer, N. (1980). Biofeedback of slow cortical potentials. I. *Electroencephalography and Clinical Neurophysiology, 48,* 293-301.

Ellingson, R.J. (1956). Brain waves and problem of psychology. *Psychological Bulletin, 53,* 1-34.

Elton, M. (1984). A longitudinal investigation of event-related potentials in depression. *Biological Psychiatry, 19,* 1635-1649.

Elton, M., Scherg, M. & von Cramon, D. (1986). P3b latency dependencey on the timing of information delivery. In W.C. McCallum, R. Zappoli & F. Denoth (Eds.), *Cerebral Psychophysiology: Studies in Event-Related Potentials. Electroencephalography and Clinical Neurophysiology, Suppl. 38* (pp. 106-108). Amsterdam: Elsevier.

Ertl, J.P. & Schafer, E.W.P. (1969). Brain response correlates of psychometric intelligence. *Nature, 223,* 421-422.

Etlinger, S.C. (1984). Spontaneous DC-potential shifts: Scalp distributions and relationship to EEG-frequencies. *International Journal of Psychophysiology, 2,* 232.

Etlinger, S.C., Guttmann, G. & Bauer, H. (1986). Spontaneous cortical DC-potential shifts: Modulation stereotypy; relationship to higher EEG-frequencies. *International Journal of Psychophysiology, 4,* 121-128.

Euler von, C. (1950). Slow "temperature potentials" in the hypothalamus. *Journal of Cellular Comparative Physiology, 36,* 333-350.

Evans, C.C. (1953). Spontaneous excitation of the visual cortex and association areas - lambda waves. *Electroencephalography and Clinical Neurophysiology, 5,* 69-74.

Eysenck, H.J. (1967). *The Biological Basis of Personality.* Springfield: C.C. Thomas.

Eysenck, H.J. (1983). Psychophysiology and personality: Extraversion, neuroticism and psychoticism. In A. Gale & J.A. Edwards (Eds.), *Individual Differences and Psychopathology. Physiological Correlates of Human Behaviour* (Vol. III, pp. 13-30). London: Academic Press.

Eysenck, S.B.G. & Eysenck, H.J. (1977). The place of impulsiveness in a dimensional system of personality description. *British Journal of Social and Clinical Psychology, 16,* 57-68.

Fahrenberg, J. (1972). Psychophysiologie. In W. Arnold, H.J. Eysenck & R. Meili (Hrsg.), *Lexikon der Psychologie* (Bd. 3, S. 78-81). Basel: Herder.

Fahrenberg, J. (1987). Theory in psychophysiology: The multicomponent analysis of psychophysiological reactivity. *Journal of Psychophysiology, 1,* 9-11.

Fahrenberg, J. & Förster, F. (1982). Covariation and consistency of activation parameters. *Biological Psychology, 15,* 151-169.

Fahrenberg, J., Walschburger, P., Förster, F., Myrtek, M. & Müller, W. (1983). An evaluation of trait, state, and reaction aspects of activation processes. *Psychophysiology, 20,* 188-197.

Farah, M.J. & Peronnet, F. (1989a). Event-related potentials in the mental imagery. *Journal of Psychophysiology, 3,* 99-109.

Farah, M.J. & Peronnet, F. (1989b). Mental rotation: An event-related potential study with a validated mental rotation task. *Brain and Cognition, 9,* 279-288.

Finkenzeller, P. (1966). Gemittelte EEG-Potentiale bei olfactorischer Reizung. *Pflügers Archiv der gesamten Physiologie des Menschen und der Tiere, 292,* 76-80.

Fischer, G. & Roppert, J. (1965). Ein Verfahren der Transformationsanalyse faktorenanalytischer Ergebnisse. In J. Roppert & G. Fischer (Hrsg.), *Lineare Strukturen in Mathematik und Statistik unter besonderer Berücksichtigung der Faktoren- und Transformationsanalyse* (S. 1-15). Wien: Physica.

Fitzgerald, P.G. & Picton, T.W. (1981). Temporal and sequential probability in evoked potential studies. *Canadian Journal of Psychology, 35,* 188-200.

Ford, J.M. (1978). Does P300 reflect template match/mismatch? In D.A. Otto (Ed.), *Multidisciplinary Perspectives in Event-Related Brain Potential Research* (EPA-600/9-77-034) (pp. 181-183). Washington, DC: U.S. Enviromental Protection Agency.

Ford, J.M., Roth, W.T. & Kopell, B.S. (1976). Attention effects on auditory evoked potentials to infrequent events. *Biological Psychology, 7,* 65-77.

Formann, A.K. (1979). *Wiener Matrizen-Test.* In A.K. Formann & K. Piswanger (Eds.). Weinheim: Beltz.

Forssmann, W.G. & Heym, C. (1975). *Grundriß der Neuroanatomie.* Berlin: Springer-Verlag.

Fortgens, C. & DeBruin, M.P. (1983). Removal of eye movements and ECG artifacts from the non-cephalic reference EEG. *Electroencephalography and Clinical Neurophysiology, 56,* 90-96.

Fowles, D.C. (1974). Mechanisms of electrodermal activity. In R.F. Thompson & M.M. Patterson (Eds.), *Bioelectric Recording Techniques. Part C. Receptor and Effector Processes* (pp. 231-271). New York: Academic Press.

Fraisse, P. & Lavit, A. (1986). Auditory evoked potentials and the perception of rhythms. *International Journal of Psychophysiology, 4,* 85-89.

Freude, G. & Ullsperger, P. (1987a). Changes in Bereitschaftspotential during fatiguing and non-fatiguing hand movements. *European Journal of Applied Physiology, 56,* 105-108.

Freude, G. & Ullsperger, P. (1987b). Das Bereitschaftspotential (BP) -- Bewegungskorrelierte Änderungen in der bioelektrischen Hirnaktivität. *Psychiatrie, Neurologie und medizinische Psychologie, 39,* 449-459.

Freude, G. & Ullsperger, P. (1989). The Bereitschaftspotential in a single trial analysis. *Journal of Psychophysiology, 3,* 302-305.

Freude, G., Ullsperger, P., Krüger, H. & Pietschmann, M. (1988). The Bereitschaftspotential in preparation to mental activities. *International Journal of Psychophysiology, 6,* 291-197.

Friedman, D. (1978). The late positive component and orienting behavior. In D.A. Otto (Ed.), *Multidisciplinary Perspectives in Event-Related Brain Potential Research* (EPA-600/9-77-043) (pp. 178-180). Washington, DC: U.S. Environmental Protection Agency.

Friedman, D. (1984). P300 and slow wave: The effects of reaction time quartile. *Biological Psychology, 18,* 49-71.

Friedman, D., Vaughan, H.G. & Erlenmeyer-Kimling, L. (1981). Multiple late positive potentials in two visual discrimination tasks. *Psychophysiology, 18,* 633-649.

Friedman, M. & Rosenman, R.H. (1959). Association of specific overt behavior pattern with blood and cardiovascular findings. *Journal of the American Medical Association, 169,* 1286-1296.

Fromm, G.H. & Bond, H.W. (1967). The relationship between neuron activity and cortical steady potentials. *Electroencephalography and Clinical Neurophysiology, 22,* 159-166.

Frost, B.G., Neill, R.A. & Fenelon, B. (1988). The determinants of the non-motoric CNV in a complex, variable foreperiod, information processing paradigm. *Biological Psychology, 27,* 1-21.

Frowein, H.W., Gaillard, A.W.K. & Varey, C.A. (1981). EP components, visual processing stages, and the effect of a barbiturate. *Biological Psychology, 13,* 239-249.

Fuster, J.M. (1980). *The Prefrontal Cortex. Anatomy, Physiology, and Neuropsychology of the Frontal Lobe.* New York: Raven Press.

Gaillard, A. (1978). *Slow Brain Potentials Preceding Task Performance.* Amsterdam: Academische Pers B.V.

Gaillard, A.W.K. (1988). Problems and paradigms in ERP research. *Biological Psychology, 26,* 91-109.

Gaillard, A.W.K. & Näätänen, R. (1976). Effects of warning-signal modality on the contingent negative variation (CNV). *Biological Psychology, 4,* 139-154.

Gale, A. & Edwards, J. (1983). Cortical correlates of intelligence. In A. Gale & J.A. Edwards (Eds.), *Physiological Correlates of Human Behaviour. Individual Differences and Psychopathology* (Vol. 3, pp. 79-97). London: Academic Press.

Ganglberger, J.A., Groll-Knapp, E., Haider, M., Schmid, H. & Trimmel, M. (1983). Event-related slow potentials and limbic system. In F. Denoth (Ed.), *Preliminary Poster Reports of the Seventh International Conference on Event Related Potentials of the Brain (EPIC VII)* (pp. 177-178). Firenze: University of Firenze.

Ganglberger, J.A., Haider, M., Schmid, H., Knapp, E. & McManemin, J. (1980). The influence of trans- and percutaneous electrical nerve stimulation on somatosensory evoked potentials (SEPs) in man. In C. Barber (Ed.), *Evoked Potentials* (pp. 423-428). Lancaster: MTP Press Limited.

Garner, W.R. (1974). *The Processing of Information and Structure.* Potomac Wash: Lawrence and Erlbaum Associates.

Gasser, T., Sroka, L. & Möcks, J. (1985). The transfer of EOG activity into the EEG for eyes open and closed. *Electroencephalography and Clinical Neurophysiology, 61,* 181-193.

Geddes, L.A. (1972). *Electrodes and the Measurement of Bioelectric Events.* New York: Wiley & Sons.

Gerbrandt, L.K. (1977). Analysis of movement potential components. In J.E. Desmedt (Ed.), *Attention, Voluntary Contraction and Event-Related Cerebral Potentials. Progress in Clinical Neurophysiology* (Vol. 1, pp. 174-188). Basel: Karger.

Gerbrandt, L.K. & Fowler, J.R. (1980). Arousal-related sustained potentials in neocortex and hippocampus of rats. In H.H. Kornhuber & L. Deecke (Eds.), *Motivation, Motor and Sensory Processes of the Brain: Electrical Potentials, Behaviour and Clinical Use. Progress in Brain Research* (Vol. 54, pp. 109-116). Amsterdam: Elsevier/North-Holland Biomedical Press.

Gerbrandt, L.K., Goff, W.R. & Smith, D.B. (1973). Distribution of the human average movement potential. *Electroencephalography and Clinical Neurophysiology, 20,* 421-438.

Gersuni, G.V. (1971). Temporal organization of the auditory function. In G.V. Gersuni (Ed.), *Sensory Processes at the Neuronal and Behavioral Levels* (pp. 85-114). New York: Academic Press.

Gerth, D. & Thiele, B. (1987). Biologische Artefakte im EEG von Neurosepatienten. *Zeitschrift für Elektroenzephalographie, Elektromyographie und verwandte Gebiete, 18,* 127-130.

Gerull, G., Giesen, M. & Mrowinski, D. (1975). Registrierung olfaktorisch evozierter Potentiale für die klinische Diagnostik. *Zeitschrift für Elektroenzephalographie, Elektromyographie und verwandte Gebiete, 6,* 37-40.

Gerull, G., Mrowinski, D. & Schilling, V. (1984). Objektive Gustometrie mit adäquaten Reizen durch Registrierung der Contingent Negative Variation. *Zeitschrift für Elektroenzephalographie, Elektromyographie und verwandte Gebiete, 15,* 121-126.

Giannitrapani, D. (1969). EEG average frequency and intelligence. *Electroencephalography and Clinical Neurophysiology, 27,* 480-486.

Gibbson, W.P.R. (1980). The auditory evoked potentials. In C. Barber (Ed.), *Evoked Potentials* (pp. 43-54). Lancaster: MTP Press Limited.

Girton, D.G. & Kamiya, J. (1974). A very stable electrode system for recording human scalp potentials with direct-coupled amplifiers. *Electroencephalography and Clinical Neurophysiology, 37,* 85-88.

Girton, D.G., Benson, K.L. & Kamiya, J. (1973). Observation of very slow potential oscillations in human scalp recordings. *Electroencephalography and Clinical Neurophysiology, 35,* 561-568.

Glanzmann, P. & Fröhlich, W.D. (1984). Anxiety, stress and contingent negative variation reconsidered. In R. Karrer, J. Cohen & P. Tueting (Eds.), *Brain and Information, Event-Related Potentials. Annals of the New York Academy of Sciences* (Vol. 425, pp. 578-584). New York: The New York Academy of Sciences.

Glaser, E.M. & Ruchkin, D.S. (1976). *Principles of Neurobiological Signal Analysis.* New York: Academic Press.

Goff, G.D., Matsumiya, Y., Allison, T. & Goff, W.R. (1977). The scalp topography of human somatosensory and auditory evoked Potentials. *Electroencephalography and Clinical Neurophysiology, 42,* 57-76.

Goff, W.R., Allison, T. & Vaughan, H.G. (1978). The functional neuroanatomy of event related potentials. In E. Callaway, P. Tueting & S.H. Koslow (Eds.), *Event-Related Brain Potentials in Man* (pp. 1-79). New York: Academic Press.

Goff, W.R., Matsumiya, Y., Allison, T. & Goff, G.D. (1969). Crossmodality comparison of averaged evoked potentials. In E. Donchin & D.B. Lindsley (Eds.), *Averaged Evoked Potentials. Methods, Results, and Evaluations* (NASA SP-191) (pp. 95-141). Washington DC: U.S. Government Printing Office.

Goff, W.R., Williamson, P.D., van Gilder, J.C., Allison, T. & Fisher, T.C. (1979). Neural origins of long latency evoked potentials recorded from the depth and cortical surface of the brain in man. In J.E. Desmedt (Ed.), *Clincal Use of Cerebral, Brainstem and Somatosensory EPs. Progress in Clincal Neurophysiology* (Vol. 7, pp. 126-145). Basel: Karger.

Goldfried, M.R. & Merbaum, M. (Eds.). (1973). *Behavior Change through Self-Control.* New York: Holt, Rinehart and Winston.

Goldring, S. & O'Leary, J.L. (1951). Experimentally derived correlates between ECG and steady cortical potential. *Journal of Neurophysiology, 3,* 231-236.

Goldring, S., O'Leary, J.L. & King, R.B. (1958). Singly and repetitively evoked potentials in human cerebral cortex with D.C. changes. *Electroencephalography and Clinical Neurophysiology, 10,* 233-240.

Goodin, D.S., Squires, K.C., Henderson, B.H. & Starr, A. (1978). Age-related variations in evoked potentials to auditory stimuli in normal human subjects. *Electroencephalography and Clinical Neurophysiology, 44,* 447-458.

Goodman, D. & Mulholland, T. (1988). Detection of cerebral lateralization of function using EEG alpha-contingent visual stimulation II. *International Journal of Psychophysiology, 6,* 255-261.

Goodman, D.M., Beatty, J. & Mulholland, T.B. (1980). Detection of cerebral lateralization of function using EEG alpha-contingent visual stimulation. *Electroencephalography and Clinical Neurophysiology, 48,* 418-431.

Grandjean, E. (1979). *Physiologische Arbeitsgestaltung.* Thun: Ott.

Gratton, G., Coles, M.G.H. & Donchin, E. (1983). A new method for off-line removal of ocular artifact. *Electroencephalography and Clinical Neurophysiology, 55,* 468-484.

Gray, J.A. (1983). Anxiety, personality and the brain. In A. Gale & J.A. Edwards (Eds.), *Individual Differences and Psychopathology. Physiological Correlates of Human Behaviour* (Vol. 3, pp. 31-43). London: Academic Press.

Groll, E. (1963). *Experimentelle Untersuchungen über Zusammenhänge zwischen Aufmerksamkeit, Vigilanzleistung und Aktivierungsvorgängen.* Dissertation, Universität Wien.

Groll, E. (1966). Zentralnervöse und periphere Aktivierungsvariable bei Vigilanzleistungen. *Zeitschrift für Experimentelle und Angewandte Psychologie, 13,* 248-264.

Groll-Knapp, E. & Trimmel, M. (1988). N100 amplitude and latency of evoked potentials are not independent. *Journal of Psychophysiology, 2,* 134-135.

Groll-Knapp, E., Aumüller, I., Wurst, E., Tatzer, E. & Trimmel, M. (1986). ERP and slow potential shifts before and during a visual discrimination task in normal and dyslexic 7-9 years old children. *International Journal of Psychophysiology, 4,* 246.

Groll-Knapp, E., Aumüller, I., Wurst, E., Trimmel, M. (1987). ERP's and pre-signal activity in dyslexics: Visual discrimination advances in psychology. *Neuroscience, Suppl. 22,* 761.

Groll-Knapp, E., Ganglberger, J.A. & Haider, M. (1977). Voluntary movement-related slow potentials in cortex and thalamus in man. In J.E. Desmedt (Ed.), *Attention, Voluntary Contraction and Event-related Cerebral Potentials. Progress in Clinical Neurophysiology* (Vol. 1, pp. 164-173). Basel: Karger.

Groll-Knapp, E., Haider, M., Höller, H. Jenkner, H. & Stidl, H.G. (1978). Neuro- and psychophysiological effects of moderate carbon monoxide exposure. In D.A. Otto (Ed.), *Multidisciplinary Perspectives in Event-Related Brain. Potential Research* (EPA-600/9-77-043) (pp. 424-430). Washington, DC: U.S. Environmental Protection Agency.

Groll-Knapp, E., Haider, M., Jenkner, H., Liebich, H., Neuberger, M. & Trimmel, M. (1982). Moderate carbon monoxide exposure during sleep: Neuro- and psychophysiological effects in young and elderly people. *Neurobehavioral Toxicology and Teratology, 4,* 709-716.

Groll-Knapp, E., Haider, M., Kienzl, K., Handler, A. & Trimmel, M. (1988). Changes in discrimination learning and brain activity (ERP's) due to combined exposure to NO and CO in rats. *Toxicology, 49,* 441-447.

Groll-Knapp, E., Haider, M., Kienzl, K., Stidl, H.G., Trimmel, M. & Zimmermann-Urbanke, B. (1987). Effects of combined NO and CO exposure on CNS activity and behavior in rats. In A. Okada & O. Manninen (Eds.), *Recent Advances in Researches on the Combined Effects of Environmental Factors* (pp. 504-524). Kanazawa, Japan: Kyoei.

Groll-Knapp, E., Schmid, H., Ganglberger, J.A. & Haider, M. (1981). Involvement of subcortical structures in orienting potentials. *Electroencephalography and Clinical Neurophysiology, 52,* 4P-5P.

Groll-Knapp, E., Wagner, H., Hauck, H. & Haider, M. (1972). Auswirkung niedriger Kohlenmonoxidkonzentration auf Vigilanz und computeranalysierte Hirnpotentiale. *Staub-Reinhalte Luft, 32,* 185-188.

Groll-Knapp, E., Wurst, E., Aumüller, I., & Trimmel, M. (1984). Zentralnervöse Verarbeitungsmuster bei legasthenischen Kindern während visueller Diskriminationsleistungen. In B. Rollett & M. Jirasko (Hrsg.), *Innovation in der Psychologischen Forschung. Abstractband, 34. Kongreß der DGfP* (S. 66). Wien: Institut für Psychologie der Universität Wien.

Groll-Knapp, E., Wurst, E., Aumüller, I., Tatzer, E. & Trimmel, M. (1984). Zentralnervöse Verarbeitungsmuster bei legasthenischen Kindern während visueller Diskriminationsleistungen. In D. Albert (Hrsg.), *Bericht über den 34. Kongreß der Deutschen Gesellschaft für Psychologie in Wien 1984* (S. 534-537). Göttingen: Hogrefe.

Groll-Knapp, E., Wurst, E., Wess, M. & Trimmel, M. (1988). Neuropsychological aspects in spelling disability. In T. Radil & Z. Bohdanecky (Eds.), *Psychophysiology 88. Proceedings of the Fourth Conference of the International Organization of Psychophysiology* (p. 101). Prag: Czechoslovak Academy of Sciences.

Grossman. S.P. (1967). *A Textboock of Physiological Psychology.* New York: Wiley & Sons.

Grözinger, B., Kornhuber, H.H. & Kriebel, J. (1976). EEG investigation of hemispheric asymmetries preceding speech: The R-wave. In W.C. McCallum & J.R. Knott (Eds.), *The Responsive Brain* (pp. 103-107). Bristol: John Wright and Sons.

Grözinger, B., Kornhuber, H.H., Kriebel, J. & Murata, K. (1972). Menschliche Hirnpotentiale vor dem Sprechen. *Pflügers Archiv der gesamten Physiologie, Suppl. 332,* R100.

Grözinger, B., Kornhuber, H.H., Kriebel, J., Szirtes, J. & Westphal, K.T.P. (1980). The Bereitschaftspotential preceding the act of speaking. Also an analysis of artifacts. In H.H. Kornhuber & L. Deecke (Eds.), *Motivation, Motor and Sensory Processes of the Brain: Electrical Potentials, Behaviour and Clinical Use Progress in Brain Research* (Vol. 54, pp. 798-804). Amsterdam: Elsevier/North-Holland Biomedical Press.

Grünberger, J., Linzmayer, L. & Saletu, B. (1987). Assessment of autonomic activation in alcoholics by computer-assisted pupillometry. *Journal of Psychophysiology, 1,* 290-291.

Grünewald, G. & Grünewald-Zuberbier, E. (1983). Cerebral potentials during voluntary ramp movements in aiming tasks. In: A.W.K. Gaillard & W. Ritter (Eds.), *Tutorial in ERP Research: Endogenous Components. Advances in Psychology* (Vol. 10, pp. 311-327). Amsterdam: North-Holland.

Grünewald, G., Grünewald-Zuberbier, E., Hömberg, V. & Netz, J. (1979). Cerebral potentials during smooth goal-directed hand movements in right-handed and left-handed subjects. *Pflügers Archiv der gesamten Physiologie, 381,* 39-46.

Grünewald, G., Grünewald-Zuberbier, E., Netz, J., Hömberg, V. & Sander, G. (1979). Relationship between the late component of the contingent negative variation and the Bereitschaftspotential. *Electroencephalography and Clinical Neurophysiology, 46,* 583-545.

Grünewald-Zuberbier, E., Grünewald, G. & Jung, R. (1978). Slow potentials of the human precentral and parietal cortex during goal-directed movements (Zielbewegungspotentiale). *Journal of Physiology, 284,* 181-182.

Grünewald-Zuberbier, E., Grünewald, G., Runge, H., Netz, J. & Hömberg, V. (1981). Cerebral potentials during skilled slow positioning movements. *Biological Psychology, 13,* 71-87.

Grünewald-Zuberbier, E., Grünewald, G., Schuhmacher, H. & Wehler, A. (1980). Scalp recorded slow potential shifts during isometric ramp and hold contractions in human subjects. *Pflügers Archiv der gesamten Physiologie, 389,* 55-60.

Gruzelier, J.H. (1984). Hemispheric imbalance in schizophrenia. *International Journal of Psychophysiology, 1,* 227-240.

Gruzelier, J.H., Brown, T., Perry, A., Rhonder, J. & Thomas, M. (1984). Hypnotic susceptibility: A lateral preposition and altered cerebral asymmetry under hypnosis. *International Journal of Psychophysiology, 2,* 131-139.

Gumnit, R. (1960). D.C. Potential changes from auditory cortex of cat. *Journal Neurophysiology, 23,* 667-675.

Gumnit, R. (1974). Recording techniques. In A. Rémond (Ed.), *Handbook of Electroencephalography and Clinical Neurophysiology.* In C.A. Marsan (Ed.), *Volume 10, Direct Cortical Depth Evaluation of the Brain.* In H. Caspers (Ed.), *Part A, DC Potentials Recorded Directly from the Cortex* (pp. 10A-7-10A-11). Amsterdam: Elsevier.

Gumnit, R.J. & Grossman, R.G. (1961). Potentials evoked by sound in the auditory cortex of the cat. *American Journal of Physiology, 200,* 1219-1225.

Guttmann, G. (1967a). Die Quantifizierung von Ordnungstendenzen im Frequenzverlauf der hirnelektrischen Ruheaktivität. In F. Merz (Hrsg.), *Bericht über den 25. Kongreß der Deutschen Gesellschaft für Psychologie* (S. 554-557). Göttingen: Hogrefe.

Guttmann, G. (1967b). Die Periodizitäten im Frequenzverlauf der hirnelektrischen Ruheaktivität. *Zeitschrift für Experimentelle und Angewandte Psychologie, 14,* 394-406.

Guttmann, G. (1968a). Analysis of frequency stability of the alpha rhythm based on information theory. *Electroencephalography and Clinical Neurophysiology, 24,* 390.

Guttmann, G. (1968b). Hirnelektrische Korrelate einfacher Wahrnehmungen. Das akustisch evozierte Potential als Abbild psychischer Prozesse. *Studia Psychologica, 10,* 200-213.

Guttmann, G. (1972). *Einführung in die Neuropsychologie.* Bern: Huber.

Guttmann, G. (1982a). Ergopsychometry. Testing under physical or psychological load. *The German Journal of Psychology, 6,* 141-144.

Guttmann, G. (1982b). *Lehrbuch der Neuropsychologie.* Bern: Huber.

Guttmann, G. (1984a). Cortical DC-potentials: Their significance for capability and the enhancement of DC-shifts. *International Journal of Psychophysiology, 2,* 231-232.

Guttmann, G. (1984b). Langsame kortikale Potentialänderungen und Leistung. In D. Albert (Hrsg.), *Bericht über den 34. Kongreß der Deutschen Gesellschaft für Psychologie in Wien 1984* (S. 522-525). Göttingen: Hogrefe.

Guttmann, G. & Bauer, H. (1982). Learning and information processing in dependence on cortical DC-potentials. In R. Sinz & M.R. Rosenzweig (Eds.), *Psychophysiology 1980* (pp. 141-149). Jena/Amsterdam: VEB Gustav Fischer/Elsevier Biomedical Press.

Guttmann, G. & Bauer, H. (1984). The brain-trigger design: A powerful tool to investigate brain behavior relations. In R. Karrer, J. Cohen & P. Tueting (Eds.), *Brain and Information: Event-related Potentials. Annals of the New York Academy of Sciences* (Vol. 425, pp. 671-675). New York: The New York Academy of Sciences.

Guttmann, G. & Steinringer, H. (1969). Einrichtungen zur Messung und Analyse von bioelektrischen Prozessen. In W. Schönpflug (Hrsg.), *Methoden der Aktivierungsforschung* (S. 289-328). Bern: Huber.

Guttmann, G., Bauer, H. & Deutsch, W.A. (1984). *Langsame Hirnpotentiale und Musikerleben.* Vortrag am Herbert von Karajan-Symposium, Wien.

Guttmann, G., Bauer, H. & Trimmel, M. (1981). A computer-supported psychological and physiological test-battery for aircraft-pilot selection. In K. Brändli (Ed.), *Aviation Psychologigical Research. Reports of the 14th Conference for Aviation Psychology* (pp. 49-69). Switzerland: WEAAP.

Guttmann, G., Bauer, H. & Trimmel, M. (1982). Ergopsychometry - testing under physiological or psychological load. In W.T. Singleton (Ed.), *Abstracts of the 20th International Congress of Applied Psychology* (p. 342). Birmingham: University of Aston.

Guttmann, G., Bauer, H. & Trimmel, M. (1984). Ergopsychometry: Testing under load. A computer - assisted testbattery for aircraft pilot selection. In The Military Testing Association (Ed.), *Proceedings of the 26th Annual Conference of the Military Testing association* (BMVg P II 4) (pp. 687-692). München: Psychological Service Federal Armed Forces.

Hacke, W. (1985). Visuell evozierte Potentiale unter testtheoretischen Aspekten. *Zeitschrift für Elektroenzephalographie, Elektromyographie und verwandte Gebiete, 16,* 158-161.

Haider, M. (1962). *Ermüdung, Beanspruchung und Leistung*. Wien: Deuticke.

Haider, M. (1965). Corticale evozierte Potentiale, Vigilanz und Daueraufmerksamkeit. In H. Heckhausen (Hrsg.), *Bericht über den 24. Kongreß der Deutschen Gesellschaft für Psychologie* (S. 255-260). Göttingen: Hogrefe.

Haider, M. (1967). Vigilance, attention, expectation and cortical evoked potentials. *Acta Psychologica, 27*, 245-252.

Haider, M. (1969). Elektrophysiologische Indikatoren der Aktiviertheit. In W. Schönpflug (Hrsg.), *Methoden der Aktivierungsforschung* (S. 125-156). Bern: Huber.

Haider, M. (1970). Neuropsychology of attention, expectation, and vigilance. In D.I. Mostofsky (Ed.), *Attention: Contemporary Theory and Analysis* (pp. 419-432). New York: Appleton-Century-Crofts.

Haider, M. & Groll-Knapp, E. (1971). Psychophysiologische Untersuchungen über die Belastung des Musikers in einem Symphonieorchester. In M. Piperek (Hrsg.), *Stress und Kunst* (S. 15-37). Wien: Braumüller.

Haider, M., Ganglberger, J.A. & Groll-Knapp, E. (1968). Computer analyzed thalamic potentials and their relationship to expectancy waves in man. *Acta Neurology Latin America, 14,* 132-137.

Haider, M., Groll, E. & Studynka, G. (1968). Orientierungs- und Bereitschaftspotential bei unerwarteten Reizen. *Experimental Brain Research, 5,* 45-54.

Haider, M., Groll-Knapp, E. & Ganglberger, J.A. (1981). Event-related slow (DC) potentials in the human brain. *Review Physiology Biochemical Pharmacology, 88,* 125-197.

Haider, M., Groll-Knapp, E. & Trimmel, M. (1984). Combined effects of noise and carbon monoxide. In O. Manninen (Ed.), *Proceedings of the 1st International Conference on the Combined Effects of Environmental Factors, Tampere, Finland* (pp. 387-394). Kekuspaino: Central Printing House.

Haider, M., Groll-Knapp, E. & Trimmel, M. (in Druck). Cortical DC-shifts related to sustained sensory stimulation and motor activity. In L. Deecke & H.H. Kornhuber (Eds.), *From Neuron to Action.*

Haider, M., Groll-Knapp, E., Koller, M. & Trimmel, M. (1982). Neuere psycho- und elektrophysiologische Untersuchungen über Auswirkungen von Lärm auf den Menschen. In Österreichischer Arbeitsring für Lärmbekämpfung (Hrsg.), *XII. AICB-Kongreß 1982: Erfolge und Prognosen der Lärmbekämpfung* (S. 29-32). Wien: Bohmann.

Haider, M., Haslberger, A., Groll-Knapp, E. & Trimmel, M. (1982). *Information-related cortical DC-shifts in the rat.* Paper presented at the XXIVth Alpine EEG Meeting, St. Moritz, February 1st-9th.

Haider, M., Spong, P. & Lindsley, D.B. (1964). Attention, vigilance, and cortical evoked-potentials in humans. *Science, 145,* 180-182.

Halgren, E., Stapleton, J.M., Smith, M. & Altafullah, I. (1986). Generators of the human scalp P3(s). In R.Q. Cracco & I. Bodis-Wollner (Eds.), *Evoked Potentials.* New York: Liss.

Hansen, J.C. & Hillyard, S.A. (1980). Endogenous brain potentials associated with selective auditory attention. *Electroencephalography and Clinical Neurophysiology, 49,* 277-290.

Harris, J.P., Makepeace, A.P.W. & Troscianko, T.S. (1987). Cathode ray tube displays in psychophysiological research. *Journal of Psychophysiology, 4,* 413-429.

Haschke, R., Dormann, W.-U., Schwind, J. & Haschke, W. (1987). ERP Analysis of reafferent information processing during the performance of an arithmetical task. *International Journal of Psychophysiology, 5,* 25-31.

Hasenfratz, M., Michel, C., Nil, R. & Bättig, K. (1988). Effects of smoking and noise on information processing: Electrocortical and psychophysiological concomitants. *Journal of Psychophysiology, 2,* 136.

Haslberger, A. (1982). *Aktivierungsbedingte DC-shifts vom Rattenkortex und Verhaltensaspekte bei Lärm und Signalreizen.* Dissertation, Universität Wien.

Hassler, R. (1980). Brain Mechanisms of intention and attention with introductory remarks to other volitional processes. In H.H. Kornhuber & L. Deecke (Eds.), *Motivation, Motor and Sensory Processes of the Brain: Electrical Potentials, Behaviour and Clinical Use. Progress in Brain Research* (Vol. 54, pp. 585-614). Amsterdam: Elevier/North-Holland Biomedical Press.

Hebb, D.O. (1949). *The Organization of Behavior. A Neuropsychological Theory.* New York: Wiley.

Hegerl, U., Klotz, S. & Ulrich, G. (1985). Späte akustisch evozierte Potentiale -- Einfluß von Alter, Geschlecht und unterschiedlichen Untersuchungsbedingungen. *Zeitschrift für Elektroenzephalographie, Elektromyographie und verwandte Gebiete, 16,* 171-178.

Heilman, K.M. & van den Abell, T. (1979). Right hemisphere dominance for mediating cerebral activation. *Neuropsychologia, 17,* 315-321.

Heilman, K.M. & van den Abell, T. (1980). Right hemisphere dominance for attention: The mechanism underlying hemispheric asymmetries of inattention (neglect). *Neurology, 30,* 327-330.

Heinze, H.J., Münthe, T.F., Künkel, H. & Diekmann, K. (1985). Methodische Aspekte bei der Analyse von Pharmakaeffekten (Diazepam und Koffein) auf die Contingent Negative Variation. *Zeitschrift für Elektroenzephalographie, Elektromyographie und verwandte Gebiete, 16,* 69-74.

Helson, H. (1964). *Adaptation-Level Theory. An Experimental and Systematic Approach to Behavior.* New York: Harper and Row.

Hendrickson, D.E. & Hendrickson, A.E. (1980). The biological basis of individual differences in intelligence. *Personality and Individual Differences, 1,* 3-33.

Hillyard, S.A. (1973). The CNV and human behavior: A review. In W.C. McCallum & J.R. Knott (Eds.), *Event-Related Slow Potentials of the Brain: Their Relations to Behavior. Electroencephalography and Clinical Neurophysiology, Suppl. 33,* 161-171.

Hillyard, S.A. (1974). Methodological issues in CNV research. In R.F. Thompson & M.M. Patterson (Eds.), *Bioelectric Recording Techniques. Part B. Electroencephalography and Human Brain Potentials* (pp. 281-304). New York: Academic Press.

Hillyard, S.A. & Galambos, R. (1967). Effects of stimulus and response contingencies on a surface negative slow potential shift in man. *Electroencephalography and Clinical Neurophysiology, 22,* 297-304.

Hillyard, S.A. & Galambos, R. (1970). Eye movement artifact in the CNV. *Electroencephalography and Clinical Neurophysiology, 28,* 173.

Hillyard, S.A. & Picton, T.W. (1978). ON and OFF components in the auditory evoked potential. *Perception and Psychophysics, 24,* 391-398.

Hillyard, S.A. & Picton, T.W. (1979). Event-related brain potentials and selective information processing in man. In J.E. Desmedt (Ed.), *Cognitive Components in Cerebral Event-Related Potentials and Selective Attention. Progress in Clinical Neurophysiology* (Vol. 6, pp. 1-52). Basel: Karger.

Hillyard, S.A., Courchesne, E., Krausz, H.I. & Picton, T.W. (1976). Scalp topography of the "P3" wave in different auditory decision tasks. In W.C. McCallum & J.R. Knott (Eds.), *The Responsive Brain* (pp. 201-204). Bristol: John Wright and Sons.

Hillyard, S.A., Hink, R.F., Schwent, V.L. & Picton, T.W. (1973). Electrical signs of selective attention in the human brain. *Science, 128*, 177-180.

Hillyard, S.A., Picton, T.W. & Regan, D. (1978). Sensation, perception and attention: Analysis using ERPs. In E. Callaway, P. Tueting & S.H. Koslow (Eds.), *Event-Related Brain Potentials in Man* (pp. 223-347). New York: Academic Press.

Hinger, A. (1976). *Elektroenzephalogramm und Lernleistung.* Dissertation, Universität Wien.

Hink, R., Kohler, H., Deecke, L. & Kornhuber, H.H. (1982). Risk taking and the human Bereitschaftspotential. *Electroencephalography and Clinical Neurophysiology, 53*, 361-373.

Homan, R.W., Herman, J. & Purdy, P. (1987). Cerebral location of international 10-20 system electrode placement. *Electroencephalography and Clinical Neurophysiology, 66*, 376-382.

Hömberg, V., Grünewald, G. & Grünewald-Zuberbier, E. (1980). The incentive value of stimuli and the P300 component of the cerebral evoked potentials. In H.H. Kornhuber & L. Deecke (Eds.), *Motivation, Motor and Sensory Processes of the Brain: Electrical Potentials, Behaviour and Clinical Use Progress in Brain Research* (Vol. 54, pp. 629-633). Amsterdam: Elsevier/North-Holland Biomedical Press.

Hornykiewicz, O. (1986). Brain noradrenalin and schizophrenia. *Progress in Brain Research, 65*, 29-39.

Howard, R.C., Fenton, G.W. & Fenwick, P.B.C. (1982). Event-related brain potentials in personality and psychopathology: A pavlovian approach. *Letchworth: Research Studies.* New York: Wiley.

Huber, H.P. (1977). Biofeedback. In T. Herrmann, P.R. Hofstätter, H.P. Huber & F.E. Weiner (Hrsg.), *Handbuch psychologischer Grundbegriffe* (S. 86-91). München: Kösel-Verlag.

Huber, H.P., Roth, R. & Gramer, M. (1987). Persönlichkeitspsychologische Aspekte der Zeitschätzung. In E. Raab & G. Schulter (Hrsg.), *Perspektiven Psychologischer Forschung. Beiträge zu Methodik, Persönlichkeitsforschung und Angewandter Psychologie* (S. 97-105). Wien: Deuticke.

Hull, C.L. (1943). *Principles of Behavior.* New York: Appleton-Century-Crofts.

Hume, W.I. (1979). *Biofeedback.* Bern: Huber.

Inouye, T., Sumitsuji, N. & Matsumoto, K. (1980). EEG changes induced by light stimuli modulated with the subject's alpha rhythm. *Electroencephalography and Clinical Neurophysiology, 49,* 135-142.

Irwin, D.A., Kakolewski, J.W., Criswell, H.E. & Popov, A. (1975). An injury-induced diffuse slow potential from brain. *Electroencephalography and Clinical Neurophysiology, 38,* 367-377.

Irwin, D.A., Knott, J.R., McAdam, D.W & Rebert, C.S. (1966). Motivational determinants of the "contingent negative variation". *Electroencephalography and Clinical Neurophysiology, 21,* 538-543.

Irwin, P. (1982). Spectral difference index: A single EEG measure of drug effect. *Electroencephalography and Clinical Neurophysiology, 54,* 342-346.

Ivanitsky, A.M., Kurnitskaya, I.V. & Sobotka, S. (1986). Cortical topography of event-related potentials to winning and losing in a video tennis game. *International Journal of Psychophysiology, 4,* 149-155.

Jaeger, D., Elbert, T., Lutzenberger, W. & Birbaumer, N. (1987). The effects of externally applied transcephalic weak direct currents on lateralization in choice reaction tasks. *Journal of Psychophysiology, 1,* 127-133.

Jährvilehto, T. & Fruhstorfer, H. (1973). Is the sound-evoked DC potential a contingent negative variation? In W.C. McCallum & J.R. Knott (Eds.), *Event-Related Slow Potentials of the Brain: Their Relations to Behavior. Electroencephalography and Clinical Neurophysiology, Suppl. 33* (pp. 105-108). Amsterdam: Elsevier.

James, W. (1892). *The Priciples of Psychology.* New York: Dover.

Janke, W. (1974). Psychophysiologische Grundlagen des Verhaltens. In M.V. Kerekjarto (Hrsg.), *Medizinische Psychologie.* Berlin: Springer-Verlag.

Janz, G.J. & Taniguchi, H. (1953). The silver-silver halide electrodes. Preparation, stability, reproducibility and standard potentials in aques and non-aqueous media. *Chemical Reviews, 53,* 397-437.

Jasper, H.H. (1958). The ten-twenty electrode system of the International Federation. *Electroencephalography and Clinical Neurophysiology, 10,* 371-375.

Jewett, D.L. (1969). Averaged volume-conducted potentials to auditory stimuli in the cat. *Physiologist, 12,* 262.

Jewett, D.L. (1970). Volume conducted potentials in response to auditory stimuli as detected by averaging in the cat. *Electroencephalography and Clinical Neurophysiology, 28,* 609-618.

Jewett, D.L., Romano, M. & Williston, J. (1970). Human auditory evoked potentials: Possible brainstem components detected on the scalp. *Science, 167,* 1517-1518.

John, E.R. (1976). A model of consciousness. In G.E. Schwartz & D. Shapiro (Eds.), *Consciousness and Selfregulation: Advances in Research* (Vol. I, pp. 1-50). New York: Plenum Press.

John, E.R., Ruchkin, D.S. & Vidal, J.J. (1978). Measurement of event-related potentials. In E. Callaway, P. Tueting & S.H. Koslow (Eds.), *Event-Related Brain Potentials in Man* (pp. 93-154). New York: Academic Press.

Johnson, L.C. (1980). Recording and analysis of brain activity. In I. Martin & P. Venables (Eds.), *Techniques in Psychophysiology* (pp. 329-357). Chichester: John Wiley & Sons.

Jörg, J. (1983). *Praktische SEP-Diagnostik.* Stuttgart: Enke.

Jörg, J. (1984). SEP in der neurologischen Diagnostik und ihren Grenzgebieten (Neurochirurgie und Orthopädie). In J. Jörg & H. Hielscher (Hrsg.), *Evozierte Potentiale (VEP, SEP, AEP) in Klinik und Praxis. Eine Einführung* (pp. 106-150). Berlin: Springer-Verlag.

Jörg, J. (1985). SEP - Diagnostik in der Neurologie. In J. Schramm (Hrsg.), *Evozierte Potentiale in der Praxis* (pp. 33-96). Berlin: Springer-Verlag.

Jung, R., Altenmüller, E. & Natsch, B. (1984). Zur Hemisphärendominanz für Sprache und Rechnen: Elektrophysiologische

Korrelate einer Linksdominanz bei Linkshändern. *Neuropsychologia, 22,* 755-775.

Kahnemann, D. (1968). Method, findings, and theory in studies of visual masking. *Psychological Bulletin, 73,* 122-136.

Karmos, G., Molnar, M. & Csepe, V. (1982). A new multielectrode for chronic recording of intracortical field potentials in cats. *Physiology and Behavior, 29,* 567-571.

Karmos, G., Molnar, M., Csepe, V., Winkler, I. & Grinchenko, Y.V. (1986). Intracortical evoked potentials and unit response in the behaving cat. *International Journal of Psychophysiology, 4,* 248.

Karrer, R. & Johnson, C. (1986). Are correlations between leads of slow preparatory ERP components an index of neural organization. In W.C. McCallum, R. Zappoli & F. Denoth (Eds.), *Cerebral Psychophysiology: Studies in Event-Related Potentials. Electroencephalography and Clinical Neurophysiology, Supp. 38* (pp. 253-254). Amsterdam: Elsevier.

Karrer, R., Fabregat, B., Kohn, H., Ptashne, R. & Czaja, J. (1970). Cortical steady potential (DC) shifts associated with response and arousal in man. *Psychophysiology, 8,* 251.

Karrer, R., Kohn, H. & Ivins, J. (1973). Effects of varying the stimulus and response contingencies on the CNV. In W.C. McCallum & J.R. Knott (Eds.), *Event-Related Slow Potentials of the Brain: Their Relations to Behavior. Electroencephalography and Clinical Neurophysiology, Suppl. 33,* 39-43.

Kathmann, N. & Engel, R.R. (1987). PINV in healthy subjects under changing conditions of controllability. *Journal of Psychophysiology, 1,* 286.

Keidel, M. (1983). Das motorische Intentionspotential. Elektrophysiologische Objektivierung einer alleinigen Bewegungsabsicht. *Naturwissenschaften, 70,* 180-185.

Keidel, W.D. (Hrsg.) (1967). *Kurzgefaßtes Lehrbuch der Physiologie.* Stuttgart: Thieme.

Keidel, W.D. (1976). The physiological background of the electric response audiometry. In W.D. Neff & W.D. Keidel (Eds.), *Handbook of Sensory Physiology* (pp. 105-231). Berlin: Springer-Verlag.

Kenemans, J.L., Verbaten, M.N., Sjouw, W. & Slangen, J.L. (1988). Effects of task relevance on habituation of visual single-trial ERPs and the skin conductance orienting response. *International Journal of Psychophysiology, 6,* 51-63.

Kerkhof, G.A. (1980). Detection-related slow potentials and time of day. In H.H. Kornhuber & L. Deecke (Eds.), *Motivation, Motor and Sensory Processes of the Brain: Electrical Potentials, Behaviour and Clinical Use. Progress in Brain Research* (Vol. 54, pp. 359-363). Amsterdam: Elsevier/North-Holland Biomedical Press.

Kimmel, H.D., Birbaumer, N., Elbert, T., Lutzenberger, W. & Rockstroh, B. (1983). Conditional tonic stimulus control of nonspecific arousal. *Pavlovian Journal of Biological Science, 18,* 136-143.

Klass, D. & Bickford, R. (1960). Glossokinetic potentials appearing in the electroencephalogram. *Electroencephalography and Clinical Neurophysiology, 12,* 239.

Kleist, K. (1934). *Gehirnpathologie.* Leipzig: Barth.

Klimesch, W. & Schimke, H. (1987). Visuell evozierte Potentiale und Hemisphärendifferenzen: Zur funktionellen Bedeutung homologer Regionen. *Zeitschrift für Elektroenzephalographie, Elektromyographie und verwandte Gebiete, 18,* 27-31.

Klimesch, W., Pfurtscheller, G. & Schimke, H. (1987). The decomposition of semantic processing times as studied with dynamic EEG-mapping, evoked potentials and reaction time experiments. *Journal of Psychophysiology, 1,* 280.

Klorman, R. & Ryan, R.M. (1980). Heart rate, contingent negative variation and evoked potentials during anticipation of affective stimulation. *Biological Psychology, 17,* 513-524.

Klorman, R., Thompson, L.W. & Ellingson, R.J. (1978). Event related brain potentials across the life span. In E. Callaway, P. Tueting & S.H. Koslow (Eds.), *Event-Related Brain Potentials in Man* (pp. 511-570). New York: Academic Press.

Knott, J.R. & Irwin, D.A. (1967). Anxiety, stress and the contingent negative variation. *Electroencephalography & Clinical Neurophysiology, 22,* 188.

Knott, J.R. & Irwin, D.A. (1968). Anxiety, stress and the contingent negative variation (CNV). *Electroencephalography & Clinical Neurophysiology, 24,* 286.

Kobal, G. & Plattig, K.H. (1978). Methodische Anmerkungen zur Gewinnung olfaktorischer EEG-Antworten des wachen Menschen (objektive Olfaktometrie). *Zeitschrift für Elektroenzephalographie, Elektromyographie und verwandte Gebiete, 9,* 135-145.

Köhler, W. & Held, R. (1949). The cortical correlate of pattern vision. *Sience, 110,* 414-419.

Köhler, W., Held, R. & O'Connell, D. (1952). An investigation of cortical currents. *Proceedings of the American Philosophical Society, 96,* 290-330.

Kok, A. (1988). Overlap between P300 and movement-related potentials: A response to Verleger. *Biological Psychology, 27,* 51-58.

Kok, A. & Looren de Jong, H. (1980). The effect of repetition of infrequent familiar and unfamiliar visual patterns on components of the event-related brain potential. *Biological Psychology, 10,* 167-188.

Kolb, B. & Whishaw, I.Q. (1980). *Fundamentals of Human Neuropsychology.* San Francisco: Freeman.

Koles, Z.J. & Flor-Henry, P. (1987). The effect of brain function on coherence patterns in the bipolar EEG. *International Journal of Psychophysiology, 5,* 63-71.

Koller, M., Haider, M., Kundi, M., Korenjak, F., Hautmann, W., Groll-Knapp, E. & Trimmel, M. (1987). Combined effects of physical load and noise in diurnal and noctural exposure. In A. Okada & O. Manninen (Eds.), *Recent Advances in Researches on the Combined Effects of Environmental Factors* (pp. 37-58). Kanazawa, Japan: Kyoei.

Koriath, J.J. & Lindholm, E. (1986). Cardiac-related cortical inhibition during a fixed foreperiod reaction time task. *International Journal of Psychophysiology, 4,* 183-195.

Koriath, J.J., Lindholm, E. & Landers, D.M. (1987). Cardiac-related cortical activity during variations in mean heart rate. *International Journal of Psychophysiology, 5,* 289-299.

Kornhuber, H.H. (1971). Motor functions of the cerebellum and basal ganglia: The cerebellocortical saccadic (ballistic) clock, the cerebellonuclear hold regulator, and the basal ganglia ramp (voluntary speed smooth movement) generator. *Kybernetic, 8,* 157-162.

Kornhuber, H.H. (1984). Attention, readiness for action and the stages of voluntary decision – some electrophysiological correlates in man. In O. Creutzfeldt, R.F. Schmidt & W.D. Wills (Eds.), *Sensory-Motor Integration in the Nervous System. Experimental Brain Research, Suppl. 9,* 420-429.

Kornhuber, H.H. & Deecke, L. (1964). Hirnpotentialänderungen beim Menschen vor und nach Willkürbewegungen, dargestellt mit Magnetbandspeicherung und Rückwärtsanalyse. *Pflügers Archiv der gesamten Physiologie, 281,* 52.

Kornhuber, H.H. & Deecke, L. (1965). Hirnpotentialänderungen bei Willkürbewegungen und passiven Bewegungen des Menschen: Bereitschaftspotential und reafferente Potentiale. *Pflügers Archiv der gesamten Physiologie des Menschen und der Tiere, 284,* 1-17.

Korunka, C. (1986). The examination of a DC-shift-triggered test item presentation on learning performance in a paired-associates learning paradigm. *International Journal of Psychophysiology, 4,* 249.

Kostandov, E.A. & Arzumanov, Y.L. (1986). The influence of subliminal emotional words on functional hemispheric asymmetry. *International Journal of Psychophysiology, 4,* 143-147.

Koukkou, M. & Lehmann, D. (1987). An information-processing perspective of psychophysiological measurements. *Journal of Psychophysiology, 1,* 109-112.

Kramer, A.F. & Strayer, D.L. (1988). Assessing the development of automatic processing: An application of dual task and event-related brain potential methodologies. *Biological Psychology, 26,* 231-267.

Krenn-Roland, H. (1988). Die Bühlerschen Sprachfunktionen und deren Anwendung auf die Psychologie chemischer Signale. *Zeitschrift für Sozialpsychologie und Gruppendynamik, 13 (2),* 55-69.

Kreuzthaler, A. & Schulter, G. (1987). Bimodal stimulation and cortical augmenting-reducing. *Journal of Psychophysiology, 1,* 287-288.

Kristeva, R. (1977). Study of the motor potential during voluntary recurrent movement. *Electroencephalography and Clinical Neurophysiology, 42,* 588.

Kristeva, R. (1984a). Bereitschaftspotential of pianists. In R. Karrer, J. Cohen & P. Tueting (Eds.), *Brain and Information: Event-Related Potentials. Annals of the New York Academy of Sciences* (Vol. 425, pp. 477-482). New York: The New York Academy of Sciences.

Kristeva, R. (1984b). Movement-related potentials with bilateral actions and with piano-playing. In R. Karrer, J. Cohen & P. Tueting (Eds.), *Brain and Information: Event-Related Potentials. Annals of the New York Academy of Sciences* (Vol. 425, pp. 389-428). New York: The New York Academy of Sciences.

Kristeva, R. & Deecke, L. (1980). Cerebral Potentials preceding right and left unilateral and bilateral finger movements in sinistrals. In H.H. Kornhuber & L. Deecke (Eds.), *Motivation, Motor and Sensory Processes of the Brain: Electrical Potentials, Behaviour and Clinical Use. Progress in Brain Research* (Vol. 54, pp. 748-754). Amsterdam: Elsevier/North-Holland Biomedical Press.

Kristeva, R. & Kornhuber, H.H. (1980). Cerebral potentials related to the smallest human finger movement. In D.A. Otto (Ed.), *Multidisciplinary Perspectives in Event-Related Brain Potential Research* (EPA-600/9-77-043) (pp. 177-182). Washington, DC: U.S. Environmental Protection Agency.

Kristeva, R. & Tchakaroff, V. (1986). Bereitschaftspotential in children. In F. Klix & H. Hagendorf (Eds.), *Human Memory and Cognitive Capabilities. Mechanisms and Performances* (pp. 745-753). Amsterdam: Elsevier/North-Holland.

Kristeva, R. & Vladova, T. (1987). Bereitschaftspotential in children. In R. Johnson, J.W. Rohrbaugh & R. Parasuraman (Eds.), *Current Trends in Event-Related Potential Research. Electroencephalography and Clinical Neurophysiology, Suppl. 40* (pp. 47-52). Amsterdam: Elsevier.

Kristeva, R., Keller, E., Deecke, L. & Kornhuber, H.H. (1979). Cerebral potentials preceding unilateral and simultaneous bilateral finger movements. *Electroencephalography and Clinical Neurophysiology, 47*, 229-238.

Kröner, B. & Sachse, R. (1981). *Biofeedbacktherapie.* Stuttgart: Kohlhammer.

Kryspin-Exner, I. (1987). *Ergopsychometrie und Hirnleistungsdiagnostik in der klinischen Psychologie und Psychiatrie.* Regensburg: Roderer.

Kubicki, S., Herrmann, W.G. & Laudahn, G. (1980). *Faktorenanalyse und Variablenbildung aus dem Elektroenzephalogramm.* Stuttgart: Fischer.

Kugler, J. (1984). Vigilanz -- ihre Bestimmung im EEG. *Zeitschrift für Elektroenzephalographie, Elektromyographie und verwandte Gebiete, 15,* 168-172.

Kurtzberger, D., Vaughan, H.G.Jr., Courchesne, E., Friedman, D., Harter, M.R. & Putnam, L.E. (1984). Developmental aspects of event-related potentials. In R. Karrer, J. Cohen & P. Tueting (Eds.), *Brain and Information: Event-Related Potentials. Annals of the New York Academy of Sciences* (Vol. 425, pp. 300-319). New York: The New York Academy of Sciences.

Kutas, M. & Donchin, E. (1977). The effect of handedness, of responding hand, and of response force on the contralateral dominance of the readiness potential. In J.E. Desmedt (Ed.), *Attention, Voluntary Contraction and Event-Related Cerebral Potentials. Progress in Clinical Neurophysiology* (Vol. 1, pp. 189-210). Basel: Karger.

Kutas, M. & Donchin, E. (1978). Variations in the latency of P300 as a function of variations in semantic categorizations. In D.A. Otto (Ed.), *Multidisciplinary Perspectives in Event-Related Brain Potential Research* (EPA-600/9-77-043) (pp. 198-201). Washington, DC: U.S. Environmental Protection Agency.

Kutas, M. & Hillyard, S.A. (1980). Reading senseless sentences: Brain potentials reflect semantic incogruity. *Science, 207,* 203-205.

Kutas, M. & Hillyard, S.A. (1984). Brain potentials during reading reflect word expectancy and semantic association. *Nature, 307,* 161-163.

Lacy, J.I. & Lacy, B. (1973). Experimental association and dissociation of phasic bradycardia and vertex-negative waves: A psychophysiological study of attention and response-intention. In W.C. McCallum & J.R. Knott (Eds.), *Event-Related Slow Potentials of the Brain: Their Relations to Behavior. Electroencephalography and Clinical Neurophysiology, Suppl. 33,* 281-285.

Lader, M.H. & Montagu, J.D. (1962). The psychogalvanic reflex: A pharmacological study of the peripheral mechanism. *Journal of Neurology, Neurosurgery and Psychiatry, 25,* 126-133.

Lanc, O. (1977). *Psychophysiologische Methoden.* Stuttgart: Kohlhammer.

Lang, P. (1971). The application of psychophysiological methods to the study of psychotherapy and behavior modification. In A.E. Bergin

& S.L. Garfield (Eds.), *Handbook of Psychotherapy and Behavior Change*. New York: Wiley & Sons.

Lang, W., Lang, M., Goldenberg, G., Podreka, I. & Deecke, L. (1987). EEG and rCBF evidence for left frontocortical activation when memorizing verbal material. In R. Johnson, J.W. Rohrbaugh & R. Parasuraman (Eds.), *Current Trends in Event-Related Potential Research. Electroencephalography and Clinical Neurophysiology, Suppl. 40* (pp. 328-334). Amsterdam: Elsevier.

Lang, W., Lang, M., Heise, B., Deecke, L. & Kornhuber, H.H. (1984). Brain potentials related to voluntary hand tracking, motivation and attention. *Human Neurobiology, 3,* 235-240.

Lang, W., Lang, M., Kornhuber, A., Deecke, L. & Kornhuber, H. (1983). Human cerebral potentials and visuomotor learning. *Pflügers Archiv der gesamten Physiologie, 399,* 342-344.

Lang, W., Lang, M., Uhl, F. & Kornhuber, A. (1987). Slow negative potential shifts in a verbal concept formation task. In R. Johnson, J.W. Rohrbaugh & R. Parasuraman (Eds.), *Current Trends in Event-Related Potential Research. Electroencephalography and Clinical Neurophysiology, Suppl. 40* (pp. 335-340). Amsterdam: Elsevier.

Lashley, K.S. (1929). *Brain Mechanisms and Intelligence.* Chicago: University of Chicago Press.

Lauterbach, W. & Sarris, V. (1980). *Beiträge zur psychologischen Bezugssystemforschung.* Bern: Huber.

Law, L.N., Levey, A.B. & Martin, I. (1980). Response detection and measurement. In I. Martin & P. Venables (Eds.), *Techniques in Psychophysiology* (pp. 629-663). Chichester: John Wiley & Sons.

Legewie, H. & Nusselt, L. (Eds.) (1975). Biofeedback-Therapie. *Fortschritte der Klinischen Psychologie* (Bd. 6). München: Urban & Schwarzenberg.

Lehmenkühler, A. (1979). Interrelationships between DC potentials, potassium activity, pO_2 and pCO_2 in the cerebral cortex of the rat. In E.-J. Speckmann & H. Caspers (Eds.), *Origin of Cerebral Field Potentials* (pp. 49-59). Stuttgart: Thieme.

Lehrl, S. & Fischer, B. (1988). The basic parameters of human information processing: Their role in the determination of intelligence. *Personal and Individual Differences, 9,* 883-896.

Lehtonen, J.B. & Koivikko, M.J. (1971). The use of a non-cephalic reference electrode in recording cerebral potentials in man. *Electroencephalography and Clinical Neurophysiology, 31,* 154-156.

Li, C.-L. & Jasper, H.H. (1953). Microelectrode studies of the electrical activity of the cerebral cortex in the cat. *Journal of Physiology, 121,* 117-140.

Libet, B. (1985). Unconscious cerebral initiative and the role of conscious will in voluntary action. *The Behavioral and Brain Sciences, 8,* 529-566.

Libet, B., Wright, E.W. & Gleason, C.A. (1982). Readiness-potentials preceding unrestricted 'spontaneous' vs. pre-planned voluntary acts. *Electroencephalography and Clinical Neurophysiology, 54,* 322-335.

Lienert, G.A. (1962). *Verteilungsfreie Methoden in der Biostatistik.* Mensenheim: Hain.

Lienert, G.A. (1973). *Verteilungsfreie Methoden in der Biostatistik. Bd. I.* Mensenheim: Hain.

Lienert, G.A. (1978). *Verteilungsfreie Methoden in der Biostatistik. Bd. II.* Mensenheim: Hain.

Lindsley, D.B. (1961). The reticular activating system and perceptual integration. In D. E. Sheer (Ed.), *Electrical Stimulation of the Brain.* Austin: University of Texas Press.

Lindsley, D.B. (1969). Neurophysiological mechanisms of attention and perception: Their role in information processing in the visual system. In D.P. Kimble (Ed.), *Readiness to Remember* (Vol. 2, pp. 345-507). New York: Gordach & Breach.

Lindsley, D.F. & Holmes, J.E. (1984). *Basic Human Neurophysiology.* New York: Elsevier.

Looren de Jong, H., Kok, A., Woestenburg, J.C., Logman, C.J.C.M. & van Rooy, J.C.G.M. (1988). Learning where to look: Electrophysiological and behavioral indices of visual search in young and old subjects. *Biological Psychology, 26,* 277-298.

Lopes da Silva, F.H., Dijk, A. & Smits, H. (1975). Detection of nonstationarities in EEGs using the autoregressive model - an application to EEGs of epileptics. In G. Dolce & H. Künkel (Eds.), *CEAN: Computerized EEG Analysis* (pp. 180-190). Stuttgart: Fischer.

Loveless, N.E. (1973). The contingent negative variation related to preparatory set in a reaction time situation with variable foreperiod. *Electroencephalography and Clinical Neurophysiology, 35,* 369-374.

Loveless, N.E. (1976). Distribution of response to non-signal stimuli. In W.C. McCallum & J.R. Knott (Eds.), *The Responsive Brain.* (pp. 26-29). Bristol: John Wright and Sons.

Loveless, N.E. (1983). The orienting response and evoked potentials in man. In D. Siddle (Ed.), *Orienting and Habituation: Perspectives in Human Research.* (pp. 71-108). New York: John Wiley & Son.

Loveless, N.E. & Sanford, A.J. (1973). The CNV baseline: Considerations of internal consistency of data. In W.C. McCallum & J.A. Knott (Eds.), *Event-Related Slow Potentials of the Brain: Their Relations to Behaviour. Electroencephalography and Clinical Neurophysiology, Suppl. 33* (pp. 19-23). Amsterdam: Elsevier.

Loveless, N.E. & Sanford, A.J. (1974). Slow potential correlates of preparatory set. *Biological Psychology, 1,* 303-314.

Loveless, N.E., Simpson, M. & Näätänen, R. (1987). Frontal negative and parietal positive component of the slow wave dissociated. *Psychophysiology, 24,* 340-345.

Lowitzsch, K. (1985). Visuell evozierte Potentiale bei neurologischen Erkrankungen. In J. Schramm (Hrsg.), *Evozierte Potentiale in der Praxis* (pp. 183-211). Berlin: Springer-Verlag.

Lukas, J.H. (1980). Human auditory attention: The olivocochlear bundle may function as a peripheral filter. *Psychophysiology, 17,* 444-452.

Luria, A.R. (1973). *The Working Brain.* Middlesex: Penguin Books.

Luria, A.R. & Homskaya, E.D. (1970). Frontal lobes and the regulation of arousal processes. In D.I. Mostofsky (Ed.), *Attention: Contemporary Theory and Analysis* (pp. 303-330). New York: Appleton-Century-Crofts.

Lutzenberger, W., Elbert, T. & Rockstroh, B. (1987). A brief tutorial on the implications of volume conduction for the interpretation of the EEG. *Journal of Psychophysiology, 1,* 81-89.

Lutzenberger, W., Elbert, T., Rockstroh, B. & Birbaumer, N. (1981a). Principal component analysis of slow brain potentials during six second anticipation intervals. *Biological Psychology, 13,* 271-279.

Lutzenberger, W., Elbert, T., Rockstroh, B. & Birbaumer, N. (1981b). Slow cortical potentials in subjects with high or low scores on a questionnaire measuring physical anhedonia and body image distortion. *Psychophysiology, 18,* 371-380.

Lutzenberger, W., Elbert, T., Rockstroh, B. & Birbaumer, N. (1985). *Das EEG.* Berlin: Springer-Verlag.

Lynn, R. (1966). *Attention Arousal and the Orientation Reaction.* Oxford: Pergamon Press.

Mandler, G. (1980). Recognizing: The judgment of previous occurrence. *Psychological Review, 87,* 252-271.

Mann, K. & Meyer-Wahl, J.G. (1986). Kreuzkorrelationsfunktionen akustisch evozierter Hirnstammpotentiale. *Zeitschrift für Elektroenzephalographie, Elektromyographie und verwandte Gebiete, 17,* 69-74.

Marczynski, T.J. & Karmos, G. (1978). Reward contingent positive variation (RCPV) and patterns of neuronal activity in the visual cortex of the cat. In D.A. Otto (Ed.), *Multidisciplinary Perspectives in Event-Related Brain Potential Research* (EPA-600/9-77-043) (pp. 36-38). Washington, DC: U.S. Environmental Protection Agency.

Marczynski, T.J., Hackett, J.T., Sherry, C.J. & Allen, S.L. (1971). Diffuse light input and quality of reward determine the occurence of "Reward Contingent Positive Variation" (RCPV) in cat. *Brain Research, 28,* 57-70.

Marczynski, T.J., York, J.L. & Hackett, J.T. (1969). Steady potential correlates of positive reinforcement: Reward contingent positive variation (RCPV). *Science, 163,* 301-304.

Martin, I. & Venables, P. H. (Eds.). (1980). *Techniques in Psychophysiology.* Chichester: John Wiley & Sons.

Marton, M. (1989). *Persönliche Mitteilung,* Wien, 22. Mai.

Marton, M. & Szirtes, J. (1988). Saccade-related brain potentials during reading correct and incorrect versions of proverbs. *International Journal of Psychophysiology, 6,* 273-280.

Marton, M., Szirtes, J. & Breuer, P. (1985). Electrocortical signs of word categorization in saccade-related brain potentials and visual evoked potentials. *International Journal of Psychophysiology, 3,* 131-144.

Maurer, K. (1985). Akustisch evozierte Potentiale in der audiologischen und der neurologischen Diagnostik. In J. Schramm (Hrsg.), *Evozierte Potentiale in der Praxis* (pp. 213-249). Berlin: Springer-Verlag.

Maurer, K. & Dierks, T. (1988). Topographie der P300 in der Psychiatrie - I. Kognitive P300-Felder bei Psychosen. *Zeitschrift für Elektroenzephalographie, Elektromyographie und verwandte Gebiete, 18,* 21-25.

Mayer-Kress, G. (Ed.). (1986). *Dimension and Entropies in Chaotic Systems.* Berlin: Springer-Verlag.

McAdam, D.W. & Rubin, E.H. (1971). Readiness potential, vertex positive wave, CNV and accuracy of perception. *Electroencephalography and Clinical Neurophysiology, 30,* 511-517.

McAdam, D.W. & Seales, D.M. (1969). Bereitschaftspotential enhancement with increased level of motivation. *Electroencephalography and Clinical Neurophysiology, 27,* 73-75.

McAdam, D.W. & Whittaker, H.A. (1971). Language production. EEG localization in the human brain. *Science, 172,* 499-502.

McAdam, D.W., Irwin, D.A., Rebert, C.S. & Knott, J.R. (1966). Conative control of the contingent negative variation. *Electroencephalography and Clinical Neurophysiology, 21,* 194-195.

McCallum, W.C. (1978). Relationship between Bereitschaftspotential and contingent negative variation. In D. Otto (Ed.), *Multidisciplinary Perspectives in Event-Related Brain Potential Research* (EPA-600/9-77-043) (pp. 124-130). Washington, DC: U.S. Environmental Protection Agency.

McCallum, W.C. (1980). Some sensory and cognitive aspects of ERPs: A review. In H.H. Kornhuber & L. Deecke (Eds.), *Motivation, Motor and Sensory Prcesses of the Brain: Electrical Potentials, Behaviour and Clinical Use. Progress in Brain Research* (Vol. 54, pp. 261-278). Amsterdam: Elsevier/North-Holland Biomedical Press.

McCallum, W.C. & Curry, S.H. (1980). The form and distribution of auditory evoked potentials and CNVs when stimuli and responses are lateralized. In H.H. Kornhuber & L. Deecke (Eds.), *Motivation, Motor and Sensory Processes of the Brain: Electrical Potentials, Behaviour and Clinical Use. Progress in Brain Research* (Vol. 54, pp. 767-775). Amsterdam: Elsevier/North-Holland Biomedical Press.

McCallum, W.C. & Curry, S.H. (1981). Late slow wave components of auditory evoked potentials: Their cognitive significance and interaction. *Electroencephalography and Clinical Neurophysiology, 51,* 123-137.

McCallum, W.C. & Knott, J.A. (Eds.). (1973). *Event-Related Slow Potentials of the Brain: Their Relations to Behavior. Electroencephalography & Clinical Neurophysiology, Suppl. 33.* Amsterdam: Elsevier.

McCallum, W.C. & Papakostopoulos, D. (1972). The effects of sustained motor activity on the contingent negative variation. *Electroencephalography & Clinical Neurophysiology, 33,* 446.

McCallum, W.C. & Walter, W.G. (1968). The effects of attention and distraction on the contingent negative variation in normal and neurotic subjects. *Electroencephalography and Clinical Neurophysiology, 25,* 319-329.

McCallum, W.C., Cooper, R. & Pocock, P.V. (1988). Brain slow potential and ERP changes associated with operator load in a visual tracking task. *Electroencephalography and Clinical Neurophysiology, 69,* 453-468.

McCarthy, G. & Donchin, E. (1980). A metric for thought: A comparison of P300 latency and reaction time. *Science, 211,* 77-80.

Meyer-Waarden, K. (1975). *Einführung in die biologische und medizinische Meßtechnik.* Stuttgart: Schattauer.

Michalewski, H.J., Kamel, A.-W. Mohamed & Starr, A. (1988). Brain potentials during mental distance judgments. *International Journal of Psychophysiology, 6,* 221-229.

Miltner, W., Larbig, W. & Braun, C. (1987). Habituation of subjective ratings and event-related potentials to painful intracutaneous electrical stimulation of the skin. *Journal of Psychophysiology, 1,* 221-228.

Miltner, W., Larbig, W. & Braun, C. (1988). Attention and event-related potentials elicited by intracutaneous electrical stimulation of the skin. *Journal of Psychophysiology, 2,* 269-276.

Möcks, J. (1988). Decomposing event-related potentials: A new topographic components model. *Biological Psychology, 26,* 199-215.

Möcks, J., Gasser, T. & Köhler, W. (1988). Basic statistical parameters of event-related potentials. *Journal of Psychophysiology, 2,* 61-70.

Moushegian, G. (1977). The frequency-following potential in man. In J.E. Desmedt (Ed.), *Auditory Evoked Potentials in Man. Psychopharmacology Correlates of Evoked Potentials Progress in Clinical Neurophysiology* (Vol. 2, pp. 20-29). Basel: Karger.

Moushegian, G., Rupert, A.L. & Stillman, R. (1973). Scalp recorded early responses in man to frequencies in the speech range. *Electroencephalography and Clinical Neurophysiology, 53,* 665-667.

Mulholland, T. B. (1977). Biofeedback as scientific method. In G.E. Schwartz & J. Beatty (Eds.), *Biofeedback, Theory and Research* (pp. 9-28). New York: Academic Press.

Mulholland, T.B. & Peper, E. (1971). Occipital alpha and accomodative vergence, pursuit tracking and fast eye movements. *Psychophysiology, 8,* 556-575.

Myrtek, M., Förster, F. & Wittmann, W. (1977). Das Ausgangswertproblem. Theoretische Überlegungen und empirische Untersuchungen. *Zeitschrift für Experimentelle und Angewandte Psychologie, 24,* 463-491.

Näätänen, R. (1982). Processing negativity: An evoked potential reflection of selective attention. *Psychological Bulletin, 92,* 605-640.

Näätänen, R. (1986). Neurophysiological basis of the echoic memory as suggested by event-related potentials and magnetoencephalogram. In F. Klix & H. Hagendorf (Eds.), *Human Memory and Cognitive Capabilities* (pp. 615-628). Amsterdam: Elsevier/North-Holland.

Näätänen, R. (1988). Implications of ERP data for psychological theories of attention. *Biological Psychology, 26,* 117-163.

Näätänen, R. & Gaillard, A.W.K. (1983). The orienting reflex and the N2 deflection of the event-related potential (ERP). In A.W.K. Gaillard & W. Ritter (Eds.), *Advances in Psychology. Tutorials in ERP Research: Endogenous Components* (pp. 119-141). Amsterdam: North-Holland.

Näätänen, R. & Michie, P.T. (1979a). Different variants of endogenous negative brain potentials in performance situations: A review and classification. In D. Lehmann & E. Callaway (Eds.), *Human Evoked Potentials. Applications and Poblems* (pp. 251-267). New York: Plenum Press.

Näätänen, R. & Michie, P.T. (1979b). Early selective attention effects on the evoked potential. A critical review and reinterpretation. *Biological Psychology, 8,* 81-136.

Näätänen, R. & Picton, T. (1986). N2 and automatic versus controlled processes. In W.C. McCallum, R. Zappoli & F. Denoth (Eds.), *Cerebral Psychophysiology: Studies in Event-Related Potentials. Electroencephalography and Clinical Neurophysiology, Suppl. 38* (pp. 169-186). Amsterdam: Elsevier.

Näätänen, R. & Picton, T. (1987). The N1 wave of the human electric and magnetic response to sound: A review and an analysis of the component structure. *Psychophysiology, 24,* 375-425.

Näätänen, R., Gaillard, A.W.K. & Mäntysalo, S. (1978). Early selective attention effect on evoked potential reinterpreted. *Acta Psychologica, 42,* 313-329.

Näätänen, R., Gaillard, A.W.K. & Mäntysalo, S. (1980). Brainpotential correlates of voluntary and involuntary attention. In H.H. Kornhuber & L. Deecke (Eds.), *Motivation, Motor and Sensory Processes of the Brain: Electrical Potentials, Behaviour and Clinical Use. Progress in Brain Research* (Vol. 54, pp. 343-348). Amsterdam: Elsevier/North-Holland Biomedical Press.

Näätänen, R., Gaillard, A.W.K. & Varey, C.A. (1981). Attention effects on auditory EPs as a function of inter-stimulus interval. *Biological Psychology, 13,* 173-187.

Näätänen, R., Paavilainen, P., Alho, K., Reinikainen, K. & Sams, M. (1987). The mismatch negativity to intensity changes in an auditory stimulus sequence. In R. Johnson, J.W. Rohrbaugh & R. Parasuraman (Eds.), *Current Trends in Event-Related Potential Research. Electroencephalography and Clinical Neurophysiology, Suppl. 40* (pp. 125-131). Amsterdam: Elsevier.

Näätänen, R., Simpson, M. & Loveless, N.E. (1982). Stimulus deviance and evoked potentials. *Biological Psychology, 14,* 53-98.

Naber, G., Kathmann, N. & Engel, R.R. (1988). Parameters of P50 suppression: Stimulus context and habituation. *Journal of Psychophysiology, 2,* 147-148.

Naumann, E., Bartussek, D., Möller, H. & Laufer M. (1987). The late positive complex of the event-related potential (ERP) as an index of Craik & Lockhard's 'Level of Processing' (LOP). *Journal of Psychophysiology, 1,* 282.

Neisser, U. (1967). *Cognitive Psychology.* New York: Meredith.

Neisser, U. (1974). *Kognitive Psychologie.* Stuttgart: Klett.

Neubauer, A., Schulter, G. & Pfurtscheller, G. (1986). Lateral eye movements as an indicator of hemispheric preference: An EEG-calibration study. *International Journal of Psychophysiology, 4,* 255.

Ney, T. (Ed.). (1989). *Smoking and Human Behaviour.* Chichester: Wiley.

Nikula, R. (1987). Spontaneous fluctuations are responses to cognitive stimuli. *Journal of Psychophysiology, 1,* 295.

Norman, D.A. (1968). Toward a theory of memory and attention. *Psychological Review, 75,* 522-536.

Norman, D.A. (1976). *Memory and Attention. An Introduction to Human Information Processing.* New York: Wiley.

Norton, R. & Howard, R.C. (1987). Event-related potentials, smoking and mood. *Journal of Psychophysiology, 1,* 186.

Norton, R. & Howard, R.C. (1988). Smoking, mood and the contingent negative variation (CNV) in a go-no go avoidance task. *Journal of Psychophysiology, 2,* 109-118.

O'Connor, K. (1980). The contingent negative variation and individual differences in smoking behaviour. *Personality and Individual Differences, 1,* 75-72.

O'Leary, J.L. & Goldring, S.D. (1964). D-C potentials of the brain. *Physiological Review, 44,* 91-125.

Oades, R.D., Walker, M.K., Geffen, L.B. & Stern, L.M. (1988). Event-related potentials in autistic and healthy children on an auditory choice reaction time task. *International Journal of Psychophysiology, 6,* 25-37.

Oeser, G. & Seitelberger, F. (1988). *Gehirn, Bewußtsein und Erkenntnis.* Darmstadt: Wissenschaftliche Buchgesellschaft.

Okita, T., Wijers, A.A., Mulder, G. & Mulder, L.J.M. (1985). Visual search and spatial attention: ERPs in focussed and divided attention conditions. *Acta Psychologica, 60,* 263-292.

Ollo, C. & Squires, N. (1986). Event-related potentials in learning disabilities. In R.C. Cracco & I. Bodis-Wollner (Eds.), *Evoked Potentials* (pp. 498-512). New York: Liss.

Otto, D.A. & Benignus, V. (1978). Slow positive shifts during sustained motor activity in humans. In D.A. Otto (Ed.), *Multidisciplinary Perspectives in Event-Related Brain Potential Research* (EPA-600/9-77-043) (pp. 131-133). Washington, DC: U.S. Environmental Protection Agency.

Otto, D.A., Benignus, V., Ryan, L. & Leifer, L.J. (1977). Slow potential components of stimulus, response, and preparatory processes in man. A multiple linear regression model. In J.E. Desmedt (Ed.), *Attention, Voluntary Contraction and Event-Related Cerebral Potentials. Progress in Clinical Neurophysiology* (Vol. 1, pp. 211-230). Basel: Karger.

Paavilainen, P., Alho, K., Reinikainen, K., Sams, M. & Näätänen, R. (1987). Attention independence of the mismatch negativity of the human event-related potential (ERP). *Neuroscience, Suppl. 22,* 579.

Packard, V. (1978). *Die geheimen Verführer.* Frankfurt: Ullstein.

Paller, K.A., Kutas, M. & Mayes, A.R. (1987). Neural correlates of encoding in an incidental learning paradigm. *Electroencephalography and Clinical Neurophysiology, 67,* 360-371.

Paller, K.A., McCarthy, G. & Wood, C.C. (1988). ERPs predictive of subsequent recall and recognition performance. *Biological Psychology, 26,* 269-276.

Palm, G. (1982). *Neural Assemblies. An Alternative Approach to Artificial Intelligence.* Berlin: Springer-Verlag.

Palm, G. (1987). Comments on the paper 'Threshold regulation--a key to the understanding of the combined dynamics of EEG and event-related potentials' by T. Elbert and B. Rockstroh. *Journal of Psychophysiology, 4,* 335-337.

Papakostopoulos, D. (1978a). Electrical activity of the brain associated with skilled performance. In D.A. Otto (Ed.), *Multidisciplinary Perspectives in Event-Related Brain Potential Research* (EPA-600/9-77-043) (pp. 134-137). Washington, DC: U.S. Environmental Protection Agency.

Papakostopoulos, D. (1978b). The present state of brain macropotentials in motor control research: A summary of issues. In D.A. Otto (Ed.), *Multidisciplinary Perspectives in Event-Related Brain Potential Research* (EPA-600/9-77-043) (pp. 77-81). Washington DC: U.S. Environmental Protection Agency.

Papakostopoulos, D. (1980a). A no-stimulus, no-response event-related potential of the human cortex. *Electroencephalography and Clinical Neurophysiology, 48,* 622-638.

Papakostopoulos, D. (1980b). The Bereitschaftspotential in left- and right-handed subjects. In H.H. Kornhuber & L. Deecke (Eds.), *Motivation, Motor and Sensory Processes of the Brain: Electrical Potentials, Behaviour and Clinical Use. Progress in Brain Research* (Vol. 54, pp. 742-747). Amsterdam: Elsevier/North-Holland Biomedical Press.

Papakostopoulos, D. & Crow, H.J. (1976). Electrocorticographic studies of the contingent negative variation and 'P300' in man. In W.C. McCallum & J.R. Knott (Eds.), *The Responsive Brain* (pp. 201-204). Bristol: John Wright and Sons.

Papakostopoulos, D. & Crow, H.J. (1980). Direct recording of the somatosensory evoked potentials from the cerebral cortex of man and the difference between precentral and postcentral potentials. In J.E. Desmed (Ed.), *Clinical Use of Cerebral Brainstem and Spinal Somatosensory Evoked Potentials. Progress in Clinical Neurophysiology* (Vol. 7, pp. 15-26). Basel: Karger.

Papakostopoulos, D., Butler, S. & Martin, I. (1985). (Ed.) *Clinical and Experimental Neuropsychophysiology.* Kent: Croom Helm.

Parasuraman, R. (1984). Sustained attention in detection and discrimination. In R. Parasuraman & D.R. Davies (Eds.), *Varieties of Attention* (pp. 243-271). Orlando: Academic Press.

Paty, J., Claverie, B., Deliac, P. & Berthomieu, J. (1986). ERP indicators of objective and subjective disturbances caused by noise impulses. In W.C. McCallum, R. Zappoli & F. Denoth (Eds.), *Cerebral Psychophysiology: Studies in Event-Related Potentials. Electroencephalography and Clinical Neurophysiology, Suppl. 38* (pp. 40-42). Amsterdam: Elsevier.

Pavlov, I.P. (1927). *Conditioned Reflexes.* New York: Oxford.

Pawlik, K. (1971). *Dimensionen des Verhaltens.* Bern: Huber.

Pawlik, K. (1974). Psychologische EEG-Forschung: Methoden, Ergebnisse, Anwendungen. In W. J. Schraml & U. Baumann (Hrsg.), *Klinische Psychologie II, Methoden, Ergebnisse und Probleme der Forschung* (S. 416-456). Bern: Huber.

Pawlik, K. (1987). Zur Systematik und weiteren Entwicklung rechnergestützter psychologischer Diagnostik. In E. Raab & G. Schulter

(Hrsg.), *Perspektiven Psychologischer Forschung. Beiträge zu Methodik, Persönlichkeitsforschung und Angewandter Psychologie* (S. 59-66). Wien: Deuticke.

Perrault, N. & Picton, T.W. (1980). Event-related potentials during a problem-solving task. In H.H. Kornhuber & L. Deecke (Eds.), *Motivation, Motor and Sensory Processes of the Brain: Electrical Potentials, Behaviour and Clinical Use. Progress in Brain Research* (Vol. 54, pp. 314-321). Amsterdam: Elevier/North-Holland Biomedical Press.

Peters, J.F., Knott, J.R., Miller, L.H., van Veen, W.J. & Cohen, S.I. (1970). Response variables and magnitude of the contingent negative variation. *Electroencephalography and Clinical Neurophysiology, 29,* 608-611.

Petsche, H., Nàgypal, T., Prohaska, O., Rappelsberger, P. & Vollmer, R. (1975). Approaches to the spatio-temporal analysis of seizure patterns. In G. Dolce & H. Künkel (Eds.), *CEAN: Computerised EEG Analysis* (pp. 111-127). Stuttgart: Fischer.

Petsche, H., Pockberger, H. & Rappelsberger, P. (1985). Musikrezeption, EEG und musikalische Vorbildung. *Zeitschrift für Elektroenzephalographie, Elektromyographie und verwandte Gebiete, 16,* 183-190.

Pfleger, M., Mutz, G. & Teder, W. (1987). The application of topographic EEG-mapping in psychology. *Journal of Psychophysiology, 1,* 304.

Pfleger, W. & Mutz, G. (1988). Sex differences in spatio-temporal cortical processing of verbal and visual stimuli. *Journal of Psychophysiology, 2,* 151.

Pfurtscheller, G. (1981). Central beta rhythm during sensorimotor activities in man. *Electroencephalography and Clinical Neurophysiology, 51,* 253-264.

Pfurtscheller, G. & Aranibar, A. (1979). Evaluation of event-related desynchronization (ERD) preceding and following voluntary self-paced movement. *Electroencephalography and Clinical Neurophysiology, 46,* 138-146.

Pfurtscheller, G. & Cooper, R. (1975). Selective averaging of the intracerebral click evoked response in man: An improved method of measuring latencies and amplitudes. *Electroencephalography and Clinical Neurophysiology, 38,* 187-190.

Pfurtscheller, G., Maresch, H. & Schuy, S. (1985). ERD(Event-Related-Desynchronization)-Mapping--ein neues Verfahren für die funktionelle Hirndiagnostik. *Biomedizinische Technik, 30,* 2-6.

Picton, T.W. (1980). The use of human event-related potentials in psychology. In I. Martin & P. Venables (Eds.), *Techniques in Psychophysiology* (pp. 357-395). Chichester: John Wiley & Sons.

Picton, T.W. & Hillyard, S.A. (1972). Cephalic skin potentials in electroencephalography. *Electroencephalography and Clinical Neurophysiology, 33,* 419-424.

Picton, T.W. & Hillyard, S.A. (1974). Human auditory evoked potentials. II: Effects of attention. *Electroencephalography & Clinical Neurophysiology, 36,* 191-200.

Picton, T.W. & Stuss, D.T. (1980). The component structure of the human event-related potentials. In H.H. Kornhuber & L. Deecke (Eds.), *Motivation, Motor and Sensory Processes of the Brain: Electrical Potentials, Behaviour and Clinical Use. Progress in Brain Research* (Vol. 54, pp. 17-49). Amsterdam: Elsevier/North-Holland Biomedical Press.

Picton, T.W., Hillyard, S.A., Krausz, H.I. & Galambos, R. (1974). Human auditory evoked potentials. I: Evaluation of components. *Electroencephalography and Clinical Neurophysiology, 36,* 179-190.

Picton, T.W., Woods, D.L. & Proulx, G.B. (1978a). Human auditory sustained potentials: I the nature of response. *Electroencephalography and Clinical Neurophysiology, 45,* 186-197.

Picton, T.W., Woods, D.L. & Proulx, G.B. (1978b). Human auditory sustained potentials: II stimulus relationships. *Electroencephalography and Clinical Neurophysiology, 45,* 198-210.

Pietrowsky, R., Born, J., Fehm-Wolfsdorf, G. & Fehm, H.L. (1987). Effects of vasopressin on auditory event-related potentials (AERPs) and verbal memory. *Journal of Psychophysiology, 1,* 285.

Plattig, K.H. (1967). Abhängigkeitsmessungen am elektrischen Geschmack. *Pflügers Archiv der gesamten Physiologie des Menschen und der Tiere, 294,* 76.

Plattig, K.H. (1968). *Über den elektrischen Geschmack.* Habilitationsschrift, Universität Erlangen.

Plattig, K.H. & Kobal, G. (1979). Spatial and temporal distribution of olfactory evoked potentials and techniques involved in their measurement. In D. Lehmann & E. Callaway (Eds.), *Human Evoked Potentials. Applications and Poblems* (pp. 285-301). New York: Plenum Press.

Plotkin, W.B. & Cohen, R. (1976). Occipital alpha and the attributes of the "alpha experience". *Psychophysiology, 13,* 16-21.

Pockberger, H. & Rappelsberger, P. (1983). Generierungsmechanismen evozierter Potentiale im Neokortex des Kaninchen. *Zeitschrift für Elektroenzephalographie, Elektromyographie und verwandte Gebiete, 14,* 169-176.

Polich, J. & Donchin, E. (1988). P300 and the word frequency effect. *Electroencephalography and Clinical Neurophysiology, 70,* 33-45.

Posner, M.I. & Snyder, C.R.R. (1975). Attention and cognitive control. In R.L. Soslo (Ed.), *Information Processing and Cognition* (pp. 55-85). Hillsdale: Erlbaum.

Pratt, H., Michalewski, H.J., Barrett, G. & Starr, A. (1989). Brain potentials in a memory-scanning task. I. Modality and task effects on potentials to the probes. *Electroencephalography and Clinical Neurophysiology, 72,* 407-421.

Prescott, J., Connolly, J.F. & Gruzelier, J.H. (1984). The augmenting/reducing phenomenon in the auditory evoked potential. *Biological Psychology, 19,* 31-44.

Pribram, K.H. & McGuinnes, D. (1975). Arousal, activation, and effort in the control of attention. *Psychological Review, 82,* 116-149.

Pritchard, W.S. (1981). Psychophysiology of P300. *Psychological Bulletin, 89,* 506-540.

Proulx, G.B. & Picton, T.W. (1980). The CNV during cognitive learning and extinction. In H.H. Kornhuber & L. Deecke (Eds.), *Motivation, Motor and Sensory Processes of the Brain: Electrical Potentials, Behaviour and Clinical Use. Progress in Brain Research* (Vol. 54, pp. 309-313). Amsterdam: Elevier/North-Holland Biomedical Press.

Radilova, J., Pocock, P.V., Cooper, R. & Radil, T. (1986). DC potential shift preceding repetitive perceptually relevant stimuli and its possible origin. *International Journal of Psychophysiology, 4,* 221-225.

Raine, A. & Venables, P. H. (1987). Contingent negative variation, P3 evoked potentials, and antisocial behavior. *Psychophysiology, 24,* 191-199.

Raine, A., Mitchell, D. & Venables, P.H. (1981). Cortical augmenting-reducing–modality specific? *Psychophysiology, 18,* 700-708

Rappelsberger, P. (1976). Spektralanalyse. In H. Maresch, G. Pfurtscheller, P. Rappelsberger (Hrsg.), *Verarbeitung biologischer Signale* (S. C1-C28). Graz: Österreichische Gesellschaft für biomedizinische Technik.

Rappelsberger, P. & Petsche, H. (1975). Spectral analysis of the EEG by means of autoregression. In G. Dolce & H. Künkel (Eds.), *CEAN: Computerized EEG Analysis* (pp. 27-40). Stuttgart: Fischer.

Rappelsberger, P., Mayerweg, M., Kriegelsteiner, S. & Petsche, H. (1988). EEG-mapping: Application to spatial imagination studies. *Journal of Psychophysiology, 2,* 153-154.

Rappelsberger, P., Petsche, H. & Pockberger, H. (1987). Coherence mapping and studies of cognition. *Journal of Psychophysiology, 1,* 280.

Rappelsberger, P., Pockberger, H. & Petsche, H. (1981). Current source density analysis: Methodes and application to simultaneously recorded field potentials of the rabbit's visual cortex. *Pflügers Archiv der gesamten Physiologie des Menschen und der Tiere, 389,* 159-170.

Rebert, C.S. (1972). Cortical and subcortical slow potentials in the monkey's brain during a preparatory interval. *Electroencephalography and Clinical Neurophysiology, 33,* 389-402.

Rebert, C.S. (1973). Elements of a general cerebral system related to CNV genesis. In W.C. McCallum & J.R. Knott (Eds.), *Event-Related Slow Potentials of the Brain: Their Relations to Behavior. Electroencephalography and Clinical Neurophysiology, Suppl. 33* (pp. 62-67). Amsterdam: Elsevier.

Rebert, C.S. (1978). Electrogenesis of slow potential changes in the central nervous system: A summary of issues. In D.A. Otto (Ed.), *Multidisciplinary Perspectives in Event-Related Brain Potential Research* (EPA-600/9-77-043) (pp. 3-11). Washington, DC: U.S. Environmental Protection Agency.

Rebert, C.S. (1980). Neurobehavioral aspects of brain slow potentials. In H.H. Kornhuber & L. Deecke (Eds.), *Motivation, Motor and Sensory Processes of the Brain: Electrical Potentials, Behaviour and Clinical Use. Progress in Brain Research* (Vol. 54, pp. 381-402). Amsterdam: Elevier/North-Holland Biomedical Press.

Rebert, C.S., McAdam, D.W., Knott, J.R. & Irwin, D.A. (1967). Slow potential change in human brain related to level of motivation. *Journal of Comparative and Physiological Psychology, 63,* 20-23.

Regan, D. (1972). *Evoked Potentials in Psychology, Sensory Physiology and Clinical Medicine.* London: Chapman and Hall.

Regan, D. (1989). *Human Brain Electrophysiology. Evoked Potentials and Evoked Magnetic Fields in Science and Medicine.* New York: Elsevier.

Rémond, A. (1968). The importance of topographic data in EEG phenomena, and an electrical model to reproduce them. In D.O. Walter & M.B. Brazier (Eds.), *Advances in EEG Analysis, Electroencephalography and Clinical Neurophysiology, Suppl. 27* (pp. 29-49). Amsterdam: Elsevier.

Rémond, A. (Ed.). (1972). *EEG Informatics.* Amsterdam: Elsevier/ North-Holland Biomedical Press.

Rémond, A. & Torres, F.A. (1964). A method of electrode placement with a view to topographical research. I. Basic concepts. *Electroencephalography and Clinical Neurophysiology, 17,* 577-578.

Renault, B., Fiori, N. & Giami, S. (1988). Latency of event related potentials as a tool for studying motor processing organization. *Biological Psychology, 26,* 217-230.

Requin, J., Riehle, A. & Seal, J. (1988). Neuronal activity and information processing in motor control: From stages to continous flow. *Biological Psychology, 26,* 179-198.

Richter-Heinrich, E. & Miller, N.E. (Eds.). (1982). *Biofeedback - Basic Problems and Clinical Applications.* Amsterdam: North-Holland.

Ritter, W., Simson, R. & Vaughan, H.G. (1979). Topographic analysis of task-related cerebral potentials. In J.E. Desmedt (Ed.), *Cognitive Components in Cerebral Event-Related Potentials and Selective Attention. Progress in Clinical Neurophysiology* (Vol. 6, pp. 132-139). Basel: Karger.

Roberts, L.E., Birbaumer, N., Rockstroh, B., Lutzenberger, W., & Elbert, T. (1989). Self-report during feedback regulation of slow cortical potentials. *Psychophysiology, 26,* 392-403.

Ritter, W., Simson, R. & Vaughan, H.G. (1983). Event-related potential correlates of two stages of information processing in physical and semantic discrimination tasks. *Psychophysiology, 20,* 168-179.

Rockstroh, B., Elbert, T., Birbaumer, N. & Lutzenberger, W. (1982). *Slow Brain Potentials and Behavior.* Baltimore-Munich: Urban & Schwarzenberg.

Rockstroh, B., Elbert, T., Lutzenberger, W. & Birbaumer, N. (1979). Slow cortical potentials under conditions of uncontrollability. *Psychophysiology, 16,* 374-380.

Rockstroh, B., Elbert, T., Lutzenberger, W. & Birbaumer, N. (1982). The effects of slow cortical potentials on response speed. *Psychophysiology, 19,* 211-217.

Rockstroh, B., Elbert, T., Lutzenberger, W. & Birbaumer, N. (1984). Operant control of slow brain potentials: A tool in the investigation of the potential's meaning and its relation to attentional dysfunction. In T. Elbert, B. Rockstroh, W. Lutzenberger & N. Birbaumer (Eds.), *Self-Regulation of the Brain and Behavior* (pp. 26-41). Berlin: Springer-Verlag.

Rogge, K.E. (1981). *Physiologische Psychologie.* München: Urban & Schwarzenberg.

Rohracher, H. (1937). Die Gehirnelektrischen Erscheinungen bei verschiedenen psychischen Vorgängen. *Commentationes Pontificia Academia Scientiarum, 1,* 88-133.

Rohracher, H. (1971). *Einführung in die Psychologie.* Wien: Urban & Schwarzenberg.

Rohrbaugh, J.W. (1984). The orienting reflex: Performance and central nervous system manifestations. In R. Parasuraman & D.R. Davies (Eds.), *Varieties of Attention* (pp. 323-373). Orlando: Academic Press.

Rohrbaugh, J.W. & Gaillard, A.W.K. (1983). Sensory and motor aspects of the contingent negative variation. In A.W.K. Gaillard & W. Ritter (Eds.), *Tutorials in ERP Research: Endogenous Components* (pp. 269-310). Amsterdam: Elsevier.

Rohrbaugh, J.W., McCallum, W.C., Gaillard, A.W.K., Simons, R.F., Birbaumer, N. & Papakostopoulos, D. (1986). ERPs associated with preparatory and movement-related processes. A review. In W.C. McCallum, R. Zappoli & F. Denoth (Eds.), *Cerebral Psychophysiology: Studies in Event-Related Potentials. Electroencephalography and Clinical Neurophysiology, Suppl. 38* (pp. 189-229). Amsterdam: Elsevier.

Rohrbaugh, J.W., Syndulko, K. & Lindsley, D.B. (1976). Brain wave components of the contingent negative variation in humans. *Science, 191,* 1055-1057.

Rohrbaugh, J.W., Syndulko, K. & Lindsley, D.B. (1978). Cortical slow negative wave following non-paired stimuli: Effects of task factors. *Electroencephalography and Clinical Neurophysiology, 45,* 551-567.

Rohrbaugh, J.W., Syndulko, K. & Lindsley, D.B. (1979). Cortical slow negative wave following non-paired stimuli: Effects of modality, intensity and rate of stimulation. *Electroencephalography and Clinical Neurophysiology, 46,* 416-427.

Rohrbaugh, J.W., Varner, J.L., Peters, J.F., Ellingson, R.J. & Ekardt, M.J. (1987). Brain-stem auditory evoked potentials are unaltered during the orienting response. In R. Johnson, J.W. Rohrbaugh & R. Parasuraman (Eds.), *Current Trends in Event-Related Potential Research. Electroencephalography and Clinical Neurophysiology, Suppl. 40* (pp. 132-137). Amsterdam: Elsevier.

Rollett, B. (1983). Anstrengungsvermeidung als Motiv. Eine Antwort auf U.J. Jopt. *Zeitschrift für Entwicklungspsychologie und Pädagogische Psychologie, 15,* 75-84.

Romani, A., Callieco, R. & Cosi, V. (1988). Prestimulus spectral EEG patterns and the evoked auditory vertex response. *Electroencephalography and Clinical Neurophysiology, 70,* 270-272.

Rosen, S.C. & Stamm, J.S. (1969). Cortical steady potential shifts during delayed response performance by monkeys. *Electroencephalography and Clinical Neurophysiology, 27,* 648-685.

Rösler, F. (1978). Cortical potential correlates of selective attention in multidimensional scaling. *Biological Psychology, 7,* 223-238.

Rösler, F. (1981). Event-related brain potentials in a stimulus-discrimination learning paradigm. *Psychological Physiology, 18,* 447-455.

Rösler, F. (1982). *Hirnelektrische Korrelate kognitiver Prozesse.* Berlin: Springer-Verlag.

Rösler, F. (1983). Endogenous ER"Ps" and cognition: Probes, prospects, and pitfalls in matching pieces of the mind-body puzzle. In A.W.K. Gaillard & W. Ritter (Eds.), *Advances in Psychology. Tutorials in ERP Research: Endogenous Components* (pp. 9-35). Amsterdam: North-Holland.

Rösler, F. & Manzey, D. (1981). Principal components and VARIMAX-rotated components in event-related potential research: Some remarks on their interpretation. *Biological Psychology, 13,* 3-26

Rösler, F. & Sojka, B. (1987). On the delineation of nootropic effects. *Journal of Psychophysiology, 1,* 288.

Rösler, F., Sutton, S., Johnson, R., Mulder, G., Fabiani, M., Plooijn van Gorsel, E., Roth, W. (1986). Endogenous ERP components and cognitive constructs. A review. In W.C. McCallum, R. Zappoli & F. Denoth (Eds.), *Cerebral Psychophysiology: Studies in Event-Related Potentials. Electroencephalography and Clinical Neurophysiology, Suppl. 38* (pp. 51-92). Amsterdam: Elsevier.

Roth, N. & Boddy, J. (1989). Event-related potentials and the recognition of subliminally exposed words after repeated presentation. *Journal of Psychophysiology, 3,* 281-289.

Roth, W.T. (1973). Auditory evoked responses to unpredictable stimuli. *Psychophysiology, 10,* 125-137.

Roth, W.T. (1978). How many late positive waves are there? In D. A. Otto (Ed.), *Multidisciplinary Perspectives in Event-Related Brain Potential Research* (EPA-600/9-77-043) (pp. 170-172). Washington, DC: U.S. Environmental Protection Agency.

Roth, W.T., Doyle, C.M., Pfefferbaum, A. & Kopell, B. (1980). Effects of stimulus intensity on P300. In H.H. Kornhuber & L. Deecke (Eds.), *Motivation, Motor and Sensory Processes of the Brain: Electrical Potentials, Behaviour and Clinical Use. Progress in Brain Research* (Vol. 54, pp. 296-300). Amsterdam: Elsevier/North-Holland Biomedical Press.

Routtenberg, A. (1968). The two-arousal hypothesis: Reticular formation and limbic system. *Psychological Review, 75,* 51-80.

Rowland, V. (1968). Cortical steady potential (D.C. potential) in reinforcement and learning. In E. Stellar & J.M. Sprague (Eds.), *Progress in Physiological Psychology* (Vol. 2). New York: Academic Press.

Rowland, V. (1978). Acquisition of sustained potentials dissociated from massed action potentials in temporal conditioning. In D. A. Otto (Ed.), *Multidisciplinary Perspectives in Event-Related Brain Potential Research* (EPA-600/9-77-043) (pp. 39-42). Washington, DC: U.S. Environmental Protection Agency.

Rowland, V. & Anderson, R. (1971). Brain potential shifts. In E. Stellar & J.J. Sprague (Eds.), *Progress in Physiological Psychology* (Vol. 4, pp. 37-51). New York: Academic Press.

Ruchkin, D.S. (1971). Sorting of nonhomogeneous sets of evoked potentials. *Communications in Behavioral Biology, 5,* 383-396.

Ruchkin, D.S. & Sutton, S. (1978). Equivocation and P300 amplitude. In D.A. Otto (Ed.), *Multidisciplinary Perspectives in Event-Related Brain Potential Research* (EPA-600/9-77-043) (pp. 175-177). Washington, DC: U.S. Environmental Protection Agency.

Ruchkin, D.S. & Sutton, S. (1983). Positive slow wave and P300: Association and dissociation. In A.W.K. Gaillard & W. Ritter (Eds.), *Tutorials in ERP-Research: Endogenous Components* (pp. 233-250). Amsterdam: North-Holland.

Ruchkin, D.S., Munson, R. & Sutton, S. (1982). P300 and slow wave in a message consisting of two events. *Psychophysiology, 19,* 271-282.

Ruchkin, D.S., Sutton, S. & Mahaffey, D. (1987). Functional differences between members of the P300 complex: P3e and P3b. *Psychophysiology, 24,* 87-103.

Ruchkin, D.S., Sutton, S. & Stega, M. (1980). Emitted P300 and slow wave event-related potentials inguessing and detection tasks. *Electroencephalography and Clinical Neurophysiology, 49,* 1-14.

Ruchkin, D.S., Sutton, S., Kietzman, M.L. & Silver, K. (1980). Slow wave and P300 in signal detection. *Electroencephalography and Clinical Neurophysiology, 50,* 35-47.

Rugg, M.D. & Nagy, M.E. (1989). Event-related potentials and recognition memory for words. *Electroencephalography and Clinical Neurophysiology, 72,* 395-406.

Rugg, M.D., Fletcher, R.P. & Lykken, D.T. (1980). Computers in psychophysiological research. In I. Martin & P. Venables (Eds.), *Techniques in Psychophysiology* (pp. 583-595). Chichester: John Wiley & Sons.

Rumsey, J.M., Grimes, A.M., Pikus, A.M., Duara, R. & Ismond, D.R. (1984). Auditory brainstem responses in developmental disorders. *Biological Psychiatry, 19,* 1403-1418.

Rutkowski, A. (1983). *Corticale DC-Potentiale und Intelligenzleistung.* Dissertation, Universität Wien.

Saletu, B. (1977). Cerebral evoked potentials in psychopharmacology. In J.E. Desmedt (Ed.), *Auditory Evoked Potentials in Man. Psychopharmacology Correlates of EPs Progress in Clinical Neurophysiology* (Vol. 2, pp. 175-207). Basel: Karger.

Saletu, B., Grünberger, J., Linzmayer, L., Schwartz, J.-J., Haegele, K.D. & Schechter, P.J. (1986). Psychophysiological and psychometric studies after manipulating the GABA system by Vigabatrin, a GABA-transaminase inhibitor. *International Journal of Psychophysiology, 4,* 63-80.

Sammer, G., Trimmel, M., Groll-Knapp, E., Ganglberger, J.A. & Haider, M. (1986). Selfcontrol of the transcephalic DC-potential (TCDC): Effect of feedback-polarity and sequence of training. *International Journal of Psychophysiology, 4,* 260.

Sandman, C.A., Gerner, R., O'Halloran, J.P. & Isenhart, R. (1987). Event-related potentials and item recognition in depressed, schizophrenic and alcoholic patients. *International Journal of Psychophysiology, 5,* 215-225.

Sandman, C.A., Swanson, J.M., Berka, C. & Isenhart, R. (1981). Phase-locked relationships between cardiovascular events and the brain. *Psychophysiology, 18,* 174.

Sandrew, B.B., Stamm, J.S. & Rosen, S.C. (1977). Steady potential shifts and facilitated learning of delayed response in monkeys. *Experimental Neurology, 55,* 43-55.

Schackel, B. (1959). Skin-drilling: A method of diminishing galvanic skin potentials. *American Journal of Psychology, 72,* 114-121.

Schandry, R. (1981). *Psychophysiologie.* München: Urban & Schwarzenberg.

Schandry, R. & Weitkunst, R. (1987). Evoked brain responses and the Processing of vicero-afferent information. *Journal of Psychophysiology, 1,* 283.

Schellberg, D., Gasser, T. & Köhler, W. (1987). The intra-individual reproducibility of flash-evoked potentials in a sample of children. *International Journal of Psychophysiology, 5,* 135-143.

Schellenberg, R., Christoph, B., Kluba, J., Knorr, W., Siewert, B., Schindler, M. & Linsel, A. (1988). Nasopharyngeal EEG recordings in schizophrenic patients – preliminary remarks on the method and some first results. *Journal of Psychophysiology, 2,* 283-289.

Scherg, M. & Cramon, D. von (1986). Evoked dipole source potentials of the human auditory cortex. *Electroencephalography and Clinical Neurophysiology, 65,* 344-360.

Schmidt, R.F. (Hrsg.) (1974). *Grundriß der Neurophysiologie.* Berlin: Springer-Verlag.

Schmidt, R.F. (1976). *Grundriß der Sinnesphysiologie.* Berlin: Springer-Verlag.

Schneider, W. (1985). Towards a model of attention and the development of automatic processing. In M. Posner & O. Marin (Eds.), *Attention and Performance XI.* Hillsdale: Erlbaum.

Schneider, W. & Shiffrin, R.M. (1977). Controlled and automatic human information processing: I. Detection, search, and attention. *Psychological Review, 84,* 1-66.

Schönpflug, W. (Hrsg.). (1969). *Methoden der Aktivierungsforschung.* Bern: Huber.

Schramm, J. (1985). Grundlagen der Physiologie und Ableitetechnik evozierter Potentiale. In J. Schramm (Hrsg.), *Evozierte Potentiale in der Praxis* (S. 1-32). Berlin: Springer-Verlag.

Schwartz, G.E. & Beatty, J. (Eds.). (1977). *Biofeedback, Theory and Research.* New York: Academic Press.

Schwarz-Ottersbach, E. & Goldberg, L. (1986). Activation levels, and behavioural responses. *International Journal of Psychophysiology, 4,* 7-17.

Schwind, J. & Dormann, W.-U. (1986). Off-line removal of ocular artifact from event-related potentials using a multiple linear regression model. *International Journal of Psychophysiology, 4,* 203-208.

Seitelberger, F. (in Druck). Hierarchies of structure function relation in the neurosciences. In L. Deecke & H.H. Kornhuber (Eds.), *From Neuron to Action.*

Seligman, M. (1975). *Helplessness.* San Francisco: Freeman, Witt & Co.

Seligman, M. (1981). Phobias and preparedness. *Behavior Therapy, 2,* 307-321.

Semlitsch, H.V. & Anderer, P. (1989). Single potential analysis applied to the P300 ERP. *Journal of Psychophysiology, 3,* 337.

Semlitsch, H.V., Anderer, P., Resch, F. & Presslich, O. (1987). The psychophysiological testsystem (PPTS): Concept and application in psychiatry. *Journal of Psychophysiology, 1,* 289.

Semlitsch, H.V., Anderer, P., Saletu, B. & Resch, R. (1988). Psychophysiological aspects of dementia, age and nootropic drugs. *Journal of Psychophysiology, 2,* 159.

Semlitsch, H.V., Anderer, P., Schuster, P. & Presslich, O. (1986). A solution for reliable and valid reduction of ocular artifacts, applied to the P300 ERP. *Psychophysiology, 23,* 695-703.

Shagass, C., Ornitz, E.M. & Sutton, S. (1978). Event related potentials and psychopathology. In E. Callaway, P. Tueting & S.H. Koslow (Eds.), *Event-Related Brain Potentials in Man* (pp. 443-509). New York: Academic Press.

Shannon, C.E. & Weaver, W. (1949). *The Mathematical Theory of Communication.* Urbana: University of Illinois Press.

Shapiro, B.E., Grossman, M. & Gardener, H. (1981). Selective musical selective processing deficits in brain demaged populations. *Neuropsychologia, 19,* 161-169.

Sheafor, P.J. & Rowland, V. (1974). Dissociation of cortical steady potential shifts from mass action potentials in cats awaiting food rewards. *Physiological Psychology, 2,* 471-480.

Sheer, D.E. (1984). Focused arousal, 40 Hz EEG, and dysfunction. In T. Elbert, B. Rockstroh, W. Lutzenberger & N. Birbaumer (Eds.), *Self-Regulation of the Brain and Behavior* (pp. 64-84). Berlin: Springer-Verlag.

Shibasaki, H., Barrett, G., Halliday, E. & Halliday, A.M. (1980). Components of the movement-related cortical potentials and their scalp topography. *Electroencephalography and Clinical Neurophysiology, 49,* 213-226.

Shibasaki, H., Barrett, G., Halliday, E. & Halliday, A.M. (1981). Cortical potentials associated with voluntary foot movement in man. *Electroencephalography and Clinical Neurophysiology, 52,* 507-516.

Shiffrin, W.M. & Schneider, W. (1977). Controlled and automatic human information processing: II. Perceptual learning, automatic attending, and a general theory. *Psychological Review, 84,* 127-190.

Simons, R.F. & Russo, K.R. (1987). Event-related potentials and continous performance in subjects with physical anhedonia or perceptual aberations. *Journal of Psychophysiology, 4,* 401-410.

Simons, R.F., Rockstroh, B., Elbert, T., Fiorito, E., Lutzenberger, W. & Birbaumer, N. (1987). Evocation and habituation of autonomic and event-related potential response in a nonsignal environment. *Journal of Psychophysiology, 1,* 45-59.

Simons, R.F., Russo, K.R. & Hoffman, J.E. (1988). Event-related potentials and eye-movement relationships during psychophysical judgments: The biasing effect of rejected trials. *Journal of Psychophysiology, 2,* 27-37.

Simson, R., Vaughan, H.G. & Ritter, W. (1976). The scalp topography of potentials associated with missing visual or auditory stimuli. *Electroencephalography and Clinical Neurophysiology, 40,* 33-42.

Simson, R., Vaughan, H.G. & Ritter, W. (1977). The scalp topography of potentials in auditory and visual go/nogo tasks. *Electroencephalography and Clinical Neurophysiology, 43,* 864-875.

Skinner, J.E. & Yingling, C.D. (1976). Regulation of slow potential shifts in nucleus reticularis thalami by the mesencephalic reticular formation and the frontal granular cortex. *Electroencephalography and Clinical Neurophysiology, 40,* 288-296.

Skinner, J.E. & Yingling, C.D. (1977). Central gating mechanisms that regulate event-related potentials and behaviour. In J.E. Desmedt (Ed.), *Attention, Voluntary Contraction and Event-Related Cerebral Potentials. Progress in Neurophysiology* (Vol. 1, pp. 31-69). Basel: Karger.

Sohmer, H. & Feinmesser, H. (1967). Cochlear action potentials recorded from the external ear in man. *Annals of Otology, 76,* 427-435.

Sokolov, E.N. (1963a). Higher nervous functions: The orienting reflex. *Annual Review of Physiology, 25,* 545-580.

Sokolov, E.N. (1963b). *Perception and the Conditioned Reflex.* New York: Pergamon Press.

Sokolov, E.N. & Vinogradova, O.S. (Eds.). (1975). *Neuronal Mechanisms of the Orienting Reflex.* Hillsdale: Lawrence Erlbaum.

Somjen, G.G. (1973). Electrogenesis of sustained potentials. *Progress of Neurobiology, 1,* 199-237.

Somjen, G.G. (1978). Contribution of neuroglia to extracellular sustained potential shifts. In D.A. Otto (Ed.), *Multidisciplinary Perspectives in Event-Related Brain Potential Research* (EPA-600/9-77-043) (pp. 19-24). Washington, DC: U.S. Environmental Protection Agency.

Sommer, W. (1987). Operant conditioning of the P300 component of the event-related potential. *Journal of Psychophysiology, 1,* 285-286.

Sommer, W. & Matt, J. (1988). Awareness of P300-related processes: A signal detection approach. *Journal of Psychophysiology, 2,* 159.

Speckmann, E.-J. & Caspers, H. (1973). Neurophysiologische Grundlagen der Provokationsmethoden in der Elektroenzephalographie. *Zeitschrift für Elektroenzephalographie, Elektromyographie und verwandte Gebiete, 4,* 157-167.

Speckmann, E.-J., Caspers, H. & Elger, C.E. (1984). Neuronal mechanisms underlying the generation of field potentials. In T. Elbert, B. Rockstroh, W. Lutzenberger & N. Birbaumer (Eds.), *Self-Regulation of the Brain and Behavior* (pp. 9-25). Berlin: Springer-Verlag.

Spiel, G., Kundi, M. & Benninger, F. (1986). Zum Problem der Darstellung und Reduktion von Daten bei der computerassistierten EEG-Analyse im Zeitbereich. *Zeitschrift für Elektroenzephalographie, Elektromyographie und verwandte Gebiete, 17,* 2-6.

Spiel, G., Spiel, C. & Benninger, F. (1987). Utilization of (S)ARIMA-models in computer assisted EEG-analysis. *Neuroscience, Suppl. 22,* 53.

Spong, P., Haider, M. & Lindsley, D.B. (1965). Selective attentiveness and cortical evoked responses to visual aud auditory stimuli. *Science, 148,* 395-397.

Squires, K.C., Hillyard, S.A. & Lindsay, P.H. (1973). Vertex potentials evoked during auditory signal detection: Relation to decision criteria. *Perception and Psychophysics, 14,* 265-272.

Squires, K.C., Squires, N.K. & Hillyard, S.A. (1975). Vertex evoked potentials in a rating-scale detection task: Relation to signal probability. *Behavioral Biology, 13,* 21-34.

Squires, K.C., Wickens, C. Squires, N.K. & Donchin, E. (1976). The effect of stimulus sequence on the waveform of the cortical event-related potential. *Science, 193,* 1142-1146.

Squires, K.C., Wickens, D., Squires, N.K. & Donchin, E. (1978). Sequential dependences of the waveform of the event-related potential: A preliminary report. In D.A. Otto (Ed.), *Multidisciplinary Perspectives in Event-Related Brain Potential Research* (EPA-600/9-77-043) (pp. 215-217). Washington, DC: U.S. Environmental Protection Agency.

Squires, N.K., Squires, K.C. & Hillyard, S.A. (1975). Two varieties of long-latency positive waves evoked by unpredictable auditory stimuli in man. *Electroencephalography and Clinical Neurophysiology, 38,* 387-401.

Squires, N.K., Squires, K.C. & Hillyard, S.A. (1978). Functional equivalence of signal-present, signal-absent and threshold-detect P3s. In D.A. Otto (Ed.), *Multidisciplinary Perspectives in Event-Related Brain Potential Research* (EPA-600/9-77-043) (pp. 218-221). Washington, DC: U.S. Environmental Protection Agency.

Stamm, J.S. & Rosen, S.C. (1972). Cortical steady potential shifts and anodal polarization during response performance. *Acta Neurobiological Experiments, 32,* 193-209.

Stamm, J.S., Gillespie, O.A. & Sandrew, B.B. (1978). Events contingent upon cortical potentials can lead to rapid learning. In D.A. Otto (Ed.), *Multidisciplinary Perspectives in Event-Related Brain Potential Research* (EPA-600/9-77-043) (pp. 43-47). Washington, DC: U.S. Environmental Protection Agency.

Stamm, J.S., Whipple, S.C. & Born, J. (1987). Effects of spontaneous cortical slow potentials on semantic information processing. *International Journal of Psychophysiology, 5,* 11-18.

Starr, A., Sohmer, H. & Celesia, G.G. (1978). Some applications of evoked potentials to patients with neurological and sensory impairment. In E. Callaway, P. Tueting & S.H. Koslow (Eds.), *Event-Related Brain Potentials in Man* (pp. 155-221). New York: Academic Press.

Staschen, C.-M., Lehmenkühler, A., Zidek, W. & Caspers, H. (1987). Beziehungen zwischen kortikalen DC Potentialen und der K^+-Konzentration im Blut und Extrazellulärraum der Hirnrinde bei reversibler Asphyxie. *Zeitschrift für Elektroenzephalographie, Elektromyographie und verwandte Gebiete, 18,* 53-57.

Stemmler, G. (1987). Implicit measurement models in methods for scoring physiological reactivity. *Journal of Psychophysiology, 1,* 113-125.

Stern, J. (1964). Toward a definition of Psychophysiology. *Psychophysiology, 1,* 90-91.

Stern, R.M., Ray, W.J. & Davis, C.M. (1980). *Psychophysiological Recording.* New York: Oxford University Press.

Stöhr, M., Dichgans, J., Diener, H.C. & Buettner, U.W. (1982). *Evozierte Potentiale. SEP - VEP - AEP.* Berlin: Springer-Verlag.

Streletz, L.J., Katz, L., Hohenberger, M. & Cracco, R. (1977). Scalp recorded auditory evoked potentials and sonomotor responses: An evaluation of components and recording techniques. *Electroencephalography and Clinical Neurophysiology, 43,* 192-206.

Stuss, D.T. & Picton, T.W. (1978). Neurophysiological correlates of human concept formation. *Behavioral Biology, 23,* 135-162.

Stuss, D.T., Toga, A., Hutchison, J. & Picton, T.W. (1980). Feedback evoked potentials during an auditory concept formation task. In H.H. Kornhuber & L. Deecke (Eds.), *Motivation, Motor and Sensory Processes of the Brain: Electrical Potentials, Behaviour and Clinical Use. Progress in Brain Research* (Vol. 54, pp. 403-409). Amsterdam: Elsevier/North-Holland Biomedical Press.

Sutton, S. (1969). The specification of psychological variables in an average evoked potential experiment. In E. Donchin & D.B. Lindsley (Eds.), *Averaged Evoked Potentials. Methods, Results, and Evaluations* (NASA SP-191) (pp. 237-297). Washington, DC: U.S. Government Printing Office.

Sutton, S. (1979). P300 – thirteen years later. In H. Begleiter (Ed.), *Evoked Brain Potentials and Behavior* (pp. 107-126). New York: Plenum Press.

Sutton, S. & Ruchkin, D.S. (1984). The late positive complex: Advances and new problems. In R. Karrer, J. Cohen & P. Tueting (Eds.), *Brain and Information: Event-Related Potentials. Annals of the New York Academy of Sciences* (Vol. 425, pp. 1-23). New York: The New York Academy of Sciences.

Sutton, S., Braren, M., Zubin, J. & John, E.R. (1965). Evoked potentials correlates of stimulus uncertainty. *Science, 150,* 1187-1188.

Sutton, S., Tueting, M., Zubin, J. & John, E.R. (1967). Information delivery and the sensory evoked potentials. *Science, 155,* 1436-1439.

Sutton, S., Tueting, P., Hammer, M. & Hakerem, G. (1978). Evoked potentials and feedback. In D.A. Otto (Ed.), *Multidisciplinary*

Perspectives in Event-Related Brain Potential Research (EPA-600/9-77-043) (pp. 184-188). Washington, DC: U.S. Environmental Protection Agency.

Syndulko, K. & Lindsley, D.B. (1977). Motor and sensory determinants of cortical slow potential shifts in man. In J.E. Desmedt (Ed.), *Attention, Voluntary Contraction and Event-Related Cerebral Potentials. Progress in Clinical Neurophysiology* (Vol. 1, pp. 97-131). Basel: Karger.

Szirtes, J. & Marton, M. (1987). Visual information processing with brain potentials that accompany saccadic eye movements. *Acta Neurobiological Experiments, 47,* 163-171.

Szirtes, J., Marton, M. & Urban, J. (1988). Brain potentials associated with pattern displacement and saccadic eye movements in humans and rhesus monkeys. *Acta Physiologica Hungarica, 71,* 281-302.

Szirtes, J., Marton, M., Breuer, P. & Donauer, N. (1985). Late components of saccade-related brain potentials in a semantic categorization task. *Psychologische Beiträge, 27,* 192-199.

Taghavy, A. & Kügler, C.F.A. (1988). Das visuelle P300 (PFP300) im physiologischen Alterungsprozeß. *Zeitschrift für Elektroenzephalographie, Elektromyographie und verwandte Gebiete, 19,* 10-13.

Taniguchi, H. & Janz, G.H. (1957). Preparation and reproducibility of the thermal electrolytic silver-silver chloride electrode. *Journal Electrochemical Society, 104,* 123-127.

Taylor, M.J. (1988). Developmental changes in ERPs to visual language stimuli. *Biological Psychology, 26,* 321-338.

Tecce, J.J. (1970). Attention and evoked potentials in man. In D.I. Mostofsky (Ed.), *Attention: Contemporary Theory and Analysis* (pp. 331-365). New York: Appleton-Century-Crofts.

Tecce, J.J. (1971). Contingent negative variation and individual differences. *Archiv of General Psychiatry, 24,* 1-16.

Thompson, R.F. (1967). *Foundations of Physiological Psychology.* Tokio: Harper.

Thompson, R.F. & Patterson, M.M. (Eds.). (1973). *Bioelectric Recording Techniques. Part A. Cellular Processes and Brain Potentials.* New York: Academic Press.

Thompson, R.F. & Patterson, M.M. (Eds.). (1974a). *Bioelectric Recording Techniques. Part B. Electroencephalography and Human Brain Potentials.* New York: Academic Press.

Thompson, R.F. & Patterson, M.M. (Eds.). (1974b). *Bioelectric Recording Techniques. Part C. Receptor and Effector Processes.* New York: Academic Press.

Timsit-Berthier, M., Delaunoy, J. & Rousseau, J.C. (1976). Some problems and tentative solutions to questions raised by slow potential changes in psychiatry. In W.C. McCallum & J.R. Knott (Eds.), *The Responsive Brain* (pp. 138-143). Bristol: John Wright and Sons.

Treisman, A.M. (1969). Strategies and models of selective attention. *Psychological Review, 76,* 282-299.

Trimmel, M. (1976). *Die gelernte Triggerung der Alpha-Produktion im EEG.* Dissertation, Universität Wien.

Trimmel, M. (1978). Lernen lernen und der programmierte Unterricht im Sport. In Bundesministerium für Unterricht und Kunst, Allgemeine Unfallversicherungsanstalt, Kuratorium für Verkehrssicherheit (Hrsg.), *Erziehung zur Sicherheit, Informationsblatt für Lehrer* (Jän.-März, Ausgabe B, S. 3). Wien: Allgemeine Unfallversicherungsanstalt.

Trimmel, M. (1980a). Der durch EEG-Biofeedback kontrollierte corticale Aktivierungswechsel und seine kognitiven Korrelate. *Zeitschrift für Klinische Psychologie, 9,* 61-72.

Trimmel, M. (1980b). Fast arousal changes enhanced by alpha biofeedback and their personal evaluations. *Archiv für Psychologie, 133,* 323-337.

Trimmel, M. (1982). *Classical Conditioning of Stress-Reaction.* Poster presented at the 20th Congress of Applied Psychology, Edinburgh, July 25th - 31st.

Trimmel, M. (1983). Bedingte corticale DC-shifts bei der Ratte. In L. Buse, U. Gründemann, M. Nüßgen & K. Pawlik (Hrsg.), *Zusammenfassungen der Beiträge zur 25. Tagung experimentell arbeitender Psychologen* (S. 168). Hamburg: Universität Hamburg.

Trimmel, M. (1984a). "Funktionskennlinien" (FK) zur besseren Beschreibung von individuellen Eigenschaften. In B. Rollett & M. Jirasko (Hrsg.), *Innovation in der Psychologischen Forschung. Abstractband, 34. Kongreß der DGfP* (S. 311). Wien: Institut für Psychologie der Universität Wien.

Trimmel, M. (1984b). Hirnfunktionskennlinien (HFK) zur Beschreibung des Zusammenhanges von langsamen Gleichspannungsänderungen und evozierten Potentialen. In G. Gell & C. Eichtinger (Hrsg.), *Medizinische Informatik '84* (S. 223-227). Wien: Oldenbourg.

Trimmel, M. (1985a). DC potentials of the brain. In D. Papakostopoulos, I. Martin & S. Butler (Eds.), *Clinical and Experimental Neuropsychophysiology* (pp. 312-338). Kent: Croom Helm.

Trimmel, M. (1985b). "Funktionskennlinien" (FK) zur Beschreibung von individuellen Eigenschaften. In D. Albert (Hrsg.), *Bericht über den 34. Kongreß der Deutschen Gesellschaft für Psychologie in Wien 1984* (S. 537-538). Göttingen: Hogrefe.

Trimmel, M. (1986a). Alfa biofeedback altal felerösitett gyors arousal valtozasok es ezek szemelyes ertekelese. *Pszichologia 6,* 227-234.

Trimmel, M. (1986b). Psychological significance of CNV operation characteristics (CNV OCs): A pilot study. In J.W. Rohrbaugh, R. Johnson & R. Parasuraman (Eds.), *Research Reports of the Eight International Conference on Event-Related Potentials of the Brain (EPIC VIII)* (pp. 301-303). Stanford: Editors.

Trimmel, M. (1987a). Contingent negative variation (CNV) influenced by preceding slow potential shifts (pSPSs). *Electroencephalography and Clinical Neurophysiology, 66,* 71-74.

Trimmel, M. (1987b). Effects of slow brain potentials on event-related potentials (ERPs) of the brain. *Journal of Psychophysiology, 1,* 287.

Trimmel, M. (1987c). ERPs influenced by preceding slow potential shifts (pSPSs). *Psychophysiology, 24,* 616.

Trimmel, M. (1987d). Slow brain potentials and ability to concentrate. In G. Bäumler, R. Fuchs, T. Kussmann & G.A. Lienert (Eds.), *Abstracts of the VIII. Meeting of Psychologist from the Danubian Countries* (S. 65). München: Technische Universität, Herausgeber.

Trimmel, M. (1987e). Slow potentials (SPs) and contingent negative variation (CNV): Analysed by operation characteristic (OC). *International Journal of Psychophysiology, 4,* 264.

Trimmel, M. (1988a). Event-related potentials (ERPs) of the brain influenced by preceding slow potential shifts (pSPSs). *Journal of Psychophysiology, 2,* 99-108.

Trimmel, M. (1988b). Psychological correlates of CNV operation characteristics (CNV OCs): A pilot study. *Archiv für Psychologie, 139,* 241-254.

Trimmel, M. (1989). Die psychologische Seite der Mensch/Computer-Interaktion: Computerpsychologie. *Psychologie in Österreich, 9* (1-2), 7-14.

Trimmel, M. & Groll-Knapp, E. (1984). Zur Minimierung des Elektrodenpotentials für DC-Ableitungen. *Das EEG-Labor, 6,* 13-23.

Trimmel, M. & Guttmann, G. (1988). The role of the DC-potential in the organization and adaptation of brain functions. In Bulgarian Academy of Sciences (Ed.), *Organization and Adaption of Brain Functions* (pp. 86-104). Sofia: Editor.

Trimmel, M., Groll-Knapp, E. & Haider, M. (1982). Different storage methods for biopotential skin electrodes (sintermetallic Ag/AgCl) and their influence on the bias potential. *European Journal of Applied Physiology, 50,* 105-116.

Trimmel, M., Groll-Knapp, E. & Haider, M. (1983). Streß und EEG DC shifts. In Berufsverband Österreichischer Psychologen und Allgemeine Unfallversicherungsanstalt (Hrsg.), *Schlußbericht des 25. Kongreß des BÖP: Angst - Streß - Unfall* (S. 117-134). Wien: Allgemeine Unfallversicherungsanstalt.

Trimmel, M., Groll-Knapp, E. & Haider, M. (1984). The significance of psychophysiological reactions (EEG-DC-shifts) and their application in sport psychology. In N. Bachl, L. Prokop & R. Sukert (Eds.), *Current Topics in Sport Medicine. Proceedings of the World Congress of Sports Medicine, Vienna 1982* (pp. 1125-1126). Wien: Urban & Schwarzenberg.

Trimmel, M., Groll-Knapp, E. & Haider, M. (1985). Relations of slow brain potentials (SPs) and evoked potentials (EPs) as a description of individual characteristics. *Biological Psychology, 21,* 267-268.

Trimmel, M., Groll-Knapp, E. & Haider, M. (1987). ERPs and CNV influenced by preceding slow potential shifts (pSPSs). *Neuroscience, Suppl. 22,* 51.

Trimmel, M., Groll-Knapp, E. & Haider, M. (1988a). Brain DC potentials: Effects of preceding slow potential shifts (pSPSs). In T. Radil & Z. Bohdanecky (Eds.), *Psychophysiology 88. Proceedings of the Fourth Conference of the International Organization of Psychophysiology* (p. 268). Prag: Czechoslovak Academy of Sciences.

Trimmel, M., Groll-Knapp, E. & Haider, M. (1988b). The structure of pSPS-influences on CNV at different locations. *Journal of Psychophysiology, 2,* 162-163.

Trimmel, M., Groll-Knapp, E., Enichlmayer, C. & Haider, M. (1987). Hemispheric EEG-DC changes dependent on task and type A/B behavior pattern. *Archives of Psychology, 139,* 81-94.

Trimmel, M., Groll-Knapp, E., Ganglberger, J.A., Enichlmayer, C. & Haider, M. (1983). Steady potential shifts, conditioning and mental load. In F. Denoth (Ed.), *Preliminary Poster Reports of the Seventh International Conference on Event Related Potentials of the Brain (EPIC VII)* (pp. 124-126). Firenze: University of Firenze.

Trimmel, M., Groll-Knapp, E., Ganglberger, J.A., Enichlmayer, C. & Haider, M. (1986). Steady potential shifts, lateralisation, and baseline influence on CNV in type A and B behaviour patterns. In W.C. McCallum, R. Zappoli & F. Denoth (Eds.), *Cerebral Psychophysiology: Studies in Event-Related Potentials. Electroencephalography and Clinical Neurophysiology, Suppl. 38* (pp. 337-339). Amsterdam: Elsevier.

Trimmel, M., Groll-Knapp, E., Sammer, G., Ganglberger, J.A. & Haider, M. (1984). Selbstkontrolle des "transcephalen DC Potentials". In B. Rollett & M. Jirasko (Hrsg.), *Innovationen in der Psychologischen Forschung. Abstractband, 34. Kongress der DGfP* (S. 186). Wien: Institut für Psychologie der Universität Wien.

Trimmel, M., Groll-Knapp, E., Sammer, G., Ganglberger, J.A. & Haider, M. (1985a). Selbstkontrolle des transcephalen DC-Potentials und Konzentrationsleistung. In D. Albert (Hrsg.), *Bericht über den 34. Kongreß der Deutschen Gesellschaft für Psychologie in Wien 1984* (S. 519-522). Göttingen: Hogrefe.

Trimmel, M., Groll-Knapp, E., Sammer, G., Ganglberger, J.A. & Haider, M. (1985b). Selfcontrol of the transcephalic DC potential. *Biological Psychology, 21,* 268-269.

Trimmel, M., Groll-Knapp, E., Wölbinger, A. & Haider, M. (in Druck). Occurence of infraslow potential oscillations (ISPOs) in relation to task, ability to concentrate and intelligence. *International Journal of Psychophysiology.*

Trimmel, M., Sammer, G., Groll-Knapp, E. & Haider, M. (1984). Selbstkontrolle des "Transcephalen DC-Potentials". In U. Fleichmann, H. Kaiser, I. Keuchel & W. Oswald (Hrsg.), *Zusammenfas-*

sungen der Beiträge zur 26. Tagung Experimentell arbeitender Psychologen (S. 330). Nürnberg: Universität Nürnberg.

Trimmel, M., Streicher, F., Groll-Knapp, E. & Haider, M. (1987a). The DC potential of the EMG gives additional information. *Journal of Psychophysiology, 1,* 190.

Trimmel, M., Streicher, F., Groll-Knapp, E. & Haider, M. (1987b). The EMG DC potential gives additional information. *Psychophysiology, 24,* 616-617.

Trimmel, M., Streicher, F., Groll-Knapp, E. & Haider, M. (1989). The electromyographic DC potential as a correlate of muscular activity. *European Journal of Applied Physiology, 58,* 459-465.

Trimmel, M., Streicher, F., Groll-Knapp, E. & Haider, M. (in Druck). Brain DC potentials during and following cued, sustained motor activity (muscle tension). *Journal of Psychophysiology, 3.*

Trimmel, M., Wölbinger, A. & Groll-Knapp, E. (1986). Infraslow potential oscillations (ISPOs), power of concentration (PC) and intelligence. *Biological Psychology, 23,* 89-90.

Tucker, D.M. & Williamson, P.A. (1984). Asymmetric neural control systems and human self-regulation. *Psychological Reviews, 91,* 185-215.

Tueting, P. (1978). Event-related potentials, cognitive events, and information processing. In D.A. Otto (Ed.), *Multidisciplinary Perspectives in Event-Related Brain Potential Research* (EPA-600/9-77-043) (pp. 159-169). Washington, DC: U.S. Environmental Protection Agency.

Ullsperger, P. & Gille, H.-G. (1988). The late positive component of the ERP and adaptation-level theory. *Biological Psychology, 26,* 299-306.

Ullsperger, P., Gille, H.-G. & Metz, A.-M. (1987). The P300 as a metric in psychophysics of cognitive processes. In C. Barber & T. Blum (Eds.), *Evoked Potentials III: The Third International Evoked Potential Symposium* (pp. 355-360). Borough-Green: Butterworth.

Ullsperger, P., Neumann, U., Gille, H.-G. & Pietschmann, M. (1987). P300 and anticipated task difficulty. *International Journal of Psychophysiology, 5,* 145-149.

Vanderploeg, R.D., Brown, W.S. & Marsh, J.T. (1987). Judgments of emotion in words and faces: ERP correlates. *International Journal of Psychophysiology, 5,* 193-205.

Vaughan, H.G. (1969). The relationship of brain activity to scalp recordings of event-related Potentials. In E. Donchin & D.B. Lindsley (Eds.), *Average Evoked Potentials. Methods, Results and Evaluations* (NASA SP-191) (pp. 45-94). Washington, DC: U.S. Government Printing Office.

Vaughan, H.G. (1974). The analysis of scalp recorded brain potentials. In R.F. Thompson & M.M. Patterson (Eds.), *Bioelectric Recording Techniques. Part B. Electroencephalography and Human Brain Potentials* (pp. 157-207). New York: Academic Press.

Vaughan, H.G., Costa, L.D. & Ritter, W. (1968). Topography of the human motor potential. *Electroencephalography and Clinical Neurophysiology, 25,* 1-10.

Vellutino, F.R. (1987). Dyslexia. *Scientific America, 256,* 34-41.

Venables, P.H. & Christie, M.J. (1980). Electrodermal activity. In I. Martin & P. Venables (Eds.), *Techniques in Psychophysiology* (pp. 3-67). Chichester: John Wiley & Sons.

Venables, P.H. & Christie, M.J. (Eds.). (1975). *Research in Psychophysiologie.* London: Wiley & Sons.

Venables, P.H. & Martin, I. (Eds.). (1967). *A Manual of Psychophysiological Methods.* Amsterdam: North-Holland.

Verleger, R. (1988a). Event-related potentials and cognition: A critique of the context updating hypothesis and an alternative interpretation of P3. *Behavioral and Brain Sciences, 11,* 343-356.

Verleger, R. (1988b). Start of an overdue discussion: Comment on Elbert and Rockstroh's paper: 'Threshold regulation – a key to understanding of the combined dynamics of EEG and event-related potentials'. *Journal of Psychophysiology, 2,* 175-176.

Verleger, R. (1988c). The true P3 is hard to see: Some comments on Kok's (1986) paper on degraded stimuli. *Biological Psychology, 27,* 45-50.

Verleger, R. & Hopman, G. (1989). When things get exiting: Is P3 modulated by background suspense-related negativity? *Journal of Psychophysiology, 3,* 269-279.

Verleger, R. & Möcks, J. (1987). Varimax may produce slow-wave-like shapes by merging monotonic trends with other components. *Journal of Psychophysiology, 1,* 265-270.

Verleger, R., Gasser, T. & Möcks, J. (1982). Correction of EOG artifacts in event-related potentials of the EEG: Aspects of reliability and validity. *Psychophysiology, 19,* 472-480.

Vernon, J. & Meikle, M. (1973). Electrophysiology of the Cochlea. In R.F. Thompson & M.M. Patterson, (Eds.), *Bioelectric Recording Techniques. Part A. Cellular Processes and Brain Potentials* (pp. 3-62). New York: Academic Press.

Vitouch, P. (1986). *Fernsehen. Wirkung auf/Nutzen für die Rezipienten. Ein medienpsychologischer Ansatz.* Habilitationsschrift, Universität Wien.

Wagner, H.L. (Ed.). (1988). *Social Psychophysiology and Emotion.* Chichester: Wiley.

Wagner, H.L. & Manstead, A. (Eds.). (1989). *Handboock of Social Psychophysiology.* Chichester: Wiley.

Wagner, M., Kathmann, N. & Engel, R.R. (1987). ERPs during psychophysical judgment of visual stimuli. *Journal of Psychophysiology, 1,* 286-289.

Walker, B.B. & Walker, M. (1983). Phase relations between carotid pressure and ongoing electrocortical activity. *International Journal of Psychophysiology, 1,* 65-73.

Walter, D.O. & Brazier, M.A.B. (Eds.). (1968). Advances in EEG analysis. *Electroencephalography and Clinical Neurophysiology, Suppl. 27,* 1-78.

Walter, W.G. (1964). The convergence and interaction of visual, auditory and tactile responses in human nonspecific cortex. *Annals of the New York Academy of Science, 112,* 230-261.

Walter, W.G. (1965). Brain responses to semantic stimuli. *Journal Pychosomatic Research, 9,* 51-61.

Walter, W.G. (1967). Slow potential changes in the human brain associated with expectancy, decision and intention. In W. Cobb & C. Morocutti (Eds.), *The Evoked Potentials. Electroencephalography and Clinical Neurophysiology, Suppl. 26* (pp. 123-130). Amsterdam: Elsevier.

Walter, W.G., Cooper, R., Aldridge, V.J., McCallum, W.C. & Winter, A.L. (1964). Contingent negative variation: An electric sign of sensory motor association and expectancy in the human brain. *Nature, 203,* 380-384.

Wastell, D.G. (1977). Statistical detection of individual evoked responses: An evaluation of Woody's adaptive filter. *Electroencephalography and Clinical Neurophysiology, 42,* 835-839.

Wastell, D.G. (1980). Temporal uncertainty and the recovery function of the auditory EP. In C. Barber (Ed.), *Evoked Potentials* (pp. 491-495). Lancaster: MTP Press Limited.

Weber, G. & Bauer, H. (1986). Informationsverarbeitung und Leistungsniveau in Abhängigkeit kortikaler Gleichspannungsschwankungen. *Zeitschrift für Experimentelle und Angewandte Psychologie, 23,* 164-176.

Weinberg, H. & Cooper, R. (1972). The recognition index: A pattern recognition technique for noisy signals. *Electroencephalography and Clinical Neurophysiology, 33,* 608-613.

Weinberg, H., Walter, W.G., Cooper, R. & Aldridge, V.J. (1974). Emitted cerebral events. *Electroencephalography and Clinical Neurophysiology, 36,* 449-456.

Weiner, B.J. (1971). *Statistical Principles in Experimental Design.* New York: McGraw-Hill.

Wijker, W., Molenaar, P.C.M. & van der Molen, M.W. (1989). Age-changes in scalp distribution of cognitive event-related potentials in an oddball task. *Journal of Psychophysiology, 3,* 179-189.

Wilder, J. (1931). Das "Ausgangswert-Gesetz", ein unbeachtetes biologisches Gesetz und seine Bedeutung für Forschung und Lehre. *Zeitschrift für Neurologie, 137,* 317-338.

Wilkinson, R.T. & Lee, M.V. (1972). Auditory evoked potentials and selective attention. *Electroencephalography and Clinical Neurophysiology, 33,* 411-418.

Winneke, G. & Berresheim, H.-W. (1988). Pupillary and vasomotor responses to noise- and odor-stimulation. *Journal of Psychophysiology, 2,* 165-166.

Wittchen, H.-U. (1975). *Biofeedback und Alkoholismus.* Dissertation, Universität Wien.

Woestenburg, J.C., Verbaten, M.N. & Slangen, J.L. (1983). The removal of the eye-movement artifact from the EEG by regression analysis in the frequency domain. *Biological Psychology, 16,* 127-147.

Woldorff, M., Hansen, J.C. & Hillyard, S.A. (1987). Evidence for effects of selective attention in the mid-latency range of the human auditory event-related potential. In R. Johnson, J.W. Rohrbaugh & R. Parasuraman (Eds.), *Current Trends in Event-Related Potential Research. Electroencephalography and Clinical Neurophysiology, Suppl. 40* (pp. 146-154). Amsterdam: Elsevier.

Wölk, C. & Velden M. (1987). Detection variability within the cardiac cycle: Toward a revision of the 'baroreceptor hypothesis'. *Journal of Psychophysiology, 1,* 61-65.

Wolpaw, J.R. & Penry, J.K. (1975). A temporal component of the auditory evoked response. *Electroencephalography and Clinical Neurophysiology, 39,* 609-620.

Woods, D.L., Hillyard, S.A., Courchesne, E. & Galambos, R. (1980). Electrophysiological signs of split-second decision making. *Science, 207,* 655-657.

Woody, C.D. (1967). Characterization of an adaptive filter for the analysis of variable latency neuroelectric signals. Medical and *Biological Engineering, 5,* 539-553.

Yingling, C.D. & Hosobuchi, Y. (1984). A subcortical correlate of P300 in man. *Electroencephalography and Clinical Neurophysiology, 59,* 72-76.

Yingling, C.D. & Skinner, J.E. (1975). Regulation of unit activity in nucleus reticularis thalami by the mesencephalic reticular formation and the frontal granular cortex. *Electroencephalography and Clinical Neurophysiology, 39,* 635-642.

Yingling, C.D. & Skinner, J.E. (1976). Selective regulation of thalamic sensory relay nuclei by nucleus reticularis thalami. *Electroencephalography and Clinical Neurophysiology, 41,* 476-482.

Yingling, C.D. & Skinner, J.E. (1977). Gating of thalamic input to cerebral cortex by nucleus reticularis thalami. In J.E. Desmedt (Ed.), *Attention, Voluntary Contraction and Event-Related Cerebral Potentials, Progress in Neurophysiology* (Vol. 1, pp. 70-96). Basel: Karger.

Zeitlhofer, J. (1989). *Das zerebrale Risiko bei Herzoperationen.* Wien: Facultas.

Zeitlhofer, J., Mamoli, B., Baumgartner, C & Mayr, N. (1988). Somatosensorisch evozierte Potentiale nach Tibialstimulation. Methodik und Normwerte in Abhängigkeit von Körpervariablen. *Wiener Klinische Wochenschrift, 100 (1),* 6-11.

Zeitlhofer, J., Steiner, M., Mayr, N., Baumgartner, C. & Deecke, L. (1988). Visuell evozierte Potentiale bei verschiedenen Reizarten. *Elektroencephalographie, Elektromyographie und verwandte Gebiete, 19,* 128-132.

Zerlin, S. & Naunton, R.F. (1978). CM in clinical diagnosis. In R.F. Naunton & C. Fernandez (Eds.), *Evoked Electrical Activity in the Auditory Nervous System* (pp. 275-284). Amsterdam: Elsevier.

Zipp, P., Hennemann, K., Grunwald, R. & Rohmert, W. (1980). Bewertung von Kontaktvermittlern für Bioelektroden bei Langzeituntersuchungen. *European Journal of Applied Physiology, 45,* 131-145.

Autorenverzeichnis

A

B

C

D

E

F

G

H

I

J

K

L

M

N

R

S

T

U

V

W

Y

Z

Stichwortverzeichnis

Ä

B

C

D

E

F

G

H

I

K

L

M

N

Q

R

S

T

U

Ü

V

W

Y

Z

1